高级信号处理

ADVANCED SIGNAL PROCESSING

王　展　李双勋　刘　康　楼生强　辛　勤　编著

国防科技大学出版社

·长沙·

内容简介

本书以离散时间随机信号分析与处理为重点，系统地介绍了高级信号处理的理论方法、实现技术与仿真案例。作者根据多年研究生信号处理课程教学心得与经验选定了教材内容，包括随机信号基础知识、平稳随机信号的线性建模、最优线性滤波器、自适应滤波器、功率谱估计、高阶谱估计以及高级信号处理仿真案例等。本书强调基本概念和理论方法，并注重与工程实际的紧密结合，内容覆盖了电子信息类学科硕士研究生阶段的全部内容。

本书可作为高等学校信息与通信工程专业及相关的计算机、自控、机械电子、光学等专业研究生的教材及参考书，同样也可作为研究人员及工程技术人员的参考书及培训教材。

图书在版编目（CIP）数据

高级信号处理/王展等编著. --长沙：国防科技大学出版社，2024.11.
ISBN 978-7-5673-0661-5

Ⅰ. TN911.7

中国国家版本馆 CIP 数据核字第 2024GG5590 号

高级信号处理
GAOJI XINHAO CHULI
王　展　等　编著

责任编辑： 朱哲婧
责任校对： 袁　欣
出版发行： 国防科技大学出版社
地　　址： 长沙市开福区德雅路 109 号
邮政编码： 410073
电　　话：（0731）87028022
印　　制： 国防科技大学印刷厂
开　　本： 710×1000　1/16
印　　张： 18.25
字　　数： 347 千字
版　　次： 2024 年 11 月第 1 版
印　　次： 2024 年 11 月第 1 次
书　　号： ISBN 978-7-5673-0661-5
定　　价： 65.00 元

网址： https://www.nudt.edu.cn/press/

前　言

本书介绍了实际问题中离散时间随机信号分析与处理的理论和算法，重点讨论随机信号处理的四个主要应用领域：信号建模、最优滤波器、自适应滤波器和谱估计。

1　信号

物理世界充满信号，信号是信息的载体，是信息的物理体现。信号在数学上可表示成一个或多个自变量的函数。按照信号自变量取值的是否连续，可将信号分为连续时间信号和离散时间信号。离散时间确定信号是指可由一确定的数学表达式或信号的波形唯一描述的离散时间信号。它的特点是在有定义时刻的取值是定值，例如 $x(n) = \sin(2n)$。若在某一时刻的取值具有不可预知的不确定性，则这类离散时间信号称为离散时间随机信号。对于真实世界的信号，如果信号是可重复的，称为确定性信号；如果不可重复，称为随机信号。

当前几乎所有的工程技术领域都要涉及信号问题，而随机信号与确定性信号不同，一般只能在统计的意义上研究。分析与处理方法上两者区别很大。如何在较强的背景噪声下提取真正的信号或信号的特征并将其应用于工程实际，是高级信号处理要完成的任务。

随机信号由概率论、随机变量、随机过程等数学方法描述，通常希望通过确定性方法来研究随机信号的分析与处理问题。随机信号虽然不可预见，但其统计平均可假定为确定，这就提供了用统计平均值来描述随机信号的可能，可以通过累积量、矩及其傅里叶变换来分析随机信号。随机信号是随机变量的序列，根据随机变量 x 的概率密度函数 $p(x)$ 可定义随机变量的第一特征函数 $\Phi(\omega) = \int_{-\infty}^{\infty} p(x)\mathrm{e}^{\mathrm{j}\omega x}\mathrm{d}x = E\{\mathrm{e}^{\mathrm{j}\omega x}\}$ 和第二特征函数 $\psi(\omega) = \ln\Phi(\omega)$。特征函数在 $\omega = 0$ 处有最大值。由第一特征函数在 $\omega = 0$ 处的 k 阶导数可以得到随机变量的 k 阶矩，由第二特征函数在 $\omega = 0$ 处的 k 阶导数可以得到随机变量的 k 阶阶累积量。随机信号的一阶矩和一阶累积量相同，为其均值；随机信号的二阶矩是其自相关序列，而二阶累积量是协方差序列。随机信号的功率谱定义为其自相关函数的傅里叶变换,类似地,随机信号的高阶矩谱和高阶累积量谱分别定义为高阶矩和高阶累积量的傅里叶变换,如双谱和三谱。

随机信号的统计平均值建立在集合平均下,为了精确求出这些统计量,需要知道随机信号的概率函数或无穷多个样本,这在工程上显然是不现实的。对于满足各态历经性的一类随机信号,可以利用随机信号的一个样本函数代替样本函数集合来计算随机信号的统计量。

2 基础理论

离散时间信号处理的基础理论包括信号采样与表征、信号分析、数字滤波器和快速算法四个部分,如图 1 所示,覆盖了电子信息类专业本科、硕士研究生、博士研究生"离散时间信号处理"课程的全链条。

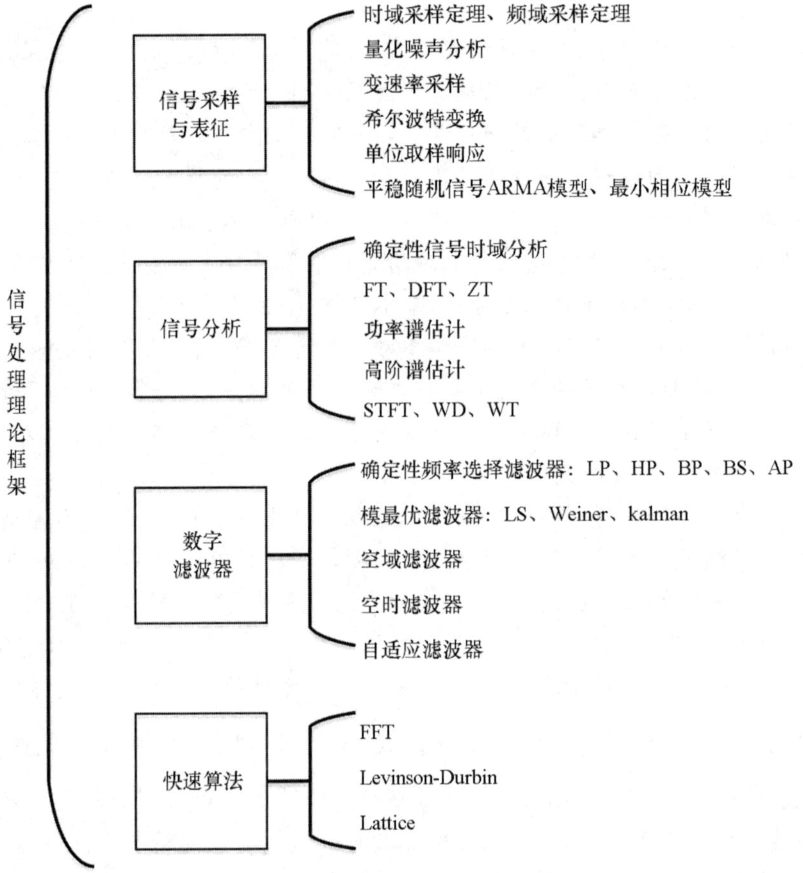

图 1 离散时间信号处理理论框架

课程教学典型的阶段划分如下：信号采样与表征部分，本科阶段介绍时域采样定理、频域采样定理和量化噪声分析，硕士研究生阶段介绍希尔波特变换和平稳随机信号模型，博士研究生阶段介绍变速率采样等；信号分析部分，本科阶段介绍确定性信号时域分析、FT、ZT 和 DFT，硕士研究生阶段介绍功率谱估计和高阶谱估计，博士研究生阶段介绍 STFT、WD 和 WT；数字滤波器部分，本科阶段介绍确定性频率选择滤波器，硕士研究生阶段介绍最优滤波器和自适应滤波器，博士研究生阶段介绍空域滤波器和空时滤波器等；快速算法部分，本科阶段介绍 FFT 算法，硕士研究生阶段介绍 Levinson - Durbin 算法和格型滤波器等。

3 本书的结构

如图 2 所示，本书围绕离散随机信号分析与处理，共有 7 章内容。

第 1 章为随机信号基础知识。首先介绍离散时间随机信号的基本概念、统计描述及有关问题，讨论随机信号在频域中的特性，描述功率谱的概念，然后由相关抵消的讨论引出最佳线性估计，阐明最佳线性估计的空间解释——正交投影，最后对平稳随机信号模型的基本概念以及信号的复倒谱进行介绍。

第 2 章讨论平稳随机信号的线性模型。介绍了将均值为零的白噪声序列通过全极型、全零型和零极型滤波器可以分别产生 AR、MA 和 ARMA 过程，这些模型在随机信号处理中十分重要。除了上述三种模型，第 2 章还将讨论平稳随机信号的正则谱分解，为平稳随机信号建立一个最小相位模型，最小相位表示在最优滤波中有着重要意义。

第 3 章介绍了最优线性滤波器。从最优滤波器的概念开始，首先推导了确定性最小二乘滤波器的正则方程并进行了误差分析，给出了最小二乘逆滤波器和白化滤波器的概念。然后详细讨论维纳滤波器的理论、信号模型及求解方法。最后介绍了线性预测误差滤波器及 Levinson - Durbin 递推算法。以上这些理论及方法在实际中有着广泛的应用。

第 4 章讨论了自适应滤波器。从最优滤波器角度介绍了 LMS 自适应横向滤波器、RLS 自适应横向滤波器以及 Kalman 滤波器这些常用的自适应滤波器，同时给出自适应对消器的应用举例。

第 5 章主要讨论功率谱估计问题。包括经典功率谱估计的周期图法与 BT 法，讨论了经典功率谱估计的性能及改进方法；对现代谱估计的参数模型法进行介绍，重点是 AR 模型谱估计方法；对现代谱估计的非参数模型法进行介绍，重点是基于特征值分解的谐波模型谱估计方法。功率谱估计是近 30 年来信号处理学科中最为热门的内容。

第 6 章为高阶谱估计。介绍了高阶矩、高阶累积量及其谱的定义，在此基础上，讨论了高阶累积量及高阶谱在信号处理中的应用。

第7章介绍了高级信号处理的一些典型仿真案例，包括复倒谱、匹配滤波、功率谱估计、维纳滤波、自适应滤波案例，以及一个雷达成像的综合案例。

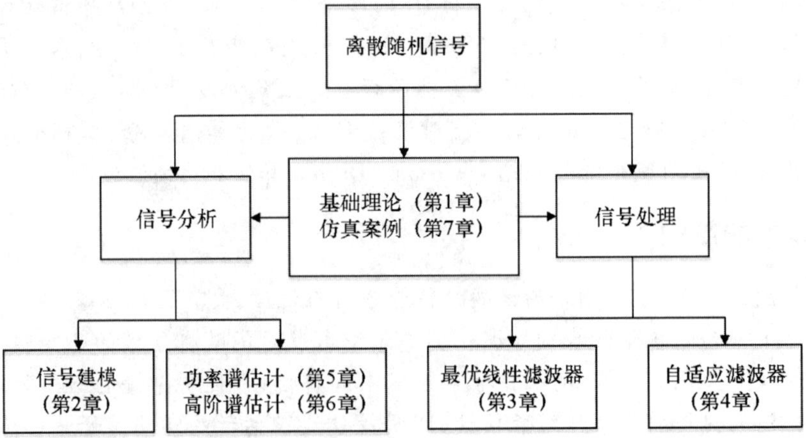

图2　本书的结构

4　本书的使用

本书可作为电子信息类学科硕士研究生的课程教材来使用，也可作为计算机、自控、机械电子、光学等专业硕士研究生选修数字信号处理课程的教学参考书。典型的一学期的课程重点讲授第1章到第5章，内容包括随机信号的基础知识、平稳随机信号的线性建模、最优线性滤波器、自适应滤波器和功率谱估计。第6章为进一步深入研究的课题，可根据课时安排讲授或学生自学。第7章为高级信号处理仿真案例，供学生自学。

限于编者的水平，不妥及错误之处在所难免，恳切希望读者给予批评指正。

作　者
2024年9月

目　录

第 1 章　随机信号基础知识

随机信号与确定性信号有很大的不同，随机信号随时间的变换是不可预知的，但它们的平均特性却常常是有规律的，因此随机信号需要用统计方法来研究。本章首先介绍离散时间随机信号的基本概念、统计描述及有关问题，讨论随机信号在频域中的特性，描述功率谱的概念；然后由相关抵消引出最佳线性估计，阐明最佳线性估计的空间解释——正交投影；最后对平稳随机信号模型的基本概念以及信号的复倒谱进行介绍。

1.1　离散时间随机信号

1.1.1　随机变量

由概率论可知，可以用一个随机变量来描述自然界中的随机事件。为完全描述一个随机变量，必须知道它的概率分布函数或概率密度函数

$$P(X) = \text{Probability}(x \leqslant X) = \int_{-\infty}^{X} p(x)\,\mathrm{d}x \tag{1.1.1}$$

$$p(X) = \frac{\mathrm{d}P(X)}{\mathrm{d}X} \tag{1.1.2}$$

其中 $P(X)$ 为随机变量 x 的概率分布函数，$p(X)$ 为随机变量 x 的概率密度函数，X 是一个具体的值。

对 N 个随机变量 $x_1, x_2, \cdots, x_N$，有

$$P_{x_1, x_2, \cdots, x_N}(X_1, X_2, \cdots, X_N) = P(x_1 \leqslant X_1, x_2 \leqslant X_2, \cdots, x_N \leqslant X_N) \tag{1.1.3}$$

$$p_{x_1, x_2, \cdots, x_N}(X_1, X_2, \cdots, X_N) = \frac{\partial^N P_{x_1, x_2, \cdots, x_N}(X_1, X_2, \cdots, X_N)}{\partial X_1 \partial X_2 \cdots \partial X_N} \tag{1.1.4}$$

其中 $P_{x_1, x_2, \cdots, x_N}(X_1, X_2, \cdots, X_N)$ 为 N 维概率分布函数，$p_{x_1, x_2, \cdots, x_N}(X_1,$

$X_2, \cdots, X_N$)为 N 维概率密度函数。

对于任何 N 个随机变量 $x_1, x_2, \cdots, x_N$，如果下列等式成立

$$P_{x_1, x_2, \cdots, x_N}(X_1, X_2, \cdots, X_N) = P_{x_1}(X_1)P_{x_2}(X_2)\cdots P_{x_N}(X_N) \quad (1.1.5)$$

则称这些随机变量是统计独立的。

实际中，通常不希望详细地描述整个概率密度函数，而是希望通过一些确定性的统计平均或数字特征来描述随机变量，这些数字特征可以通过数学期望运算来求得其值。虽然数字特征的理论计算需要密度函数，但在实际工作中，并不需要对密度函数有明确的了解就可以估算出这些平均值。

均值

$$\mu_x = E[x] = \int_{-\infty}^{\infty} Xp(X)\mathrm{d}X \quad (1.1.6)$$

均方值

$$E[|x|^2] = \int_{-\infty}^{\infty} |X|^2 p(X)\mathrm{d}X \quad (1.1.7)$$

方差

$$\sigma_x^2 = E[|x-\mu_x|^2] = \int_{-\infty}^{\infty} |X-\mu_x|^2 p(X)\mathrm{d}X \quad (1.1.8)$$

式中 $E[\cdot]$表示数学期望，它是随机变量理论中最重要的运算之一。若有两个随机变量 x 和 y，其二维联合概率密度函数为 $p_{xy}(X, Y)$，其相关函数

$$r_{xy} = E[x^* y] = \int_{-\infty}^{\infty}\int_{-\infty}^{\infty} X^* Y p_{xy}(X, Y)\mathrm{d}X\mathrm{d}Y \quad (1.1.9)$$

协方差函数

$$c_{xy} = E[(x-\mu_x)^*(y-\mu_y)] = \int_{-\infty}^{\infty}\int_{-\infty}^{\infty} (X-\mu_x)^*(Y-\mu_y)p_{xy}(X, Y)\mathrm{d}X\mathrm{d}Y \quad (1.1.10)$$

式中 * 表示复共轭，显然，$c_{xy} = E[x^* y] - E[x^*]E[y]$。

如果两个随机变量 x 和 y 的协方差 $c_{xy}=0$，或这两个随机变量乘积的均值等于各自均值的乘积($E[xy]=E[x]E[y]$)，则称 x 和 y 是线性独立的。统计独立是线性独立的充分而非必要条件。

1.1.2 离散时间随机信号基础

可以把随机变量的概念推广到离散时间信号(或序列)中，得到离散时间的随机信号或随机过程。

以氢原子为例，在波尔的氢原子模型中，电子可以在允许的某个轨道上运动。电子在轨道上运动是一随机信号，某时刻在某个轨道上概率出现。当在相同的条件下独立地进行多次观察时，各次观察的结果互不相同。为了全面了解

电子运动情况，从概念上讲，应该在相同的条件下，尽可能多地独立观察。每观察一次，记录一个序列 $x_i(n)$（$i=1, 2, \cdots, N, N\to\infty$），如图 1.1.1 所示。

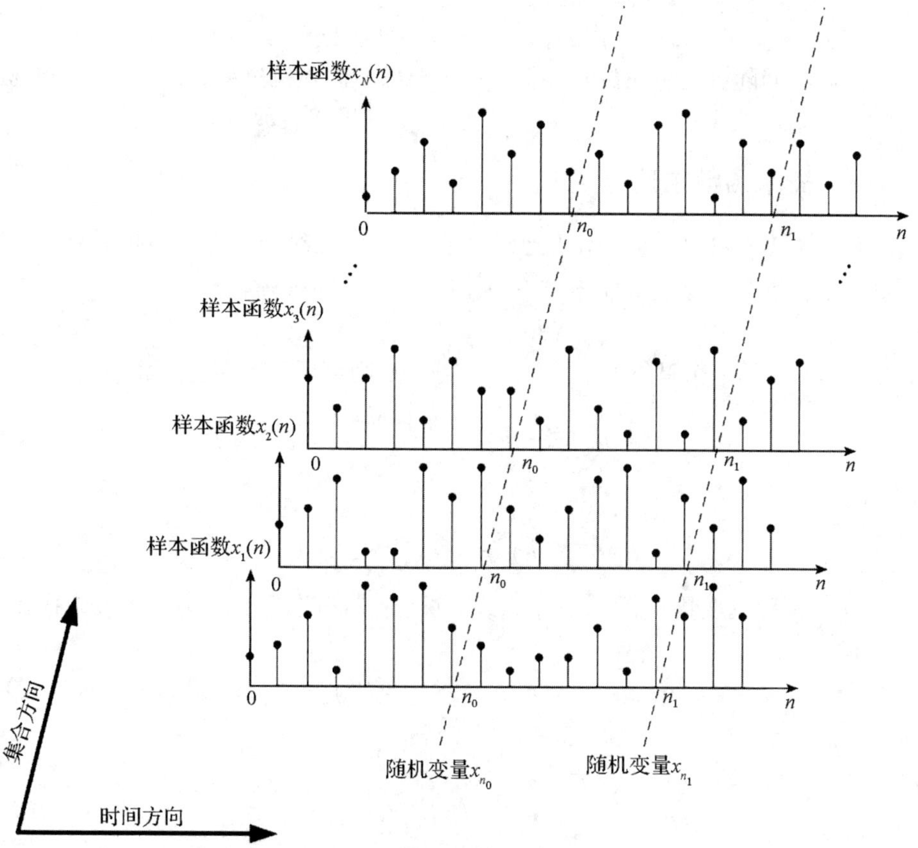

图 1.1.1　氢原子中电子的轨道

在集合方向上，所有可能的序列$\{x_i(n)\}$构成的集合 x 是一个离散时间随机过程，构成了电子轨道变化的整个过程，其中每个序列 $x_i(n)$称为该随机过程的一个实现或一个样本函数。

在时间方向上，对于一个特定的时刻，如 $n=n_0$，$x_1(n_0)$，$x_2(n_0)$，$\cdots$，$x_N(n_0)$是一个随机变量，相当于在 n_0 时刻同时观察多个电子。对于 n_1，$x_1(n_1)$，$x_2(n_1)$，$\cdots$，$x_N(n_1)$时刻也是一个随机变量。因此，离散时间随机过程是依赖于时间变化的随机变量的组合，随机变量按时间顺序排列而成的序列即为离散时间随机信号。

对于 i 和 n，有以下四个关于 $x_i(n)$的说明：

(1)如果 n 是固定的，且 i 变化，$x_i(n)$是一个随机变量；

(2)如果 i 是固定的，且 n 变化，$x_i(n)$是一个样本序列；

(3)如果 n 和 i 都是固定的，$x_i(n)$是一个数；

(4)如果 n 和 i 都是变化的，$x_i(n)$是一个随机过程。

离散时间随机信号在数学上就是一个离散时间随机过程，定义为一个随机变量的序列，即$\{x_n\} = \{x_0, x_1, x_2, \cdots, x_n\}$，这里 n 表示时间。

1.1.3 概率函数描述

从图 1.1.1 可以看出，对于随机信号 x，在 n 时刻，x_n 是一个随机变量，可用如下的概率分布函数来描述

$$P_{x_n}(X_n, n) = P[x_n \leqslant X_n] \tag{1.1.11}$$

式中 X_n 是 x_n 的一个具体值。若 x_n 取连续值，则可用概率密度函数描述为

$$p_{x_n}(X_n, n) = \frac{\partial P_{x_n}(X_n, n)}{\partial X_n} \tag{1.1.12}$$

或

$$P_{x_n}(X_n, n) = \int_{-\infty}^{X_n} p_{x_n}(x, n)\mathrm{d}x \tag{1.1.13}$$

对 N 个随机变量 $x_1, x_2, \cdots, x_N$，用联合概率分布函数和密度函数来描述，分别有

$$P_{x_1, x_2, \cdots, x_N}(X_1, X_2, \cdots, X_N; n_1, n_2, \cdots, n_N) = P(x_1 \leqslant X_1, x_2 \leqslant X_2, \cdots, x_N \leqslant X_N) \tag{1.1.14}$$

$$p_{x_1, x_2, \cdots, x_N}(X_1, X_2, \cdots, X_N; n_1, n_2, \cdots, n_N) = \frac{\partial^N P_{x_1, x_2, \cdots, x_N}(X_1, X_2, \cdots, X_N; n_1, n_2, \cdots n_N)}{\partial X_1 \partial X_2 \cdots \partial X_N} \tag{1.1.15}$$

其中

$P_{x_1, x_2, \cdots, x_N}(X_1, X_2, \cdots, X_N; n_1, n_2, \cdots, n_N)$为 N 维概率分布函数，

$p_{x_1, x_2, \cdots, x_N}(X_1, X_2, \cdots, X_N; n_1, n_2, \cdots, n_N)$为 N 维概率密度函数。

如果一个离散时间随机过程经过时间平移 k(k 为整数)后，其概率统计特性保持不变，即

$$P_{x_{1+k}, x_{2+k}, \cdots, x_{N+k}}(X_1, X_2, \cdots, X_N; 1+k, 2+k, \cdots, N+k) = P_{x_1, x_2, \cdots, x_N}(X_1, X_2, \cdots, X_N; 1, 2, \cdots, N) \tag{1.1.16}$$

则称该离散时间随机过程是严格平稳的。由此可以得到平稳离散随机过程的一维概率分布函数与时间无关，即

$$P_{x_n}(X_n, n) = P_{x_n}(X_n) \tag{1.1.17}$$

而二维概率分布函数与时间差有关，即

$$P_{x_n, x_m}(X_n, X_m; n, m) = P_{x_n, x_m}(X_n, X_m; n-m) \tag{1.1.18}$$

1.1.4 集合平均描述

离散时间随机信号既可以用概率来描述，也可以用统计平均量(均值、方差、相关函数、协方差函数等)方法来描述。因为一个随机信号是一组带有序号的随机变量，所以可以用组成随机过程的随机变量的统计平均来描述随机信号的特征，这类平均称为集合平均。显然，这些集合平均应是时间 n 的函数。

离散时间随机信号的均值定义为

$$m_{x_n} = E[x_n] = \int_{-\infty}^{\infty} X p_{x_n}(X, n)\mathrm{d}X \tag{1.1.19}$$

均值(期望值)通常与 n 有关。数学期望具有线性的性质，因此如果 $g(\cdot)$ 是一个单值函数，则 $g(x_n)$ 也是一个随机变量，而且随机变量的集合 $\{g(x_n)\}$ 定义了一个新的随机过程。可以证明，该随机过程的平均为

$$E[g(x_n)] = \int_{-\infty}^{\infty} g(X) p_{x_n}(X, n)\mathrm{d}X \tag{1.1.20}$$

在对两个(或更多个)随机过程之间的关系感兴趣的场合，必须考虑两个随机变量的集合 $\{x_n\}$ 和 $\{y_m\}$。例如，两个随机变量函数的期望值定义为

$$E[g(x_n, y_m)] = \int_{-\infty}^{\infty}\int_{-\infty}^{\infty} g(X, Y) p_{x_n, y_m}(X, Y; n, m)\mathrm{d}X\mathrm{d}Y \tag{1.1.21}$$

式中 $p_{x_n, y_m}(X, Y; n, m)$ 是随机变量 x_n 和 y_m 的联合概率密度函数。

x_n 的均方值定义为 $|x_n|^2$ 的平均，即

$$E[|x_n|^2] = \int_{-\infty}^{\infty} |X|^2 p_{x_n}(X, n)\mathrm{d}X \tag{1.1.22}$$

均方值也是 x_n 的平均功率。

x_n 的方差定义为 $x_n - m_{x_n}$ 的均方值，即

$$Var[x_n] = E[|x_n - m_{x_n}|^2] = \sigma_{x_n}^2 \tag{1.1.23}$$

因为和的均值等于均值的和，所以容易证明

$$Var[x_n] = E[|x_n|^2] - |m_{x_n}|^2 \tag{1.1.24}$$

通常，均方值和方差都是时间 n 的函数，但是对于平稳离散时间随机过程，它们均为常量。

均值、均方值和方差等都是简单的统计平均量，它们只能提供有关随机过程的少量信息。相关函数与协方差函数是更有用的统计平均量。自相关函数(自相关序列)是描述随机过程在不同时刻的值与值之间的依赖性的一个度量，它定义为

$$r_x(n, m) = E[x_n^* x_m] = \int_{-\infty}^{\infty}\int_{-\infty}^{\infty} X_n^* X_m p_{x_n, x_m}(X_n, X_m; n, m)\mathrm{d}X_n\mathrm{d}X_m \tag{1.1.25}$$

随机过程的自协方差函数(自协方差序列)定义为

$$c_x(n, m) = E[(x_n - m_{x_n})^*(x_m - m_{x_m})] \tag{1.1.26}$$

它可以写成

$$c_x(n, m) = r_x(n, m) - m_{x_n}^* m_{x_m} \tag{1.1.27}$$

对于零均值随机过程 $m_{x_n} = m_{x_m} = 0$, 则

$$c_x(n, m) = r_x(n, m) \tag{1.1.28}$$

即自协方差函数与其自相关函数相同。应当注意，通常自相关和自协方差都是二维序列，即均为两个变量的函数。

两个不同随机信号之间相关性的度量可以由互相关序列得出。如果$\{x_n\}$和$\{y_m\}$是两个随机过程，它们的互相关为

$$r_{xy}(n, m) = E[x_n^* y_m] = \int_{-\infty}^{\infty}\int_{-\infty}^{\infty} X^* Y p_{x_n, y_m}(X, Y; n, m)\mathrm{d}X\mathrm{d}Y \tag{1.1.29}$$

其中 $p_{x_n, y_m}(X, Y; n, m)$是 x_n 和 y_m 的联合概率密度函数。

互协方差函数定义为

$$c_{xy}(n, m) = E[(x_n - m_{x_n})^*(y_m - m_{y_m})] = r_{xy}(n, m) - m_{x_n}^* m_{y_m} \tag{1.1.30}$$

当 $m_{x_n} = m_{y_m} = 0$ 时，有

$$c_{xy}(n, m) = r_{xy}(n, m) \tag{1.1.31}$$

在许多场合会遇到在严格的意义上并不平稳的随机过程，即它们的概率分布不是时不变的。当一个随机信号 x 满足以下三个条件时，称这个随机信号广义平稳：

(1) 它的均值是一个不依赖于时间 n 的常数，即

$$m_x = E[x_n] \tag{1.1.32}$$

(2) 它的方差也是一个不依赖于时间 n 的常数，即

$$\sigma_x^2 = E[|x_n - m_x|^2] \tag{1.1.33}$$

(3) 它的自相关函数，仅仅依赖于延迟 $l = m - n$, 即

$$r_x(n, m) = r_x(m - n) = r_x(l) = E[x_n^* x_{n+l}] \tag{1.1.34}$$

例 1.1.1 随机相位正弦序列是一随机过程，可表示为 $x_n = A\sin(2\pi f n T_s + \Phi)$, 其中 A, f, T_s 为常数，Φ 是随机变量，在 $0 \sim 2\pi$ 内服从均匀分布，即

$$p_{\Phi}(\varphi,n)=\begin{cases}\dfrac{1}{2\pi}, & 0\leqslant\varphi\leqslant 2\pi\\ 0, & 其他\end{cases}$$

求该随机过程的均值和自相关函数，并判断其平稳性。

解：对应 Φ 的一个取值，可得到一条正弦曲线。因为 Φ 在 $0\sim 2\pi$ 内的取值是随机的，所以其每一个样本 x_n 都是一个正弦信号。根据定义，x_n 的均值和自相关函数分别是

$$m_{x_n}=E[x_n]=E[A\sin(2\pi fnT_s+\Phi)]=\int_0^{2\pi}A\sin(2\pi fnT_s+\varphi)\frac{1}{2\pi}\mathrm{d}\varphi=0$$

$$\begin{aligned}r_x(n,n+m)&=E[x_n^* x_{n+m}]=E[A\sin(2\pi fnT_s+\Phi)A\sin(2\pi f(n+m)T_s+\Phi)]\\&=\int_0^{2\pi}A^2\sin(2\pi fnT_s+\varphi)\sin(2\pi f(n+m)T_s+\varphi)\frac{1}{2\pi}\mathrm{d}\varphi\\&=\frac{A^2}{2}\cos(2\pi fmT_s)\\&=r_x(m)\end{aligned}$$

所以随机相位正弦波是广义平稳的。

1.1.5 随机矢量

在许多实际应用中，一组信号的观察数据可以作为一个整体，用随机矢量来建模，这是随机变量概念的一个延伸，从而将随机变量的一些概念推广到矢量和矩阵，如一个复随机变量就可以看作二维随机矢量。以下针对实随机矢量进行讨论。

一个 M 维随机矢量包含了 M 个随机变量

$$\boldsymbol{X}=[x_1,x_2,\cdots,x_M]^{\mathrm{T}} \tag{1.1.35}$$

其中 T 代表矢量转置。可以将 M 维随机矢量看成是一个 M 维的空间。

随机矢量的数学期望称为平均矢量，定义为

$$\boldsymbol{\mu}_X=E[\boldsymbol{X}]=\begin{bmatrix}E[x_1]\\E[x_2]\\\vdots\\E[x_M]\end{bmatrix}=\begin{bmatrix}\mu_1\\\mu_2\\\vdots\\\mu_M\end{bmatrix} \tag{1.1.36}$$

随机矢量的自相关称为自相关矩阵，定义为

$$\boldsymbol{R}_X=E[\boldsymbol{X}\boldsymbol{X}^{\mathrm{T}}]=\begin{bmatrix}r_{11}&\cdots&r_{1M}\\\vdots&&\vdots\\r_{M1}&\cdots&r_{MM}\end{bmatrix} \tag{1.1.37}$$

其中 $r_{ij}=E[x_i x_j]$。还可以定义自协方差矩阵

$$C_X=E[(X-\mu_X)(X-\mu_X)^{\mathrm{T}}]=\begin{bmatrix} c_{11} & \cdots & c_{1M} \\ \vdots & & \vdots \\ c_{M1} & \cdots & c_{MM} \end{bmatrix} \tag{1.1.38}$$

同样可以定义两个随机矢量间的互相关矩阵和互协方差矩阵。假设 X 和 Y 分别为 M 维和 L 维随机矢量，其互相关是一个 $M\times L$ 矩阵，称为互相关矩阵

$$R_{XY}=E[XY^{\mathrm{T}}]=\begin{bmatrix} E[x_1y_1] & \cdots & E[x_1y_L] \\ \vdots & & \vdots \\ E[x_My_1] & \cdots & E[x_My_L] \end{bmatrix} \tag{1.1.39}$$

其互协方差也是一个 $M\times L$ 矩阵，称为互协方差矩阵

$$C_{XY}=E[(X-\mu_X)(Y-\mu_Y)^{\mathrm{T}}]=R_{XY}-\mu_X\mu_Y^{\mathrm{T}} \tag{1.1.40}$$

如果 $C_{XY}=[0]$，则两个随机矢量 X 和 Y 线性独立(不相关)。

对随机变量的线性运算可以通过随机矢量的矩阵运算来完成

$$Y=AX \tag{1.1.41}$$

其中 A 是 $L\times M$ 变换矩阵。

1.2 各态历经性

随机信号的统计平均量(均值、方差、相关函数、协方差函数等)均是建立在集合平均下的。要精确地求出这些统计量，就要知道随机信号的概率函数或无穷多个样本，这在工程上显然是不现实的。

既然平稳随机信号的均值、方差和时间无关，相关函数、协方差函数又和时间选取的位置无关，那么能否利用随机信号的一个样本函数代替样本函数集合来计算随机信号的统计量呢？对于一类随机信号这是可能的，这样的随机信号称它满足各态历经性。

1.2.1 时间平均描述

对应于集合平均，可以定义出以下两种时间平均

$$\langle x(n)\rangle=\lim_{L\to\infty}\frac{1}{2L+1}\sum_{n=-L}^{L}x(n) \tag{1.2.1}$$

$$\langle x^*(n)x(n+m)\rangle=\lim_{L\to\infty}\frac{1}{2L+1}\sum_{n=-L}^{L}x^*(n)x(n+m) \tag{1.2.2}$$

分别称为离散时间随机信号的时间均值和时间相关函数，其中 $x(n)$ 为随机信

号一个样本函数的序列值。在实际应用中通常只考虑$0 \leqslant n < +\infty$的情况，此时时间平均定义为

$$\langle x(n) \rangle = \lim_{L \to \infty} \frac{1}{L} \sum_{n=0}^{L} x(n) \tag{1.2.3}$$

$$\langle x^*(n)x(n+m) \rangle = \lim_{L \to \infty} \frac{1}{L} \sum_{n=0}^{L} x^*(n)x(n+m) \tag{1.2.4}$$

时间平均依赖于随机信号的一个样本函数，任何的时间平均本身都是随机变量。可以证明，若$\{x_n\}$是一个有限均值的平稳过程，则上面的极限存在。

1.2.2 各态历经性概念

前面已经提到，在许多实际情况下，能得到的只是随机信号的一个样本函数，而非随机信号的样本函数集。通常这样一个单一样本函数不能提供随机信号的统计信息。然而，如果这个随机信号是平稳的和各态历经的，那么所有的统计信息都可以从一个样本函数的时间平均得到。

如果随机信号均值的集合平均与时间平均相等的概率为1，即

$$P(\langle x(n) \rangle = E[x_n]) = 1 \tag{1.2.5}$$

则称随机过程的均值各态历经。

如果随机信号相关的集合平均与时间平均相等的概率为1，即

$$P\left(\langle x^*(n)x(n+m) \rangle = E[x_n^* x_{n+m}]\right) = 1 \tag{1.2.6}$$

则称随机过程的相关各态历经。

如果两个随机信号分别各态历经，并且满足

$$P(\langle x^*(n)y(n+m) \rangle = E[x_n^* y_{n+m}]) = 1 \tag{1.2.7}$$

则称它们为联合各态历经。

满足各态历经的平稳随机过程称为各态历经过程。这时，时间平均算子$\langle \cdot \rangle$具有与集合平均算子$E[\cdot]$相同的性质。这样，在随机变量x_n和它在某一样本序列中的值$x(n)$之间，一般就不加以区别。例如，表示式$E[x(n)]$应解释为$E[x(n)] = E[x_n] = \langle x(n) \rangle$。

各态历经的一个物理解释是，随机信号的一个样本函数$x(n)$，随着时间趋于无穷大，可以取遍在给定时间内随机变量x_n全部的样本值。

值得指出的是，表示平稳物理现象的实际随机信号通常都是各态历经的。例如对于正态平稳过程，如果均值为零，自相关函数有界，则其满足各态历经性。因此对于平稳随机信号，只需研究总集中的一个样本数据序列，而不必去研究无限样本数据序列的总集，即可通过单个样本序列的时间平均描述一平稳离散随机信号的统计特性，而且按时间平均时，用任何一个样本序列都是可以

的。这样，给研究平稳离散时间随机信号带来很大方便。

在实际工作中，一般无法计算时间平均中的极限，因为只能获得有限的数据。但是量

$$\hat{m}_x = \frac{1}{L}\sum_{n=0}^{L-1} x(n) \tag{1.2.8}$$

$$\hat{\sigma}_x^2 = \frac{1}{L}\sum_{n=0}^{L-1} |x(n) - \hat{m}_x|^2 \tag{1.2.9}$$

和

$$\langle x^*(n)x(n+m)\rangle_L = \frac{1}{L}\sum_{n=0}^{L-1} x^*(n)x(n+m) \tag{1.2.10}$$

或类似的量常常用于计算均值、方差和自相关时间平均的估计值,分别称为样本均值、样本方差和样本相关。样本平均可以看成是样本函数 $x(n)$ 加窗后的时间平均。

例 1.2.1 讨论例 1.1.1 随机相位正弦波的各态历经性。

解：对于 $x_n = A\sin(2\pi fnT_s + \Phi)$，其单一的样本函数为 $x(n) = A\sin(2\pi fnT_s + \varphi)$，其中 φ 为一常数，对 $x(n)$ 作时间平均，有

$$\langle x(n)\rangle = \lim_{L\to\infty}\frac{1}{2L+1}\sum_{n=-L}^{L} A\sin(2\pi fnT_s + \varphi) = 0 = m_x$$

$$\begin{aligned}\langle x^*(n)x(n+m)\rangle &= \lim_{L\to\infty}\frac{1}{2L+1}\sum_{n=-L}^{L} A^2\sin(2\pi fnT_s + \varphi)\sin[2\pi f(n+m)T_s + \varphi] \\ &= \lim_{L\to\infty}\frac{1}{2L+1}\sum_{n=-L}^{L}\frac{A^2}{2}\left\{\cos 2\pi fmT - \cos[2\pi f(2n+m)T_s + 2\varphi]\right\} \\ &= \frac{A^2}{2}\cos 2\pi fmT \\ &= r_x(m)\end{aligned}$$

其中 m_x 和 $r_x(m)$ 分别为例 1.1.1 中计算得到的集合平均的均值与自相关函数。

随机相位正弦波时间平均与集合平均的统计量相等（严格讲是相等概率为 1），因此它既是平稳的，也是各态历经的。

1.3 相关与协方差序列性质

平稳随机信号的相关序列和协方差序列具有许多重要的特性。两个平稳随机过程 $\{x_n\}$ 和 $\{y_n\}$ 的自相关 $r_x(m)$、自协方差 $c_x(m)$、互相关 $r_{xy}(m)$ 和互协方差序列 $c_{xy}(m)$ 分别定义为

$$r_x(m)=E[x_n^* x_{n+m}] \tag{1.3.1}$$

$$c_x(m)=E[(x_n-m_x)^*(x_{n+m}-m_x)] \tag{1.3.2}$$

$$r_{xy}(m)=E[x_n^* y_{n+m}] \tag{1.3.3}$$

$$c_{xy}(m)=E[(x_n-m_x)^*(y_{n+m}-m_y)] \tag{1.3.4}$$

它们具有如下性质:

性质 1 相关和协方差序列关系为

$$c_x(m)=r_x(m)-|m_x|^2 \tag{1.3.5}$$

$$c_{xy}(m)=r_{xy}(m)-m_x^* m_y \tag{1.3.6}$$

当 $m_x=0$ 时，相关序列和协方差序列相等。

性质 2 相关与均方值，协方差与方差关系为

$$r_x(0)=E[|x_n|^2] \tag{1.3.7}$$

$$c_x(0)=r_x(0)-|m_x|^2=E[x_n^2]-|m_x|^2=\sigma_x^2 \tag{1.3.8}$$

性质 3 相关与协方差序列具有以下对称性

$$r_x(m)=r_x^*(-m) \tag{1.3.9}$$

$$c_x(m)=c_x^*(-m) \tag{1.3.10}$$

$$r_{xy}(m)=r_{yx}^*(-m) \tag{1.3.11}$$

$$c_{xy}(m)=c_{yx}^*(-m) \tag{1.3.12}$$

性质 4 相关与协方差序列具有最大值

$$|r_{xy}(m)|\leqslant\sqrt{r_x(0)r_y(0)} \tag{1.3.13}$$

$$|c_{xy}(m)|\leqslant\sqrt{c_x(0)c_y(0)} \tag{1.3.14}$$

特别是

$$|r_x(m)|\leqslant r_x(0) \tag{1.3.15}$$

$$|c_x(m)|\leqslant c_x(0) \tag{1.3.16}$$

证明式(1.3.13):

由 Schwartz 不等式，有

$$\begin{aligned}|r_{xy}(m)| &= \lim_{L\to\infty}\frac{1}{2L+1}\left|\sum_{n=-L}^{L}x^*(n)y(n+m)\right| \\ &\leqslant \lim_{L\to\infty}\sqrt{\frac{1}{2L+1}\sum_{n=-L}^{L}x(n)x^*(n)}\cdot\sqrt{\frac{1}{2L+1}\sum_{n=-L}^{L}y^*(n+m)y(n+m)} \\ &= \sqrt{r_x(0)r_y(0)}\end{aligned}$$

性质 5 对于实际上遇到的许多随机过程，m 越大则相关性越小，m 趋于无穷大则可认为不相关。因此有

$$\lim_{m\to\infty}c_x(m)=0 \tag{1.3.17}$$

$$\lim_{m\to\infty} r_x(m) = |m_x|^2 \tag{1.3.18}$$

$$\lim_{m\to\infty} c_{xy}(m) = 0 \tag{1.3.19}$$

$$\lim_{m\to\infty} r_{xy}(m) = m_x^* m_y \tag{1.3.20}$$

性质6　根据性质4，可以定义归一化自相关函数 $\rho_x(m)$ 和归一化互相关函数 $\rho_{xy}(m)$ 分别为

$$\rho_x(m) = \frac{r_x(m)}{r_x(0)} \tag{1.3.21}$$

$$\rho_{xy}(m) = \frac{r_{xy}(m)}{r_x(0)^{\frac{1}{2}} r_y(0)^{\frac{1}{2}}} \tag{1.3.22}$$

显然有 $0 \leqslant |\rho_x(m)| \leqslant 1$ 以及 $0 \leqslant |\rho_{xy}(m)| \leqslant 1$。归一化相关为1表示两个信号完全相关，归一化相关为0代表两个信号不相关（线性独立）。

性质7　由于 $r_x(0)$ 和 $r_y(0)$ 为常数，归一化互相关函数 $\rho_{xy}(m)$ 的大小由两个序列的互相关函数 $r_{xy}(m)$ 确定。根据式（1.2.7），当长度因子 $\frac{1}{2L+1}$ 被归一化后，$r_{xy}(m)$ 通过下式计算

$$r_{xy}(m) = \sum_{n=-\infty}^{\infty} x^*(n) y(n+m) \tag{1.3.23}$$

则互相关函数与线性卷积的关系为

$$r_{xy}(m) = x^*(-m) * y(m) \tag{1.3.24}$$

自相关函数与线性卷积的关系为

$$r_x(m) = x^*(-m) * x(m) \tag{1.3.25}$$

其中，$*$ 表示卷积运算。

证明式（1.3.24）：

由式（1.3.23）有

$$\begin{aligned} r_{xy}(m) &= \sum_{n=-\infty}^{\infty} x^*(n) y(n+m) \\ &= \sum_{n=-\infty}^{\infty} x^*(-n) y(m-n) \\ &= x^*(-m) * y(m) \end{aligned}$$

相关运算相当于信号通过滤波器的输出，而这个滤波器与已知信号的形状成比例。利用这个关系，可以设计在通信和雷达应用中广泛使用的“匹配滤波器”。

1.4 功率谱密度

离散时间的平稳随机信号具有相关序列，这些相关序列是时延的函数，这使得信号在频域和 Z 变换域都能被恰当地表示。

1.4.1 功率谱密度函数

对离散时间平稳随机信号的自相关函数和互相关函数作 Z 变换，有

$$R_x(z) = \sum_{m=-\infty}^{\infty} r_x(m) z^{-m} \tag{1.4.1}$$

$$R_{xy}(z) = \sum_{m=-\infty}^{\infty} r_{xy}(m) z^{-m} \tag{1.4.2}$$

令 $z = \mathrm{e}^{\mathrm{j}\omega}$，得到

$$R_x(\mathrm{e}^{\mathrm{j}\omega}) = \sum_{m=-\infty}^{\infty} r_x(m) \mathrm{e}^{-\mathrm{j}\omega m} \tag{1.4.3}$$

$$R_{xy}(\mathrm{e}^{\mathrm{j}\omega}) = \sum_{m=-\infty}^{\infty} r_{xy}(m) \mathrm{e}^{-\mathrm{j}\omega m} \tag{1.4.4}$$

称 $R_x(\mathrm{e}^{\mathrm{j}\omega})$ 为随机信号 $x(n)$ 的自功率谱密度函数，$R_{xy}(\mathrm{e}^{\mathrm{j}\omega})$ 为随机信号 $x(n)$ 和 $y(n)$ 的互功率谱密度函数。$R_x(z)$ 为随机信号 $x(n)$ 的复自谱密度函数，$R_{xy}(z)$ 为随机信号 $x(n)$ 和 $y(n)$ 的复互谱密度函数。

归一化的互谱

$$P_{xy}(\mathrm{e}^{\mathrm{j}\omega}) = \frac{R_{xy}(\mathrm{e}^{\mathrm{j}\omega})}{\sqrt{R_x(\mathrm{e}^{\mathrm{j}\omega}) R_y(\mathrm{e}^{\mathrm{j}\omega})}} \tag{1.4.5}$$

称为关联函数。显然 $0 \leqslant |P_{xy}(\mathrm{e}^{\mathrm{j}\omega})| \leqslant 1$，$P_{xy}(\mathrm{e}^{\mathrm{j}\omega})$ 被认为是频域的一种相关系数。

随机信号在时间上是无限的，在样本上是无穷多的，因此其能量是无限的。随机信号不满足傅里叶变换的绝对可和条件，其傅里叶变换是不存在的。当时间函数 $x(n)$ 的总能量无限时，通常转为研究信号在时间轴上的平均功率。因此对随机信号的频域分析，不再是频谱，而是功率谱。对于平稳随机信号 $x(n)$，其功率是有限的，傅里叶反变换必然存在，反变换即为自相关函数

$$r_x(m) = \frac{1}{2\pi} \int_{-\pi}^{\pi} R_x(\mathrm{e}^{\mathrm{j}\omega}) \mathrm{e}^{\mathrm{j}\omega m} \mathrm{d}\omega \tag{1.4.6}$$

而

$$r_x(0)=\frac{1}{2\pi}\int_{-\pi}^{\pi}R_x(\mathrm{e}^{\mathrm{j}\omega})\mathrm{d}\omega=E[|x_n|^2] \tag{1.4.7}$$

反映了信号的平均功率。$R_x(\mathrm{e}^{\mathrm{j}\omega})$在物理意义上说明了信号$x(n)$的频率成分，以及$x(n)$的功率随频率的分布。式(1.4.3)和式(1.4.6)称为Wiener-Khintchine定理。

对于平稳随机信号$x(n)$，

$$X(\mathrm{e}^{\mathrm{j}\omega})=\sum_{n=-L}^{L}x(n)\mathrm{e}^{-\mathrm{j}\omega n}$$

是$x(n)$的一个样本函数在$n=-L\sim L$时的离散时间傅里叶变换(DTFT)，也是随机的。$X(\mathrm{e}^{\mathrm{j}\omega})$的平均功率为

$$R_x(\mathrm{e}^{\mathrm{j}\omega})=\lim_{L\to\infty}\frac{1}{2L+1}E[|X(\mathrm{e}^{\mathrm{j}\omega})|^2]=\lim_{L\to\infty}\frac{1}{2L+1}E\left[\left|\sum_{n=-L}^{L}x(n)\mathrm{e}^{-\mathrm{j}\omega n}\right|^2\right] \tag{1.4.8}$$

考虑到时间平均，式(1.4.8)中的求极限运算是必要的。

由式(1.4.8)，有

$$\begin{aligned}R_x(\mathrm{e}^{\mathrm{j}\omega})&=\lim_{L\to\infty}\frac{1}{2L+1}E\left[\sum_{n=-L}^{L}x(n)\mathrm{e}^{-\mathrm{j}\omega n}\sum_{m=-L}^{L}x^*(m)\mathrm{e}^{\mathrm{j}\omega m}\right]\\&=\lim_{L\to\infty}\frac{1}{2L+1}\sum_{n=-L}^{L}\sum_{m=-L}^{L}r_x(n-m)\mathrm{e}^{-\mathrm{j}(n-m)\omega}\\&=\lim_{L\to\infty}\frac{1}{2L+1}(2L+1-|k|)\sum_{k=-2L}^{2L}r_x(k)\mathrm{e}^{-\mathrm{j}k\omega}\\&=\lim_{L\to\infty}\sum_{k=-2L}^{2L}r_x(k)\mathrm{e}^{-\mathrm{j}k\omega}-\lim_{L\to\infty}\sum_{k=-2L}^{2L}\frac{|k|}{2L+1}[r_x(k)\mathrm{e}^{-\mathrm{j}k\omega}]\end{aligned} \tag{1.4.9}$$

对于平稳随机过程，$r_x(k)$是绝对可和的，因此有

$$\lim_{L\to\infty}\sum_{k=-2L}^{2L}\frac{|k|}{2L+1}r_x(k)\to 0$$

所以根据式(1.4.9)有

$$R_x(\mathrm{e}^{\mathrm{j}\omega})=\sum_{k=-\infty}^{\infty}r_x(k)\mathrm{e}^{-\mathrm{j}k\omega}$$

一个无限长的随机信号的功率谱密度函数的概念可以这样来理解：它是无限多个无限长信号样本函数的功率谱密度函数的集合平均。考虑到如果各态历经假设成立(集合平均可以用时间平均代替)，且功率谱密度不含相位信息，因而不含信号的时间轴位置信息，所以一个平稳随机信号的一个样本的功率谱密度包含集合统计平均的实质。从而，一个随机信号的功率谱密度函数和自相关函数(作为一对傅里叶变换对)都表达了随机信号的统计平均特性。

1.4.2 谱密度函数性质

功率谱密度函数具有以下重要性质：

性质 1 无论 $x(n)$ 是实信号还是复信号，功率谱密度函数 $R_x(e^{j\omega})$ 都是频率的实周期函数，周期为 2π，没有相位信息。

性质 2 如果 $x(n)$ 是实信号，$R_x(e^{j\omega})$ 是 ω 的偶函数，即

$$R_x(e^{j\omega}) = R_x(e^{-j\omega}) \tag{1.4.10}$$

性质 3 功率谱密度函数 $R_x(e^{j\omega})$ 是非负定的，即

$$R_x(e^{j\omega}) \geqslant 0 \tag{1.4.11}$$

性质 4 $R_x(e^{j\omega})$ 的面积是非负的，这一面积等于 $x(n)$ 的平均功率。

1.4.3 白噪声

相关函数是一种随机信号在不同时刻值与值之间的依赖性度量。假设有一个理想的随机序列 $u(n)$，这个序列称为白噪声序列。$u(n)$ 的自相关函数为 $m=0$ 处的冲击函数，即

$$r_u(m) = \sigma^2\delta(m) \tag{1.4.12}$$

由自相关函数的定义，$r_u(m) = E[u(n)u(n+m)]$，说明白噪声序列在任意两个不同的时刻是不相关的，即 $E[u(i+n)u(j+n)]=0$，对所有的 $i \neq j$。因此，由 $u(n)$ 无法预测 $u(n+1)$。

白噪声的功率谱密度函数为

$$R_u(e^{j\omega}) = \sum_{m=-\infty}^{\infty} r_u(m)e^{-j\omega m} = \sigma^2 \tag{1.4.13}$$

在整个 $|\omega| \leqslant \pi$ 的频率周期内始终为一常数。

“白噪声”的名称来源于牛顿，他指出，白光包含了所有频率的光波。白噪声一词说明所有的频率对整个功率的贡献是一样的，正如白色的光一样，包含了所有可能颜色的等量混合。

白噪声是最具代表性的噪声信号，也是最简单的随机信号，但它可以作为一个基本的信号来构成更复杂的随机过程，这一点将在第 3 章进行讨论。

1.5 线性系统对随机信号的响应

本节将讨论离散时间随机信号通过线性非时变系统的响应。设有一个线性非时变系统 $H(z)$，它的单位取样响应是 $h(n)$，系统输入为实平稳随机信号

$x(n)$，输出为实信号 $y(n)$。可以证明 $x(n)$ 与 $y(n)$ 有以下关系：

(1) $y(n)$ 是平稳随机过程；

(2) $r_y(m)=r_x(m)*h(m)*h(-m)$；

(3) $R_y(e^{j\omega})=|H(e^{j\omega})|^2R_x(e^{j\omega})$，$R_y(z)=R_x(z)\cdot H(z)\cdot H(z^{-1})$；

(4) $r_{xy}(m)=r_x(m)*h(m)$，$R_{xy}(z)=R_x(z)H(z)$；

(5) $r_{yx}(m)=r_x(m)*h(-m)$，$R_{yx}(z)=R_x(z)H(z^{-1})$。

现分别进行证明。对于关系(1)，有：

输出信号 $y(n)$ 为

$$y(n)=x(n)*h(n)=\sum_{k=-\infty}^{\infty}h(k)x(n-k)$$

$y(n)$ 的均值为

$$m_y=E[y(n)]=E\left[\sum_{k=-\infty}^{\infty}h(k)x(n-k)\right]=\sum_{k=-\infty}^{\infty}h(k)E[x(n-k)]$$

又因 $x(n)$ 是平稳随机过程，有

$$E[x(n)]=E[x(n-k)]=m_x$$

所以有

$$m_y=\sum_{k=-\infty}^{\infty}h(k)E[x(n-k)]=m_x\sum_{k=-\infty}^{\infty}h(k)=m_xH(e^{j0})$$

$y(n)$ 的自相关函数为

$$\begin{aligned}r_y(n,n+m)&=E[y(n)y(n+m)]\\&=E\left[\sum_{k=-\infty}^{\infty}h(k)x(n-k)\cdot\sum_{r=-\infty}^{\infty}h(r)x(n+m-r)\right]\\&=\sum_{k=-\infty}^{\infty}h(k)\sum_{r=-\infty}^{\infty}h(r)E[x(n-k)x(n+m-r)]\end{aligned}$$

因为 $x(n)$ 是平稳的，有

$$E[x(n-k)x(n+m-r)]=r_x(m+k-r)$$

所以

$$r_y(n,n+m)=\sum_{k=-\infty}^{\infty}h(k)\sum_{r=-\infty}^{\infty}h(r)r_x(m+k-r)=r_y(m)\qquad(1.5.1)$$

由于 $y(n)$ 的均值与 n 无关，自相关也只与时间差 m 有关。因此可以得出结论：对于一个线性非时变系统，如果它的输入是平稳的，则其输出也是平稳的。

关系(1)得证。

对于关系(2)，令式(1.5.1)中 $l=r-k$，有

$$\begin{aligned} r_y(m) &= \sum_{l=-\infty}^{\infty} r_x(m-l) \sum_{k=-\infty}^{\infty} h(k)h(l+k) \\ &= \sum_{l=-\infty}^{\infty} r_x(m-l)v(l) \\ &= r_x(m) * v(m) \end{aligned} \tag{1.5.2}$$

式(1.5.2)中

$$v(l) = \sum_{k=-\infty}^{\infty} h(k)h(l+k) = h(l) * h(-l)$$

为系统单位取样响应 $h(n)$ 的确定性自相关函数，所以有

$$r_y(m) = r_x(m) * h(m) * h(-m)$$

关系(2)得证。

对关系(2)等式两边作傅里叶变换和 Z 变换，可以证明关系(3)。

对于关系(4)，有

$$\begin{aligned} r_{xy}(m) &= E[x(n)y(n+m)] \\ &= E\left[x(n) \sum_{k=-\infty}^{\infty} h(k)x(n+m-k)\right] \\ &= \sum_{k=-\infty}^{\infty} h(k)r_x(m-k) \\ &= r_x(m) * h(m) \end{aligned}$$

对等式两边作 Z 变换，有

$$R_{xy}(z) = R_x(z)H(z)$$

关系(4)得证。

对于关系(5)，有

$$\begin{aligned} r_{yx}(m) &= E[y(n)x(n+m)] \\ &= E\left[\sum_{k=-\infty}^{\infty} h(k)x(n-k)x(n+m)\right] \\ &= \sum_{k=-\infty}^{\infty} h(k)r_x(m+k) \\ &= r_x(m) * h(-m) \end{aligned}$$

对等式两边作 Z 变换，有

$$R_{yx}(z) = R_x(z)H(z^{-1})$$

关系(5)得证。

下面利用关系(2)来说明式(1.4.11)功率谱密度函数的非负性质。

$$E[|y(n)|^2] = \frac{1}{2\pi}\int_{-\pi}^{\pi} P_y(\omega)\mathrm{d}\omega$$

$$= \frac{1}{2\pi}\int_{-\pi}^{\pi} |H(e^{j\omega})|^2 P_x(\omega)\,d\omega$$

$$\geqslant 0$$

设 $H(e^{j\omega})$ 是如图 1.5.1 所示的理想带通滤波器频率响应

$$|H(e^{j\omega})| = \begin{cases} 1, & \omega_a \leqslant |\omega| \leqslant \omega_b \\ 0, & |\omega| < \omega_a \quad 或 \quad \omega_b < |\omega| < \pi \end{cases}$$

因为 $P_x(\omega)$ 及 $|H(e^{j\omega})|^2$ 均为 ω 的偶函数，所以有

$$E[|y(n)|^2] = \frac{1}{\pi}\int_{\omega_a}^{\omega_b} P_x(\omega)\,d\omega \geqslant 0 \tag{1.5.3}$$

当 $\omega_b \to \omega_a$ 时，式(1.5.3)仍应成立，因此有

$$P_x(\omega) \geqslant 0, \quad |\omega| \leqslant \pi$$

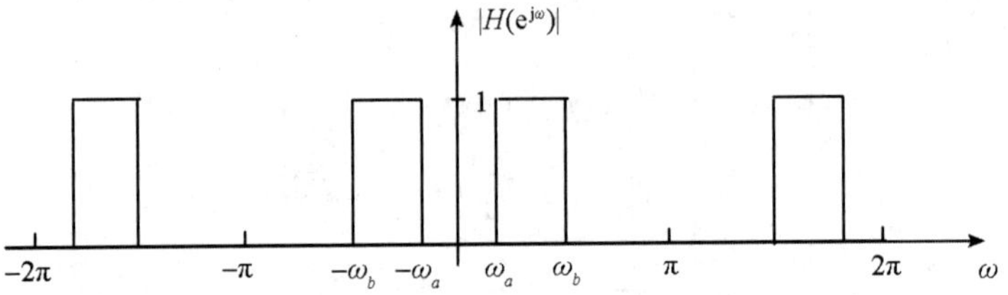

图 1.5.1 理想带通滤波器的频率响应

当输入是白噪声，即 $r_x(m) = \sigma_x^2\delta(m)$ 时，有

$$r_{xy}(m) = r_x(m) * h(m) = \sigma_x^2 h(m) \tag{1.5.4}$$

和

$$P_{xy}(\omega) = R_x(e^{j\omega}) \cdot H(e^{j\omega}) = \sigma_x^2 H(e^{j\omega}) \tag{1.5.5}$$

也就是说，对白噪声输入而言，线性系统输入与输出间的互相关正比于系统的冲激响应，输入与输出间的互功率谱正比于系统的频率响应 $H(e^{j\omega})$。式(1.5.4)和式(1.5.5)常常用来估计线性非时变系统的冲激响应和频率响应。

1.6 相关抵消

相关抵消的概念在很多最优信号处理算法中起着重要作用，相关抵消器是信号估计的最佳线性处理器。

1.6.1 相关抵消器

设 $\boldsymbol{X}$ 和 $\boldsymbol{Y}$ 分别为 N 维和 M 维随机矢量，且彼此相关，即

$$X = [x_1, x_2, \cdots, x_N]^{\mathrm{T}}, \quad Y = [y_1, y_2, \cdots, y_M]^{\mathrm{T}}$$

$$R_{XY} = E[XY^{\mathrm{T}}] \neq [0]$$

现通过一个 $N \times M$ 维变换矩阵 H 对 Y 进行线性变换，从而对矢量 X 进行估计，即

$$\hat{X} = HY \tag{1.6.1}$$

适当选择 H，使估计误差矢量

$$e = X - \hat{X} = X - HY \tag{1.6.2}$$

与 Y 不相关，即

$$R_{eY} = E[eY^{\mathrm{T}}] = [0] \tag{1.6.3}$$

由式(1.6.2)和式(1.6.3)可得

$$R_{eY} = E[XY^{\mathrm{T}}] - HE[YY^{\mathrm{T}}] = R_{XY} - HR_Y = [0]$$

由此求得

$$H = R_{XY}R_Y^{-1} = E[XY^{\mathrm{T}}]E[YY^{\mathrm{T}}]^{-1} \tag{1.6.4}$$

这就是说，若按式(1.6.4)设计线性变换矩阵 H，则矢量 X 中与 Y 相关的部分即为式(1.6.1)中的 $\hat{X}$，如图 1.6.1 所示。

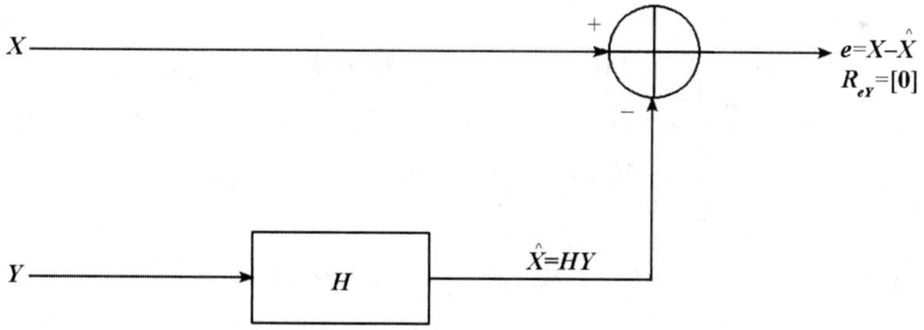

图 1.6.1　相关抵消器原理

满足式(1.6.3)，相关抵消器输出的误差矢量自相关阵为

$$\begin{aligned} R_{ee} &= E[ee^{\mathrm{T}}] = E[e(X^{\mathrm{T}} - Y^{\mathrm{T}}H^{\mathrm{T}})] = E[eX^{\mathrm{T}}] \\ &= E[(X - HY)X^{\mathrm{T}}] = R_X - R_{XY}R_Y^{-1}R_{YX} \end{aligned} \tag{1.6.5}$$

在相关抵消器中，X 中与 Y 相关的部分被估计出来，X 中与 Y 不相关的部分形成误差。

1.6.2　最佳线性估计

以下讨论相关抵消器的最佳线性估计性质。式(1.6.4)中变换矩阵 H 是最佳线性估计器，HY 是通过 Y 得到的 X 的最佳估计，其最佳的含义在于它产生

最小的均方估计误差。

估计误差矢量 $\boldsymbol{e}$ 可表示为

$$\boldsymbol{e}=\begin{bmatrix}e_1\\e_2\\\vdots\\e_N\end{bmatrix}=\begin{bmatrix}x_1\\x_2\\\vdots\\x_N\end{bmatrix}-\begin{bmatrix}h_{11}&h_{12}&\cdots&h_{1M}\\h_{21}&h_{22}&\cdots&h_{2M}\\\vdots&\vdots&&\vdots\\h_{N1}&h_{N2}&\cdots&h_{NM}\end{bmatrix}\begin{bmatrix}y_1\\y_2\\\vdots\\y_M\end{bmatrix}\tag{1.6.6}$$

其中

$$e_i=\sum_{j=1}^{M}y_jh_{ij},\quad i=1,2,\cdots,N\tag{1.6.7}$$

最佳的含义是使矢量 $\boldsymbol{e}$ 的每个变量 e_i 的均方值 $E[e_i^2]$ 最小，为此需要满足

$$\frac{\partial E[e_i^2]}{\partial h_{il}}=0,\qquad l=1,2,\cdots,M$$

$$E\left[\left(x_i-\sum_{j=1}^{M}y_jh_{ij}\right)y_l\right]=0,\qquad l=1,2,\cdots,M$$

$$\sum_{j=1}^{M}h_{ij}E[y_jy_l]=E[x_iy_l],\qquad l=1,2,\cdots,M\tag{1.6.8}$$

即

$$[h_{i1}\ \cdots\ h_{iM}]\begin{bmatrix}r_y(0)&\cdots&r_y(M-1)\\\vdots&&\vdots\\r_y(M-1)&\cdots&r_y(0)\end{bmatrix}=[r_{x_iy_1}\ \cdots\ r_{x_iy_M}]\tag{1.6.9}$$

式(1.6.9)对 e_1，e_2，$\cdots$，e_N 都成立，那么可以得到

$$\begin{bmatrix}h_{11}&\cdots&h_{1M}\\\vdots&&\vdots\\h_{N1}&\cdots&h_{NM}\end{bmatrix}\begin{bmatrix}r_y(0)&\cdots&r_y(M-1)\\\vdots&&\vdots\\r_y(M-1)&\cdots&r_y(0)\end{bmatrix}=\begin{bmatrix}r_{xy}(0)&\cdots&r_{xy}(M-1)\\\vdots&&\vdots\\r_{xy}(N-1)&\cdots&r_y(n-M)\end{bmatrix}\tag{1.6.10}$$

即

$$\boldsymbol{H}_{\text{opt}}\boldsymbol{R}_{\boldsymbol{Y}}=\boldsymbol{R}_{\boldsymbol{XY}}\tag{1.6.11}$$

求解式(1.6.11)，得出

$$\boldsymbol{H}_{\text{opt}}=\boldsymbol{R}_{\boldsymbol{XY}}\boldsymbol{R}_{\boldsymbol{Y}}^{-1}=E[\boldsymbol{XY}^{\mathrm{T}}]E[\boldsymbol{YY}^{\mathrm{T}}]^{-1}\tag{1.6.12}$$

式(1.6.12)与式(1.6.4)完全一致，一方面说明相关抵消与最佳线性估计具有一致性，另一方面说明最小均方估计误差同样也可用式(1.6.5)来表示，即

$$\boldsymbol{R}_{ee\min} = \boldsymbol{R}_X - \boldsymbol{R}_{XY}\boldsymbol{R}_Y^{-1}\boldsymbol{R}_{YX} \tag{1.6.13}$$

在许多实际应用中，线性变换矩阵 $\boldsymbol{H}$ 常表示一种线性滤波运算，矢量 $\boldsymbol{X}$ 和 $\boldsymbol{Y}$ 是信号序列。由式(1.6.12)可看出，为了设计 $\boldsymbol{H}$，需要知道 $\boldsymbol{R}_{XY}$ 和 $\boldsymbol{R}_Y$。若用时间平均代替集合平均或采用自适应技术，则可利用 $\boldsymbol{X}$ 和 $\boldsymbol{Y}$ 的数据来估计 $\boldsymbol{R}_{XY}$ 和 $\boldsymbol{R}_Y$。这种情况的典型应用包括噪声相消、回波相消、通道均衡和天线旁瓣相消等。

最佳信号估计问题将在第 3 章详细讨论。

1.7 正交投影定理

在 1.6 节中，任一随机矢量 $\boldsymbol{X}$ 相对于另一矢量 $\boldsymbol{Y}$ 可分解为两部分，即 $\boldsymbol{X} = \hat{\boldsymbol{X}} + \boldsymbol{e}$，其中 $\hat{\boldsymbol{X}}$ 与 $\boldsymbol{Y}$ 相关，可表示为 $\hat{\boldsymbol{X}} = \boldsymbol{H}\boldsymbol{Y}$；$\boldsymbol{e}$ 与 $\boldsymbol{Y}$ 不相关，即 $\boldsymbol{R}_{eY} = [\boldsymbol{0}]$。$\hat{\boldsymbol{X}}$ 和 $\boldsymbol{e}$ 之间不相关，即

$$\boldsymbol{R}_{e\hat{X}} = E[\boldsymbol{e}\hat{\boldsymbol{X}}^{\mathrm{T}}] = E[\boldsymbol{e}\boldsymbol{Y}^{\mathrm{T}}\boldsymbol{H}^{\mathrm{T}}] = \boldsymbol{R}_{eY}\boldsymbol{H}^{\mathrm{T}} = [\boldsymbol{0}] \tag{1.7.1}$$

$\hat{\boldsymbol{X}} = \boldsymbol{H}\boldsymbol{Y}$ 为通过 $\boldsymbol{Y}$ 对 $\boldsymbol{X}$ 做出的最佳线性估计。

本节将进一步对式(1.7.1)在几何上做出解释，说明它们不仅不相关，而且还互相正交。几何解释有两方面意义：一是为理解信号的最佳估计问题提供了一种简单而直观的方法；二是通过正交化处理，为建立信号模型奠定了基础，而信号模型在语音处理、数据压缩和现代谱估计中有着广泛应用。

1.7.1 内积定义

设 $\boldsymbol{X}$ 和 $\boldsymbol{Y}$ 分别为 N 维和 M 维随机矢量

$$\boldsymbol{X} = [x_1, x_2, \cdots, x_N]^{\mathrm{T}}, \quad \boldsymbol{Y} = [y_1, y_2, \cdots, y_M]^{\mathrm{T}}$$

如果将 $\boldsymbol{X}$ 和 $\boldsymbol{Y}$ 中每个随机变量都看作矢量空间中的一个矢量，则所要讨论的随机变量空间是随机变量集合生成的 $N+M$ 维线性矢量空间 $\{x_1, x_2, \cdots, x_N, y_1, y_2, \cdots, y_M\}$。设随机变量 $\boldsymbol{\mu}$ 和 $\boldsymbol{\nu}$ 是该线性空间中的任意两个矢量，通过对随机变量 $\boldsymbol{\mu}$ 和 $\boldsymbol{\nu}$ 之间的内积定义，可以将矢量空间转换成一个内积空间(Hilbert 空间)。

如图 1.7.1 所示，随机变量 $\boldsymbol{\mu}$、$\boldsymbol{\nu}$ 和 $\boldsymbol{\mu}-\boldsymbol{\nu}$ 在内积空间中为三个矢量并构成一个三角形，$\boldsymbol{\mu}$ 和 $\boldsymbol{\nu}$ 的矢量夹角定义为 θ。

随机变量 $\boldsymbol{\mu}$ 和 $\boldsymbol{\nu}$ 的内积定义为

$$\langle \boldsymbol{u}, \boldsymbol{v} \rangle = E[\boldsymbol{u}\boldsymbol{v}] \tag{1.7.2}$$

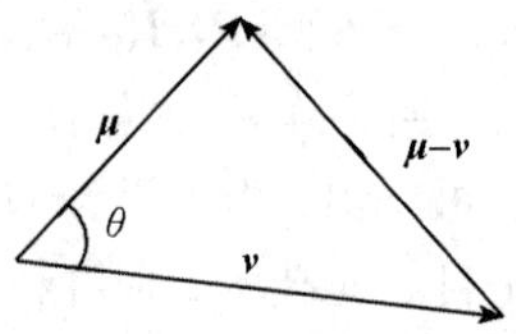

图 1.7.1　内积空间示意图

矢量长度为随机变量的均方根值，可用范数$\|\cdot\|$定义，矢量$\boldsymbol{\mu}$、$\boldsymbol{\nu}$和$\boldsymbol{\mu}-\boldsymbol{\nu}$的长度分别为

$$
\begin{aligned}
&\|\boldsymbol{\mu}\|=\langle\boldsymbol{\mu},\boldsymbol{\mu}\rangle^{\frac{1}{2}}=E[\boldsymbol{\mu}^2]^{\frac{1}{2}}\\
&\|\boldsymbol{\nu}\|=\langle\boldsymbol{\nu},\boldsymbol{\nu}\rangle^{\frac{1}{2}}=E[\boldsymbol{\nu}^2]^{\frac{1}{2}}\\
&\|\boldsymbol{\mu}-\boldsymbol{\nu}\|=\langle\boldsymbol{\mu}-\boldsymbol{\nu},\boldsymbol{\mu}-\boldsymbol{\nu}\rangle^{\frac{1}{2}}=E[(\boldsymbol{\mu}-\boldsymbol{\nu})^2]^{\frac{1}{2}}
\end{aligned}
\tag{1.7.3}
$$

根据三角形余弦定理，有

$$
\begin{aligned}
\|\boldsymbol{u}-\boldsymbol{v}\|^2&=E[(\boldsymbol{u}-\boldsymbol{v})^2]=E[\boldsymbol{u}^2+\boldsymbol{v}^2-2\boldsymbol{uv}]\\
&=\|\boldsymbol{u}\|^2+\|\boldsymbol{v}\|^2-2\langle\boldsymbol{u},\boldsymbol{v}\rangle\\
&=\|\boldsymbol{u}\|^2+\|\boldsymbol{v}\|^2-2\|\boldsymbol{u}\|\|\boldsymbol{v}\|\cos\theta
\end{aligned}
$$

$\boldsymbol{\mu}$ 和 $\boldsymbol{\nu}$ 矢量夹角 θ 的余弦为

$$\cos\theta=\frac{\langle\boldsymbol{u},\boldsymbol{v}\rangle}{\|\boldsymbol{u}\|\cdot\|\boldsymbol{v}\|}\tag{1.7.4}$$

若$\langle\boldsymbol{u},\boldsymbol{v}\rangle=E[\boldsymbol{uv}]=0$，则 $\theta=90°$，这时称矢量$\boldsymbol{\mu}$ 和 $\boldsymbol{\nu}$ 正交，记为$\boldsymbol{\mu}\perp\boldsymbol{\nu}$，表示随机变量$\boldsymbol{\mu}$ 和 $\boldsymbol{\nu}$ 不相关。

1.7.2　正交投影定理

如图 1.7.2 所示，根据正交分解定理，矢量 $\boldsymbol{x}$ 关于线性子空间 $\boldsymbol{Y}=[y_1, y_2, \cdots, y_M]^{\mathrm{T}}$，可唯一分解为两个互相正交的部分，一部分位于子空间内，另一部分与子空间垂直，即

$$\boldsymbol{x}=\hat{\boldsymbol{x}}+\boldsymbol{e},\qquad \hat{\boldsymbol{x}}\in\boldsymbol{Y},\ \boldsymbol{e}\perp\boldsymbol{Y}\tag{1.7.5}$$

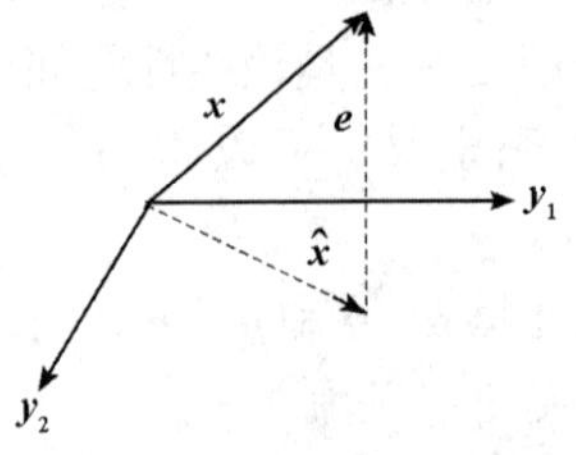

图 1.7.2　正交分解示意图

在式(1.7.5)中，$\boldsymbol{e}\perp\boldsymbol{Y}$ 意味着 $\boldsymbol{e}$ 正交于空间 $\boldsymbol{Y}$ 中的每一个矢量

$$\langle \boldsymbol{e},\ y_i\rangle = E[\boldsymbol{e}y_i] = 0,\quad i=1,2,\cdots,M$$

即

$$\boldsymbol{R}_{eY} = E[\boldsymbol{e}\boldsymbol{Y}^{\mathrm{T}}] = [\boldsymbol{0}] \tag{1.7.6}$$

式(1.7.6)称为正交方程。

正交投影定理　矢量 $\boldsymbol{x}$ 在线性子空间 $\boldsymbol{Y}$ 上的正交投影矢量 $\hat{\boldsymbol{x}}$ 是 $\boldsymbol{Y}$ 中与 x 距离最近的矢量。

证明：如图 1.7.3 所示，根据正交分解定理，矢量 $\boldsymbol{x}$ 关于线性子空间 $\boldsymbol{Y}$，可唯一分解为 $\boldsymbol{x}=\hat{\boldsymbol{x}}+\boldsymbol{e}$，其中 $\hat{\boldsymbol{x}}\in\boldsymbol{Y}$，$\boldsymbol{e}\perp\boldsymbol{Y}$。若矢量 $\boldsymbol{x}'\in\boldsymbol{Y}$，$\boldsymbol{x}-\boldsymbol{x}'=\boldsymbol{e}'$，则有

$$\begin{aligned}\|\boldsymbol{e}'\|^2 &= \|\boldsymbol{x}-\boldsymbol{x}'\|^2 = \|(\hat{\boldsymbol{x}}-\boldsymbol{x}')+\boldsymbol{e}\|^2\\ &= \|\hat{\boldsymbol{x}}-\boldsymbol{x}'\|^2+\|\boldsymbol{e}\|^2\\ &\geqslant \|\boldsymbol{e}\|^2\end{aligned} \tag{1.7.7}$$

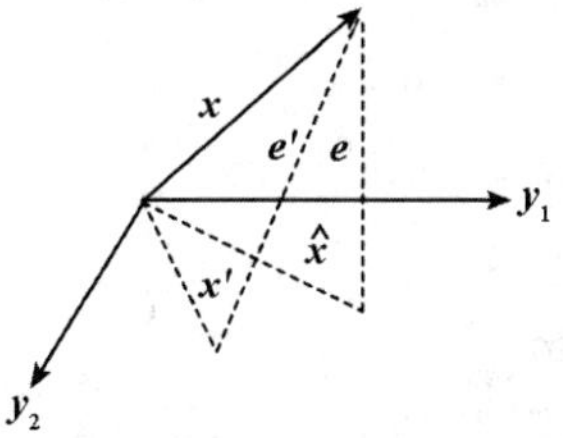

图 1.7.3　正交投影定理示意图

由式(1.7.7)可知，当且仅当 $\boldsymbol{x}'=\hat{\boldsymbol{x}}$ 时，矢量 $\boldsymbol{e}'$ 长度最短，即 $\boldsymbol{x}'$ 与 $\boldsymbol{x}$ 距离最近。正交投影定理得证。

正交投影定理说明：最佳估计、相关抵消和正交投影具有一致性。通过空间 $\boldsymbol{Y}$ 对 $\boldsymbol{x}$ 进行最佳估计时，误差矢量 $\boldsymbol{e}$ 与空间 $\boldsymbol{Y}$ 正交；通过随机矢量 $\boldsymbol{Y}$ 对随机变量 $\boldsymbol{x}$ 进行最佳估计时，误差变量 $\boldsymbol{e}$ 与 $\boldsymbol{Y}$ 不相关。

1.7.3　空间正交基

设有随机矢量 $\boldsymbol{\varepsilon}=[\varepsilon_1,\ \varepsilon_2,\ \cdots,\ \varepsilon_M]^{\mathrm{T}}$，其中随机变量间彼此不相关，满足

$$\langle \varepsilon_i,\ \varepsilon_j\rangle = E[\varepsilon_i\varepsilon_j] = 0,\qquad i\neq j \tag{1.7.8}$$

则对于 $\{\varepsilon_1,\ \varepsilon_2,\ \cdots,\ \varepsilon_M\}$ 张成的线性空间 $\boldsymbol{\varepsilon}$，$\varepsilon_i(i=1,2,\cdots,M)$ 称为该空间的正交基。

现通过随机矢量 $\boldsymbol{\varepsilon}$ 对随机变量 x 进行最佳估计，即内积空间中矢量 $\boldsymbol{x}$ 相对于空间 $\boldsymbol{\varepsilon}$ 进行正交分解

$$\boldsymbol{x}=\hat{\boldsymbol{x}}+\boldsymbol{e} \tag{1.7.9}$$

$\hat{\boldsymbol{x}}$ 位于子空间 $\boldsymbol{\varepsilon}$ 中，可用正交基底的线性组合来表示

$$\hat{\boldsymbol{x}} = \sum_{i=1}^{M} a_i \boldsymbol{\varepsilon}_i \tag{1.7.10}$$

其中，系数 a_i 可根据正交方程式(1.7.6)确定。因为

$$\begin{aligned}\langle x, \boldsymbol{\varepsilon}_i\rangle &= \langle \hat{x} + e, \boldsymbol{\varepsilon}_i\rangle \\ &= \langle \hat{x}, \boldsymbol{\varepsilon}_i\rangle = \langle \sum_{j=1}^{M} a_j \boldsymbol{\varepsilon}_j, \boldsymbol{\varepsilon}_i\rangle \\ &= a_i \langle \boldsymbol{\varepsilon}_i, \boldsymbol{\varepsilon}_i\rangle\end{aligned}$$

由此求得

$$a_i = \langle x, \boldsymbol{\varepsilon}_i\rangle \langle \boldsymbol{\varepsilon}_i, \boldsymbol{\varepsilon}_i\rangle^{-1} = E[x\boldsymbol{\varepsilon}_i]E[\boldsymbol{\varepsilon}_i\boldsymbol{\varepsilon}_i]^{-1} \tag{1.7.11}$$

将式(1.7.10)和式(1.7.11)代入式(1.7.9)，得到

$$\boldsymbol{x} = \sum_{i=1}^{M} E[x\boldsymbol{\varepsilon}_i]E[\boldsymbol{\varepsilon}_i\boldsymbol{\varepsilon}_i]^{-1}\boldsymbol{\varepsilon}_i + \boldsymbol{e} \tag{1.7.12}$$

写成矩阵形式为

$$\boldsymbol{x} = E[\boldsymbol{x\varepsilon}^{\mathrm{T}}]E[\boldsymbol{\varepsilon\varepsilon}^{\mathrm{T}}]^{-1}\boldsymbol{\varepsilon} + \boldsymbol{e} \tag{1.7.13}$$

式中

$$\begin{cases}\boldsymbol{\varepsilon} = [\boldsymbol{\varepsilon}_1, \cdots, \boldsymbol{\varepsilon}_M]^{\mathrm{T}} \\ E[\boldsymbol{x\varepsilon}^{\mathrm{T}}] = \{E[x\boldsymbol{\varepsilon}_1, \cdots, x\boldsymbol{\varepsilon}_M]\} \\ E[\boldsymbol{\varepsilon\varepsilon}^{\mathrm{T}}] = \mathrm{diag}\{E[\boldsymbol{\varepsilon}_1^2], \cdots, E[\boldsymbol{\varepsilon}_M^2]\}\end{cases} \tag{1.7.14}$$

式(1.7.12)为随机变量 $\boldsymbol{x}$ 关于正交基空间 $\boldsymbol{\varepsilon}$ 的正交分解关系式，满足式(1.7.6)定义的正交方程。

如果随机矢量 $\boldsymbol{X} = [x_1, x_2, \cdots, x_N]^{\mathrm{T}}$ 关于子空间 $\boldsymbol{\varepsilon}$ 进行正交分解，那么有

$$x_i = \hat{x}_i + e_i \qquad i = 1, 2, \cdots, N$$

这 N 个方程可用矢量形式合写为

$$\boldsymbol{X} = \hat{\boldsymbol{X}} + \boldsymbol{e} = E[\boldsymbol{X\varepsilon}^{\mathrm{T}}]E[\boldsymbol{\varepsilon\varepsilon}^{\mathrm{T}}]^{-1}\boldsymbol{\varepsilon} + \boldsymbol{e} \tag{1.7.15}$$

其正交方程可表示为

$$\boldsymbol{R}_{e\varepsilon} = E[\boldsymbol{e\varepsilon}^{\mathrm{T}}] = 0 \tag{1.7.16}$$

这与式(1.6.3)相关抵消是一致的。

1.7.4 Gram-Schmidt 正交化

在实际应用中，线性子空间 $\boldsymbol{Y} = \{y_1, y_2, \cdots, y_M\}$ 通常不满足随机变量 y_i 间彼此不相关条件。通过 Gram-Schmidt 正交化处理，可以根据空间 $\boldsymbol{Y}$ 的非正交基底 $\{y_1, y_2, \cdots, y_M\}$ 求出一组正交基底 $\{\boldsymbol{\varepsilon}_1, \boldsymbol{\varepsilon}_2, \cdots, \boldsymbol{\varepsilon}_M\}$。两个基底构成了相同的空间。

如图 1.7.4 所示，Gram-Schmidt 正交化的基本思想如下：第一步，先选择 y_1 作为第一个正交基底 $\boldsymbol{\varepsilon}_1$；第二步，将 y_2 关于空间 $\boldsymbol{\varepsilon}_1$ 进行正交分解，并选择误差矢量作为第二个基底 $\boldsymbol{\varepsilon}_2$，且有 $\langle \boldsymbol{\varepsilon}_1, \boldsymbol{\varepsilon}_2 \rangle = 0$；第三步，将 y_3 关于子空间 $\{\boldsymbol{\varepsilon}_1, \boldsymbol{\varepsilon}_2\}$ 进行正交分解，并选择误差矢量作为第三个正交基底 $\boldsymbol{\varepsilon}_3$。依此类推，整个处理过程可表示如下

$$\begin{aligned}
&\boldsymbol{\varepsilon}_1 = y_1 \\
&\boldsymbol{\varepsilon}_2 = y_2 - E[y_2\boldsymbol{\varepsilon}_1]E[\boldsymbol{\varepsilon}_1\boldsymbol{\varepsilon}_1]^{-1}\boldsymbol{\varepsilon}_1 \\
&\boldsymbol{\varepsilon}_3 = y_3 - (E[y_3\boldsymbol{\varepsilon}_1]E[\boldsymbol{\varepsilon}_1\boldsymbol{\varepsilon}_1]^{-1}\boldsymbol{\varepsilon}_1 + E[y_3\boldsymbol{\varepsilon}_2]E[\boldsymbol{\varepsilon}_2\boldsymbol{\varepsilon}_2]^{-1}\boldsymbol{\varepsilon}_2) \\
&\cdots \\
&\boldsymbol{\varepsilon}_n = y_n - \sum_{i=1}^{n-1} E[y_n\boldsymbol{\varepsilon}_i]E[\boldsymbol{\varepsilon}_i\boldsymbol{\varepsilon}_i]^{-1}\boldsymbol{\varepsilon}_i, \quad 2 \leqslant n \leqslant M
\end{aligned} \tag{1.7.17}$$

这样得到了一组正交基底 $\{\boldsymbol{\varepsilon}_1, \boldsymbol{\varepsilon}_2, \cdots, \boldsymbol{\varepsilon}_M\}$。

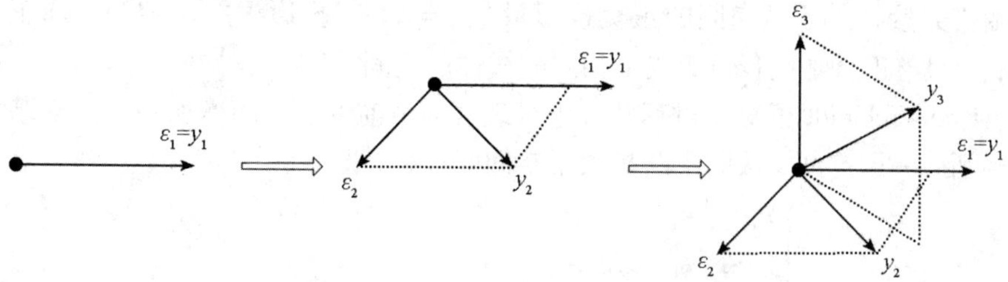

图 1.7.4　Gram-Schmidt 正交化过程示意图

下面证明，非正交基底 $\{y_1, y_2, \cdots, y_M\}$ 与正交基底 $\{\boldsymbol{\varepsilon}_1, \boldsymbol{\varepsilon}_2, \cdots, \boldsymbol{\varepsilon}_M\}$ 构成了相同的线性子空间。

证明： 定义随机矢量

$$\boldsymbol{Y} = [y_1, y_2, \cdots, y_M]^{\mathrm{T}}, \qquad \boldsymbol{\varepsilon} = [\boldsymbol{\varepsilon}_1, \boldsymbol{\varepsilon}_2, \cdots, \boldsymbol{\varepsilon}_M]^{\mathrm{T}}$$

分别构成子空间 $\boldsymbol{Y}$ 和 $\boldsymbol{\varepsilon}$。引用符号

$$\begin{aligned}
&b_{ni} = E[y_n\,\boldsymbol{\varepsilon}_i]E[\boldsymbol{\varepsilon}_i\,\boldsymbol{\varepsilon}_i]^{-1}, \quad 1 \leqslant i \leqslant n-1 \\
&b_{nn} = 1
\end{aligned}$$

以及

$$\boldsymbol{B} = \begin{bmatrix} 1 & 0 & 0 & 0 & \cdots & 0 \\ b_{21} & 1 & 0 & 0 & \cdots & 0 \\ b_{31} & b_{32} & 1 & 0 & \cdots & 0 \\ \vdots & \vdots & \vdots & \vdots & & \vdots \\ b_{M1} & b_{M2} & b_{M3} & b_{M4} & \cdots & 1 \end{bmatrix}$$

则根据式(1.7.17)有

$$y_n = \sum_{i=1}^{n} b_{ni}\varepsilon_i, \quad 1 \leqslant n \leqslant M \tag{1.7.18}$$

写成矩阵形式为

$$\boldsymbol{Y} = \boldsymbol{B\varepsilon} \tag{1.7.19}$$

现在随机矢量 $\boldsymbol{X} = [x_1, x_2, \cdots, x_N]^{\mathrm{T}}$，其关于子空间 $\boldsymbol{\varepsilon}$ 和 $\boldsymbol{Y}$ 的正交投影分别为$\hat{\boldsymbol{X}}|\boldsymbol{\varepsilon}$ 和$\hat{\boldsymbol{X}}|\boldsymbol{Y}$，由式(1.7.15)和式(1.7.19)可得

$$\begin{aligned}
\boldsymbol{X} &= \hat{\boldsymbol{X}}|\boldsymbol{\varepsilon} + \boldsymbol{e} = \boldsymbol{E}[\boldsymbol{X\varepsilon}^{\mathrm{T}}]\boldsymbol{E}[\boldsymbol{\varepsilon\varepsilon}^{\mathrm{T}}]^{-1}\boldsymbol{\varepsilon} + \boldsymbol{e} \\
&= \boldsymbol{E}[\boldsymbol{XY}^{\mathrm{T}}(\boldsymbol{B}^{-1})^{\mathrm{T}}]\boldsymbol{E}[\boldsymbol{B}^{-1}\boldsymbol{YY}^{\mathrm{T}}(\boldsymbol{B}^{-1})^{\mathrm{T}}]^{-1}\boldsymbol{B}^{-1}\boldsymbol{Y} + \boldsymbol{e} \\
&= \boldsymbol{E}[\boldsymbol{XY}^{\mathrm{T}}](\boldsymbol{B}^{-1})^{\mathrm{T}}\boldsymbol{B}^{\mathrm{T}}\boldsymbol{E}[\boldsymbol{YY}^{\mathrm{T}}]^{-1}\boldsymbol{BB}^{-1}\boldsymbol{Y} + \boldsymbol{e} \\
&= \boldsymbol{E}[\boldsymbol{XY}^{\mathrm{T}}]\boldsymbol{E}[\boldsymbol{YY}^{\mathrm{T}}]^{-1}\boldsymbol{Y} + \boldsymbol{e} \\
&= \hat{\boldsymbol{X}}|\boldsymbol{Y} + \boldsymbol{e}
\end{aligned} \tag{1.7.20}$$

即随机矢量 X 关于两空间的正交投影量$\hat{X}|\boldsymbol{\varepsilon} = \hat{X}|Y$，投影误差也相等。非正交基底$\{y_i\}$与正交基底$\{\varepsilon_i\}$构成了相同的线性子空间。

Gram-Schmidt 正交化过程实际上可理解为由前一子空间增加一个正交基底以得到后一子空间，从而不断扩大子空间的过程，即

$$\begin{cases}
\boldsymbol{Y}_1 = \{\varepsilon_1\} = \{y_1\} \\
\boldsymbol{Y}_2 = \{\varepsilon_1, \varepsilon_2\} = \{y_1, y_2\} \\
\boldsymbol{Y}_3 = \{\varepsilon_1, \varepsilon_2, \varepsilon_3\} = \{y_1, y_2, y_3\} \\
\cdots \\
\boldsymbol{Y}_n = \{\varepsilon_1, \varepsilon_2, \cdots, \varepsilon_n\} = \{y_1, y_2, \cdots, y_n\}
\end{cases} \tag{1.7.21}$$

1.7.5　新息

由式(1.7.17)和式(1.7.21)可得

$$\begin{aligned}
y_n &= \sum_{i=1}^{n-1} E[y_n\varepsilon_i]E[\varepsilon_i\varepsilon_i]^{-1}\varepsilon_i + \varepsilon_n \\
&= \sum_{i=1}^{n-1} E[y_n y_i]E[y_i y_i]^{-1} y_i + \varepsilon_n \\
&= \hat{y}_{n\,|\,n-1} + \varepsilon_n
\end{aligned} \tag{1.7.22}$$

式中 $\hat{y}_{n|n-1}$表示y_n 在子空间 $\boldsymbol{Y}_{n-1}$上的正交投影($\boldsymbol{Y}_{n-1}$与 $\boldsymbol{\varepsilon}_{n-1}$相同)，$\varepsilon_n$ 表示投影误差，与空间 $\boldsymbol{Y}_{n-1}$正交。

由式(1.7.20)可知，子空间 $\boldsymbol{Y}_{n-1}$增加正交基底 ε_n，可得到子空间 $\boldsymbol{Y}_n$，基底

ε_n 与现有空间 $\boldsymbol{Y}_{n-1}$ 中各分量不相关。每一个基矢量 $\varepsilon_i(i=1, \cdots, M)$ 均表示某种不同的或新的信息，每增加一个基底 ε_i 意味着增加新的信息，所以随机变量 ε_i 也称为新息，而式(1.7.18)称为 $\boldsymbol{Y}$ 的新息表示式。

根据式(1.7.21)，可得

$$\varepsilon_n = y_n - \hat{y}_{n|n-1} \tag{1.7.23}$$

可以从相关抵消、正交投影和最佳线性估计角度来理解式(1.7.23)。从相关抵消角度，式中 $\hat{y}_{n|n-1}$ 为 y_n 中与 $\boldsymbol{Y}_{n-1}$ 相关的部分，ε_n 为 y_n 中与 $\boldsymbol{Y}_{n-1}$ 不相关的部分；从正交投影角度，$\hat{y}_{n|n-1}$ 为 y_n 关于 $\boldsymbol{Y}_{n-1}$ 的正交投影量，ε_n 为投影误差；从最佳线性估计角度，$\hat{y}_{n|n-1}$ 为通过 $\boldsymbol{Y}_{n-1}$ 对 y_n 进行的最佳线性估计，ε_n 为估计误差。如果下标 n 表示时间，则 $\hat{y}_{n|n-1}$ 为过去时刻对当前时刻的最佳线性预测，ε_n 为预测误差。

1.8 信号模型与复倒谱

1.7 节讨论的 Gram-Schmidt 正交化处理以及新息的产生,为建立平稳随机信号模型奠定了基础。本节讨论信号模型的基本概念、信号的复倒谱及其特性。在信号处理问题中,有许多信号都可以表示为两个或两个以上信号分量的乘积或者卷积,复倒谱是处理这类信号的一个有效工具。

1.8.1 平稳随机过程的信号模型

如 1.7.5 节所讨论的,随机信号 y_n 可以通过新息序列 $\{\varepsilon_1,\varepsilon_2,\cdots,\varepsilon_{n-1},\varepsilon_n\}$ 线性加权产生,也可以通过差分方程 $\{y_1,y_2,\cdots,y_{n-1},\varepsilon_n\}$ 递归产生。相当多的平稳随机信号都可以通过新息(白噪声)激励线性时不变系统产生,而线性时不变(LTI)系统又可以用线性差分方程进行描述。

由式(1.7.22)可以得到

$$y_n = \sum_{i=-\infty}^{n-1} h(n-i)\varepsilon_i + \varepsilon_n \tag{1.8.1}$$

定义 $h(0)=1$,则有

$$y_n = \sum_{i=-\infty}^{n} h(n-i)\varepsilon_i = \sum_{i=0}^{\infty} h(i)\varepsilon_{n-i} \tag{1.8.2}$$

以及

$$y_n = -\sum_{i=1}^{\infty} h_I(i) y_{n-i} + \varepsilon_n \tag{1.8.3}$$

同时也定义 $h_I(0)=1$。

如果 $h(n)$ 和 $h_I(n)$ 都是因果稳定的，则式(1.8.2)和式(1.8.3)是等价的，$H(z)$ 和 $H_I(z)$ 互为逆系统，且均为最小相位系统(对于一个 LTI 系统，若该系统及其逆系统均因果稳定，该系统称为最小相位系统)。

系统 $H(z)$ 通过在输入的白噪声序列 ε_n 引入相关关系来产生信号 y_n，称为平稳随机信号的信号模型或有色滤波器。相反，$H(z)$ 的逆系统 $H_I(z)$ 可用于从 y_n 中恢复白噪声输入 ε_n，称为平稳随机信号的白化模型或白化滤波器。有色滤波器和白化滤波器如图 1.8.1 所示。

(a)有色滤波器　　(b)白化滤波器

图 1.8.1　有色滤波器与白化滤波器

如果输入 ε_n 是方差为 σ_ε^2，自相关函数为 $r_\varepsilon(m)=\sigma_\varepsilon^2\delta(m)$，功率谱密度函数为 $R_\varepsilon(e^{j\omega})=\sigma_\varepsilon^2$，$-\pi<\omega\leqslant\pi$ 的零均值白噪声过程，则根据 1.5 节讨论，考虑 $h(n)$ 为实系统，输出 y_n 的自相关函数、功率谱密度函数和复功率谱谱密度函数分别为

$$r_y(m) = \sigma_\varepsilon^2 \sum_{k=-\infty}^{\infty} h(k)h(k+m) = \sigma_\varepsilon^2 r_h(m) \tag{1.8.4}$$

$$R_y(e^{j\omega}) = \sigma_\varepsilon^2 |H(e^{j\omega})|^2 = \sigma_\varepsilon^2 R_h(e^{j\omega}) \tag{1.8.5}$$

$$R_y(z) = \sigma_\varepsilon^2 H(z) H(z^{-1}) \tag{1.8.6}$$

如果已知 y_n 的自相关函数 $r_y(m)$ 或者功率谱密度函数 $R_y(e^{j\omega})$，能否完全确定系统 $H(z)$？答案显然是不能的，这是因为功率谱密度函数 $R_x(e^{j\omega})$ 是频率的实函数，没有相位信息。但是，可以得到唯一一个最小相位的 $H_{\min}(z)$，此时 $H_{\min}(z^{-1})$ 是一个反因果稳定的最大相位系统，即根据 y_n 的自相关函数 $r_y(m)$ 或者功率谱密度函数 $R_y(e^{j\omega})$，可以得到唯一的最小相位表示

$$R_y(z) = \sigma_\varepsilon^2 H_{\min}(z) H_{\min}(z^{-1}) = \sigma_\varepsilon^2 H_{\min}(z) H_{\max}(z) \tag{1.8.7}$$

称为平稳随机信号的正则谱分解。

式(1.8.7)信号呈现最小相位系统与最大相位系统函数相乘，单位取样响

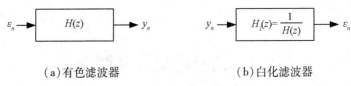

应卷积,系统函数乘积的形式,复倒谱是处理这类信号的一个有效工具。

1.8.2 复倒谱定义

对于序列 $x(n)$,其复倒谱 $\hat{x}(n)$ 定义为 $x(n)$ 的 z 变换的自然对数的反变换,即

$$\hat{x}(n) = Z^{-1}[\ln X(z)] = \frac{1}{2\pi j}\oint_c \ln X(z) z^{n-1} dz \tag{1.8.8}$$

其中 $X(z)$ 是 $x(n)$ 的 z 变换。显然,一个时间序列的复倒谱仍然是一个时间序列,同时容易证明,实序列的复倒谱也是一个实序列。由复倒谱定义可知,$\hat{x}(n)$ 是对 $\hat{X}(z) = \ln X(z)$ 求逆变换得到的。这意味着 $\hat{X}(z)$ 是 $\hat{x}(n)$ 的 z 变换。

$x(n)$ 的 z 变换可表示为

$$X(z) = |X(z)| e^{j\arg[X(z)]} \tag{1.8.9}$$

其中,$|X(z)|$ 为模,$\arg[X(z)]$ 为幅角。因为有

$$e^{j\arg[X(z)]} = e^{j\{\arg[X(z)]+2\pi k\}}, k=0, \pm 1, \pm 2, \cdots \tag{1.8.10}$$

所以 $X(z)$ 的对数是复对数,有

$$\hat{X}(z) = \ln X(z) = \ln|X(z)| + j\{\arg[X(z)] + 2\pi k\}, \ k=0, \pm 1, \pm 2, \cdots \tag{1.8.11}$$

即一个 $X(z)$ 将对应于无穷多个 $\hat{X}(z)$。显然,这不满足变换的唯一性要求。

解决复对数多值性的一般办法是取主值进行运算,即将幅角 $\arg[X(z)]$ 对 π 取模以得到主值相位,用 $\mathrm{ARG}[X(z)]$ 表示,即

$$\mathrm{ARG}[X(z)] = \langle \arg[X(z)] \rangle_\pi \tag{1.8.12}$$

其中,$\langle \cdot \rangle_\pi$ 表示对 π 求模运算。这样,便有

$$-\pi < \mathrm{ARG}[X(z)] < \pi \tag{1.8.13}$$

于是

$$\hat{X}(z) = \ln|X(z)| + j\mathrm{ARG}[X(z)] \tag{1.8.14}$$

且这是唯一性变换。但是,这时 $\hat{X}(z)$ 在单位圆上的值却不是 ω 的连续函数,这与 $\hat{X}(z)$ 的解析性相违。

$\hat{X}(z)$ 在收敛域内是 z 的解析函数。如果收敛域包括单位圆,这意味着 $\hat{X}(z)$ 在单位圆上也是解析的。这就首先要求 $\hat{X}(e^{j\omega})$ 是 ω 的连续函数。由于

$$\hat{X}(e^{j\omega}) = \ln|X(e^{j\omega})| + j\arg[X(e^{j\omega})] \tag{1.8.15}$$

因此要求 $\ln|X(e^{j\omega})|$ 和 $\arg[X(e^{j\omega})]$ 都是 ω 的连续函数。为使 $\ln|X(e^{j\omega})|$ 是 ω

的连续函数,要求 $X(z)$ 在单位圆上既无零点亦无极点。但是,为了避免复对数的多值性而采用的式(1.8.12)取模运算,致使 $\mathrm{ARG}[X(e^{j\omega})]$ 的连续性得不到保证。因此,不得不重新定义复对数。新的复对数定义引用了黎曼面的概念。在黎曼面上,幅角在 $(-\infty, +\infty)$ 范围内可以连续取值而无间断点。

1.8.3 复倒谱的性质

对于任意序列 $x(n)$,其 z 变换的一般形式可表示为

$$X(z) = \frac{Az^r \prod_{k=1}^{M_i}(1 - a_k z^{-1}) \prod_{k=1}^{M_o}(1 - b_k z)}{\prod_{k=1}^{N_i}(1 - c_k z^{-1}) \prod_{k=1}^{N_o}(1 - d_k z)} \tag{1.8.16}$$

其中 A,r 为常数,$|a_k|$、$|b_k|$、$|c_k|$ 和 $|d_k|$ 均小于 1。$a_k(k=1,\cdots,M_i)$ 为单位圆内零点,$1/b_k(k=1,\cdots,M_o)$ 为单位圆外零点,$c_k(k=1,\cdots,N_i)$ 为单位圆内极点,$1/d_k(k=1,\cdots,N_o)$ 为单位圆外极点。

对式(1.8.16)取自然对数,有

$$\begin{aligned}\ln X(z) = {} & \ln|A| + \ln z^r + \sum_{k=1}^{M_i}\ln(1 - a_k z^{-1}) + \sum_{k=1}^{M_o}\ln(1 - b_k z) - \\ & \sum_{k=1}^{N_i}\ln(1 - c_k z^{-1}) - \sum_{k=1}^{N_o}\ln(1 - d_k z)\end{aligned} \tag{1.8.17}$$

式(1.8.17)右端展开为 z^{-1} 或 z 的幂级数,其系数即为复倒谱 $\hat{x}(n)$ 的序列值。另外由于

$$Z^{-1}[\ln z^r] = \begin{cases}(-1)^n \dfrac{r}{n}, n \neq 0 \\ 0, n = 0\end{cases} \tag{1.8.18}$$

是一个振幅逐渐衰减的正负相间的冲激序列,因此,它对复倒谱的贡献很有规律,且跟信号 $x(n)$ 无关。所以,在讨论复倒谱时可以不考虑 z^r 的影响。由于有

$$\ln(1 - \alpha z^{-1}) = -\sum_{n=1}^{+\infty}\frac{\alpha^n}{n}z^{-n}, |z| > |\alpha| \tag{1.8.19}$$

$$\ln(1 - \beta z) = \sum_{n=-\infty}^{-1}\frac{\beta^{-n}}{n}z^{-n}, |z| < |\beta^{-1}| \tag{1.8.20}$$

因此对式(1.8.16)定义的 $\ln X(z)$ 作反变换,可得 $x(n)$ 的复倒谱

$$\hat{x}(n)=\begin{cases}\ln|A|, & n=0\\ -\sum_{k=1}^{M_i}\frac{a_k^n}{n}+\sum_{k=1}^{N_i}\frac{c_k^n}{n}, & n>0\\ \sum_{k=1}^{M_o}\frac{b_k^{-n}}{n}-\sum_{k=1}^{N_o}\frac{d_k^{-n}}{n}, & n<0\end{cases}\tag{1.8.21}$$

根据式(1.8.21),可以得到复倒谱的以下一些性质:

(1)无论 $x(n)$ 是有限长还是无限长,$\hat{x}(n)$ 都是无限长的。

(2)$\hat{x}(n)$ 是快速衰减的,满足

$$|\hat{x}(n)|<c\cdot\frac{\alpha^{|n|}}{|n|},\alpha=\max[a_k,b_k,c_k,d_k]$$

其中 c 为常量。这意味着复倒谱的能量主要集中在低时端。

(3)如果 $x(n)$ 是最小相位的,即零点与极点都在单位圆内,则 $\hat{x}(n)$ 是因果的,满足

$$\hat{x}(n)=\begin{cases}\ln|A|, & n=0\\ -\sum_{k=1}^{M_i}\frac{a_k^n}{n}+\sum_{k=1}^{N_i}\frac{c_k^n}{n}, & n>0\\ 0, & n<0\end{cases}$$

(4)如果 $x(n)$ 是最大相位的,即零极点都在单位圆外,则 $\hat{x}(n)$ 是反因果的,满足

$$\hat{x}(n)=\begin{cases}\ln|A|, & n=0\\ 0, & n>0\\ \sum_{k=1}^{M_o}\frac{b_k^{-n}}{n}-\sum_{k=1}^{N_o}\frac{d_k^{-n}}{n}, & n<0\end{cases}$$

1.8.4 通过离散傅里叶变换(DFT)计算复倒谱

根据复倒谱的定义,可以通过对信号 $x(n)$ 的离散时间傅里叶变换(DTFT)的自然对数进行反变换得到 $\hat{x}(n)$,即

$$x(n)\xrightarrow{\text{DTFT}}X(e^{j\omega})\xrightarrow{\ln[\,]}\hat{X}(e^{j\omega})\xrightarrow{\text{DTFT}^{-1}}\hat{x}(n)\tag{1.8.22}$$

具体通过离散傅里叶变换来实现,即

$$x(n)\xrightarrow{\text{DFT}}X(k)\xrightarrow{\ln[\,]}\hat{X}(k)\xrightarrow{\text{DFT}^{-1}}\hat{x}_p(n)\tag{1.8.23}$$

设输入信号 $x(n)$ 是长度为 N，其 N 点离散傅里叶变换用 $X(k)$ 表示，它的复对数 $\hat{X}(k)$ 仍然是长为 N 的序列。由于 $\hat{X}(k)$ 是 $\hat{X}(e^{j\omega})$ 一个周期的 N 点取，因此它的离散傅里叶反变换将是 $\hat{X}(e^{j\omega})$ 的反变换 $\hat{x}(n)$ 以 N 为周期进行周期延拓得到的序列，用 $\hat{x}_p(n)$ 表示，即

$$\hat{x}_p(n) = \sum_{r=-\infty}^{\infty} \hat{x}(n + rN) \tag{1.8.24}$$

因此，按式(1.8.23)计算得到的不是真正的复倒谱，而是复倒谱周期延拓后的结果。由于 $\hat{x}(n)$ 总是无限长序列，因此 $\hat{x}_p(n)$ 不可避免地有混叠失真。好在 $\hat{x}(n)$ 具有幅度快速衰减的性质，能量主要集中在低时端，所以当 N 值较大时，混叠失真是很小的。

在计算过程中，需要注意以下几个方面：

相位展开　$x(n)$ 的离散傅里叶变换可表示为

$$X(k) = |X(k)| e^{j\arg[X(k)]} = X_r(k) + jX_i(k)$$

其中 $X_r(k)$ 和 $X_i(k)$ 分别是 $X(k)$ 的实部和虚部，$|X(k)|$ 为 $X(k)$ 的幅度，$\arg[X(k)]$ 为 $X(k)$ 的瞬时相位。可以计算得到 $X(k)$ 的相位主值

$$\mathrm{ARG}[X(k)] = \arctan\left[\frac{X_I(k)}{X_R(k)}\right] \tag{1.8.25}$$

满足 $-\pi < \mathrm{ARG}[X(k)] < \pi$。

通过式(1.8.25)计算得到的幅角主值是间断的，需要由它恢复瞬时相位 $\arg[X(k)]$，它也是 ω 的连续函数，这就是相位展开。相位展开方法很多，一般是在主值相位上叠加一个校正相位以得到瞬时相位，如图 1.8.2 所示，其中(b)为主值相位 $\mathrm{ARG}[X(k)]$，它是间断的；(c)为校正相位 $\mathrm{COR}(k)$；(a)为瞬时相位 $\arg[X(k)]$，它是由 $\mathrm{ARG}[X(k)]$ 与 $\mathrm{COR}(k)$ 相加得到的，是 ω 的连续函数

$$\arg[X(k)] = \mathrm{ARG}[X(k)] + \mathrm{COR}(k) \tag{1.8.26}$$

在采样率足够大的条件下，校正相位可得

$$\mathrm{COR}(k) = \begin{cases} \mathrm{COR}(k-1) - 2\pi, & \mathrm{ARG}[X(k)] - \mathrm{ARG}[X(k-1)] > \pi \\ \mathrm{COR}(k-1) + 2\pi, & \mathrm{ARG}[X(k)] - \mathrm{ARG}[X(k-1)] < -\pi \\ \mathrm{COR}(k-1), & |\mathrm{ARG}[X(k)] - \mathrm{ARG}[X(k-1)]| < \pi \end{cases} \tag{1.8.27}$$

并且 $\mathrm{COR}(0) = 0$。

***A* 的符号**　考虑到对数运算的要求，我们总是计算 $\ln|A|$，在 $A<0$ 的情况下，最后算出的复倒谱是 $-x(n)$ 的复倒谱。这就需要确定 A 的符号并进行符号校正。令 $z=1$，则根据式(1.8.16)有

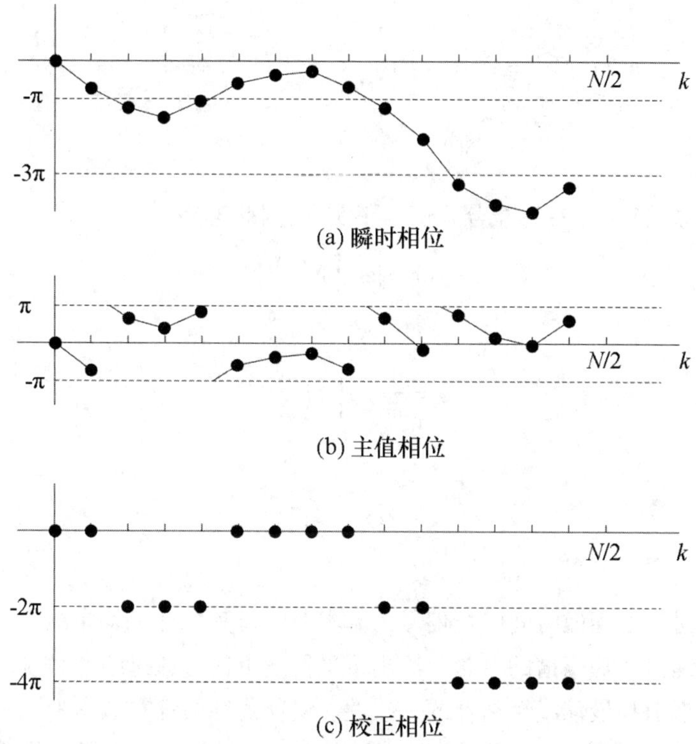

图 1.8.2　相位展开原理

$$X(z)\big|_{z=1} = X(\mathrm{e}^{\mathrm{j}0}) = X(k)\big|_{k=0} = A\frac{\prod_{k=1}^{M_i}(1-a_k)\prod_{k=1}^{M_o}(1-b_k)}{\prod_{k=1}^{N_i}(1-c_k)\prod_{k=1}^{N_o}(1-d_k)} \tag{1.8.28}$$

同时 $X(k)$ 在 $k=0$ 时虚部为零。当 $x(n)$ 是实序列时，a_k、b_k、c_k、d_k 或为实数，或为共轭复数，且模都小于 1。因此，式(1.8.28)中分子、分母的所有因子或共轭因子之积都是大于零的实数，因此 A 的符号与离散傅里叶变换 $X(0)$ 的符号相同，即

$$\mathrm{Sign}[A] = \mathrm{Sign}[X(0)] \tag{1.8.29}$$

线性相位　由式(1.8.18)可知，线性相位项 z^r 对复倒谱的贡献是很有规律的。令 $z=-1$，则根据式(1.8.16)有

$$X(z)\big|_{z=-1} = X(\mathrm{e}^{\mathrm{j}\pi}) = X(k)(k)\big|_{k=\frac{N}{2}} = |A|e^{\mathrm{j}\pi r}\frac{\prod\limits_{k=1}^{M_i}(1+a_k)\prod\limits_{k=1}^{M_o}(1+b_k)}{\prod\limits_{k=1}^{N_i}(1+c_k)\prod\limits_{k=1}^{N_o}(1+d_k)} \tag{1.8.30}$$

同理，式(1.8.30)右端分式恒为正实数，因此得到

$$\mathrm{j}\pi r = \mathrm{j}\arg\left[X\left(\frac{N}{2}\right)\right] \tag{1.8.31}$$

或

$$r = \frac{1}{\pi}\arg\left[X\left(\frac{N}{2}\right)\right] \tag{1.8.32}$$

小　结

本章讨论了离散时间随机信号的基本概念及其统计平均量的描述方法，重点是相关函数和功率谱的概念。给出了平稳随机信号通过线性系统的响应。阐明了相关抵消和最佳线性估计的一致性。最佳线性估计在数学上属于矢量空间中的正交投影问题，它是最优滤波理论的基础。最后，介绍了平稳随机信号模型的基本概念和信号的复倒谱及其特性。

习　题

1.1　若随机变量 x 具有均匀分布的概率密度函数

$$p_x(x) = \begin{cases} \dfrac{1}{(b-a)}, & a \leqslant x \leqslant b \\ 0, & \text{其他} \end{cases}$$

求 x 的均值和方差。

1.2　两个随机变量 x 和 y 的概率密度为

$$p_{xy}(x, y) = \begin{cases} \dfrac{xy}{9}, & 0<x<2,\ 0<y<3 \\ 0, & \text{其他} \end{cases}$$

证明 x 和 y 是不相关的；x 和 y 也是统计独立的。

1.3 计算并比较下列过程的自相关函数

$$x_1(n)=w(n)+0.3w(n-1)-0.4w(n-2)$$
$$x_2(n)=w(n)-1.2w(n-1)-1.6w(n-2)$$

其中 $w(n)\sim N(0,1)$。试说明两个自相关函数的共同点。

1.4 试证明两个实广义平稳随机过程 x_n 和 y_n 的互协方差函数满足

$$|c_{xy}(m)|^2\leqslant c_x(0)c_y(0)$$

1.5 已知随机信号 $x(n)$ 的自相关函数为 $r_x(m)=0.4^{|m|}$(m 取任意值)，试求其功率谱函数 $R_x(z)$。

1.6 已知功率谱密度函数 $P_x(\omega)=\dfrac{8.5-4\cos\omega}{5-3\cos\omega}$，试计算自相关函数 $r_x(m)$。

1.7 若 $x_1(n)=x(n)*h_1(n)$；$y_1(n)=y(n)*h_2(n)$。现定义衡量频域互相关性的相关函数

$$R_{xy}^2(\omega)=\frac{|R_{xy}(\mathrm{e}^{\mathrm{j}\omega})|^2}{R_x(\mathrm{e}^{\mathrm{j}\omega})R_y(\mathrm{e}^{\mathrm{j}\omega})},\qquad R_{x_1y_1}^2(\omega)=\frac{|R_{x_1y_1}(\mathrm{e}^{\mathrm{j}\omega})|^2}{R_{x_1}(\mathrm{e}^{\mathrm{j}\omega})R_{y_1}(\mathrm{e}^{\mathrm{j}\omega})}$$

其中 $R_{xy}(\mathrm{e}^{\mathrm{j}\omega})$，$R_{x_1y_1}(\mathrm{e}^{\mathrm{j}\omega})$ 分别是互相关序列 $r_{xy}(m)$，$r_{x_1y_1}(m)$ 的傅里叶变换；$R_x(\mathrm{e}^{\mathrm{j}\omega})$，$R_y(\mathrm{e}^{\mathrm{j}\omega})$，$R_{x_1}(\mathrm{e}^{\mathrm{j}\omega})$，$R_{y_1}(\mathrm{e}^{\mathrm{j}\omega})$ 分别是自相关序列 $r_x(m)$，$r_y(m)$，$r_{x_1}(m)$，$r_{y_1}(m)$ 的傅里叶变换。试证明：$R_{xy}^2(\omega)=R_{x_1y_1}^2(\omega)$。

1.8 证明功率谱密度函数具有以下性质：

(a) 无论 $x(n)$ 是实信号还是复信号，功率谱密度函数 $R_x(\mathrm{e}^{\mathrm{j}\omega})$ 都是频率的实周期函数，没有相位信息；

(b) 如果 $x(n)$ 是实信号，$R_x(\mathrm{e}^{\mathrm{j}\omega})$ 是 ω 的偶函数；

(c) 功率谱密度函数 $R_x(\mathrm{e}^{\mathrm{j}\omega})$ 是非负定的，即 $R_x(\mathrm{e}^{\mathrm{j}\omega})\geqslant 0$。

1.9 设 A 和 B 是随机变量，构成随机过程 $x(n)=A\cos\omega_0 n+B\sin\omega_0 n$，其中 ω_0 是实常数。

(a) 若 A 和 B 具有零均值，相同的方差且互不相关，证明 $x(n)$ 是宽平稳过程；

(b) 求 $x(n)$ 的自相关函数；

(c) 求 $x(n)$ 的功率谱密度。

1.10 设有一个线性非时变系统 $H(z)$，系统输入为实平稳随机信号 $x(n)$，$R_x(z)$ 为其功率谱，输出为实信号 $y(n)$。证明 $y(n)$ 与 $x(n)$ 的互功率谱函数 $R_{yx}(z)$ 满足

$$R_{yx}(z)=R_x(z)H(z^{-1})$$

1.11 设 x, y_1, y_2 是三个随机变量，已知

$E[x^2]=E[y_1^2]=E[y_2^2]=1$, $E[y_1y_2]=\sqrt{3}/2$, $E[xy_1]=E[xy_2]=1/2$。

(a) 画出 x, y_1, y_2 的关系图，并求出利用 $\{y_1, y_2\}$ 估计 x 的表示式及误差功率；

(b) 对 $\{y_1, y_2\}$ 进行正交化处理，求出正交化基 $\{\boldsymbol{\varepsilon}_1, \boldsymbol{\varepsilon}_2\}$；

(c) 画出 x, $\boldsymbol{\varepsilon}_1$, $\boldsymbol{\varepsilon}_2$ 的关系图，并求出利用 $\{\boldsymbol{\varepsilon}_1, \boldsymbol{\varepsilon}_2\}$ 估计 x 的表示式及误差功率。

1.12 设有随机矢量 $\boldsymbol{X}$，其自相关矩阵为 $\boldsymbol{R_X}$。若随机矢量 $\boldsymbol{Y}$ 满足 $\boldsymbol{Y}=\boldsymbol{HX}$，其中 $\boldsymbol{H}$ 为变换矩阵，试求随机矢量 $\boldsymbol{Y}$ 的自相关矩阵 $\boldsymbol{R_Y}$。

1.13 序列 $x(n)$ 是一个广义平稳随机过程，自相关矩阵是 $\boldsymbol{R}_x$。现将其加到一个 FIR 滤波器上，其单位脉冲响应对应的系数矢量是 $\boldsymbol{w}$。试证明滤波器输出信号的平均功率等于 $\boldsymbol{W}^{\mathrm{T}}\boldsymbol{R}_x\boldsymbol{W}$。

1.14 已知信号 $x(n)$ 为叠加了白噪声的单频正弦信号

$$x(n)=A\cos 2\pi f_1 n+w(n)$$

其中 $w(n)\sim N(0, \sigma_w^2)$，$A$ 为正实数，$x(n)$ 的自相关函数为：$r_x(0)=3$，$r_x(1)=1$，$r_x(2)=0$。试确定信号幅度 A、频率 f_1 和白噪声功率 σ_w^2。

1.15 假定 $s(n)$ 的 Z 变换是

$$S(z)=\frac{\left(1-\frac{1}{2}z^{-1}\right)}{\left(1-\frac{1}{3}z^{-1}\right)}$$

求 $s(n)$ 的复倒谱 $\hat{s}(n)$。

1.16 考虑一个稳定的实序列，其 Z 变换

$$X(z)=|A|\frac{\prod_{k=1}^{M_i}(1-a_kz^{-1})\prod_{k=1}^{M_o}(1-b_kz)}{\prod_{k=1}^{N_i}(1-c_kz^{-1})\prod_{k=1}^{N_o}(1-d_kz)}$$

式中 $|a_k|$、$|b_k|$、$|c_k|$ 和 $|d_k|$ 均小于 1。令 $\hat{x}(n)$ 代表 $x(n)$ 的复倒谱。现通过同态滤波 $\hat{y}(n)=[\hat{x}(n)-\hat{x}(-n)]u(n-1)$，得到一个新信号 $y(n)$，其中 $\hat{y}(n)$ 是 $y(n)$ 的复倒谱。

(a) 试证明 $y(n)$ 是一个最小相位序列；

(b) 如果 $x(n)$ 是最小相位的，试求出 $y(n)$ 与 $x(n)$ 的关系式。

1.17 $\hat{x}(n)$ 是 $x(n)$ 的复倒谱。已知 $\hat{x}(n)=-\hat{x}(-n)$，试证明：$\sum_{n=-\infty}^{+\infty}x^2(n)=1$。

1.18 $x(n)$为实信号,$\hat{x}(n)$是$x(n)$的复倒谱。已知$\hat{x}(n)=\hat{x}(-n)$,试证明:$x(n)=x(-n)$。

1.19 确定$x(n)=\delta(n)-\delta(n-1)+0.25\delta(n-2)$的复倒谱。

1.20 已知$\hat{x}(n)$是$x(n)$的复倒谱,并且$\hat{x}(n)=-\hat{x}(-n)$,试证明:$\sum_{n=-\infty}^{+\infty}x^2(n)=1$。

第2章 平稳随机信号的线性模型

自回归(AR)模型、动平均(MA)模型和自回归动平均(ARMA)模型是平稳随机过程的三种标准线性模型。在这些模型中，将均值为零的白噪声序列通过全极型、全零型和零极型滤波器就可以分别产生AR、MA和ARMA过程。这些模型在随机信号处理中十分重要，因为许多实际随机信号可以近似表示为AR、MA或ARMA过程，从而使它们的分析大为简化。例如现代谱估计中的一个重要方法就是将被观测过程表示为一个AR模型，通过对模型参数的估计来实现对功率谱密度的估计。除了上述三种模型，本章还将讨论平稳随机信号的正则谱分解，为平稳随机信号建立一个最小相位模型，最小相位表示在最优滤波中有着重要意义。

在下面的讨论中将看到，所有上述线性模型都产生具有连续谱密度的随机信号，本章的讨论适用于具有连续谱密度的过程。

2.1 平稳随机信号的参数模型

信号参数模型的基本思路是：如图2.1.1所示，假定要研究的信号$x(n)$是某个激励信号$\varepsilon(n)$通过一个因果稳定线性时不变系统$h(n)$的输出；系统的参数可以通过$x(n)$本身或它的特征如自相关函数来估计；$x(n)$本身或它的一些特征可用$h(n)$来表征。

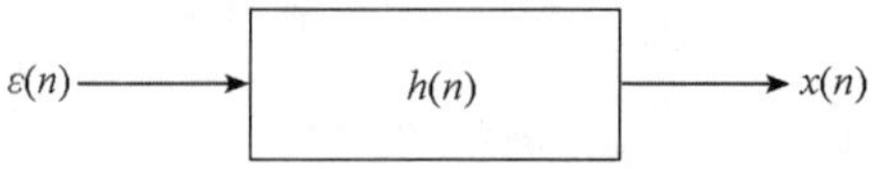

图2.1.1 参数模型

如果$x(n)$为确定性信号，则激励信号$\varepsilon(n)$是单位取样序列$\delta(n)$；如果$x(n)$为随机信号，则激励信号$\varepsilon(n)$是一个白噪声序列。

对于图2.1.1的因果稳定线性时不变系统，输入输出关系为

$$x(n) = \varepsilon(n) * h(n) = \sum_{k=0}^{\infty} h(k)\varepsilon(n-k) \tag{2.1.1}$$

$$x(n) = -\sum_{k=1}^{p} a_k x(n-k) + \sum_{k=0}^{q} b_k \varepsilon(n-k) \tag{2.1.2}$$

如果 $x(n)$ 为确定性信号，有

$$h(n) = x(n) \tag{2.1.3}$$

意味着信号也可以看作系统。

如果 $x(n)$ 为随机信号，若白噪声序列 $\varepsilon(n)$ 的方差为 σ^2，有

$$R_x(\mathrm{e}^{\mathrm{j}\omega}) = \sigma^2 \left| H(\mathrm{e}^{\mathrm{j}\omega}) \right|^2 \tag{2.1.4}$$

$$r_x(m) = \sigma^2 h(m) * h(-m) \tag{2.1.5}$$

这意味着，通过确定性系统可表征随机信号的相关函数以及功率谱密度函数，或者说，信号模型和随机信号间具有相关函数以及功率谱密度函数的匹配关系。

根据式(2.1.2)可得

$$H(z) = \frac{B(z)}{A(z)} = \frac{1 + b_1 z^{-1} + b_2 z^{-2} + \cdots + b_q z^{-q}}{1 + a_1 z^{-1} + a_2 z^{-2} + \cdots + a_p z^{-p}} = \frac{1 + \sum_{k=1}^{q} b_k z^{-k}}{1 + \sum_{k=1}^{p} a_k z^{-k}} \tag{2.1.6}$$

在式(2.1.6)中，如果

(1) b_1，b_2，…，b_q 全为零，即 $H(z)$ 没有零点，只有极点，此时

$$x(n) = -\sum_{k=1}^{p} a_k x(n-k) + \varepsilon(n) \tag{2.1.7}$$

$$H(z) = \frac{1}{A(z)} = \frac{1}{1 + \sum_{k=1}^{p} a_k z^{-k}} \tag{2.1.8}$$

$$R_x(\mathrm{e}^{\mathrm{j}\omega}) = \sigma^2 \cdot \frac{1}{\left| 1 + \sum_{k=1}^{p} a_k \mathrm{e}^{-\mathrm{j}\omega k} \right|^2} \tag{2.1.9}$$

称该模型为自回归(Auto-Regressive)模型，简称 AR 模型，它是一个全极点模型。

(2) a_1，a_2，…，a_p 全为零，即 $H(z)$ 没有极点，只有零点，此时

$$x(n) = \varepsilon(n) + \sum_{k=1}^{q} b_k \varepsilon(n-k) \tag{2.1.10}$$

$$H(z) = B(z) = 1 + \sum_{k=1}^{q} b_k z^{-k} \tag{2.1.11}$$

$$R_x(e^{j\omega}) = \sigma^2 \cdot \left|1 + \sum_{k=1}^{q} b_k e^{-j\omega k}\right|^2 \tag{2.1.12}$$

称该模型为动平均(Moving-Average)模型，简称 MA 模型，它是一个全零点模型。

(3) $a_1, a_2, \cdots, a_p$ 和 $b_1, b_2, \cdots, b_q$ 不全为零，即 $H(z)$ 既有极点，又有零点，此时由式(2.1.6)给出模型，称为自回归动平均模型，简称 ARMA 模型。

工程实际中，功率谱分为平谱、线谱和 ARMA 谱。ARMA 模型是一个极零点模型，易于反映功率谱中的峰值和谷值。显见，AR 模型反映峰值，MA 模型反映谷值。对一个平稳随机信号建立信号模型，一方面使随机信号可以通过一个确定性系统来表征，为随机信号分析和处理带来许多便利；另一方面通过对模型的研究，可得到更多的参数，对信号本身有更深入的了解。

2.2 AR 模型

如果说 $x(n)$ 是一个 p 阶的自回归过程，一般用 AR(p)来表示，那么它满足如下差分方程

$$\sum_{i=0}^{p} a_i x(n-i) = \varepsilon(n)$$

其中 $a_0, a_1, \cdots, a_p$ 是常数，$\varepsilon(n)$ 是均值为 0，方差为 σ^2 的平稳白噪声序列。通常可令 $a_0 = 1$ 而不失去定义的一般性，此时模型参数为 $(1, a_1/a_0, \cdots, a_p/a_0)$，而 $\varepsilon(n)$ 的方差为 σ^2/a_0^2。

2.2.1 AR(1)模型

一阶 AR 模型满足

$$x(n) - ax(n-1) = \varepsilon(n) \tag{2.2.1}$$

$$H(z) = \frac{1}{1 - az^{-1}} \tag{2.2.2}$$

从上式可见 $x(n)$ 和 $x(n-1)$ 有关，也和 $\varepsilon(n)$ 有关。如果换一种说法，可将 $x(n)$ 看成是对 $x(n-1)$ 的线性递归，而 $\varepsilon(n)$ 起到一误差项的作用。对于 AR(1)模型，$x(n)$ 和 $x(n-1)$，$x(n-2)$，…相关，但是在 n 时刻之前关于 $x(n)$ 的所有信息都包含在 $x(n-1)$ 之中。尤其是如果 $\varepsilon(n)$ 具有高斯分布，则 $x(n)$ 也具有高斯分布，这时 $x(n)$ 的概率结构完全取决于它的二阶统计特性。因此给定 $x(n-1)$，$x(n-2)$，…时，$x(n)$ 的条件分布只取决于 $x(n-1)$，也即

$$p\{x(n)\mid x(n-1),\ x(n-2),\ \cdots\}=p\{x(n)\mid x(n-1)\} \tag{2.2.3}$$

满足式(2.2.3)一般特性的过程称之为马尔科夫过程。如果 $x(n)$ 不是高斯分布的，将 $x(n)$ 称为广义马尔科夫过程。

平稳性 AR(1)模型的平稳性条件：当 $|a|<1$ 时，AR(1)模型渐进平稳。

若 $x(0)=0$，根据式(2.2.1)差分方程，有

$$\begin{aligned}x(n)&=\varepsilon(n)+ax(n-1)\\&=\varepsilon(n)+a\varepsilon(n-1)+a^2x(n-2)\\&=\varepsilon(n)+a\varepsilon(n-1)+a^2\varepsilon(n-2)+\cdots+a^{n-1}\varepsilon(1)\end{aligned} \tag{2.2.4}$$

$\varepsilon(n)$ 为白噪声序列，满足广义平稳性。设 $E[u(n)]=\mu_\varepsilon$，则

$$E[x(n)]=\mu_\varepsilon(1+a+a^2+\cdots+a^{n-1})=\begin{cases}\mu_\varepsilon\left(\dfrac{1-a^n}{1-a}\right), & a\neq 1\\ \mu_\varepsilon\cdot n, & a=1\end{cases} \tag{2.2.5}$$

可见，在 $|a|\geqslant 1$ 时，$x(n)$ 的均值与 n 有关，不是一阶平稳的。而当 $|a|<1$，并且 n 足够大时

$$E[x(n)]\to\mu_\varepsilon\left(\frac{1}{1-a}\right) \tag{2.2.6}$$

因此可以说 $x(n)$ 是一阶渐近平稳的。而 $x(n)$ 的自相关函数可计算如下

$$\begin{aligned}r_x[n,\ n+r]&=E[x(n)\cdot x(n+r)]\\&=E\{[\varepsilon(n)+\cdots+a^{n-1}\varepsilon(1)][\varepsilon(n+r)+\cdots+a^r\varepsilon(n)+\cdots+a^{n+r-1}\varepsilon(1)]\}\\&=\sigma^2\cdot a^r[1+a^2+a^4+\cdots+a^{2n-2}]\\&=\begin{cases}\sigma^2\cdot a^r\dfrac{1-a^{2n}}{1-a^2}, & |a|\neq 1\\ \sigma^2\cdot n, & |a|=1\end{cases}\end{aligned} \tag{2.2.7}$$

可见，在 $|a|\geqslant 1$ 时，$x(n)$ 的相关与 n 有关，不是二阶平稳的。而当 $|a|<1$，并且 n 足够大时

$$r_x[n,\ n+r]\to\frac{\sigma^2\cdot a^r}{1-a^2} \tag{2.2.8}$$

式(2.2.8)右边仅仅是 r 的函数。因此，在 $|a|<1$ 时，$x(n)$ 是二阶渐近平稳的。

参数求解 通过建立 Yule-Walker 方程，可以根据 $x(n)$ 的自相关函数求解 AR(1)模型参数 a。

根据式(2.2.1)定义差分方程，有

$$E[x(n)\cdot x(n-r)]=aE[x(n-1)x(n-r)]+E[\varepsilon(n)x(n-r)] \tag{2.2.9}$$

$x(n)$ 渐进平稳，$\varepsilon(n)$ 为白噪声，其自相关为 $r_\varepsilon(m)=\sigma^2\delta(m)$，因此有

$$r_x(0)=ar_x(1)+\sigma_u^2,\quad r=0$$
$$r_x(1)=ar_x(0),\quad r=1 \tag{2.2.10}$$

以及

$$r_x(r)=ar_x(r-1),\quad r>1 \tag{2.2.11}$$

根据式(2.2.10)，可以得到

$$\begin{bmatrix} r_x(0) & r_x(1) \\ r_x(1) & r_x(0) \end{bmatrix}\begin{bmatrix} 1 \\ -a \end{bmatrix}=\begin{bmatrix} \sigma_u^2 \\ 0 \end{bmatrix} \tag{2.2.12}$$

这就是平稳 AR(1)过程的自相关函数所满足的 Yule-Walker 方程，它与模型参数之间是一个线性方程组的关系，并且这个关系是唯一的。通过解式(2.2.12)定义方程，可求解出模型系数。已知 $r_x(0)$和 $r_x(1)$求解出 AR(1)过程的模型参数 a 后，根据式(2.2.11)可以递推出自相关函数的其他值，如 $r_x(\pm 2)$，$r_x(\pm 3)$，…。

自相关函数 $|a|<1$ 时，考虑到自相关函数的偶对称性，由式(2.2.8)得到 $x(n)$的自相关函数为

$$r_x(r)=\frac{\sigma^2\cdot a^{|r|}}{1-a^2},\quad r=0,\ \pm 1,\ \pm 2,\ \cdots \tag{2.2.13}$$

归一化的自相关函数为

$$\rho_x(r)=\frac{r_x(r)}{r_x(0)}=a^{|r|},\quad r=0,\ \pm 1,\ \pm 2,\ \cdots \tag{2.2.14}$$

如图 2.2.1 所示，当$0<a<1$ 时，$\rho_x(r)>0$，并且随着 r 绝对值的增加指数衰减至零；当$-1<a<0$ 时，$\rho_x(r)$的值正负交替，其绝对值随着 r 绝对值的增加指数衰减至零。

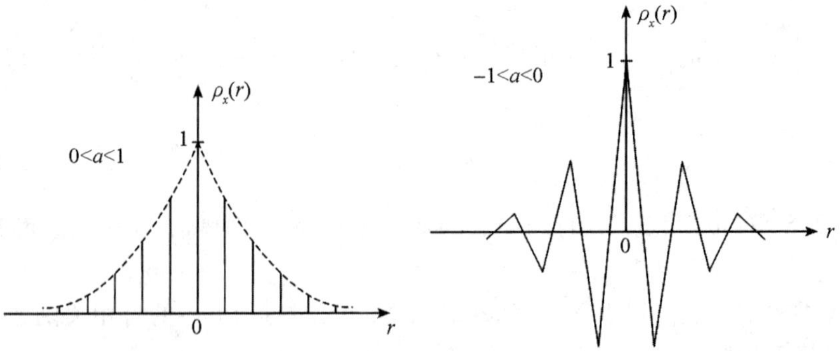

图 2.2.1 AR(1)模型自相关函数

功率谱密度函数 AR(1)过程的系统函数 $H(z)=\dfrac{1}{1-az^{-1}}$，输入 $\varepsilon(n)$是白

噪声序列，则输出信号 $x(n)$ 的功率谱密度函数为

$$R_x(e^{j\omega}) = \sigma^2 \left|H(e^{j\omega})\right|^2 = \sigma^2 \left|\frac{1}{1 - ae^{-j\omega}}\right|^2 = \frac{\sigma^2}{1 - 2a\cos\omega + a^2} \tag{2.2.15}$$

$0 < a < 1$ 时的功率谱密度函数如图 2.2.2 所示。AR(1) 过程只有 1 个极点，建模输出的功率谱密度函数具有 1 个谱峰。

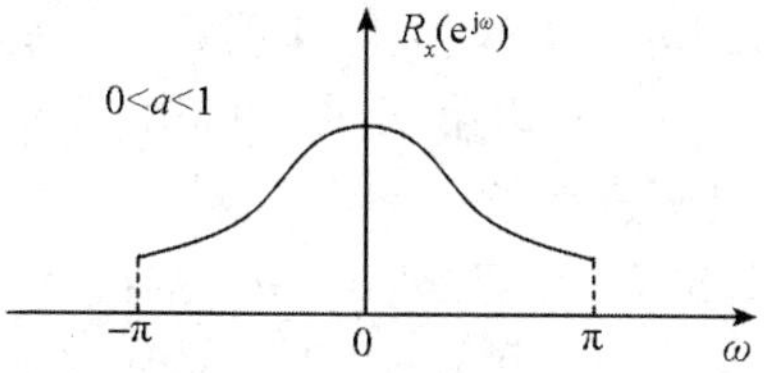

图 2.2.2　AR(1) 模型功率谱密度函数

对于 AR(1) 过程，只需要估计 $r_x(0)$ 和 $r_x(1)$ 两个自相关函数值，就可以建立 Yule-Walker 方程的参数，进而得到如式(2.2.14)所示信号自相关函数和式(2.2.15)所示信号功率谱密度函数。

2.2.2　AR(2) 模型

二阶 AR 模型满足

$$x(n) + a_1 x(n-1) + a_2 x(n-2) = \varepsilon(n) \tag{2.2.16}$$

$$H(z) = \frac{1}{1 + a_1 z^{-1} + a_2 z^{-2}} \tag{2.2.17}$$

差分方程求解　根据式(2.2.16)和式(2.2.17)可得

$$X(z) = \frac{E(z)}{1 + a_1 z^{-1} + a_2 z^{-2}} \tag{2.2.18}$$

其中 $X(z)$ 和 $E(z)$ 分别为 $x(n)$ 和 $\varepsilon(n)$ 的 z 变换。令 z_1 和 z_2 为系统极点，即特征多项式

$$f(z) = z^2 + a_1 z + a_2 \tag{2.2.19}$$

的根，则式(2.2.18)可写作

$$\begin{aligned} X(z) &= \frac{E(z)}{(1 - z_1 z^{-1})(1 - z_2 z^{-1})} \\ &= \frac{1}{z_1 - z_2}\left(\frac{z_1}{1 - z_1 z^{-1}} - \frac{z_2}{1 - z_2 z^{-1}}\right)E(z) \end{aligned} \tag{2.2.20}$$

式(2.2.20)的特解为

$$x(n) = \varepsilon(n) * h(n) = \frac{1}{z_1 - z_2}\sum_{i=0}^{\infty}(z_1^{i+1} - z_2^{i+1})\varepsilon(n-i)$$

通解,即方程 $x(n)+a_1x(n-1)+a_2x(n-2)=0$ 的解为

$$x(n)=A_1z_1^nu(n)+A_2z_2^nu(n)$$

其中 A_1, A_2 为常数。式(2.2.16)差分方程的全解为

$$x(n)=A_1z_1^nu(n)+A_2z_2^nu(n)+\frac{1}{z_1-z_2}\sum_{i=0}^{\infty}(z_1^{i+1}-z_2^{i+1})\varepsilon(n-i) \tag{2.2.21}$$

平稳性 当同时满足 $|z_1|<1$ 和 $|z_2|<1$ 时，随着 n 增大，式(2.2.21)中右边前两项(暂态响应)趋于零，右边第三项(稳态响应)为白噪声序列加权和且权值有界，因此 $x(n)$ 满足渐进平稳。

可以证明，如图 2.2.3 所示，参数 (a_1, a_2) 落在

$$a_2<1,\quad a_1+a_2>-1,\quad a_1-a_2<1 \tag{2.2.22}$$

所定义的范围内时，AR(2)过程是渐近平稳的。

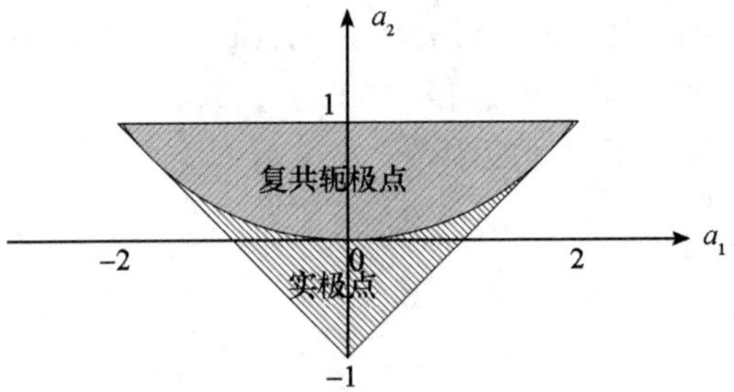

图 2.2.3 AR(2)模型平稳区域

参数求解 通过建立 Yule-Walker 方程，可以根据 $x(n)$ 的自相关函数求解 AR(2)模型参数。

根据式(2.2.16)定义差分方程，有

$$\begin{aligned}&E[x(n)\cdot x(n-r)]+a_1E[x(n-1)x(n-r)]+a_2E[x(n-2)x(n-r)]\\&\quad=E[\varepsilon(n)x(n-r)]\end{aligned} \tag{2.2.23}$$

可得

$$\begin{aligned}r_x(0)+a_1r_x(1)+a_2r_x(2)&=\sigma^2,\quad r=0\\r_x(1)+a_1r_x(0)+a_2r_x(1)&=0,\quad r=1\\r_x(2)+a_1r_x(1)+a_2r_x(0)&=0,\quad r=2\end{aligned} \tag{2.2.24}$$

以及

$$r_x(r)=-a_1r_x(r-1)-a_2r_x(r-2),\quad r>2 \tag{2.2.25}$$

根据式(2.2.23)，可以得到

$$\begin{bmatrix} r_x(0) & r_x(1) & r_x(2) \\ r_x(1) & r_x(0) & r_x(1) \\ r_x(2) & r_x(1) & r_x(0) \end{bmatrix}\begin{bmatrix} 1 \\ a_1 \\ a_2 \end{bmatrix}=\begin{bmatrix} \sigma_\varepsilon^2 \\ 0 \\ 0 \end{bmatrix} \tag{2.2.26}$$

这就是平稳 AR(2)过程的自相关函数所满足的 Yule-Walker 方程，它与模型参数之间是一个线性方程组的关系，并且这个关系是唯一的。通过解式(2.2.26)定义方程，可求解出模型系数。已知 $r_x(0)$，$r_x(1)$和 $r_x(2)$，求解出 AR(2)过程的模型参数 a_1，a_2 后，根据式(2.2.25)可以递推出自相关函数的其他值如 $r_x(\pm 3)$，$r_x(\pm 4)$，…。

自相关函数　根据式(2.2.24)，可以得到

$$r_x(0)=\frac{(1+a_2)\sigma^2}{(1-a_2)(1-a_1+a_2)(1+a_1+a_2)} \tag{2.2.27}$$

$$r_x(1)=\frac{-a_1}{1+a_2}r_x(0) \tag{2.2.28}$$

$$r_x(2)=\left(\frac{a_1^2}{1+a_2}-a_2\right)r_x(0) \tag{2.2.29}$$

而 $r_x(r)$的一般表示式是方程(2.2.25)的通解

$$r_x(r)=B_1z_1^r+B_2z_2^r,\ r\geqslant 0$$

利用式(2.2.27)和式(2.2.28)，可确定其中常数 B_1，B_2，得到 $r_x(r)$的一般表示式为

$$r_x(r)=\frac{(1-z_2^2)z_1^{r+1}-(1-z_1^2)z_2^{r+1}}{(z_1-z_2)(1+z_1z_2)}r_x(0),\quad r\geqslant 0 \tag{2.2.30}$$

以及 $x(n)$归一化自相关函数 $\rho_x(r)$为

$$\rho_x(r)=\frac{(1-z_2^2)z_1^{|r|+1}-(1-z_1^2)z_2^{|r|+1}}{(z_1-z_2)(1+z_1z_2)} \tag{2.2.31}$$

现分几种情况讨论 $\rho_x(r)$的特性：

(1)z_1 和 z_2 为实极点

根据式(2.2.19)，可得

$$z_1=\frac{-a_1+\sqrt{a_1^2-4a_2}}{2},\quad z_2=\frac{-a_1-\sqrt{a_1^2-4a_2}}{2} \tag{2.2.32}$$

当满足 $a_2\leqslant a_1^2/4$ 时，z_1 和 z_2 为实极点。此时 $\rho_x(r)$的绝对值满足指数衰减。

(2)z_1 和 z_2 为共轭复极点

当 $a_2>a_1^2/4$ 时，z_1 和 z_2 为一对共轭复极点。由式(2.2.32)可得

$$z_1\cdot z_2=a_2,\quad z_1=\sqrt{a_2}e^{j\theta},\quad z_2=\sqrt{a_2}e^{-j\theta} \tag{2.2.33}$$

其中相位 θ 可由下式求解：

$$-a_1=z_1+z_2=2\sqrt{a_2}\cos\theta,\quad \cos\theta=-\frac{a_1}{2\sqrt{a_2}} \tag{2.2.34}$$

将式(2.2.33)代入式(2.2.31)，可得

$$\begin{aligned}
\rho_x(r)&=\frac{(1-z_2^2)z_1^{r+1}-(1-z_1^2)z_2^{r+1}}{(z_1-z_2)(1+z_1z_2)}\\
&=\frac{(1-a_2\mathrm{e}^{-\mathrm{j}(2\theta)})a_2^{\frac{r+1}{2}}\mathrm{e}^{\mathrm{j}\theta(r+1)}-(1-a_2\mathrm{e}^{\mathrm{j}(2\theta)})a_2^{\frac{r+1}{2}}\mathrm{e}^{-\mathrm{j}\theta(r+1)}}{\mathrm{j}[2a_2^{\frac{1}{2}}\sin\theta(1+a_2)]}\\
&=a_2^{\frac{r}{2}}\frac{(\mathrm{e}^{\mathrm{j}\theta(r+1)}-\mathrm{e}^{-\mathrm{j}\theta(r+1)})-a_2(\mathrm{e}^{\mathrm{j}\theta(r-1)}-\mathrm{e}^{-\mathrm{j}\theta(r-1)})}{\mathrm{j}[2\sin\theta(1+a_2)]}\\
&=a_2^{\frac{r}{2}}\frac{\sin(r+1)\theta-a_2\sin(r-1)\theta}{\sin\theta(1+a_2)}\\
&=a_2^{\frac{r}{2}}\frac{(\sin r\theta\cos\theta+\cos r\theta\sin\theta)-a_2(\sin r\theta\cos\theta-\cos r\theta\sin\theta)}{\sin\theta(1+a_2)}\\
&=a_2^{\frac{r}{2}}\frac{(1-a_2)\sin r\theta\cos\theta+(1+a_2)\cos r\theta\sin\theta}{\sin\theta(1+a_2)}\\
&=a_2^{\frac{r}{2}}\left(\frac{1-a_2}{1+a_2}\sin r\theta\cot\theta+\cos r\theta\right),\quad r\geqslant 0
\end{aligned} \tag{2.2.35}$$

令 $\cot\psi=\left(\frac{1-a_2}{1+a_2}\right)\cot\theta$ 代入式(2.2.35)，有

$$\begin{aligned}
\rho_x(r)&=a_2^{\left|\frac{r}{2}\right|}\left(\frac{1-a_2}{1+a_2}\sin|r|\theta\cot\theta+\cos|r|\theta\right)\\
&=a_2^{\left|\frac{r}{2}\right|}\left(\frac{\sin|r|\theta\cos\psi+\cos|r|\theta\sin\psi}{\sin\psi}\right)\\
&=a_2^{\left|\frac{r}{2}\right|}\left(\frac{\sin(|r|\theta+\psi)}{\sin\psi}\right)
\end{aligned} \tag{2.2.36}$$

按照式(2.2.22)给出的 AR(2)模型稳定性条件和共轭复极点条件，$0<a_2<1$。因此 $\rho_x(r)$ 的幅度 $\frac{a_2^{\left|\frac{r}{2}\right|}}{\sin\psi}$ 满足指数衰减，同时具有振荡特性，呈现一个“伪周期”特性。

功率谱密度函数 AR(2)过程输出信号 $x(n)$ 的功率谱密度函数为

$$R_x(\mathrm{e}^{\mathrm{j}\omega})=\sigma^2\left|\frac{1}{(z-z_1)(z-z_2)}\right|^2_{z=\mathrm{e}^{\mathrm{j}\omega}} \tag{2.2.37}$$

AR(2)过程有 2 个极点，建模输出的功率谱密度函数具有 2 个谱峰。

2.2.3 AR(p)模型

p 阶 AR 模型满足

$$x(n)+a_1x(n-1)+\cdots+a_px(n-p)=\varepsilon(n) \tag{2.2.38}$$

$$H(z)=\frac{1}{1+a_1z^{-1}+\cdots+a_pz^{-p}} \tag{2.2.39}$$

平稳性 与 AR(1)模型和 AR(2)模型相似，可证明当 AR(p)模型系统函数 $H(z)$的 p 个极点满足 $|z_i|<1$ ($i=1, 2, \cdots, p$)时，$x(n)$渐近平稳。

参数求解 通过建立 Yule-Walker 方程，可以根据 $x(n)$的自相关函数求解 AR(p)模型参数。

根据式(2.2.38)定义差分方程，有

$$\begin{aligned}&E[x(n)\cdot x(n-r)]+a_1E[x(n-1)x(n-r)]+\cdots+a_pE[x(n-p)x(n-r)]\\&=E[\varepsilon(n)x(n-r)]\end{aligned} \tag{2.2.40}$$

可得

$$\begin{aligned}&r_x(0)+a_1r_x(1)+\cdots+a_pr_x(p)=\sigma^2, \quad r=0\\&r_x(1)+a_1r_x(0)+\cdots+a_pr_x(p-1)=0, \quad r=1\\&\cdots\\&r_x(p)+a_1r_x(p-1)\cdots+a_pr_x(0)=0, \quad r=p\end{aligned} \tag{2.2.41}$$

以及

$$r_x(r)=\begin{cases}-\sum\limits_{l=1}^{p}a_lr_x(r-l)+\sigma_\varepsilon^2, & r=0\\-\sum\limits_{l=1}^{p}a_lr_x(r-l), & r>0\end{cases} \tag{2.2.42}$$

根据式(2.2.41)，可以得到

$$\begin{bmatrix}r_x(0) & r_x(1) & \cdots & r_x(p)\\r_x(1) & \cdots & \cdots & r_x(p-1)\\\vdots & & & \vdots\\r_x(p) & r_x(p-1) & \cdots & r_x(0)\end{bmatrix}\begin{bmatrix}1\\a_1\\\vdots\\a_p\end{bmatrix}=\begin{bmatrix}\sigma^2\\0\\\vdots\\0\end{bmatrix} \tag{2.2.43}$$

这就是平稳 AR(p)过程的自相关函数所满足的 Yule-Walker 方程，它与模型参数之间是一个线性方程组的关系，并且这个关系是唯一的。通过解式(2.2.43)定义方程，可求解出模型系数。已知 $r_x(0)$，$r_x(1)$，…，$r_x(p)$，求解出 AR(p)过程的模型参数后，根据式(2.2.42)可以递推出自相关函数的其他值如 $r_x(p+1)$，$r_x(p+2)$，…。

自相关函数 AR(p)模型系统函数 $H(z)$的 p 个极点是单个实极点，或是

一对共轭复极点。其自相关函数的一般解为

$$r_x(r)=[B_1z_1^r+B_2z_2^r+\cdots+B_pz_p^r]\,r_x(0)\,,\quad r>0 \tag{2.2.44}$$

其中 B_1, B_2, …, B_p 是由 $r_x(1)$, $r_x(2)$, …, $r_x(p)$ 所决定的常数值，而归一化的自相关函数为

$$\rho_x(r)=B_1z_1^{|r|}+B_2z_2^{|r|}+\cdots+B_pz_p^{|r|} \tag{2.2.45}$$

式(2.2.45)中的实极点项幅度指数衰减，共轭复极点项幅度指数衰减的同时包含震荡项，这一点与AR(1)模型和AR(2)模型相同。

功率谱密度函数　AR(p)过程输出信号 $x(n)$ 的功率谱密度函数为

$$R_x(\mathrm{e}^{\mathrm{j}\omega})=\sigma^2\left|\frac{1}{1+a_1z^{-1}+\cdots+a_pz^{-p}}\right|^2_{z=\mathrm{e}^{\mathrm{j}\omega}} \tag{2.2.46}$$

AR(p)过程有 p 个极点，建模输出的功率谱密度函数具有 p 个谱峰。

线性预测　AR模型隐含着最佳线性预测。由第1章式(1.7.22)，可写出

$$x(n)=\hat{x}(n|n-1)+\varepsilon(n) \tag{2.2.47}$$

可以从相关抵消、正交投影和最佳线性估计角度来理解式(2.2.47)，三者是统一的。

(1)相关抵消：式中 $\hat{x}(n|n-1)$ 为 $x(n)$ 中与 $\{x(n-1), x(n-2), \cdots\}$ 相关的部分，$\varepsilon(n)$ 为 $x(n)$ 中与 $\{x(n-1), x(n-2), \cdots\}$ 不相关的部分。

(2)正交投影：$\hat{x}(n|n-1)$ 为 $x(n)$ 关于 $\{x(n-1), x(n-2), \cdots\}$ 的正交投影量，$\varepsilon(n)$ 为投影误差。

(3)最佳线性估计：$\hat{x}(n|n-1)$ 为通过 $\{x(n-1), x(n-2), \cdots\}$ 对 $x(n)$ 进行的最佳线性估计，$\varepsilon(n)$ 为估计误差。

改写式(2.2.38)定义的 p 阶AR模型差分方程

$$x(n)=-\sum_{i=1}^{p}a_ix(n-i)+\varepsilon(n) \tag{2.2.48}$$

可以注意到式(2.2.48)和式(2.2.47)的一致性，即AR模型与最佳FIR线性预测器紧密相关。式(2.2.48)中右边第一项为通过 $\{x(n-1), x(n-2), \cdots, x(n-p)\}$ 对 $x(n)$ 进行的最佳线性预测，$-a_i(i=1, 2, \cdots, p)$ 为预测器系数；右边第二项白噪声序列 $\varepsilon(n)$ 为预测误差。线性预测将在第3章中深入研究。

相关匹配　用AR模型来对随机信号建模，一定具有自相关函数的匹配性质。随着模型阶数的增大，匹配的程度越来越好，当 $p\to\infty$ 时，AR模型的自相关函数和随机信号的自相关函数可完全匹配。

根据式(2.2.43)AR模型Yule-Walker方程可知，模型参数 $\{\sigma^2, a_1, a_2, \cdots, a_p\}$ 和 $x(n)$ 自相关值 $\{r_x(0), r_x(1), \cdots, r_x(p)\}$ 之间的映射关系是唯一的，也是可逆的。这意味着已知任意一组自相关值 $\{r_x(0), r_x(1), \cdots, r_x(p)\}$，

总能找到一个 AR 模型，其输出的$p+1$个自相关值与给定自相关相等。设已知自相关值为$\{r_x(0), r_x(1), \cdots, r_x(p)\}$，AR($p$)输出信号的自相关为$r_{\mathrm{AR}}(m)$，则有

$$r_{\mathrm{AR}}(m)=\begin{cases} r_x(m), & 0 \leqslant |m| \leqslant p \\ -\sum_{k=1}^{p} a_k r_{\mathrm{AR}}(m-k), & |m|>p \end{cases} \tag{2.2.49}$$

式(2.2.49)表明，AR 模型不仅具有前$p+1$个自相关值匹配的特性，同时还具有$|m|>p$时自相关函数线性外推的特性。相关匹配将在第 5 章中深入研究。

2.3 MA 模型

如果说$x(n)$是一个q阶的滑动平均过程，一般用 MA(q)来表示，那么它满足如下差分方程

$$x(n)=b_0\varepsilon(n)+b_1\varepsilon(n-1)+\cdots+b_q\varepsilon(n-q)=\sum_{i=0}^{q} b_i\varepsilon(n-i) \tag{2.3.1}$$

其中b_0，b_1，$\cdots$，b_q为实常数，$\varepsilon(n)$是均值为 0，方差为σ^2的平稳白噪声序列。通常可令$b_0=1$，而不失定义的一般性。

式(2.3.1)也可看成是平稳白噪声序列$\varepsilon(n)$通过系统函数为

$$H(z)=1+b_1z^{-1}+\cdots+b_qz^{-q} \tag{2.3.2}$$

的滤波器时所产生的响应。这种滤波器是全零型滤波器，它的q个零点是特征多项式

$$f(z)=z^q+b_1z^{q-1}+\cdots+b_q \tag{2.3.3}$$

的q个根q_1，q_2，$\cdots$，q_q，因此式(2.3.2)又可写成

$$H(z)=(1-q_1z^{-1})(1-q_2z^{-1})\cdots(1-q_qz^{-1}) \tag{2.3.4}$$

显然，由式(2.3.1)所定义的过程一定是平稳过程。

自相关函数　将$x(n)$乘以$x(n-r)$并取数学期望

$$\begin{aligned}E[x(n)\,x(n-r)]=E\{&[\varepsilon(n)+b_1\varepsilon(n-1)+\cdots+b_r\varepsilon(n-r)+\cdots+b_q\varepsilon(n-q)]\cdot \\ &[\varepsilon(n-r)+b_1\varepsilon(n-r-1)+\cdots+b_q\varepsilon(n-r-q)]\}\end{aligned} \tag{2.3.5}$$

可得

$$r_x(r)=\begin{cases} \sigma_\varepsilon^2\sum_{k=r}^{q} b_k b_{k-r}, & 0 \leqslant r \leqslant q \\ 0, & r>q \end{cases} \tag{2.3.6}$$

归一化的自相关函数为

$$\rho_x(r)=\begin{cases}\dfrac{\sum\limits_{k=|r|}^{q} b_k b_{k-r}}{\sum\limits_{k=0}^{q} b_k^2}, & |r|\leqslant q\\ 0, & |r|>q\end{cases} \tag{2.3.7}$$

$\rho_x(r)$的典型形状如图2.3.1所示，从$-q$到q的范围意味着相距q个采样的观测值不相关。

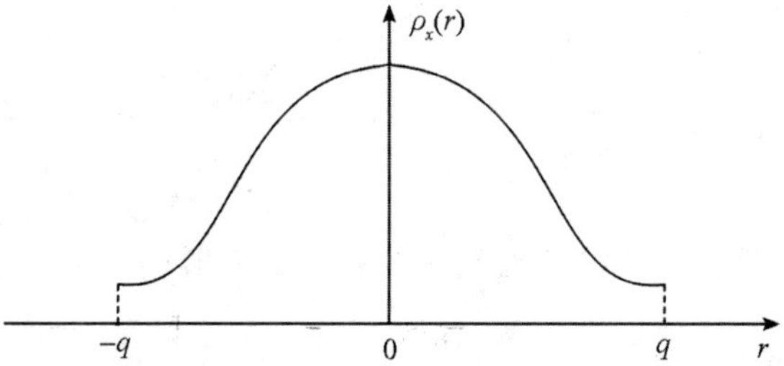

图2.3.1　MA过程的自相关函数

例2.3.1　当MA(q)模型参数b_0，b_1，…，b_q值相同时，称为等加权移动平均过程。此时有

$$b_0=b_1=\cdots=b_q=\frac{1}{q+1}$$

则

$$\rho_x(r)=\begin{cases}1-\dfrac{|r|}{q+1}, & |r|\leqslant q\\ 0, & |r|>q\end{cases}$$

$\rho_x(r)$具有三角形的形状，如图2.3.2所示。

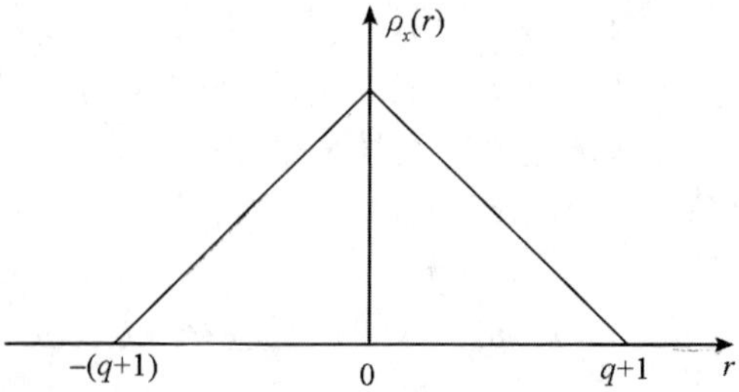

图2.3.2　等加权MA过程的自相关函数

功率谱密度函数　MA(q)模型的功率谱密度函数可写成

$$R_x(\mathrm{e}^{\mathrm{j}\omega})=\sigma^2\cdot\left|\sum_{k=0}^{q} b_k \mathrm{e}^{-\mathrm{j}\omega k}\right|^2 \tag{2.3.8}$$

或

$$R_x(e^{j\omega}) = \sigma^2 \cdot \left| \prod_{k=1}^{q} (z - q_k) \right|^2_{Z=e^{j\omega}} \tag{2.3.9}$$

这样的功率谱密度函数称为全零谱，由于 MA(q)模型的功率谱密度函数只有零点，因此不易体现信号的峰值；由于自相关函数长度有限，功率谱密度函数分辨率也较低。如果信号建模的目的是进行功率谱估计，就没有必要建立 MA 模型。但 MA 模型也有自己的应用，比如它是 ARMA 模型的一个环节，因此讨论 MA 模型是必要的。

参数求解 如式(2.3.6)所示，与 AR(p)过程不同的是，MA(q)模型的自相关与模型参数之间不具有线性关系。目前已有多种 MA 模型参数求解方法，其中应用最多的是求解二次 AR 参数的方法。

已知对于 MA(q)模型，有

$$X(z) = H(z) \cdot E(z) = (1 + b_1 z^{-1} + \cdots + b_q z^{-q}) E(z) \tag{2.3.10}$$

定义 $A(z)$满足

$$H(z) \cdot A(z) = 1 \tag{2.3.11}$$

$A(z)$称为 $H(z)$的逆滤波器，通常阶数为无穷阶，令其参数为 a_k，则 $A(z)$可表示为

$$A(z) = \frac{1}{1 + \sum_{i=1}^{q} b_i z^{-i}} = 1 + \sum_{k=1}^{\infty} a_k z^{-k} \tag{2.3.12}$$

则由式(2.3.10)可得

$$X(z) \cdot A(z) = X(z)\left(1 + \sum_{k=1}^{\infty} a_k z^{-k}\right) = E(z) \tag{2.3.13}$$

得到了一个 AR(∞)模型的差分方程，即 MA(q)模型可转换为 AR(∞)模型。

将式(2.3.11)等式两边取 Z 反变换，有

$$a_m + \sum_{k=1}^{q} b_k a_{m-k} = \delta(m) \tag{2.3.14}$$

实际中，无法建立一个 AR(∞)模型，只能建立一个 AR(p)模型且$p \gg q$。设 AR(p)模型的参数为 $\hat{a}_1$，$\hat{a}_2$，…，$\hat{a}_p$，用这组参数来近似 MA 模型，则式(2.3.14)近似为

$$\hat{a}_m + \sum_{k=1}^{q} b_k \hat{a}_{m-k} = \varepsilon(m) \tag{2.3.15}$$

$\varepsilon(m)$为近似误差。能看到式(2.3.15)实际上是一个 AR(q)模型或者说是一个 q 阶的线性预测器，$\hat{a}_m$ 为信号，b_k 为 AR(q)模型参数。求解一个AR(p)模型 Yule-Walker 方程可以求出 $\hat{a}_m$，再求解一个 AR(q)模型 Yule-Walker 方程可

以求出 b_k。如何根据信号 $x(n)$ 或参数 $\hat{a}_m$ 建立 Yule-Walker 方程，将在第 5 章中详细介绍。

2.4 ARMA 模型

将 AR(p)模型和 MA(q)模型结合起来，就可得到阶数为(p, q)的自回归移动平均过程，通常用 ARMA(p, q)表示，它满足如下形式的差分方程

$$x(n)+\sum_{i=1}^{p}a_i x(n-i)=\sum_{i=0}^{q}b_i\varepsilon(n-i) \tag{2.4.1}$$

其中 a_1, …, a_p 和 b_1, …, b_q 为实常数，$p>q$，且不失一般性 $b_0=1$，$\varepsilon(n)$是均值为0，方差为 σ^2 的平稳白噪声序列。此过程系统函数为

$$H(z)=\frac{B(z)}{A(z)}=\frac{1+b_1z^{-1}+b_2z^{-2}+\cdots+b_qz^{-q}}{1+a_1z^{-1}+a_2z^{-2}+\cdots+a_pz^{-p}} \tag{2.4.2}$$

令 $z_i(i=1, 2, \cdots, p)$为特征多项式

$$z^p+a_1z^{p-1}+a_2z^{p-2}+\cdots+a_p=0 \tag{2.4.3}$$

的 p 个根，令 $q_i(i=1, 2, \cdots, q)$为特征多项式

$$z^q+b_1z^{q-1}+b_2z^{q-2}+\cdots+b_q=0 \tag{2.4.4}$$

的 q 个根，式(2.4.2)也可写成

$$H(z)=\frac{(1-q_1z^{-1})(1-q_2z^{-1})\cdots(1-q_qz^{-1})}{(1-z_1z^{-1})(1-z_2z^{-1})\cdots(1-z_pz^{-1})} \tag{2.4.5}$$

根据前面对 AR(p)过程和 MA(q)过程的讨论可知，MA(q)过程总是一个平稳过程，而 AR(p)过程只要 p 个极点都在单位圆内时，也具有渐近平稳的特性，所以 ARMA 模型满足

$$|z_i|<1, \quad i=1, 2, \cdots, p \tag{2.4.6}$$

时渐进平稳。

自相关函数　将式(2.4.1)写成如下形式

$$x(n)=-\sum_{i=1}^{p}a_i x(n-i)+\sum_{i=0}^{q}b_i\varepsilon(n-i) \tag{2.4.7}$$

将 $x(n-r)$乘以 $x(n)$并取数学期望

$$E[x(n-r)x(n)]=-\sum_{i=1}^{p}a_iE[x(n-r)x(n-i)]+\sum_{i=0}^{q}b_iE[x(n-r)\varepsilon(n-i)] \tag{2.4.8}$$

可得

$$r_x(r) = -\sum_{i=1}^{p} a_i r_x(r-i) + \sum_{i=0}^{q} b_i r_{x\varepsilon}(r-i) \tag{2.4.9}$$

设 ARMA 模型单位取样响应为 $h(n)$，则有

$$x(n) = \varepsilon(n) * h(n) = \sum_{k=0}^{\infty} h(k)\varepsilon(n-k)$$

$$\begin{aligned} r_{x\varepsilon}(r-i) &= E[x(n)\varepsilon(n+r-i)] \\ &= \sum_{k=0}^{\infty} h_k E[\varepsilon(n-k)\varepsilon(n+r-i)] \\ &= \sigma^2 \sum_{k=0}^{\infty} h_k \delta(k+r-i) = \sigma_\varepsilon^2 h(i-r) \end{aligned} \tag{2.4.10}$$

将式(2.4.10)代入式(2.4.9)并利用 $h(n)$ 的因果性，可得

$$r_x(r) = \begin{cases} -\sum_{i=1}^{p} a_i r_x(r-i) + \sigma^2 \sum_{i=r}^{q} b_i h_{i-r}, & 0 \leqslant r \leqslant q \\ -\sum_{i=1}^{p} a_i r_x(r-i), & r > q \end{cases} \tag{2.4.11}$$

式(2.4.11)表示 ARMA(p, q)过程自相关函数与模型参数的一般关系。由于模型冲击响应 $h(n)$ 对于模型参数 a_i，b_i 有着高度复杂的依赖关系，ARMA(p, q)过程的自相关函数与模型参数间有着高度的非线性关系。同时可以看到，经过延迟 q 后，自相关函数的变化规律与 AR 模型相同。

功率谱密度函数　ARMA(p, q)模型的功率谱密度函数可写成

$$R_x(\mathrm{e}^{\mathrm{j}\omega}) = \sigma^2 \cdot \left| \frac{1 + \sum_{i=1}^{q} b_i z^{-i}}{1 + \sum_{i=1}^{p} a_i z^{-i}} \right|^2_{Z=\mathrm{e}^{\mathrm{j}\omega}} \tag{2.4.12}$$

或

$$R_x(\mathrm{e}^{\mathrm{j}\omega}) = \sigma^2 \cdot \left| \frac{\prod_{i=1}^{q} (1 - q_i z^{-1})}{\prod_{i=1}^{p} (1 - z_i z^{-1})} \right|^2_{z=\mathrm{e}^{\mathrm{j}\omega}} \tag{2.4.13}$$

这样的功率谱密度函数称为零极点谱。ARMA 模型结合了 AR 模型和 MA 模型特点，AR 模型可以良好地匹配信号功率谱谱峰，MA 模型可以良好地匹配信号功率谱谷底，而 ARMA 模型可以良好地实现峰谷匹配。

参数求解　式(2.4.11)也被称为是推广的 Yule-Walker 方程，有

$$\begin{bmatrix} r_x(0) & r_x(1) & \cdots & r_x(p) \\ r_x(1) & \cdots & \cdots & r_x(p-1) \\ \vdots & & & \vdots \\ r_x(p) & r_x(p-1) & \cdots & r_x(0) \end{bmatrix} \begin{bmatrix} 1 \\ a_1 \\ \vdots \\ a_p \end{bmatrix} = \begin{bmatrix} \sigma^2 \sum_{i=0}^{q} b_i h_i \\ \vdots \\ \sigma^2 b_q h_0 \\ 0 \end{bmatrix} \tag{2.4.14}$$

这个方程是非线性的，无法直接求解。但从式(2.4.11)可以看出，当 $r=q+1$，$q+2$，…，$p+q$ 时，$r_x(r)$ 与 a_i 之间满足线性关系，有

$$\begin{bmatrix} r_x(q) & r_x(q-1) & \cdots & r_x(q-p+1) \\ r_x(q+1) & r_x(q) & \cdots & r_x(q-p+1) \\ \vdots & \vdots & & \vdots \\ r_x(q+p-1) & r_x(q+p-2) & \cdots & r_x(q) \end{bmatrix} \begin{bmatrix} a_1 \\ a_2 \\ \vdots \\ a_p \end{bmatrix} = - \begin{bmatrix} r_x(q+1) \\ r_x(q+2) \\ \vdots \\ r_x(q+p) \end{bmatrix} \tag{2.4.15}$$

这是一个线性方程组，利用 $r_x(r)$ $(r=q+1$，…，$p+q)$ 可以求出 ARMA 模型中的系数 a_i 并确定式(2.4.2)中极点多项式 $A(z)$。

定义序列 $y(n)$ 为 $x(n)$ 通过系统 $A(z)$ 的输出，根据式(2.4.2)，$y(n)$ 满足

$$\begin{aligned} Y(z) &= A(z) \cdot X(z) = B(z) \cdot E(z) \\ &= (1 + b_1 z^{-1} + b_2 z^{-2} + \cdots + b_q z^{-q}) E(z) \end{aligned} \tag{2.4.16}$$

以及

$$y(n) = \varepsilon(n) + b_1 \varepsilon(n-1) + \cdots + b_q \varepsilon(n-q) \tag{2.4.17}$$

因此 $y(n)$ 为一个 MA(q) 过程，模型参数为 1，b_1，…，b_q。利用 2.3 节讨论的 MA(q) 模型参数求解方法，可以求解出 1，b_1，…，b_q 的解。

ARMA(p, q) 模型参数求解分以下三步：

(1) 根据式(2.4.15)估计模型中 AR 参数 a_1，a_2，…，a_p；

(2) $x(n)$ 通过系统 $A(z) = 1 + a_1 z^{-1} + \cdots + a_p z^{-p}$ 进行滤波，得到输出 $y(n)$，$y(n)$ 为一个 MA(q) 模型；

(3) 对 MA 模型 $y(n)$ 进行参数求解，得到模型参数 b_1，…，b_q，σ_ε^2，从而实现 ARMA(p, q) 模型参数的求解。

2.5 正则谱分解

如图 2.1.1 所示，可以用 AR 模型、MA 模型以及 ARMA 模型对连续功率谱的平稳随机信号进行建模，输入输出关系如式(2.1.1)所示，重写为

$$x(n) = \sum_{k=0}^{\infty} h(k)\varepsilon(n-k) \tag{2.5.1}$$

一般线性表示 可以看到，式(2.5.1)也是一个 MA(∞)模型的差分方程表示式，模型系数为 $h(k)(k=0, 1, \cdots)$。这意味着平稳随机信号 $x(n)$ 能用一个MA(∞)模型表示，且不失一般性 $h(0)=1$，$\varepsilon(n)$ 是均值为 0，方差为 σ^2 的平稳白噪声序列。式(2.5.1)称为平稳随机信号的一般线性表示。

由式(2.5.1)可以得到功率谱密度函数的关系式

$$R_x(\mathrm{e}^{\mathrm{j}\omega}) = \sigma^2 \cdot |H(\mathrm{e}^{\mathrm{j}\omega})|^2 \tag{2.5.2}$$

$$R_x(z) = \sigma^2 \cdot H(z) \cdot H(z^{-1}) \tag{2.5.3}$$

其中 $H(z)$ 为 $MA(\infty)$ 模型参数 $h(k)(k=0, 1, \cdots)$ 的 z 变换，其极点都在单位圆内时系统稳定。式(2.5.2)和式(2.5.3)的存在是有条件的，或者说从严格意义上讲，1.5 节线性系统对平稳随机信号的响应是有条件的。

存在条件 对于平稳随机过程 $x(n)$，如果其功率谱密度函数满足 Paley-Wiener 条件

$$\int_{-\pi}^{\pi} |\ln R_x(\mathrm{e}^{\mathrm{j}\omega})| \mathrm{d}\omega < \infty \tag{2.5.4}$$

则 $x(n)$ 的一般线性表示存在。这意味着 $R_x(\mathrm{e}^{\mathrm{j}\omega})$ 在任何频率上不能等于零，$R_x(z)$ 在单位圆上不能有零点。因此由纯正弦信号组成的平稳随机过程不具有一般线性表示，也不具有 AR 模型、MA 模型和 ARMA 模型。信号模型适用于具有连续谱密度函数的信号。

正则谱分解 对式(2.5.3)有

$$R_x(z) = \sigma^2 \cdot H(z) \cdot H(z^{-1}) = \sigma^2 \frac{B(z)B(z^{-1})}{A(z)A(z^{-1})} \tag{2.5.5}$$

对给定的谱密度函数 $R_x(z)$ 进行谱分解，取出零极点赋予 $H(z)$，可得到模型的系统函数。

$R_x(z)$ 的零极点分布具有对称性。如果 z_1 为极点，则 z_1^{-1} 也是极点。对于实信号，其极点为单实极点或共轭复极点，所以其极点对称出现。如图 2.5.1 所示，z_1，z_1^* 为一对共轭复极点，则 $(z_1^*)^{-1}$，z_1^{-1} 也是 $R_x(z)$ 的一对极点。

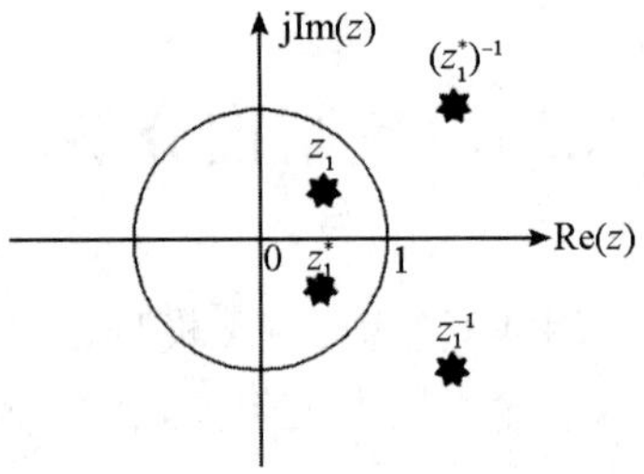

图 2.5.1　功率谱密度函数零极点分布示意图

这样一来，可以将极点 z_1，z_1^* 赋予 $H(z)$，也可以将 $(z_1^*)^{-1}$，z_1^{-1} 赋予 $H(z)$，都满足式(2.5.5)。实际上，由于 $R_x(z)$ 失去了相位信息，$H(z)$ 的形式有无穷多个，它们的幅频响应一致，相位响应可以任意赋值。

$H(z)$ 的最小相位表示和最大相位表示是唯一的，将单位圆内全部零极点赋予 $H(z)$，可以得到 $H(z)$ 的最小相位表示；将单位圆外全部零极点赋予 $H(z)$，可以得到 $H(z)$ 的最大相位表示。式(2.5.6)称为 $x(n)$ 的正则表示式，其中 $H_{\min}(z)$ 为最小相位系统。由 $R_x(z)$ 或 $r_x(m)$ 得到 $H_{\min}(z)$ 的过程称为正则谱分解。

$$R_x(z)=\sigma^2\cdot H_{\min}(z)\cdot H_{\min}(z^{-1}) \tag{2.5.6}$$

例 2.5.1　已知平稳随机过程 $x(n)$ 的功率谱为

$$R_x(e^{j\omega})=\frac{1.04+0.4\cos\omega}{1.25+\cos\omega}$$

可写为

$$R_x(e^{j\omega})=\frac{(1+0.2e^{j\omega})(1+0.2e^{-j\omega})}{(1+0.5e^{j\omega})(1+0.5e^{-j\omega})}$$

$$R(z)=\frac{(1+0.2z)(1+0.2z^{-1})}{(1+0.5z)(1+0.5z^{-1})}$$

则 $H(z)$ 的最小相位表示为

$$H_{\min}(z)=\frac{1+0.2z^{-1}}{1+0.5z^{-1}}$$

最大相位表示为

$$H_{\max}(z)=H_{\min}(z^{-1})=\frac{1+0.2z}{1+0.5z}$$

正则谱分解是一个复杂的过程，如果 $R_x(z)$ 是一个有理函数，比如例 2.5.1 形式，正则谱分解就简单了。$R_x(z)$ 具有式(2.5.5)形式，其正则谱分解流程如图 2.5.2 所示。

图 2.5.2 中，$c(m)$ 是自相关函数 $r_x(m)$ 的复倒谱

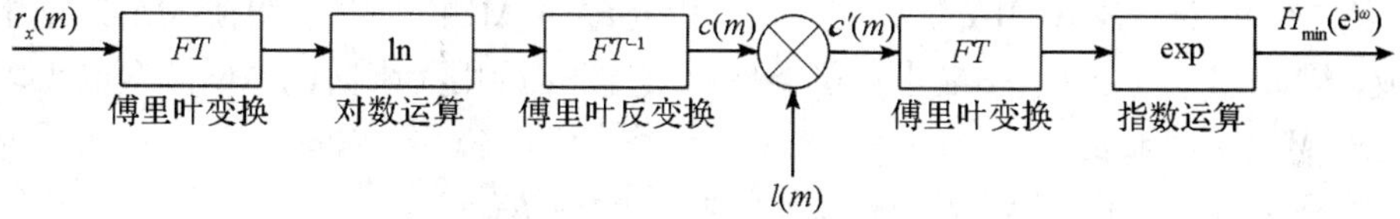

图 2.5.2 正则谱分解流程

$$c(m) = \frac{1}{2\pi}\int_{-\pi}^{\pi} \ln[R_x(e^{j\omega})]e^{j\omega m}d\omega \tag{2.5.7}$$

注意

$$c(0) = \sigma^2 = \frac{1}{2\pi}\int_{-\pi}^{\pi} \ln[R_x(e^{j\omega})]d\omega$$

在复倒谱域中，由于 $R_x(e^{j\omega})$ 取了自然对数，$H_{min}(z)$ 和 $H_{max}(z)$ 是可分的，$H_{min}(z)$ 贡献了 $c(m)$ 中的因果部分，$H_{max}(z)$ 贡献了 $c(m)$ 中的反因果部分。定义

$$l(m) = \begin{cases} 0.5, & m=0 \\ 1, & m>0 \\ 0, & m<0 \end{cases}$$

则

$$c'(m) = c(m) \cdot l(m) = \frac{1}{2}c(0) + c(m)u(m-1) \tag{2.5.8}$$

得到最小相位系统频率响应

$$H_{min}(e^{j\omega}) = \exp\{FT[c'(m)]\} \tag{2.5.9}$$

以及最大相位系统频率响应

$$H_{max}(e^{j\omega}) = H_{min}(e^{-j\omega}) \tag{2.5.10}$$

2.6 关于线性模型的讨论

2.6.1 模型间关系

上面讨论了平稳随机过程的三种典型模型以及其一般线性表示，这些模型在一定条件下，互相之间是可以转换的。一般而言：

(1)一个有限阶 AR 模型与无限阶的 MA 模型等价；

(2)一个可逆的有限阶 MA 模型与无限阶的 AR 模型等价，可逆意味着 MA 模型零点在单位圆内；

(3)由于一个 ARMA 模型实际上是由有限阶 AR 模型和有限阶 MA 模型组成，因此在一定条件下(最小相位条件)，它同样可用无限阶的 AR 模型或无限阶的 MA 模型来表示。

例 2.6.1 设 MA(∞)模型单位取样响应 $h(n)=a^n u(n)$，$|a|<1$，则 MA(∞)模型满足

$$x(n)=\sum_{k=0}^{\infty}h(k)\varepsilon(n-k) \tag{2.6.1}$$

则

$$X(z)=H(z)E(z)=\frac{1}{1-az^{-1}}E(z)$$

$$(1-az^{-1})X(z)=E(z)$$

因此有

$$x(n)-ax(n-1)=\varepsilon(n) \tag{2.6.2}$$

式(2.6.1)为无限阶 MA 模型差分方程，式(2.6.2)为 1 阶 AR 模型差分方程，$x(n)$的这两个模型等价。

通过 2.5 节讨论得知，任意的具有连续谱密度的平稳随机过程都可用无限阶的 MA 模型来表示，而无限阶的 MA 模型又与有限阶 AR 模型等价，因此用有限阶 AR 模型就可以对连续谱密度的平稳随机过程建模。AR 模型求解方便，同时又与最佳线性预测紧密关联，具有很多应用。

2.6.2 随机信号建模的本质

对于任意给定的一个具有连续谱密度的平稳随机过程，它均可由白噪声激励一个线性系统来精确产生的说法是错误的。利用 $x(n)$的自相关函数求解出模型参数及输入白噪声方差后，假定模型输出为 $\hat{x}(n)$，如图 2.6.1 所示，则模型输出 $\hat{x}(n)$与 $x(n)$之间满足自相关和功率谱的匹配关系，而非时域上的匹配关系。

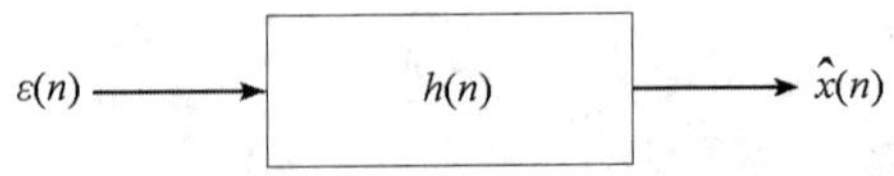

图 2.6.1 平稳随机信号参数模型

比如对于 AR(p)模型，有

$$r_{\hat{x}}(m)=r_x(m),\qquad 0\leqslant|m|\leqslant p \tag{2.6.3}$$

而非 $\hat{x}(n)=x(n)$。实际上根据 2.5 节讨论可知，满足式(2.6.3)的 $h(n)$表示式有无限多个，即 $\hat{x}(n)$的表示式也有无限多个。这一点与确定性信号和单位

取样响应在时域上的精确匹配不同，讨论随机信号时域上的精确表示没有实际意义。

对于平稳随机信号，讨论的不是时域上的匹配性质，而是自相关函数的匹配性质和功率谱的匹配性质。如果说确定性信号单位取样响应为时域精确模型，随机信号建立的则是二阶统计意义上的精确模型。

小　结

本章讨论了随机信号处理中的重要内容——平稳随机信号的线性模型。详细讨论了 AR 模型的平稳性条件、参数求解方法、自相关函数和功率谱密度函数，并在 AR 模型基础上，给出了 MA 模型和 ARMA 模型的自相关函数、功率谱密度函数和参数求解方法。最后，介绍了随机信号的一般线性表示和正则谱分解方法。

习　题

2.1　$x(n)$是一个 1 阶 AR 过程，它受到方差为 σ_w^2 的白噪声的污染，即

$$y(n)=x(n)+w(n)$$

对于该过程，若用 $\hat{a}(1)=-\dfrac{r_y(1)}{r_y(0)}$来估计其滤波器参数，证明

$$\hat{a}(1)=a(1)\frac{\eta}{\eta+1}$$

其中 $\eta=r_x(0)/\sigma_w^2$，表示信噪比。

2.2　一个 2 阶 AR 过程，满足差分方程 $x(n)=x(n-1)-0.5x(n-2)+v(n)$，其中 $v(n)$是一个均值为 0，方差为 0.5 的白噪声。

(a)写出这个过程的 Yule-Walker 方程；

(b)求解自相关函数值 $r_x(1)$和 $r_x(2)$；

(c)求出 $x(n)$的方差。

2.3　对于 MA(2)过程

$$x(n)=\varepsilon(n)-\frac{5}{6}\varepsilon(n-1)+\frac{1}{6}\varepsilon(n-2)$$

求三个不同 MA 过程参数，它们具有相同的功率谱密度。

2.4 假定有一个 MA(2)模型

$$x(n)=w(n)+1.4w(n-1)-1.2w(n-2)$$

其中 $w(n)\sim N(0,1)$，试确定 $x(n)$ 的自相关函数以及该模型的等价最小相位模型。

2.5 设 $x(n)$ 为 MA 过程，具有相关矩阵

$$\begin{bmatrix} 0.5 & 0.25 \\ 0.25 & 0.5 \end{bmatrix}$$

试确定 $x(n)$ 的模型表达式。

2.6 设 $x(n)$ 为 AR 过程，具有相关矩阵

$$\begin{bmatrix} 1 & 0.5 \\ 0.5 & 1 \end{bmatrix}$$

试确定 $x(n)$ 的模型表达式。

2.7 设 $x(n)$ 为 ARMA(2, 1)过程

$$x_n+a_1x_{n-1}+a_2x_{n-2}=\varepsilon_n+b\varepsilon_{n-1}$$

已知其自相关函数前 4 个值为 $r_x(0)=19$，$r_x(1)=9$，$r_x(2)=-5$，$r_x(3)=-7$。试确定模型的参数。

2.8 设 $x(n)$ 为单位白噪声通过系统 $H(z)=\dfrac{1}{1-az^{-1}}$，$|a|<1$ 的输出，$r_x(m)$ 为其自相关函数，$R_x(\mathrm{e}^{\mathrm{j}\omega})$ 为其功率谱。试求 $r_x(m)$ 的复倒谱 $c_r(m)$ 并证明

$$\frac{1}{2\pi}\int_{-\pi}^{\pi}\ln[R_x(\mathrm{e}^{\mathrm{j}\omega})]\mathrm{d}\omega=0$$

2.9 设 $x(n)$ 为单位白噪声通过系统 $H(z)=1-az^{-1}$，$|a|<1$ 的输出，$r_x(m)$ 为其自相关函数，$R_x(\mathrm{e}^{\mathrm{j}\omega})$ 为其功率谱。试求 $r_x(m)$ 的复倒谱 $c_r(m)$ 并证明

$$\frac{1}{2\pi}\int_{-\pi}^{\pi}\ln[R_x(\mathrm{e}^{\mathrm{j}\omega})]\mathrm{d}\omega=0$$

2.10 设 $x(n)$ 的功率谱密度函数为

$$R_x(\mathrm{e}^{\mathrm{j}\omega})=\frac{5-3\cos\omega}{17-8\cos\omega}$$

试确定 $x(n)$ 的最小相位表达式(模型表达式)。

2.11 对于一个 AR 过程 $x(n)-0.9x(n-1)+0.2x(n-2)=v(n)$，其中 $\sigma_v^2=1$。试确定一个最佳单步预测器 $\hat{x}(n+1)=a(1)x(n)+a(2)x(n-1)$ 的系统函数 $H_{\mathrm{opt}}(z)$，以及相应的最小均方差(MMSE)。

2.12 设 $h(n)$ 为 AR(2) 模型 $x_n + a_1 x_{n-1} + a_2 x_{n-2} = \varepsilon_n$ 的单位取样响应，$c(n)$ 为 $h(n)$ 的复倒谱。现已知 $c(1)$ 和 $c(2)$，试计算模型系数 a_1 和 a_2。

2.13 一个随机信号 x_n 可以看成是白噪声 $N(0,1)$ 通过一个线性系统 $G(z)$ 所生成。已知该随机信号的功率谱密度函数为

$$R_x(z) = \frac{2 - 0.8z^{-1} - 0.8z}{1.64 - 0.8z^{-1} - 0.8z}$$

试写出系统 $G(z)$ 的最小相位表示式并计算自相关函数 $r_x(m)$。

2.14 一个随机信号 x_n 可以看成是白噪声 $N(0,1)$ 通过一个线性系统 $G(z)$ 所生成。已知该随机信号的功率谱密度函数为

$$R_x(z) = \frac{1 - 2.5z^{-1} + z^{-2}}{1 - 2.05z^{-1} + z^{-2}}$$

试写出系统 $G(z)$ 的最小相位表示式和最大相位表示式。

2.15 一个随机信号 $x(n)$ 可以看成是白噪声 $N(0,1)$ 通过一个线性系统 $G(z)$ 所生成。已知该随机信号的功率谱密度函数为

$$P_x(\omega) = \frac{(1 - 4\mathrm{e}^{-\mathrm{j}\omega})(1 - 4\mathrm{e}^{\mathrm{j}\omega})}{(1 - 5\mathrm{e}^{-\mathrm{j}\omega})(1 - 5\mathrm{e}^{\mathrm{j}\omega})}$$

现要求 $G(z)$ 具有最小相位，试求出 $G(z)$。

第3章 最优线性滤波器

本章介绍最优滤波器的理论及其应用，主要讨论线性滤波器，通过信号的线性组合来最优地逼近期望输出。滤波器输入的信号可以是确定性的信号，也可以是统计性的信号。对于确定性信号，最优化准则为最小二乘准则，得到最小二乘滤波器；对于统计性信号，最优化准则为均方误差最小准则，得到维纳滤波器。根据最优化准则引出了最优滤波器的理论及求解滤波器的正则方程，正则方程完全由输入信号自相关和输入与期望输出的互相关确定。最优滤波器理论广泛运用在许多实际应用中。

本章从最优滤波器的概念开始，首先推导了确定性最小二乘滤波器的正则方程并进行了误差分析，给出了最小二乘逆滤波器和白化滤波器的概念；然后详细讨论了维纳滤波器的理论、信号模型及求解方法；最后介绍了线性预测误差滤波器及 Levinson-Durbin 算法。以上这些理论及方法在雷达和通信中有着广泛的应用。

3.1 最优滤波器概念

确定信号数字滤波器(如低通、高通、带通、带阻)的设计特点是在频域上给出容限图，期望设计的滤波器能逼近理想滤波器，而滤波器设计与输入信号的特性关系不密切。例如设计一个低通滤波器，通常要求滤波器的通带特性、止带特性和过渡段特性尽量接近一个理想的低通滤波器，只要给出通带截止频率、止带截止频率、通带容限、止带容限，就可以完成低通滤波器的设计。

最优滤波器的设计特点与确定性滤波器不同，它要求在已知输入信号的基础上，滤波器输出的信号尽量逼近给定的期望信号，衡量的准则就是最优化准则(估计准则)。最优滤波器设计与输入信号和期望输出信号均密切相关。设输入信号为 $g(n)$，给定的期望输出信号为 $f(n)$，最佳线性滤波器的任务就是确定系统函数 $h(n)$，使滤波器输出信号 $y(n)$ 在最优化准则下最佳地逼近 $f(n)$，即

$$y = g * h \xrightarrow{\text{最优化准则}} f \tag{3.1.1}$$

显然，最优滤波器的特性与输入信号的特性密切相关。

最优滤波器输入信号既可以是确定性信号，也可以是随机信号。确定性信号最优线性滤波器最优化准则可以采用最小二乘准则，得到确定性最小二乘滤波器；随机信号最优线性滤波器最优化准则可以采用均方误差最小准则，得到维纳滤波器。

根据式(3.1.1)，要求所设计的滤波器传递函数满足

$$H(z) \xrightarrow{\text{逼近}} \frac{F(z)}{G(z)} \tag{3.1.2}$$

期望所设计滤波器满足

$$H(z) = \frac{F(z)}{G(z)} \tag{3.1.3}$$

此时系统实际输出等于期望输出。

通常对最优滤波器 $H(z)$ 会施加某些限制条件，例如要求 $H(z)$ 是一个因果稳定的滤波器。基于下列三个原因，式(3.1.3)不能得到满足：

(1)如果 $G(z)$ 不是最小相位，那么 $1/G(z)$ 不能是因果稳定的；

(2)如果 $F(z)$ 不是因果的，那么 $F(z)/G(z)$ 不能是因果的；

(3)如果 $F(z)/G(z)$ 对应的是一个因果稳定的 IIR 滤波器，那么所设计的 $H(z)$ 要求是一个 FIR 滤波器。

此时系统实际输出不一定等于期望输出，实际输出只是期望输出的一个近似，也就是说,需要根据最优化准则来构造一个滤波器 $H(z)$。

3.2 确定性最小二乘滤波器

本节讨论确定性最小二乘滤波器的一般原理。根据这个原理，针对不同问题可以设计出不同最小二乘滤波器。

3.2.1 FIR 最小二乘滤波器

如果期望输出信号 $f(n)$ 稳定，即 $\sum f^2(n) < \infty$，输入信号 $g(n)$ 因果稳定，现要求所设计的最小二乘滤波器 $h(n)$ 是 N 阶 FIR 滤波器，即 $h(n) = 0$，$n < 0$ 或 $k > N$。

定义滤波器期望输出 $f(n)$ 与实际输出 $y(n)$ 的误差序列 $e(n)$ 为

$$e(n) = f(n) - y(n) = f(n) - g(n) * h(n) \tag{3.2.1}$$

该误差序列是单位取样响应 $h(n)$ 的函数。在最小二乘准则下，定义误差能量函数 $V(h)$ 为误差序列 $e(n)$ 的序列平方和

$$\begin{aligned} V(h) &= \|e\|^2 = \sum_{k=-\infty}^{\infty} e^2(k) = \sum_{k=-\infty}^{\infty} [f(k) - y(k)]^2 \\ &= \sum_{k=-\infty}^{\infty} [f(k) - g(k) * h(k)]^2 \end{aligned} \tag{3.2.2}$$

根据 Parseval 定理，式(3.2.2)也可写成

$$V(h) = \frac{1}{2\pi}\int_{-\pi}^{\pi} |F(e^{j\theta}) - G(e^{j\theta}) \cdot H(e^{j\theta})|^2 d\theta \tag{3.2.3}$$

最小二乘滤波器误差能量函数也是滤波器系数 $h(n)$ 的函数，式(3.2.2)可表示为

$$\begin{aligned} V(h) &= \sum_{k=-\infty}^{\infty} e^2(k) = \sum_{k=-\infty}^{\infty} [f(k) - y(k)]^2 \\ &= \sum_{k=-\infty}^{\infty} [f(k) - g(k) * h(k)]^2 \\ &= \sum_{k=-\infty}^{\infty} \Big[f(k) - \sum_{m=0}^{N} h(m)g(k-m)\Big]^2 \\ &= \Big[\sum_{k=-\infty}^{\infty} f^2(k)\Big] - 2\sum_{m=0}^{N} h(m)\Big[\sum_{k=-\infty}^{\infty} f(k)g(k-m)\Big] + \\ &\quad \sum_{l=0}^{N}\sum_{m=0}^{N} h(m)h(l)\Big[\sum_{k=-\infty}^{\infty} g(k-m)g(k-l)\Big] \end{aligned} \tag{3.2.4}$$

当满足 $\frac{\partial V(h)}{\partial h(m)} = 0 (m = 0, 1, \cdots, N)$ 时，可得到 $V(h)$ 的最小值。

定义常数项 ρ 代表期望输出能量

$$\rho = \sum_{k=-\infty}^{\infty} f^2(k) \tag{3.2.5}$$

定义线性项 $q(m)$ 为输入与期望输出确定性互相关函数

$$\begin{aligned} q(m) &= \sum_{k=-\infty}^{\infty} f(k)g(k-m) = \sum_{k=0}^{\infty} f(k+m)g(k) \\ &= \frac{1}{2\pi}\int_{-\pi}^{\pi} F(e^{j\theta})G^*(e^{j\theta}) \cdot e^{jm\theta} d\theta \end{aligned} \tag{3.2.6}$$

定义输入与期望输出 $N+1$ 维确定性互相关矢量 $\boldsymbol{Q}$ 为

$$\boldsymbol{Q} = [q(0) \quad q(1) \quad \cdots \quad q(N)]^{\mathrm{T}} \tag{3.2.7}$$

定义二次项 $r(m, l)$ 为输入信号的确定性自相关函数

$$r(m,l)=\sum_{k=-\infty}^{\infty}g(k-m)g(k-l)=\sum_{k=0}^{\infty}g(k)g(k+m-l)$$
$$=\frac{1}{2\pi}\int_{-\pi}^{\pi}|G(\mathrm{e}^{\mathrm{j}\theta})|^2\mathrm{e}^{\mathrm{j}(m-l)\theta}\mathrm{d}\theta$$
$$=r(m-l)=r(l-m) \tag{3.2.8}$$

定义输入信号 $N+1$ 维确定性自相关矩阵 $\boldsymbol{R}$ 为

$$\boldsymbol{R}=\begin{bmatrix} r(0) & r(1) & \cdots & r(N) \\ r(1) & \cdots & \cdots & \vdots \\ \vdots & & & r(1) \\ r(N) & \cdots & r(1) & r(0) \end{bmatrix} \tag{3.2.9}$$

由式(3.2.9)可见，输入自相关矩阵 $\boldsymbol{R}$ 的元素仅仅取决于下标的差，矩阵的任何对角线上的元素是相同的，这样的矩阵称为 Toeplitz 矩阵。

定义最小二乘滤波器 N 阶 FIR 滤波器系数矢量 $\boldsymbol{H}$ 为

$$\boldsymbol{H}=[h(0)\quad h(1)\quad \cdots \quad h(N)]^{\mathrm{T}} \tag{3.2.10}$$

则根据式(3.2.4)，误差能量函数可表示为

$$V(\boldsymbol{H})=\rho-2\boldsymbol{Q}^{\mathrm{T}}\boldsymbol{H}+\boldsymbol{H}^{\mathrm{T}}\boldsymbol{R}\boldsymbol{H} \tag{3.2.11}$$

其中 ρ 为期望输出信号能量，$\boldsymbol{Q}$ 为输入信号与期望输出信号确定性互相关矢量，$\boldsymbol{R}$ 为输入信号确定性自相关矩阵，$\boldsymbol{H}$ 为 N 阶 FIR 最小二乘滤波器系数矢量。

误差能量函数 $V(\boldsymbol{H})$ 为系数矢量 $\boldsymbol{H}$ 的二次函数，由于输入信号确定性自相关矩阵 $\boldsymbol{R}$ 非负定，$V(\boldsymbol{H})$ 具有最小值。为使 $V(\boldsymbol{H})$ 达到最小值，要求 $V(\boldsymbol{H})$ 关于系数矢量 $\boldsymbol{H}$ 的偏导等于零，即

$$\frac{\partial V(\boldsymbol{H})}{\partial \boldsymbol{H}}=0 \tag{3.2.12}$$

由式(3.2.11)，有

$$\frac{\partial V(\boldsymbol{H})}{\partial \boldsymbol{H}}=2\boldsymbol{R}\boldsymbol{H}-2\boldsymbol{Q} \tag{3.2.13}$$

则在满足式(3.2.12)的条件下，可以得到确定性最小二乘滤波器的正则方程

$$\boldsymbol{R}\boldsymbol{H}=\boldsymbol{Q} \tag{3.2.14}$$

求解正则方程，可以得到确定性最小二乘滤波器的系数矢量 $\boldsymbol{H}_{\mathrm{opt}}$ 为

$$\boldsymbol{H}_{\mathrm{opt}}=\boldsymbol{R}^{-1}\boldsymbol{Q} \tag{3.2.15}$$

满足式(3.2.15)时，根据式(3.2.11)误差能量表示式，得到最小的误差能量 $V(\boldsymbol{H})_{\min}$ 为

$$V(\boldsymbol{H})_{\min}=\rho-2\boldsymbol{Q}^{\mathrm{T}}\boldsymbol{H}_{\mathrm{opt}}+\boldsymbol{H}_{\mathrm{opt}}^{\mathrm{T}}\boldsymbol{R}\boldsymbol{H}_{\mathrm{opt}}=\rho-\boldsymbol{Q}^{\mathrm{T}}\boldsymbol{H}_{\mathrm{opt}}$$

$$=\rho-\boldsymbol{H}_{\mathrm{opt}}^{\mathrm{T}}\boldsymbol{R}\boldsymbol{H}_{\mathrm{opt}} \tag{3.2.16}$$

由式(3.2.4)可知，式(3.2.16)右边第一项ρ为期望输出序列$f(n)$的序列平方和，即期望输出能量；第二项为实际输出序列$y(n)=x(n)*h_{\mathrm{opt}}(n)$的序列平方和，即最小二乘滤波器实际输出能量。最小的误差能量$V(\boldsymbol{H})_{\min}$也可以表示成

$$V(\boldsymbol{H})_{\min}=\sum_{n=-\infty}^{\infty}f^2(n)-\sum_{n=-\infty}^{\infty}y^2(n) \tag{3.2.17}$$

因为误差能量总满足$V(\boldsymbol{H})_{\min}\geqslant 0$，则根据式(3.2.17)可知，当满足正则方程时，有

$$\sum_{n=-\infty}^{\infty}f^2(n)\geqslant\sum_{n=-\infty}^{\infty}y^2(n) \tag{3.2.18}$$

说明最小二乘滤波器输出信号的能量不会大于期望输出信号的能量。

现定义相对误差能量

$$\varepsilon=\frac{V(\boldsymbol{H})}{\sum\limits_{k=-\infty}^{\infty}f^2(k)}=\frac{V(\boldsymbol{H})}{\rho} \tag{3.2.19}$$

则满足正则方程时，有

$$\varepsilon_{\min}=\frac{V(\boldsymbol{H})_{\min}}{\sum\limits_{k=-\infty}^{\infty}f^2(k)}=1-\frac{\boldsymbol{H}_{\mathrm{opt}}^{\mathrm{T}}\boldsymbol{R}\boldsymbol{H}_{\mathrm{opt}}}{\rho}=1-\frac{\sum\limits_{k=-\infty}^{\infty}y^2(k)}{\sum\limits_{k=-\infty}^{\infty}f^2(k)} \tag{3.2.20}$$

根据式(3.2.18)可知，相对误差能量满足关系

$$0\leqslant\varepsilon_{\min}\leqslant 1 \tag{3.2.21}$$

当$\varepsilon_{\min}=0$时，期望输出与实际输出完全一致，此时$y(n)=f(n)$；当$\varepsilon_{\min}=1$时，期望输出与实际输出完全不一致，此时$y(n)=0$。

例 3.2.1 如果输入信号$g(n)$因果稳定，期望输出信号$f(n)$为反因果信号，即$f(n)=0$，$n\geqslant 0$。试求N阶 FIR 最小二乘滤波器单位取样响应$h(n)$及最小的相对误差能量$\varepsilon_{\min}$。

解：由式(3.2.6)有$q(m)=\sum\limits_{k=0}^{\infty}f(k+m)g(k)=0(m=0,1,\cdots,N)$，$\boldsymbol{Q}=[\boldsymbol{0}]^{\mathrm{T}}$，说明输入信号与期望输出信号不相关。根据式(3.2.14)正则方程，有$\boldsymbol{H}_{\mathrm{opt}}=\boldsymbol{R}^{-1}\boldsymbol{Q}=[\boldsymbol{0}]^{\mathrm{T}}$，即$h(n)=0$。此时$\varepsilon_{\min}=\dfrac{V(\boldsymbol{H})_{\min}}{\sum\limits_{k=-\infty}^{\infty}f^2(k)}=1-\dfrac{\boldsymbol{H}^{\mathrm{T}}\boldsymbol{R}\boldsymbol{H}}{\rho}=1$。

这说明当输入与期望输出完全不相关时，相对误差能量$\varepsilon_{\min}$达到最大值1。

3.2.2 IIR 最小二乘滤波器

如果期望输出信号 $f(n)$ 稳定，即 $\sum f^2(n) < \infty$，输入信号 $g(n)$ 因果稳定，现要求所设计的最小二乘滤波器 $h(n)$ 是 IIR 滤波器，即 $h(n)=0,\ n<0$ 。

输入信号 $g(n)$ 因果稳定但不一定是最小相位信号，即其 Z 变换 $G(z)$ 的极点在 z 平面单位圆内但可能有零点在单位圆外。假定 $G(z)$ 仅有一个零点 $z=\dfrac{1}{z_0}$ $(|z_0|<1)$ 位于单位圆的外部，其余零极点均在单位圆内部，则 $G(z)$ 可表示为

$$G(z)=G_{\min}(z)(z^{-1}-z_0) \tag{3.2.22}$$

其中 $G_{\min}(z)$ 是 $G(z)$ 中的最小相位部分。

由式(3.2.22)有

$$\begin{aligned} G(z) &= G_{\min}(z)(z^{-1}-z_0)=G_{\min}(z)(z^{-1}-z_0)\cdot\frac{1-z_0^*z^{-1}}{1-z_0^*z^{-1}} \\ &= [G_{\min}(z)\cdot(1-z_0^*z^{-1})]\cdot\frac{z^{-1}-z_0}{1-z_0^*z^{-1}} \\ &= G_0(z)\cdot E(z) \end{aligned} \tag{3.2.23}$$

其中 $G_0(z)=G_{\min}(z)\cdot(1-z_0^*z^{-1})$ 也是最小相位的，而 $E(z)$ 是全通函数，满足

$$|E(e^{j\omega})|=|E(z)|_{z=e^{j\omega}}=1,\ 0\leqslant\omega<2\pi \tag{3.2.24}$$

如式(3.2.23)所示，如果输入信号 $g(n)$ 为实信号并且非最小相位，则可以分解为最小相位部分与全通函数的级联。单个单位圆外实零点级联一个 1 阶全通函数，每对单位圆外共轭复零点级联一个 2 阶全通函数。全通函数因果稳定，极点在 z 平面单位圆内但零点在单位圆外。

由式(3.1.2)和式(3.2.23)设计的最小二乘滤波器需要实现

$$H(z)\xrightarrow{\text{逼近}}\frac{F(z)}{G(z)}=\frac{1}{G_0(z)}\cdot\frac{F(z)}{E(z)} \tag{3.2.25}$$

要实现如式(3.2.25)所示的最佳逼近，所要构造的滤波器 $H(z)$ 需要逼近两个系统的级联。其中一个系统为$\dfrac{1}{G_0(z)}$，另一个系统为$\dfrac{F(z)}{E(z)}$。由于 $G_0(z)$ 是最小相位的，因此用一个因果稳定的 IIR 滤波器来逼近$\dfrac{1}{G_0(z)}$可以完全实现，不会产生误差。而逼近系统$\dfrac{F(z)}{E(z)}$可以看成是实现一个输入信号为全通函数 $E(z)$，期望输出信号为 $F(z)$ 的最小二乘滤波器。

这个滤波器若用 $W(z)$ 来表示，则实现输入信号为 $g(n)$、期望输出信号为

$f(n)$的最小二乘滤波器所产生的误差能量与实现输入信号为全通函数$e(n)$、期望输出信号为$f(n)$的最小二乘滤波器所产生的误差能量相同，即

$$V(h)=\sum_{k=-\infty}^{\infty}[f(k)-g(k)*h(k)]^2=\sum_{k=-\infty}^{\infty}[f(k)-e(k)*w(k)]^2 \tag{3.2.26}$$

这样就把输入信号为$g(n)$、期望输出信号为$f(n)$的最小二乘滤波器$H_{opt}(z)$的求解转化成输入信号为全通函数$E(z)$、期望输出信号为$F(z)$的最小二乘滤波器$W_{opt}(z)$的求解了。当得到$W_{opt}(z)$时，式(3.2.26)所示误差能量达到最小，根据式(3.2.25)有

$$H_{opt}(z)=\frac{1}{G_0(z)}\cdot W_{opt}(z) \tag{3.2.27}$$

根据式(3.2.15)可以建立求解输入信号为全通函数最小二乘滤波器系数矢量$\boldsymbol{W}_{opt}$的正则方程

$$\boldsymbol{W}_{opt}=\boldsymbol{R}^{-1}\boldsymbol{Q} \tag{3.2.28}$$

其中$\boldsymbol{Q}$为全通函数$e(n)$与期望输出信号$f(n)$的确定性互相关矢量

$$\boldsymbol{Q}=[q(0)\quad q(1)\quad \cdots \quad q(\infty)]^{\mathrm{T}} \tag{3.2.29}$$

$$q(m)=\sum_{k=-\infty}^{\infty}e(k-m)f(k) \tag{3.2.30}$$

$\boldsymbol{R}$为全通函数$e(n)$的确定性自相关矩阵。根据式(3.2.8)，全通函数$e(n)$的自相关序列为

$$\begin{aligned}r(m,l)&=\sum_{k=-\infty}^{\infty}e(k-m)e(k-l)=\sum_{k=-\infty}^{\infty}e(k)e(k+m-l)\\&=\frac{1}{2\pi}\int_{-\pi}^{\pi}|E(\mathrm{e}^{\mathrm{j}\theta})|^2\mathrm{e}^{\mathrm{j}(m-l)\theta}\mathrm{d}\theta\\&=\frac{1}{2\pi}\int_{-\pi}^{\pi}\mathrm{e}^{\mathrm{j}(m-l)\theta}\mathrm{d}\theta\\&=\delta(m-l)\end{aligned} \tag{3.2.31}$$

因此全通函数$e(n)$的确定性自相关矩阵$\boldsymbol{R}$为单位矩阵。

由式(3.2.28)可得

$$\boldsymbol{W}_{opt}=\boldsymbol{Q} \tag{3.2.32}$$

对式(3.2.32)得到的$w_{opt}(n)$作z变换，得到输入信号为全通函数最小二乘滤波器系统函数$W_{opt}(z)$，再利用式(3.2.27)可求出最终的最小二乘滤波器系统函数$H_{opt}(z)$。

根据式(3.2.16)，IIR 最小二乘滤波器最小的误差能量

$$V(\boldsymbol{H})_{\min}=\rho-\boldsymbol{Q}^{\mathrm{T}}\boldsymbol{W}_{opt}=\rho-\boldsymbol{Q}^{\mathrm{T}}\boldsymbol{Q}$$

$$= \sum_{k=-\infty}^{\infty} f^2(k) - \sum_{m=0}^{\infty} q^2(m)$$

$$= \sum_{k=-\infty}^{\infty} f^2(k) - \sum_{m=0}^{\infty} \sum_{k=-\infty}^{\infty} f(k)e(k-m) \sum_{l=-\infty}^{\infty} f(l)e(l-m) \tag{3.2.33}$$

考虑到全通函数 $e(n)$ 是因果序列，式(3.2.33)又可以写成

$$\begin{aligned} V(\boldsymbol{H})_{\min} &= \sum_{k=-\infty}^{\infty} f^2(k) - \sum_{m=0}^{\infty} \sum_{k=-\infty}^{\infty} f(k)e(k-m) \sum_{l=-\infty}^{\infty} f(l)e(l-m) \\ &= \sum_{k=-\infty}^{\infty} f^2(k) - \sum_{m=0}^{\infty} \sum_{k=0}^{\infty} f(k)e(k-m) \sum_{l=0}^{\infty} f(l)e(l-m) \\ &= \sum_{k=-\infty}^{\infty} f^2(k) - \sum_{k=0}^{\infty} \sum_{l=0}^{\infty} f(k)f(l) \sum_{m=0}^{\infty} e(k-m)e(l-m) \\ &= \sum_{k=-\infty}^{\infty} f^2(k) - \sum_{k=0}^{\infty} \sum_{l=0}^{\infty} f(k)f(l) \cdot \\ &\quad \left[\sum_{m=-\infty}^{\infty} e(k-m)e(l-m) - \sum_{m=-\infty}^{-1} e(k-m)e(l-m) \right] \\ &= \sum_{k=-\infty}^{\infty} f^2(k) - \sum_{k=0}^{\infty} \sum_{l=0}^{\infty} f(k)f(l) \sum_{m=-\infty}^{\infty} e(k-m)e(l-m) + \\ &\quad \sum_{k=0}^{\infty} \sum_{l=0}^{\infty} f(k)f(l) \sum_{m=-\infty}^{-1} e(k-m)e(l-m) \end{aligned} \tag{3.2.34}$$

由式(3.2.32)可知

$$\sum_{m=-\infty}^{\infty} e(k-m)e(l-m) = \delta(k-l)$$

因此式(3.2.34)又可以写成

$$\begin{aligned} V(\boldsymbol{H})_{\min} &= \sum_{k=-\infty}^{\infty} f^2(k) - \sum_{k=0}^{\infty} f^2(k) + \sum_{k=0}^{\infty} \sum_{l=0}^{\infty} f(k)f(l) \sum_{m=-\infty}^{-1} e(k-m)e(l-m) \\ &= \sum_{k=-\infty}^{-1} f^2(k) + \sum_{m=1}^{\infty} \left[\sum_{k=0}^{\infty} f(k)e(k+m) \right]^2 \end{aligned} \tag{3.2.35}$$

由式(3.2.35)可以看出，IIR 最小二乘滤波器的误差能量由两项构成。式(3.2.35)右边第一项为期望输出反因果部分的能量。当输入信号 $g(n)$ 是因果信号时，通过一个因果的 IIR 最小二乘滤波器产生的输出也是因果的，即

$$y(n) = g(n) * h_{\mathrm{opt}}(n) = 0, \quad n < 0$$

这说明，滤波器的实际输出是不可能包含期望输出的反因果部分，这也就构成了误差能量的第一项。反之也可说，当期望输出是因果信号时，这一项为零。式(3.2.35)右边第二项为输入信号 $g(n)$ 的非最小相位误差。当输入信号 $g(n)$

是最小相位信号时，由式(3.2.23)可知

$$G(z) = G_0(z) \cdot E(z) = G(z) \times 1$$

即 $G(z)$ 的最小相位部分 $G_0(z) = G(z)$，级联的全通函数 $E(z) = 1$ 或者说 $e(n) = \delta(n)$，此时式(3.2.35)右边第二项必定为零。反之也可说，当输出信号非最小相位时，会产生第二个误差能量项。

由式(3.2.35)可知，当输入信号为最小相位时，若它通过一个因果稳定的 IIR 最小二乘滤波器，则得到期望输出的因果部分是不会有误差的。这一点与 3.1 节的讨论是一致的。

3.3 逆滤波器与白化滤波器

3.3.1 最小二乘逆滤波器

在许多工程应用中，逆滤波器是重要的一种滤波器。例如通信系统传递信号，假设信道的传递函数为 $G(z)$，由于 $G(z)$ 对于不同的频率具有不同的衰减特性，因此在接收端通常需级联一个滤波器 $H(z)$，如图 3.3.1 所示，信道总的传递函数为 $F(z) = G(z) \cdot H(z)$。

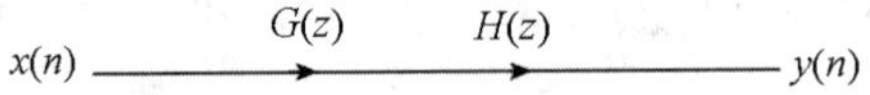

图 3.3.1 通信系统传输模型

如果要求信道具有一个均衡的特性，可令 $F(z) = 1$ 或 $f(n) = \delta(n)$。此时 $H(z)$ 为 $G(z)$ 的逆滤波器。最小二乘逆滤波器的期望输出为单位取样序列，它是最小二乘滤波器的一个特例。

如果输入信号 $g(n)$ 因果稳定，现要求所设计的最小二乘逆滤波器 $h(n)$ 是 N 阶 FIR 滤波器，满足 $h(n) = 0$，$n < 0$ 或 $k > N$。

根据式(3.2.14)和式(3.2.15)，有

$$\boldsymbol{H}_{\text{opt}} = \boldsymbol{R}^{-1}\boldsymbol{Q}$$

其中 $\boldsymbol{R}$ 为输入信号 $g(n)$ 的 $N+1$ 维确定性自相关矩阵，由式(3.2.9)确定；$\boldsymbol{H}_{\text{opt}}$ 为最小二乘逆滤波器系数矢量；$\boldsymbol{Q}$ 为输入信号 $g(n)$ 与期望输出信号 $\delta(n)$ 的 $N+1$ 维确定性互相关矢量。

根据式(3.2.6)，可得输入信号 $g(n)$ 与期望输出信号 $\delta(n)$ 的互相关为

$$q(m) = \sum_{k=-\infty}^{\infty} \delta(k) g(k-m) = g(-m), \quad m > 0 \tag{3.3.1}$$

又由于 $g(n)$ 是因果信号，有

$$q(m)=\begin{cases}g(0), & m=0\\ 0, & m>0\end{cases} \tag{3.3.2}$$

因此，如式(3.2.14)所示正则方程可以写成

$$\begin{bmatrix} r(0) & r(1) & \cdots & r(N)\\ r(1) & \cdots & \cdots & \vdots\\ \vdots & & & r(1)\\ r(N) & \cdots & r(1) & r(0)\end{bmatrix}\begin{bmatrix}h(0)\\ h(1)\\ \vdots\\ h(N)\end{bmatrix}=\begin{bmatrix}g(0)\\ 0\\ \vdots\\ 0\end{bmatrix} \tag{3.3.3}$$

而根据式(3.2.16)，可得逆滤波器的最小误差能量

$$V(\boldsymbol{H})_{\min}=1-g(0)h(0) \tag{3.3.4}$$

当 $N\to+\infty$ 时，可得到 IIR 最小二乘逆滤波器。仍假定输入信号 $g(n)$ 非最小相位，有一个零点在单位圆外部。根据式(3.2.35)，可得 IIR 最小二乘逆滤波器的最小误差能量为

$$\lim_{N\to\infty}V(\boldsymbol{H})_{\min}=\sum_{m=1}^{\infty}\left[\sum_{k=0}^{\infty}\delta(k)e(k+m)\right]^2=\sum_{m=1}^{\infty}e^2(m)$$

根据 Parseval 定理，全通信号满足 $\sum_{m=0}^{\infty}e^2(m)=1$。

所以 IIR 最小二乘逆滤波器的最小误差能量为

$$\lim_{N\to\infty}V(\boldsymbol{H})_{\min}=1-e^2(0) \tag{3.3.5}$$

例 3.3.1 非最小相位滤波器的求逆

已知输入信号

$$G(z)=1-\mu z^{-1},\quad |\mu|>1$$

试设计其 N 阶最小二乘逆滤波器。

解：(1)计算输入信号自相关序列

$$r(k)=\begin{cases}1+\mu^2, & k=0\\ -\mu, & k=\pm1\\ 0, & 其他\end{cases}$$

(2)计算输入与期望输出互相关序列

$$q(m)=\begin{cases}1, & m=0\\ 0, & m>0\end{cases}$$

(3)求解正则方程

$$\begin{bmatrix} 1+\mu^2 & -\mu & \cdots & 0 \\ -\mu & \cdots & \cdots & \vdots \\ \vdots & & & -\mu \\ 0 & \cdots & -\mu & 1+\mu^2 \end{bmatrix}\begin{bmatrix} h(0) \\ h(1) \\ \vdots \\ h(N) \end{bmatrix}=\begin{bmatrix} 1 \\ 0 \\ \vdots \\ 0 \end{bmatrix} \tag{3.3.6}$$

对于式(3.3.6)定义的 $N+1$ 个方程，当 $1\leqslant k\leqslant N-1$ 时，可写出差分方程

$$-\mu h(k-1)+(1+\mu^2)h(k)-\mu h(k+1)=0 \tag{3.3.7}$$

其通解具有如下形式

$$h(k)=c_1\mu^k+c_2\mu^{-k},\quad 1\leqslant k\leqslant N-1 \tag{3.3.8}$$

其中 c_1，c_2 为常系数。根据式(3.3.6)的第一行和最后一行，有

$$\begin{cases} (1+\mu^2)h(0)-\mu h(1)=1 \\ -\mu h(N-1)+(1+\mu^2)h(N)=0 \end{cases} \tag{3.3.9}$$

将式(3.3.8)定义的通解代入式(3.3.9)，解出系数 c_1 和 c_2，可得最小二乘滤波器系数

$$h_N(k)=\begin{cases} \dfrac{\mu^{N+1-k}-\mu^{-(N+1-k)}}{\mu^{N+3}-\mu^{-(N+1)}}, & 0\leqslant k\leqslant N \\ 0, & 其他 \end{cases} \tag{3.3.10}$$

根据式(3.3.5)，可得最小误差能量

$$\begin{aligned} V(\boldsymbol{H})_{\min} &= 1-g(0)h(0) \\ &= 1-h(0) \\ &= 1-\frac{\mu^{N+1}-\mu^{-(N+1)}}{\mu^{N+3}-\mu^{-(N+1)}} \\ &= \frac{\mu^{N+3}-\mu^{N+1}}{\mu^{N+3}-\mu^{-(N+1)}} \end{aligned} \tag{3.3.11}$$

(4)讨论逼近特性

当 $N\to+\infty$ 时，因为 $\mu>1$，由式(3.3.10)可得

$$\lim_{N\to\infty}h_N(k)=\mu^{-2}\cdot\mu^{-k},\quad k\geqslant 0$$

$$\lim_{N\to\infty}H_N(z)=\mu^{-2}\frac{1}{1-\mu^{-1}z^{-1}}$$

显然，$\lim\limits_{N\to\infty}H_N(z)$ 并不是 $1/G(z)$ 的形式，但当 $g(n)$ 通过该滤波器后满足

$$\lim_{N\to\infty}H_N(z)G(z)=\frac{1}{\mu}E(z)$$

其中 $E(z)=\dfrac{1-\mu z^{-1}}{\mu-z^{-1}}$ 是一个全通滤波器。也就是说，$g(n)$ 通过其逆滤波器，逼

近到了一个全通函数。

同时根据式(3.3.11)可得

$$\lim_{N\to\infty} V(\boldsymbol{H})_{\min} = 1 - \frac{1}{\mu^2}$$

由此可见，如果输入信号 $g(n)$ 的单位圆外零点偏离单位圆越多，那么最小误差能量也越大。

例 3.3.2　具有延迟的逆滤波器。

已知输入信号 $G(z)=1/4-z^{-2}$，它是非最小相位的。现设计一个均衡滤波器 $H_N(z)$，使得总的系统函数允许有某个延迟，即 $F(z)=z^{-L}(L>0)$，此时误差能量相对于不延迟情况急剧下降。为了说明这一点，令滤波器阶数 $N=10$，分别取 $L=0$ 和 $L=12$，并对这两种情况进行讨论。

(1)计算输入信号自相关序列

$$r(k) = \begin{cases} 1.0625, & k=0 \\ -0.25, & k=\pm 2 \\ 0, & \text{其他} \end{cases}$$

(2)计算输入与期望输出互相关序列

对于 $L=0$，有

$$q(m) = \begin{cases} 0.25, & m=0 \\ 0, & m>0 \end{cases}$$

对于 $L=12$，有

$$q(m) = \begin{cases} 0, & m=0,1,\cdots,9 \\ -1, & m=10 \end{cases}$$

(3)求解正则方程

对于 $L=0$，有

$$H_{\text{opt}} = \{0.25, 0, 6.25\times10^{-2}, 0, -1.562\times10^{-2}, 0, 3.904\times10^{-3}, 0, 9.724\times10^{-4}, 0, 2.288\times10^{-4}\}$$

对于 $L=12$，有

$$H_{\text{opt}} = \{-9.155\times10^{-4}, 0, -3.891\times10^{-3}, 0, -1.562\times10^{-2}, 0, -6.25\times10^{-2}, 0, -0.25, 0, -1\}$$

(4)逼近情况

对于 $L=0$，实际输出 $y(n)=g(n)*h(n)$ 为

$$y(n) = \{6.25\times10^{-2}, 0, -0.234, 0, -5.86\times10^{-2}, 0, -1.46\times10^{-2}, 0, -3.66\times10^{-3}, 0, -9.2\times10^{-4}, 0, -2.3\times10^{-4}\}$$

实际输出与期望输出 $y(n)=\delta(n)$ 的近似程度很差，最小误差能量是

0.937 3。

对于 $L=12$，实际输出 $y(n)=g(n)\cdot h(n)$ 为

$$y(n)=\{-2.289\times10^{-4},0,-5.722\times10^{-5},0,-1.431\times10^{-5},0,\\ -3.576\times10^{-6},0,-8.941\times10^{-8},0,-2.236\times10^{-7},0,1\}$$

实际输出与期望输出 $y(n)=\delta(n-12)$ 的近似程度很好，最小误差能量是 5.588×10^{-8}。

例 3.3.2 说明，当输入的因果信号通过因果的最小二乘滤波器，得到的实际输出必然包含相位延迟。

3.3.2 白化滤波器

输入信号为平稳随机信号，期望输出信号为白噪声信号的最优滤波器称为白化滤波器。

在 2.5 节已经讨论，对于平稳随机过程 $x(n)$，如果其功率谱密度函数满足 Paley-Wiener 条件，那么该平稳随机过程 $x(n)$ 可以用白噪声序列 $\varepsilon(n)$ 通过一个最小相位系统 $H(z)$ 来建模。系统 $H(z)$ 通过在输入的白噪声序列 $\varepsilon(n)$ 引入相关关系来产生信号 $x(n)$，称为平稳随机信号的生成模型或有色滤波器。相反，$H(z)$ 的逆系统 $H_I(z)$ 可用于从 $x(n)$ 中恢复白噪声输入 $\varepsilon(n)$，称为平稳随机信号的白化模型或白化滤波器。有色滤波器和白化滤波器分别如图 3.3.2 所示，$H_I(z)$ 是 $H(z)$ 的逆滤波器。

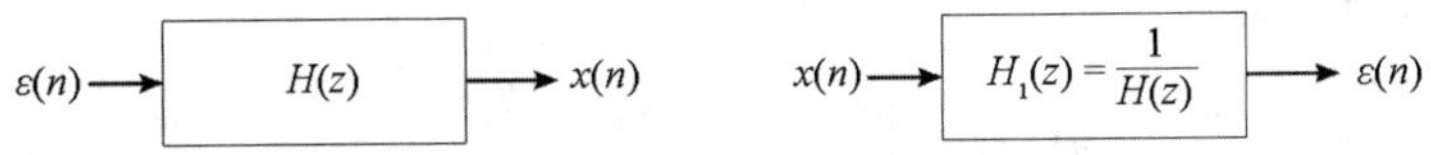

(a) 有色滤波器　　(b) 白化滤波器

图 3.3.2　有色滤波器与白化滤波器

根据式(3.1.4)和式(3.1.5)，当信号生成模型输入是一个白噪声序列时，模型输出信号的自相关函数和功率谱的形状完全由系统 $H(z)$ 确定。由于信号建模存在模型失配问题，生成模型输出信号的功率谱与真实信号间存在偏差。同时当白化滤波器 $H_I(z)$ 为 FIR 滤波器时，$H_I(z)$ 与 $1/H(z)$ 间也存在误差。因此，$x(n)$ 通过白化滤波器 $H_I(z)$ 的输出未必是一个严格的白噪声过程。

由于信号模型失配误差和逆滤波器实现误差，白化滤波器输出不是严格的平坦频谱，但总是比输入信号“白”一些或者随机一些。

3.4 维纳滤波器的引出

在信号处理的许多实际应用中，经常需要从受到污染或失真的观察信号中，将所需要的信号提取出来。例如，雷达信号处理需要从强噪声背景中提取出目标反射的微弱雷达回波；通信信道传输需要从失真的接收信号中将发射信号恢复出来。这实际上是一个信号估计的问题。

设观测到的信号为 $x(n)$，期望得到信号为 $y_d(n)$，最佳信号估计器的任务就是寻找出一种函数关系 $f(\cdot)$，对 $x(n)$ 作变换后得到期望信号 $y_d(n)$ 的估计值 $\hat{y}_d(n)$，并使 $\hat{y}_d(n)$ 在估计准则下最佳地逼近 $y_d(n)$，即

$$\hat{y}_d(n)=f\{x(n)\}\xrightarrow{\text{准则}}y_d(n) \tag{3.4.1}$$

式中 $f(\cdot)$ 可以是线性变换，也可以是非线性变换。

3.4.1 最优化准则

现在采用的估计准则有以下 4 种：

(1) 最大后验概率(MAP)准则

它是在给定 $x(n)$ 的条件下，使 $\hat{y}_d(n)$ 关于 $x(n)$ 的后验条件概率密度

$$p\left[\frac{\hat{y}_d(n)}{x(n)}\right] \tag{3.4.2}$$

达到最大值。

(2) 最大似然(ML)准则

它是在 $y_d(n)$ 给定的条件下，使 $x(n)$ 关于 $\hat{y}_d(n)$ 的条件概率密度

$$p\left[\frac{x(n)}{\hat{y}_d(n)}\right] \tag{3.4.3}$$

达到最大值。

(3) 均方(MS)误差最小准则

它使估计误差均方值

$$E[e^2(n)]=E\{[y_d(n)-\hat{y}_d(n)]^2\} \tag{3.4.4}$$

达到最小值。

(4) 线性均方(LMS)误差准则

它在满足式(3.4.4)均方误差最小准则的同时，要求 $f(\cdot)$ 为线性变换，即

$$\hat{y}_d(n)=\sum_{k=-\infty}^{\infty}h(n,k)x(n-k) \tag{3.4.5}$$

$$E[e^2(n)] = E\{[y_d(n) - \hat{y}_d(n)]^2\} \tag{3.4.6}$$

达到最小值。

除了 LMS 准则，其余三种估计的$f(\cdot)$一般来说都是非线性函数。如果输入信号是非平稳随机信号，那么$h(n, k)$是一个时变的线性滤波器；如果输入信号是平稳随机信号，那么$h(n, k)$是一个时不变的线性滤波器，此时$h(n, k) = h(k)$。

3.4.2 维纳滤波器

给定有用和加性噪声的混合波形，寻求一种线性运算作用于此混合波形，使信号与噪声实现最佳分离（最佳的含义是使估计误差均方值最小），这种理论称为最佳线性滤波理论。

将根据式(3.4.5)和式(3.4.6)得到的滤波器$h(n, k)$称为维纳滤波器，维纳滤波器可以完成波形的最佳估计。本章仅考虑输入信号是平稳随机信号的情况，维纳滤波器设计就是寻找线性滤波器的最佳冲激响应$h(n)$或传递函数$H(z)$，使滤波器的输出作为输入波形的最佳估计，即估计误差均方值达到最小。

已知混合波形$x(n) = s(n) + v(n)$，其中$s(n)$是有用信号，$v(n)$是加性噪声，要设计最佳冲激响应$h(n)$，从$x(n)$中提取有用信号。$h(n)$可以是 IIR 滤波器，也可以是 FIR 滤波器。按照希望输出的不同，波形估计一般包括滤波器、平滑器和预测器三种形式，如图 3.4.1 所示。

1. 滤波器

期望输出为当前时刻的有用信号，即

$$y_d(n) = s(n),$$

$$\hat{y}_d(n) = \sum_{k=0}^{\infty} h(k)x(n-k)$$

且

$$E[e^2(n)] = E\{[y_d(n) - \hat{y}_d(n)]^2\}$$

为最小值时，$h(n)$为因果滤波器，起到从噪声背景中提取信号的作用。

2. 平滑器

期望输出为过去某时刻的有用信号，即

$$y_d(n) = s(n+k), \qquad k < 0$$

$$\hat{y}_d(n) = \sum_{k=-\infty}^{\infty} h(k)x(n-k)$$

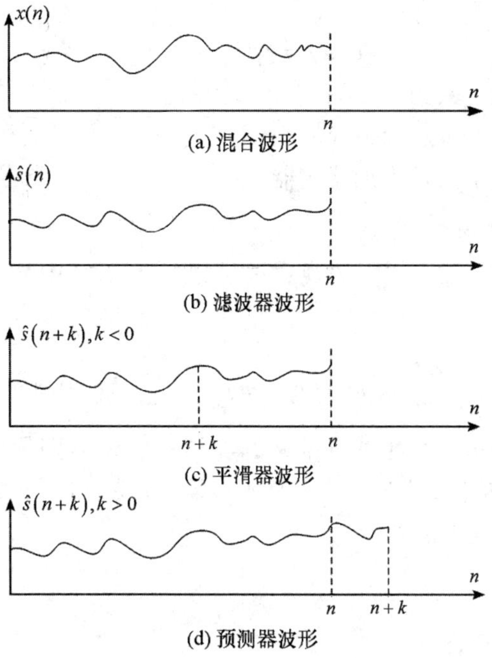

图 3.4.1　波形估计的形式

且

$$E[e^2(n)]=E\{[y_d(n)-\hat{y}_d(n)]^2\}$$

为最小值时，$h(n)$ 为非因果滤波器，起到平滑作用，仅用于事后信号处理。

3. **预测器**

期望输出为将来某时刻的有用信号，即

$$y_d(n) = s(n+k), \qquad k>0$$

$$\hat{y}_d(n) = \sum_{k=0}^{\infty} h(k)x(n-k)$$

且

$$E[e^2(n)]=E\{[y_d(n)-\hat{y}_d(n)]^2\}$$

为最小值时，$h(n)$ 为因果滤波器，起到预测作用。

3.4.3　正则方程

设维纳滤波器输入信号为 $x(n)$，期望输出为 $y_d(n)$，维纳滤波器的响应为 $h(n)$，滤波器输出为

$$y(n) = \sum_k h(k)x(n-k) = \hat{y}_d(n) \tag{3.4.7}$$

误差序列定义为

$$e(n)=y_d(n)-y(n) \tag{3.4.8}$$

误差能量函数定义为

$$V(h)=E[e^2(n)]=E\{[y_d(n)-y(n)]^2\} \tag{3.4.9}$$

本节将讨论以下三种维纳滤波器。

1. **最佳线性平滑器**

它是利用区间$[n_a, n_b]$内的观察信号$x(n)$，对其中n时刻的信号进行估计，即

$$\hat{y}_d(n)=\sum_{m=n_a}^{n_b}x(m)h(n-m)=\sum_{m=n-n_b}^{n-n_a}h(m)x(n-m) \tag{3.4.10}$$

如图3.4.2所示，线性平滑维纳滤波器一定是非因果的。如果区间$[n_a, n_b]$有限长，则维纳滤波器为FIR最佳平滑器；如果区间$[n_a, n_b]$无限长，则维纳滤波器为IIR最佳平滑器。

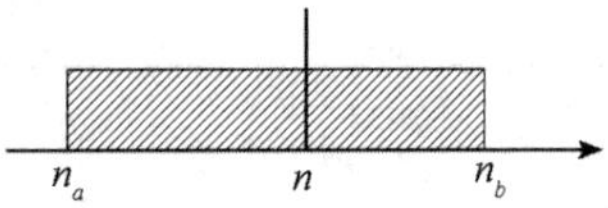

图3.4.2　最佳线性平滑器

2. **最佳线性滤波器**

它是利用区间$[n_a, n]$内的观察信号$x(n)$，对当前n时刻的信号进行估计，即

$$\hat{y}_d(n)=\sum_{m=n_a}^{n}x(m)h(n-m)=\sum_{m=0}^{n-n_a}h(m)x(n-m) \tag{3.4.11}$$

如图3.4.3所示，线性滤波维纳滤波器是因果的。如果区间$[n_a, n]$有限长，则维纳滤波器为FIR最佳滤波器；如果区间$[n_a, n]$无限长，则维纳滤波器为IIR最佳滤波器。

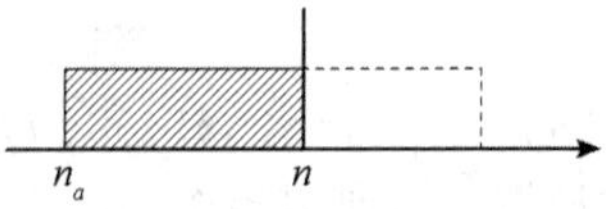

图3.4.3　最佳线性滤波器

如图3.4.4所示，如果已知区间$[n-M, n]$内的观察信号$x(n)$，可以得到M阶线性滤波维纳滤波器。

$$\hat{y}_d(n)=\sum_{m=n-M}^{n}x(m)h(n-m)=\sum_{m=0}^{M}h(m)x(n-m) \tag{3.4.12}$$

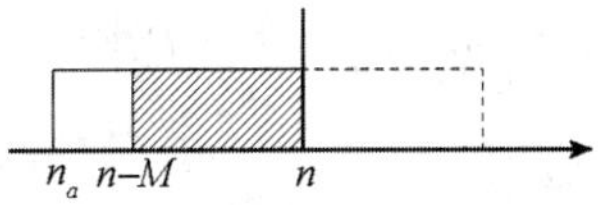

图 3.4.4　M 阶最佳线性滤波器

3. 最佳线性预测器

它是利用区间$[n_a, n]$内的观察信号 $x(n)$，对未来 $n+D$ 时刻的信号进行估计，即

$$\hat{y}_d(n) = \hat{x}(n+D) = \sum_{m=n_a}^{n} x(m)h(n-m) = \sum_{m=0}^{n-n_a} h(m)x(n-m) \tag{3.4.13}$$

如图 3.4.5 所示，$D=1$ 时的预测称为单步预测，线性预测维纳滤波器是因果的。如果区间$[n_a, n]$无限长，则维纳滤波器为 IIR 最佳预测器。

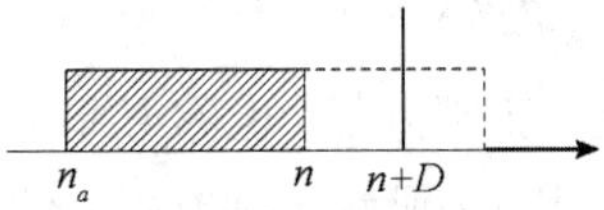

图 3.4.5　最佳线性预测器

利用已知的 $M+1$ 个观察值进行单步预测，即

$$\hat{y}_d(n) = \hat{x}(n+1) = \sum_{m=0}^{M} h(m)x(n-m) \tag{3.4.14}$$

如图 3.4.6 所示。

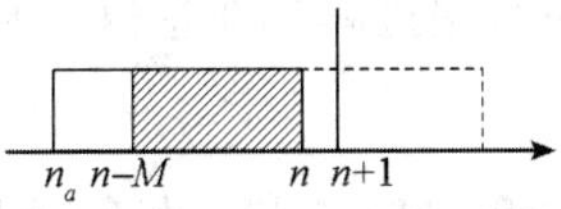

图 3.4.6　M 阶最佳单步预测器

维纳滤波器误差能量函数是滤波器系数 $h(n)$的函数，可表示为

$$\begin{aligned} V(h) &= E[e^2(n)] = E[y_d(n) - \sum_m h(m)x(n-m)]^2 \\ &= E[y_d^2(n)] - 2\sum_m h(m)E[y_d(n)x(n-m)] + \\ &\quad \sum_m \sum_l h(m)h(l)E[x(n-m)x(n-l)] \end{aligned} \tag{3.4.15}$$

当$\dfrac{\partial V(h)}{\partial h(m)}=0$ 时，可得到 $V(h)$的最小值，即满足方程

$$E\{[y_d(n)-\sum_l h_{\text{opt}}(l)x(n-l)]x(n-m)\}=0 \tag{3.4.16}$$

时，能够得到最小误差均方值。

定义 $\rho=E[y_d^2(n)]$ 代表期望输出能量，$q(m)=E[x(n-m)y_d(n)]=r_{xy_d}(m)$ 为输入与期望输出互相关，$r_x(m-l)=E[x(n-m)x(n-l)]$ 为输入信号自相关，则有

$$V(h)=\rho-2\sum_m h(m)q(m)+\sum_m h(m)\sum_l h(l)r_x(m-l) \tag{3.4.17}$$

$$q(m)=\sum_l h_{\text{opt}}(l)r_x(m-l) \tag{3.4.18}$$

以及

$$\begin{aligned} V(h)_{\min} &=\rho-2\sum_m h_{\text{opt}}(m)q(m)+\sum_m h_{\text{opt}}(m)q(m) \\ &=\rho-\sum_m h(m)q(m) \end{aligned} \tag{3.4.19}$$

式(3.4.18)为维纳滤波器正则方程，也称为维纳－霍夫方程，其中 $h_{\text{opt}}(l)$ 为最优单位脉冲响应。式(3.4.19)为满足正则方程条件下得到的最小误差能量。

在式(3.4.18)正则方程中需要注意以下几点：

(1) $r_x(m)$ 和 $q(m)$ 为统计相关函数；

(2) 该方程与第1章相关抵消概念是相同的；

(3) 该方程虽然有卷积的形式，但由于 m 的取值有约束条件（m 和 l 取值范围相同），如最佳线性平滑器、最佳线性滤波器和最佳线性预测器中 m 和 l 的取值均有约束，因此不能简单地通过解线性卷积来求解正则方程。

3.5 维纳滤波器的信号模型

通过建立维纳滤波器信号模型来求解式(3.4.18)正则方程。建立信号模型后，维纳滤波器求解可以转换成最小二乘滤波器求解。

3.5.1 白噪声通过线性系统

如图3.5.1所示，随机信号 $x(n)$ 和 $y(n)$ 分别为白噪声 $v(n)$ 通过滤波器 $G(z)$ 和 $F(z)$ 的输出，$g(n)$ 和 $f(n)$ 分别为滤波器 $G(z)$ 和 $F(z)$ 的单位取样响应，则有

$$
\begin{aligned}
r_{xy}(l) &= E[x(k)y(k+l)] \\
&= E[\sum_j g(j)v(k-j)\sum_i f(i)v(k+l-i)] \\
&= E[\sum_i \sum_j g(j)f(i)v(k-j)v(k+l-i)] \\
&= \sum_i \sum_j g(j)f(i)\delta(l+j-i) \\
&= \sum_j g(j)f(l+j) \\
&= r_{gf}(l)
\end{aligned} \tag{3.5.1}
$$

其中 $r_{xy}(l)$ 为随机信号 $x(n)$ 和 $y(n)$ 的统计互相关，$r_{gf}(l)$ 为系统单位取样响应 $g(n)$ 和 $f(n)$ 的确定性互相关。因此，通过建立图 3.5.1 所示的信号模型，随机信号统计性互相关等于模型单位取样响应的确定性互相关。

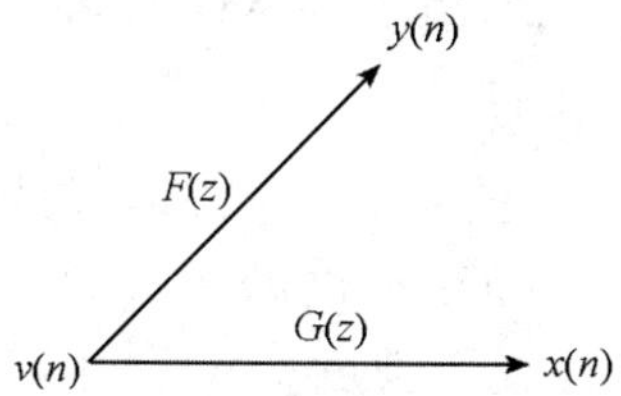

图 3.5.1　白噪声通过线性系统

根据 Parseval 定理，式(3.5.1)又可写成

$$
\begin{aligned}
r_{xy}(l) &= E[x(k)y(k+l)] \\
&= \sum_j g(j)f(l+j) \\
&= \sum_j g(-j)f(l-j) \\
&= g(-l) * f(l) \\
&= \frac{1}{2\pi}\int_{-\pi}^{\pi} G^*(e^{j\omega})F(e^{j\omega})e^{jl\omega}d\omega
\end{aligned} \tag{3.5.2}
$$

类似地，统计的自相关等于确定的自相关

$$
\begin{aligned}
r_x(l) &= E[x(k)x(k+l)] = \sum_j g(j)g(l+j) = r_g(l) \\
&= g(l) * g(-l) = \frac{1}{2\pi}\int_{-\pi}^{\pi} |G(e^{j\omega})|^2 e^{jl\omega}d\omega
\end{aligned} \tag{3.5.3}
$$

统计的均方值等于确定的序列平方和

$$
r_x(0) = E[x^2(k)] = \sum_j g^2(j) = \frac{1}{2\pi}\int_{-\pi}^{\pi} |G(e^{j\omega})|^2 d\omega \tag{3.5.4}
$$

3.5.2 信号模型的建立

根据所要求解的维纳滤波器问题，假如输入是 $x(n)$，期望输出为 $y_d(n)$，将 $x(n)$ 通过一个滤波器 $h(n)$ 得到期望输出 $y_d(n)$ 的估计值 $\hat{y}_d(n)$。按以下步骤建立维纳滤波器信号模型：

(1) 建立输入信号模型

如图 3.5.2 所示，通过对输入信号 $x(n)$ 进行正则谱分解，得到

$$R_x(z) = G(z)G(z^{-1}), \qquad R_x(\mathrm{e}^{\mathrm{j}\omega}) = G(\mathrm{e}^{\mathrm{j}\omega})G^*(\mathrm{e}^{\mathrm{j}\omega}) \tag{3.5.5}$$

其中 $G(z)$ 为最小相位系统，即将随机信号 $x(n)$ 看成是方差为 1 的白噪声 $v(n)$ 通过滤波器 $G(z)$ 的输出。

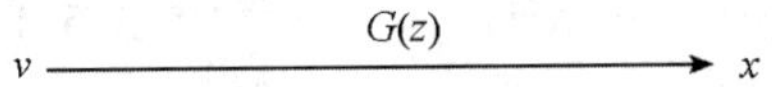

图 3.5.2 输入信号模型

(2) 建立期望输出信号模型

根据第 1 章讨论的相关抵消原理，期望输出信号可分解为两部分

$$y_d(n) = \xi(n) + w(n) \tag{3.5.6}$$

其中 $\xi(n)$ 与输入信号 $x(n)$ 或白噪声 $v(n)$ 是不相关的，将形成固定的误差项，即

$$E[\xi(n)x(n+m)] = 0 \tag{3.5.7}$$

而 $w(n)$ 是 $y_d(n)$ 中可估计的部分，与输入信号 $x(n)$ 或白噪声 $v(n)$ 相关，可看成是白噪声 $v(n)$ 通过滤波器 $F(z)$ 的输出，如图 3.5.3 所示。

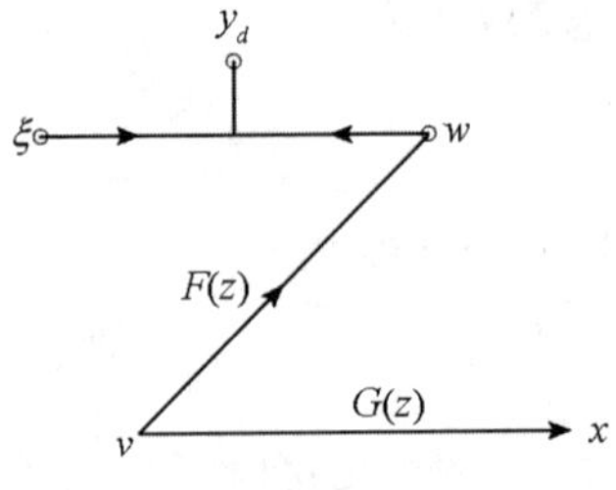

图 3.5.3 期望输出信号模型

根据式(3.5.2)、式(3.5.5)和式(3.5.6)，有

$$R_{xy_d}(\mathrm{e}^{\mathrm{j}\omega}) = R_{xw}(\mathrm{e}^{\mathrm{j}\omega}) = G^*(\mathrm{e}^{\mathrm{j}\omega}) \cdot F(\mathrm{e}^{\mathrm{j}\omega})$$

$$R_{xy_d}(z) = R_{xw}(z) = G(z^{-1}) \cdot F(z)$$

可得

$$F(\mathrm{e}^{\mathrm{j}\omega})=\frac{R_{xy_d}(\mathrm{e}^{\mathrm{j}\omega})}{G^*(\mathrm{e}^{\mathrm{j}\omega})},\qquad F(z)=\frac{R_{xy_d}(z)}{G(z^{-1})} \tag{3.5.8}$$

以及

$$R_{y_d}(\mathrm{e}^{\mathrm{j}\omega})=|F(\mathrm{e}^{\mathrm{j}\omega})|^2+R_\xi(\mathrm{e}^{\mathrm{j}\omega})$$

$$R_\xi(\mathrm{e}^{\mathrm{j}\omega})=R_{y_d}(\mathrm{e}^{\mathrm{j}\omega})-|F(\mathrm{e}^{\mathrm{j}\omega})|^2=R_{y_d}(\mathrm{e}^{\mathrm{j}\omega})-\frac{|R_{xy_d}(\mathrm{e}^{\mathrm{j}\omega})|^2}{R_x(\mathrm{e}^{\mathrm{j}\omega})} \tag{3.5.9}$$

(3)建立维纳滤波器信号模型

在前两步的基础上，可以建立求解维纳滤波器的信号模型，如图 3.5.4 所示。维纳滤波器输出 $\hat{y}_d(n)$ 为 $y_d(n)$ 中可估计的部分 $w(n)$ 的最佳估计。

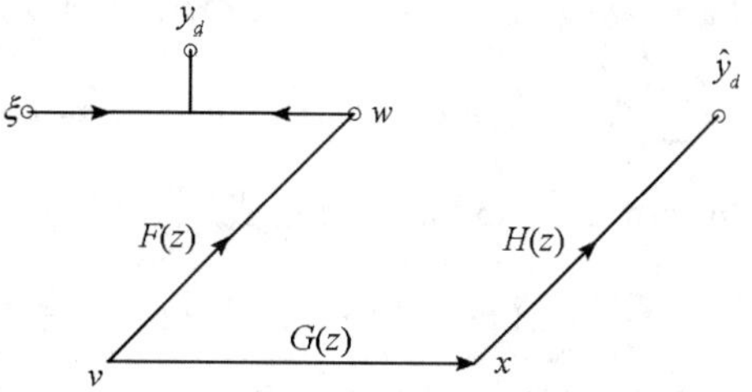

图 3.5.4　求解维纳滤波器信号模型

可得到维纳滤波器误差能量函数

$$\begin{aligned}V(h)&=E\{[y_d(n)-\hat{y}_d(n)]^2\}\\&=E\{[w(n)+\xi(n)-\hat{y}_d(n)]^2\}\\&=E[\xi^2(n)]+E\{[w(n)-\hat{y}_d(n)]^2\}\end{aligned} \tag{3.5.10}$$

设 $f(n)$ 和 $g(n)$ 分别为系统 $F(z)$ 和 $G(z)$ 的单位取样响应，根据式(3.5.4)有

$$E\{[w(n)-\hat{y}_d(n)]^2\}=\sum_k[f(k)-g(k)*h(k)]^2 \tag{3.5.11}$$

将式(3.5.11)代入式(3.5.10)，有

$$\begin{aligned}V(h)&=E[\xi^2(n)]+E\{[w(n)-\hat{y}_d(n)]^2\}\\&=E[\xi^2(n)]+\sum_k[f(k)-g(k)*h(k)]^2\\&=E[\xi^2(n)]+\|f-g*h\|^2\end{aligned} \tag{3.5.12}$$

式(3.5.12)中右边第一项称为彩色噪声误差，由 $\xi(n)$ 产生，右边第二项为估计误差，既是 $x(n)$ 通过 $h(n)$ 对 $w(n)$ 的维纳估计误差，也是 $g(n)$ 通过 $h(n)$ 对 $f(n)$ 的最小二乘估计误差。

当最小二乘滤波器达到最优时，即

$$\|f-g*h\|^2 \tag{3.5.13}$$

为最小值时，维纳滤波器的估计误差式(3.5.12)也就达到最小。这样就把一个维纳滤波器的求解问题转化成了由式(3.5.13)所决定的确定性最小二乘滤波器的求解问题了。

3.6 维纳滤波器的求解

3.6.1 最佳线性平滑器

根据式(3.4.10)，可以写出最佳线性平滑器的正则方程

$$r_{xy_d}(l)=\sum_{m=n-n_b}^{n-n_a}h_{\text{opt}}(m)r_x(l-m),\quad n-n_b\leqslant l\leqslant n-n_a \tag{3.6.1}$$

假设 $n_a=-\infty$，$n_b=\infty$，式(3.6.1)可写成

$$r_{xy_d}(l)=\sum_{m=-\infty}^{\infty}h_{\text{opt}}(m)r_x(l-m),\quad -\infty\leqslant l\leqslant\infty \tag{3.6.2}$$

就得到了 IIR 最佳线性平滑器的正则方程，求解方程可以得到非因果 IIR 的最佳线性平滑器单位取样响应。

首先建立求解非因果 IIR 最佳线性平滑器的信号模型，如图 3.6.1 所示。对于 IIR 滤波器，$x(n)$通过正则谱分解得到的最小相位系统 $G(z)$的逆系统 $1/G(z)$后将重新被白化得到 $v(n)$，不会产生误差；若没有因果性和有限长的限制，$v(n)$通过 $F(z)$也可以无误差地得到 $w(n)$。所要求解的系统为$1/G(z)$与 $F(z)$的级联。

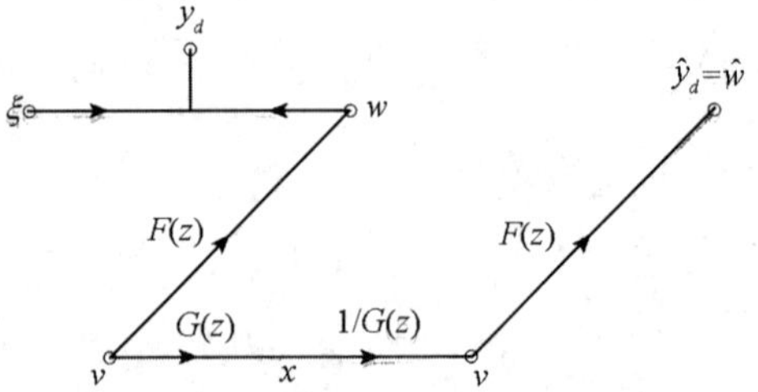

图 3.6.1 IIR 最佳线性平滑器信号模型

因此，非因果 IIR 的最佳线性平滑器系统函数为

$$H_{\text{opt}}(z)=\frac{1}{G(z)}\cdot F(z)=\frac{R_{xy_d}(z)}{G(z^{-1})}\cdot\frac{1}{G(z)}=\frac{R_{xy_d}(z)}{R_x(z)} \tag{3.6.3}$$

通过对最小二乘滤波器的分析，知道求解一个输入为最小相位信号的非因

果 IIR 最小二乘滤波器时，不会有误差产生，即满足

$$\|f-g*h\|^2=0$$

以及

$$\begin{aligned}V(h)_{\min} &= E[y_d^2(n)] - E[\hat{y}_d^2(n)] \\ &= \frac{1}{2\pi}\int_{-\pi}^{\pi} R_{y_d}(e^{j\omega}) - |F(e^{j\omega})|^2 d\omega \\ &= \frac{1}{2\pi}\int_{-\pi}^{\pi} R_{y_d}(e^{j\omega}) - \frac{|R_{xy_d}(e^{j\omega})|^2}{R_x(e^{j\omega})} d\omega \\ &= E[\xi^2(n)] = \frac{1}{2\pi}\int_{-\pi}^{\pi} P_\xi(\omega) d\omega \end{aligned} \tag{3.6.4}$$

实际上，对于非因果 IIR 的维纳平滑器，如式(3.6.2)所示，维纳－霍夫方程满足线性卷积关系，直接对方程两边作 Z 变换，就可以得到式(3.6.3)。

为了说明线性平滑器的作用，假设有一个输入信号 $x(n)$，$x(n)$ 包含有用信号 $s(n)$ 并掺杂加性噪声 $v(n)$，即

$$x(n)=s(n)+v(n) \tag{3.6.5}$$

目标是找到一个最佳平滑器 $h(n)$，将 $s(n)$ 从 $x(n)$ 中提取出来。假设 $v(n)$ 与 $s(n)$ 不相关，即 $r_{sv}(m)=0$，同时自相关序列 $r_s(m)$ 和 $r_v(m)$ 已知。

为了设计 IIR 线性平滑器，根据式(3.6.3)需要知道输入信号的自相关和输入信号与期望输出信号的互相关。有以下关系

$$y_d(n)=s(n) \tag{3.6.6}$$

$$r_{xy_d}(m)=E[x(k)s(k+m)]=r_s(m) \tag{3.6.7}$$

$$R_{xy_d}(z)=R_s(z) \tag{3.6.8}$$

$$r_x(m)=r_s(m)+r_v(m) \tag{3.6.9}$$

$$R_x(z)=R_s(z)+R_v(z) \tag{3.6.10}$$

非因果 IIR 线性平滑器为

$$H_{\mathrm{opt}}(z)=\frac{R_s(z)}{R_s(z)+R_v(z)} \tag{3.6.11}$$

将 $z=e^{j\omega}$ 代入式(3.6.11)，可以得到非因果 IIR 线性平滑器频率响应

$$H_{\mathrm{opt}}(e^{j\omega})=\frac{R_s(e^{j\omega})}{R_s(e^{j\omega})+R_v(e^{j\omega})} \tag{3.6.12}$$

设 $R_s(e^{j\omega})$ 及 $R_v(e^{j\omega})$ 随 ω 的变化特性如图 3.6.2 所示，根据式(3.6.12)，最佳线性平滑维纳滤波器的 $H_{\mathrm{opt}}(e^{j\omega})$ 将如图中的虚线所示。由图可知，对 $R_s(e^{j\omega})\gg R_v(e^{j\omega})$ 时的 ω，即对很大的 SNR，有 $H_{\mathrm{opt}}(e^{j\omega})\approx 1$。相反，对 $R_s(e^{j\omega})\ll R_v(e^{j\omega})$ 时的 ω，即对很小的 SNR，有 $H_{\mathrm{opt}}(e^{j\omega})\approx 0$。因而最佳线性平滑器能在

抑制噪声的同时最大地通过信号，即具有从噪声中提取信号的能力。

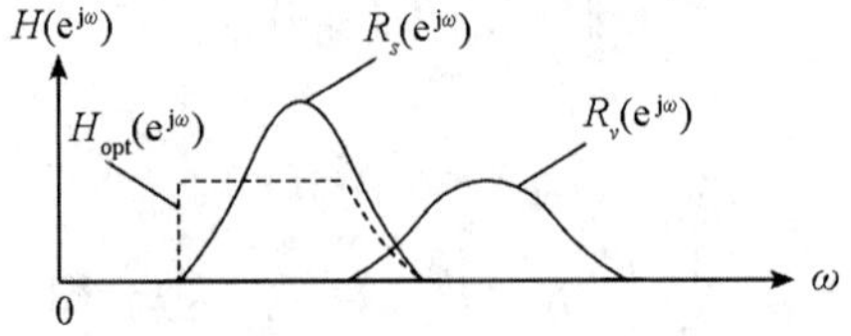

图 3.6.2　最佳线性平滑器频率响应

根据式(3.6.4)，有

$$\begin{aligned} V(h)_{\min} &= \frac{1}{2\pi}\int_{-\pi}^{\pi}\left[R_{y_d}(e^{j\omega}) - |F(e^{j\omega})|^2\right]d\omega \\ &= \frac{1}{2\pi}\int_{-\pi}^{\pi}\left[R_s(e^{j\omega}) - \frac{R_s^2(e^{j\omega})}{R_s(e^{j\omega}) + R_v(e^{j\omega})}\right]d\omega \\ &= \frac{1}{2\pi}\int_{-\pi}^{\pi}\frac{R_s(e^{j\omega})R_v(e^{j\omega})}{R_s(e^{j\omega}) + R_v(e^{j\omega})}d\omega \end{aligned} \tag{3.6.13}$$

由此可见，$V(h)_{\min}$ 当且仅当信号与噪声在功率谱密度频率上可分时 $V(h)_{\min}$ 为零。

下面用一个详细的例子来说明 IIR 最佳线性平滑器的设计。

例 3.6.1　已知

$$x(n) = s(n) + v(n),\ y_d(n) = s(n)$$

$$R_s(z) = \frac{0.36}{(1-0.8z^{-1})(1-0.8z)}$$

$v(n)$为白噪声且 $R_v(z)=1$，$R_{sv}(z)=0$。

求非因果 IIR 最佳线性平滑器 $H_{\text{opt}}(z)$及 $V(h)_{\min}$。

解：(1)求出输入信号的功率谱密度函数

$$\begin{aligned} R_x(z) = R_s(z) + R_v(z) &= \frac{0.36}{(1-0.8z^{-1})(1-0.8z)} + 1 \\ &= 1.6 \times \frac{(1-0.5z^{-1})(1-0.5z)}{(1-0.8z^{-1})(1-0.8z)} \end{aligned}$$

(2)按照图 3.6.1 信号模型，对输入信号进行正则谱分解

$$G(z) = \sqrt{1.6}\times\frac{1-0.5z^{-1}}{1-0.8z^{-1}},\qquad G(z^{-1}) = \sqrt{1.6}\times\frac{1-0.5z}{1-0.8z}$$

(3)按照图 3.6.1 信号模型，求解输出信号模型 $F(z)$

$$F(z) = \frac{R_{xy_d}(z)}{G(z^{-1})} = \frac{R_s(z)}{G(z^{-1})} = \frac{0.36}{\sqrt{1.6}}\times\frac{1}{(1-0.8z^{-1})(1-0.5z)}$$

(4)求解 IIR 最佳线性平滑器 $H_{opt}(z)$

$$H_{opt}(z)=\frac{1}{G(z)}\cdot F(z)$$
$$=\frac{0.36}{\sqrt{1.6}}\times\frac{1}{(1-0.8z^{-1})(1-0.5z)}\times\frac{1-0.8z^{-1}}{\sqrt{1.6}(1-0.5z^{-1})}$$
$$=\frac{0.225}{(1-0.5z^{-1})(1-0.5z)}$$

(5)求解 $V(h)_{min}$

$$R_{\xi}(z)=R_s(z)-F(z)F(z^{-1})$$
$$=\frac{0.36}{(1-0.8z^{-1})(1-0.8z)}-$$
$$\frac{0.36^2}{1.6}\times\frac{1}{(1-0.8z^{-1})(1-0.8z)(1-0.5z^{-1})(1-0.5z)}$$
$$=\frac{0.36(1-0.5z^{-1})(1-0.5z)-0.081}{(1-0.8z^{-1})(1-0.8z)(1-0.5z^{-1})(1-0.5z)}$$
$$=\frac{0.225(1-0.8z^{-1})(1-0.8z)}{(1-0.8z^{-1})(1-0.8z)(1-0.5z^{-1})(1-0.5z)}$$
$$=\frac{0.225}{(1-0.5z^{-1})(1-0.5z)}$$

$$V(h)_{min}=E[\xi^2(n)]=\frac{1}{2\pi j}\oint_c R_{\xi}(z)z^{-1}dz=0.3$$

3.6.2 IIR 最佳线性滤波器

根据式(3.4.11)，可以写出最佳线性滤波器的正则方程

$$r_{xy_d}(l)=\sum_{m=0}^{n-n_a}h_{opt}(m)r_x(l-m),\quad 0\leqslant l\leqslant n-n_a \tag{3.6.14}$$

假设 $n_a=-\infty$，式(3.6.14)可写成

$$r_{xy_d}(l)=\sum_{m=0}^{\infty}h_{opt}(m)r_x(l-m),\quad 0\leqslant l\leqslant\infty \tag{3.6.15}$$

就得到了 IIR 最佳线性滤波器的正则方程，求解方程可以得到因果 IIR 的最佳线性滤波器单位取样响应。

首先建立求解因果 IIR 最佳线性滤波器的信号模型，如图 3.6.3 所示。对于 IIR 滤波器，$x(n)$通过正则谱分解得到的最小相位系统 $G(z)$ 的逆系统 $1/G(z)$后将重新被白化得到 $v(n)$，不会产生误差；而 $v(n)$通过因果 IIR 滤波器 $H_o(z)$ 逼近 $w(n)$将产生误差。所要求解的系统为 $1/G(z)$ 与 $H_o(z)$ 的级

联，即

$$H(z)=\frac{H_o(z)}{G(z)} \tag{3.6.16}$$

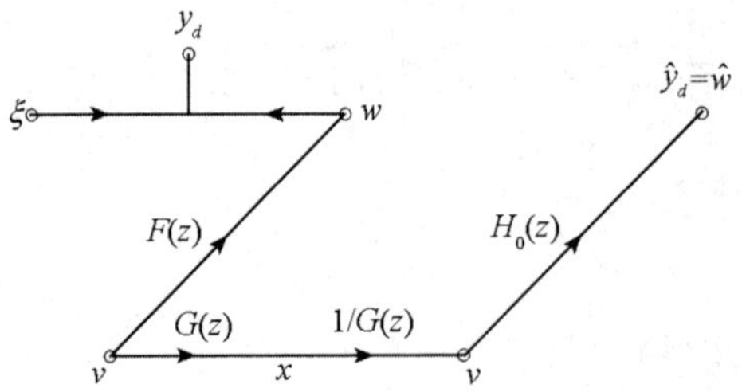

图 3.6.3　因果 IIR 最佳线性滤波器信号模型

根据式(3.5.12)，因果 IIR 最佳线性滤波器均方误差为

$$\begin{aligned}V(h)&=E[\xi^2(n)]+\|f-g*h\|^2\\&=E[\xi^2(n)]+\|f-h_o\|^2\\&=E[\xi^2(n)]+\sum_{k=-\infty}^{\infty}[f(k)-h_o(k)]^2\end{aligned} \tag{3.6.17}$$

显然，当

$$h_o(k)=f_+(k)=\begin{cases}f(k), & k\geqslant 0\\0, & k<0\end{cases} \tag{3.6.18}$$

时，$V(h)$达到最小值，其中$f_+(k)$表示$f(k)$的因果部分，将式(3.6.18)作 Z 变换

$$H_o(z)=F_+(z) \tag{3.6.19}$$

其中 $F_+(z)$表示 $F(z)$的因果部分，将式(3.6.19)代入式(3.6.16)，得因果 IIR 最佳线性滤波器系统函数

$$H_{\text{opt}}(z)=\frac{F_+(z)}{G(z)}=\frac{1}{G(z)}\cdot\left[\frac{R_{xy_d}(z)}{G(z^{-1})}\right]_+ \tag{3.6.20}$$

将式(3.6.18)代入式(3.6.17)，得因果 IIR 最佳线性滤波器误差能量函数

$$V(h)_{\min}=E[\xi^2(n)]+\sum_{k=-\infty}^{-1}f^2(k) \tag{3.6.21}$$

即

$$\begin{aligned}V(h)_{\min}&=E[\xi^2(n)]+\sum_{k=-\infty}^{\infty}f^2(k)-\sum_{k=0}^{\infty}f^2(k)\\&=E[\xi^2(n)]+E[w^2(n)]-\sum_{k=0}^{\infty}f^2(k)\\&=E[y_d^2(n)]-\sum_{k=0}^{\infty}f^2(k)\end{aligned}$$

$$= \frac{1}{2\pi j}\oint_c \{R_{y_d}(z) - R_x(z)H_{opt}(z)H_{opt}(z^{-1})\}z^{-1}dz$$

$$= \frac{1}{2\pi j}\oint_c \left\{R_{y_d}(z) - \left[\frac{R_{xy_d}(z)}{G(z^{-1})}\right]_+ \left[\frac{R_{xy_d}(z^{-1})}{G(z)}\right]_+\right\}z^{-1}dz \tag{3.6.22}$$

式(3.6.21)右边第一项是彩色噪声 $\xi(n)$ 引起的估计误差，这个误差与 $H(z)$ 的选择是无关的；第二项是 $F(z)$ 中的非因果部分所引起的误差，因果 IIR 线性滤波器比非因果 IIR 线性平滑器多了这一部分误差。

例 3.6.2 依然采用例 3.6.1，求因果 IIR 最佳线性滤波器 $H_{opt}(z)$ 及 $V(h)_{min}$。

解：(1)求出输入信号的功率谱密度函数

$$R_x(z) = 1.6 \times \frac{(1-0.5z^{-1})(1-0.5z)}{(1-0.8z^{-1})(1-0.8z)}$$

(2)按照图 3.6.3 信号模型，对输入信号进行正则谱分解

$$G(z) = \sqrt{1.6} \times \frac{1-0.5z^{-1}}{1-0.8z^{-1}}, \qquad G(z^{-1}) = \sqrt{1.6} \times \frac{1-0.5z}{1-0.8z}$$

(3)按照图 3.6.3 信号模型，求解信号模型 $F_+(z)$

$$F(z) = \frac{0.36}{\sqrt{1.6}} \times \frac{1}{(1-0.8z^{-1})(1-0.5z)}$$

$$= \frac{0.6}{\sqrt{1.6}(1-0.8z^{-1})} - \frac{0.6}{\sqrt{1.6}(1-2z^{-1})}$$

$$f(k) = \frac{0.6}{\sqrt{1.6}} \times 0.8^k \times u(k) + \frac{0.6}{\sqrt{1.6}} \times 2^k \cdot u(-k-1)$$

$$f_+(k) = \frac{0.6}{\sqrt{1.6}} \times 0.8^k \times u(k)$$

$$f_-(k) = \frac{0.6}{\sqrt{1.6}} \times 2^k \times u(-k-1)$$

$$F_+(z) = \frac{0.6}{\sqrt{1.6}} \times \frac{1}{1-0.8z^{-1}}$$

(4)求解因果 IIR 最佳线性滤波器 $H_{opt}(z)$

$$H_{opt}(z) = \frac{F_+(z)}{G(z)} = \frac{0.375}{1-0.5z^{-1}}$$

(5)求解 $V(h)_{min}$

$$V(h)_{min} = \frac{1}{2\pi j}\oint_c [R_s(z) - F_+(z)F_+(z^{-1})]z^{-1}dz$$

$$= E[\xi^2(n)] + \sum_{k=-\infty}^{-1} f^2(k) = 0.3 + \frac{0.36}{1.6} \times \sum_{k=-\infty}^{-1} 2^{2k}$$

$$= 0.375$$

3.6.3 FIR 最佳线性滤波器

根据式(3.4.12)，可以写出 M 阶最佳线性滤波器的正则方程

$$r_{xy_d}(l) = \sum_{m=0}^{M} h_{\text{opt}}(m) r_x(l-m), \quad 0 \leqslant l \leqslant M \tag{3.6.23}$$

就得到了 FIR 最佳线性滤波器的正则方程。求解方程可以得到因果 FIR 的最佳线性滤波器单位取样响应。

首先建立求解因果 FIR 最佳线性滤波器的信号模型，如图 3.6.4 所示。由于有限长的限制，$v(n)$ 经过最小相位系统 $G(z)$ 得到的 $x(n)$，不能像 IIR 的线性平滑器和线性滤波器一样，无误差地通过 $1/G(z)$ 被白化。

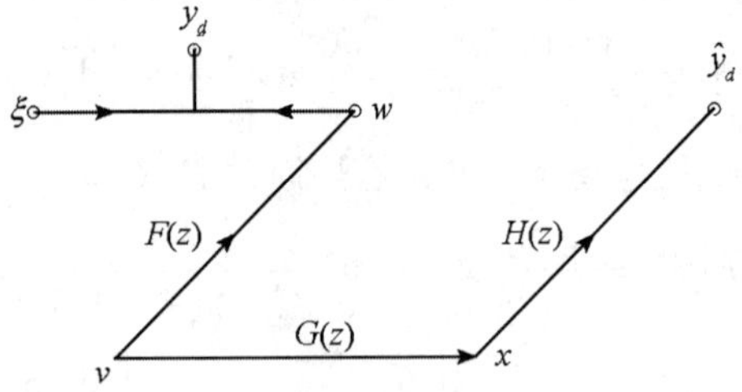

图 3.6.4　因果 FIR 最佳线性滤波器信号模型

如式(3.5.12)所示，因果 FIR 最佳线性滤波器均方误差为

$$V(h) = E[\xi^2(n)] + \|f - g * h\|^2$$

为使 $V(h)$ 达到最小值，需要设计一个 M 阶的最小二乘滤波器，使得 $\|f - g * h\|^2$ 达到最小值。为此需要建立正则方程

$$\begin{bmatrix} r(0) & r(1) & \cdots & r(M) \\ r(1) & r(0) & \cdots & r(M-1) \\ \vdots & \vdots & & \vdots \\ r(M) & r(M-1) & \cdots & r(0) \end{bmatrix} \begin{bmatrix} h(0) \\ h(1) \\ \vdots \\ h(M) \end{bmatrix} = \begin{bmatrix} q(0) \\ q(1) \\ \vdots \\ q(M) \end{bmatrix} \tag{3.6.24}$$

其中自相关阵系数

$$r(m) = \sum_{k=0}^{\infty} g(k) g(k+m) = E[x(n)x(n+m)] = r_x(m) \tag{3.6.25}$$

$$m = 0, 1, \cdots, M$$

互相关矢量系数

$$
\begin{aligned}
q(m) &= \sum_{k=0}^{\infty} g(k)f(k+m) = E[x(n)w(n+m)] \\
&= E[x(n)y_d(n+m)] \\
&= r_{xy_d}(m), \quad m = 0, 1, \cdots, M
\end{aligned} \tag{3.6.26}
$$

求解式(3.6.24)得到的 $h(n)(n=0, 1, \cdots, M)$ 为 FIR 最佳线性滤波器单位取样响应。

因果 FIR 最佳线性滤波器误差由三项组成，分别为彩色噪声误差、$f(n)$ 中的非因果部分误差以及 $f(n)$ 中的因果部分最小二乘实现误差，可写成

$$
\begin{aligned}
V(h)_{\min} &= E[\xi^2(n)] + \sum_{k=-\infty}^{-1} f^2(k) + \left[\sum_{k=0}^{\infty} f^2(k) - \boldsymbol{q}^{\mathrm{T}}\boldsymbol{h}\right] \\
&= E[\xi^2(n)] + E[w^2(n)] - \boldsymbol{q}^{\mathrm{T}}\boldsymbol{h} \\
&= E[y_d^2(n)] - \boldsymbol{q}^{\mathrm{T}}\boldsymbol{h}
\end{aligned} \tag{3.6.27}
$$

例 3.6.3　依然采用例 3.6.1，求 4 阶最佳线性滤波器 $H_{\mathrm{opt}}(z)$ 及 $V(h)_{\min}$。

解：(1) 求出输入信号的自相关函数

$$R_x(z) = 1.6\frac{(1-0.5z^{-1})(1-0.5z)}{(1-0.8z^{-1})(1-0.8z)}$$

$$r_x(m) = 0.8^m + \delta(m), \quad m = 0, 1, \cdots, M$$

(2) 按输入与期望输出信号的互相关函数

$$R_{xy_d}(z) = R_s(z) = \frac{0.36}{(1-0.8z^{-1})(1-0.8z)}$$

$$r_{xy_d}(m) = 0.8^m, \quad m = 0, 1, \cdots, M$$

(3) 建立正则方程

$$
\begin{bmatrix}
2 & 0.8 & 0.64 & 0.512 & 0.4096 \\
0.8 & 2 & 0.8 & 0.64 & 0.512 \\
0.64 & 0.8 & 2 & 0.8 & 0.64 \\
0.512 & 0.64 & 0.8 & 2 & 0.8 \\
0.4096 & 0.512 & 0.64 & 0.8 & 2
\end{bmatrix}
\begin{bmatrix} h(0) \\ h(1) \\ h(2) \\ h(3) \\ h(4) \end{bmatrix}
=
\begin{bmatrix} 1 \\ 0.8 \\ 0.64 \\ 0.512 \\ 0.4096 \end{bmatrix}
$$

(4) 求解因果 FIR 最佳线性滤波器 $H_{\mathrm{opt}}(z)$

$$
\begin{aligned}
&[h(0) \quad h(1) \quad h(2) \quad h(3) \quad h(4)]^{\mathrm{T}} \\
&\quad = [0.375458 \quad 0.188278 \quad 0.0952381 \quad 0.0498168 \quad 0.029304]^{\mathrm{T}}
\end{aligned}
$$

$$
\begin{aligned}
H_{\mathrm{opt}}(z) = {} & 0.375458 + 0.188278z^{-1} + 0.0952381z^{-2} + \\
& 0.0498168z^{-3} + 0.029304z^{-4}
\end{aligned}
$$

(5) 求解 $V(h)_{\min}$

$$V(h)_{\min} = E[y_d^2(n)] - \boldsymbol{q}^{\mathrm{T}}\boldsymbol{h} = r_s(0) - \boldsymbol{q}^{\mathrm{T}}\boldsymbol{h} = 0.3756$$

3.6.4 IIR 最佳线性预测器

假设有一个输入信号为 $x(n)$，期望输出信号为未来 $n+D$ 时刻输入信号的应用，即 $y_d(n)=x(n+D)$。根据式(3.4.13)，可以写出这种线性预测器的正则方程

$$r_{xy_d}(l)=r_x(l+D)=\sum_{m=0}^{n-n_a}h_{\text{opt}}(m)r_x(l-m),\quad 0\leqslant l\leqslant n-n_a \tag{3.6.28}$$

假设 $n_a=-\infty$，式(3.6.28)可写成

$$r_{xy_d}(l)=r_x(l+D)=\sum_{m=0}^{\infty}h_{\text{opt}}(m)r_x(l-m),\quad 0\leqslant l\leqslant \infty \tag{3.6.29}$$

就得到了 IIR 最佳线性预测器的正则方程，求解方程可以得到因果 IIR 的最佳线性预测器单位取样响应。线性预测在信号处理的许多理论和应用领域起着重要的作用。

首先建立求解因果 IIR 最佳线性预测器的信号模型，如图 3.6.5 所示。在模型中，$x(n)$通过正则谱分解得到的最小相位系统 $G(z)$ 的逆系统 $1/G(z)$ 后将重新被白化得到 $v(n)$，不会产生误差。由于期望输出 $y_d(n)=x(n+D)$，因此没有与 $x(n)$ 不相关的彩色噪声部分，同时 $F(z)=z^DG(z)$，注意到虽然 $G(z)$ 是因果的，但 $F(z)$ 不是因果的。$v(n)$ 通过因果 IIR 滤波器逼近 $y_d(n)$ 将产生非因果的误差。

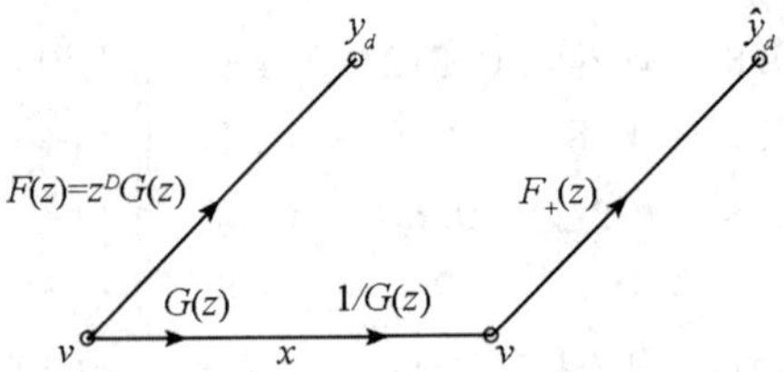

图 3.6.5 因果 IIR 最佳线性预测器信号模型

所要求解的系统为 $1/G(z)$ 与 $F(z)$ 中因果部分 $F_+(z)$ 的级联，即

$$H_{\text{opt}}(z)=\frac{F_+(z)}{G(z)}=\frac{[z^DG(z)]_+}{G(z)} \tag{3.6.30}$$

由于

$$F_+(z)=[z^DG(z)]_+=\left[\sum_{k=0}^{\infty}g(k)z^{-(k-D)}\right]_+$$

$$= \left[\sum_{k=-D}^{\infty} g(k+D)z^{-k}\right]_+ = \sum_{k=0}^{\infty} g(k+D)z^{-k}$$

$$= z^D \sum_{k=D}^{\infty} g(k)z^{-k} \tag{3.6.31}$$

因此

$$H_{opt}(z) = \frac{z^D\left[G(z) - \sum_{k=0}^{D-1} g(k)z^{-k}\right]}{G(z)} \tag{3.6.32}$$

根据式(3.6.21)，在没有彩色噪声的情况下，因果 IIR 最佳线性预测器误差能量函数

$$V(h)_{min} = \sum_{k=-\infty}^{-1} f^2(k) = \sum_{k=0}^{D-1} g^2(k) \tag{3.6.33}$$

当 $D=1$ 时，可以得到单步 IIR 最佳线性预测器系统函数

$$H_{opt}(z) = \frac{z[G(z) - g(0)]}{G(z)} \tag{3.6.34}$$

以及

$$V(h)_{min} = g^2(0) \tag{3.6.35}$$

例 3.6.4 已知平稳随机信号 $x(n)$ 的功率谱密度函数

$$R_x(e^{j\omega}) = \frac{5+4\cos\omega}{5-4\cos\omega}$$

求其 IIR 最佳单步预测器 $H_{opt}(z)$ 及 $V(h)_{min}$。

解：(1)按照图 3.6.5 信号模型，对输入信号进行正则谱分解

$$R_x(e^{j\omega}) = \frac{1.25+\cos\omega}{1.25-\cos\omega} = \frac{1.25+0.5e^{j\omega}+0.5e^{-j\omega}}{1.25-0.5e^{j\omega}-0.5e^{-j\omega}}$$

$$R_x(z) = \frac{1.25+0.5z+0.5z^{-1}}{1.25-0.5z-0.5z^{-1}} = \frac{(1+0.5z^{-1})(1+0.5z)}{(1-0.5z^{-1})(1-0.5z)}$$

$$G(z) = \frac{1+0.5z^{-1}}{1-0.5z^{-1}}, \quad g(0)=1$$

(2)求解 IIR 最佳线性滤波器 $H_{opt}(z)$

$$H_{opt}(z) = z[G(z) - g(0)]/G(z) = \frac{1}{1+0.5z^{-1}}$$

(3)求解 $V(h)_{min}$

$$V(h)_{min} = g^2(0) = 1$$

3.6.5 FIR 最佳线性单步预测器

假设有一个 $M-1$ 阶最佳单步预测器，已知区间 $[n-M+1, n]$ 内的观察信号 $x(n)$，对 $n+1$ 时刻输入信号进行预测，即 $y_d(n)=x(n+1)$。根据式(3.4.14)，可以写出这种线性预测器的正则方程

$$r_{xy_d}(l)=r_x(l+1)=\sum_{m=0}^{M-1}h_{\text{opt}}(m)r_x(l-m),\quad 0\leqslant l\leqslant M-1 \tag{3.6.36}$$

这就是 FIR 最佳线性单步预测器的正则方程，求解方程可以得到因果 FIR 的最佳线性单步预测器的单位取样响应。

首先建立求解因果 FIR 最佳线性单步预测器的信号模型，如图 3.6.6 所示。在模型中，由于有限长的限制，$v(n)$ 经过最小相位系统 $G(z)$ 得到的 $x(n)$，不能像 IIR 滤波器一样，无误差地通过 $1/G(z)$ 被白化。由于期望输出 $y_d(n)=x(n+1)$，因此没有与 $x(n)$ 不相关的彩色噪声部分，同时 $F(z)=zG(z)$。而 $x(n)$ 通过因果 FIR 滤波器逼近 $y_d(n)$ 将产生误差。

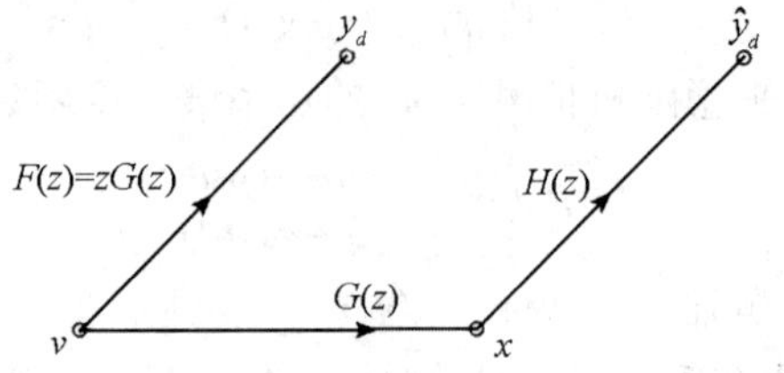

图 3.6.6 因果 FIR 最佳线性单步预测器信号模型

根据式(3.5.12)，因果 FIR 最佳线性单步预测器均方误差为

$$V(h)=E[\xi^2(n)]+\|f-g*h\|^2=\|f-g*h\|^2$$

为使 $V(h)$ 达到最小值，就应该设计一个 $M-1$ 阶的最小二乘滤波器，使得 $\|f-g*h\|^2$ 达到最小值。为此需要建立正则方程

$$\begin{bmatrix} r(0) & r(1) & \cdots & r(M-1) \\ r_x(1) & \cdots & \cdots & r(M-2) \\ \vdots & & & \vdots \\ r(M-1) & r(M-2) & \cdots & r(0) \end{bmatrix}\begin{bmatrix} h(0) \\ h(1) \\ \vdots \\ h(M-1) \end{bmatrix}=\begin{bmatrix} q(0) \\ q(1) \\ \vdots \\ q(M-1) \end{bmatrix} \tag{3.6.37}$$

其中自相关阵系数

$$r(m)=\sum_{k=0}^{\infty}g(k)g(k+m)=E[x(n)x(n+m)]$$

$$= r_x(m), \qquad m = 0, 1, \cdots, M-1 \tag{3.6.38}$$

互相关矢量系数

$$q(m) = \sum_{k=0}^{\infty} g(k)f(k+m) = E[x(n)y_d(n+m)]$$
$$= E[x(n)x(n+1+m)] = r_x(m+1), \qquad m=0, 1, \cdots, M-1 \tag{3.6.39}$$

为表示方便，习惯上令 $h(m+1)=h(m)(m=0, \cdots, M-1)$。式(3.6.37)可改写为

$$\begin{bmatrix} r(0) & r(1) & \cdots & r(M-1) \\ r_x(1) & \cdots & \cdots & r(M-2) \\ \vdots & & & \vdots \\ r(M-1) & r(M-2) & \cdots & r(0) \end{bmatrix} \begin{bmatrix} h(1) \\ h(2) \\ \vdots \\ h(M) \end{bmatrix} = \begin{bmatrix} r(1) \\ r(2) \\ \vdots \\ r(M) \end{bmatrix} \tag{3.6.40}$$

求解式(3.6.40)得到的 $h(m)$ $(n=1, 2, \cdots, M)$ 为 $M-1$ 阶最佳线性单步预测器单位取样响应，其系统函数 $H_{M-1}(z)$ 为

$$H_{M-1}(z) = h(1) + h(2)z^{-1} + \cdots + h(M)z^{-(M-1)} \tag{3.6.41}$$

$M-1$ 阶最佳线性单步预测器误差能量函数为

$$V(h)_{\min} = E[y_d^2(n)] - \boldsymbol{q}^{\mathrm{T}}\boldsymbol{h}$$
$$= E[x^2(n)] - [r(1) \quad r(2) \quad \cdots \quad r(M)] \cdot [h(2) \quad \cdots \quad h(M)]^{\mathrm{T}}$$
$$= r(0) - [r(1) \quad r(2) \quad \cdots \quad r(M)] \cdot [h(1) \quad h(2) \quad \cdots \quad M]^{\mathrm{T}} \tag{3.6.42}$$

式(3.6.40)可改写为

$$\begin{bmatrix} r_x(1) & r_x(0) & r_x(1) & \cdots & r_x(M-1) \\ r_x(2) & r_x(1) & r_x(0) & \cdots & r_x(M-2) \\ \vdots & & & & \vdots \\ r_x(M) & r_x(M-1) & r_x(M-2) & \cdots & r_x(0) \end{bmatrix} \begin{bmatrix} 1 \\ -h(1) \\ -h(2) \\ \vdots \\ -h(M) \end{bmatrix} = \begin{bmatrix} 0 \\ 0 \\ \vdots \\ 0 \end{bmatrix} \tag{3.6.43}$$

式(3.6.42)中 $V(h)_{\min} = \rho_M$，将式(3.6.42)与式(3.6.43)组合起来，可得到

$$\begin{bmatrix} r(0) & r(1) & \cdots & \cdots & r(M) \\ r(1) & r(0) & \cdots & \cdots & r(M-1) \\ \vdots & & & & \vdots \\ r(M-1) & r(M-2) & \cdots & \cdots & r(1) \\ r(M) & r(M-1) & r(M-2) & \cdots & r(0) \end{bmatrix} \begin{bmatrix} 1 \\ -h(1) \\ \vdots \\ -h(M) \end{bmatrix} = \begin{bmatrix} \rho_M \\ 0 \\ \vdots \\ 0 \end{bmatrix}$$

(3.6.44)

再令

$$a(m) = -h(m), \quad m=1, 2, \cdots, M \tag{3.6.45}$$

得到 M 阶白化滤波器的正则方程

$$\begin{bmatrix} r(0) & r(1) & \cdots & \cdots & r(M) \\ r(1) & r(0) & \cdots & \cdots & r(M-1) \\ \vdots & & & & \vdots \\ r(M-1) & r(M-2) & \cdots & \cdots & r(1) \\ r(M) & r(M-1) & r(M-2) & \cdots & r(0) \end{bmatrix} \begin{bmatrix} 1 \\ a(1) \\ \vdots \\ a(M) \end{bmatrix} = \begin{bmatrix} \rho_M \\ 0 \\ \vdots \\ 0 \end{bmatrix}$$

(3.6.46)

求解该方程，可得到 M 阶白化滤波器的系统函数

$$A_M(z) = 1 + a(1)z^{-1} + a(2)z^{-2} + \cdots + a(M)z^{-M} \tag{3.6.47}$$

对比式(3.6.41)和式(3.6.47)可知，$M-1$ 阶单步预测器与 M 阶白化滤波器等价，即

$$A_M(z) = 1 - z^{-1}H_{M-1}(z) \tag{3.6.48}$$

这样有

$$\begin{aligned} A_M(z)G(z) &= G(z) - z^{-1}H_{M-1}(z)G(z) \\ &= z^{-1}[F(z) - H_{M-1}(z)G(z)] \end{aligned} \tag{3.6.49}$$

式(3.6.49)左边为 M 阶白化滤波器输出，右边为 $M-1$ 阶单步预测器误差再经 z^{-1}带来的单位延迟，因此有

$$\|a * g\|^2 = \|f - g * h\|^2 \tag{3.6.50}$$

以及

$$V(h)_{\min} = \rho_M = \alpha_M \tag{3.6.51}$$

式(3.6.50)中 a 表示 M 阶白化滤波器的响应，h 表示 $M-1$ 阶单步预测器的响应，这样就把 FIR 单步预测器的问题与一个白化滤波器的问题联系起来。归纳一下，如要计算一个 $M-1$ 阶的 FIR 单步预测器，可按照式(3.6.46)和式(3.6.47)计算一个 M 阶的白化滤波器，得到 $A_M(z)$以后，根据式(3.6.48)可求得$H_{M-1}(z)$，而 FIR 单步预测器的均方误差根据式(3.6.51)可得。同时可知，白化滤波器隐含了最佳的信号预测，这一特性在功率谱估计中有着重要的

应用。

例 3.6.5 设随机信号 $x(n)$ 是一个一阶马尔科夫过程，它是由方差 $\sigma_\varepsilon^2=1$ 的白噪声 $\varepsilon(n)$ 通过一个单极点滤波器

$$G(z)=\frac{1}{1-\lambda z^{-1}}$$

所产生，其中 $|\lambda|<1$。试求解其单步 $M-1$ 阶 FIR 预测器的 $H_{\text{opt}}(z)$ 和 $V(h)_{\min}$。

解:(1)$x(n)$ 的白化滤波器为 $G(z)$ 的逆滤波器

$$A_M(z)=1-\lambda z^{-1},\qquad M\geqslant 1 \tag{3.6.52}$$

(2)由式(3.6.48)可知，$x(n)$ 的 $M-1$ 阶单步预测器为

$$H_{M-1}(z)=z[1-A_M(z)]=\lambda \tag{3.6.53}$$

(3)求解 $V(h)_{\min}$

$$V(h)_{\min}=\alpha_M=\sigma_\varepsilon^2=1 \tag{3.6.54}$$

现在讨论这个例子所得结果的物理意义，因为信号 $x(n)$ 的生成过程是白噪声通过滤波器 $G(z)$ 以后所得到，所以有差分方程(AR(1)模型)

$$x(n+1)=\lambda x(n)+\varepsilon(n+1) \tag{3.6.55}$$

而由式(3.6.53)知道，$H_{M-1}(z)=\lambda$，这意味着式(3.6.55)中右边第一项 $\lambda x(n)$ 为 $x(n+1)$ 的最佳线性预测

$$\hat{x}(n+1)=\lambda x(n)$$

右边第二项 $\varepsilon(n+1)$ 为预测误差

$$e(n)=\varepsilon(n+1)=x(n+1)-\hat{x}(n+1)=x(n+1)-\lambda x(n)$$

由于 $\varepsilon(n+1)$ 是白噪声，不可被预测代表着新息，因此当预测误差为 $\varepsilon(n+1)$ 时，误差性能函数一定达到最小。例 3.6.5 也说明了 AR 模型隐含着最佳线性预测。

3.7 线性预测误差滤波器

设一个随机信号的一些样本值为 $x(n)$，$x(n-1)$，…，$x(n-M)$，如图 3.7.1所示。

下面推导讨论信号的前向预测误差滤波器和后向预测误差滤波器，过程如图 3.7.2 所示。

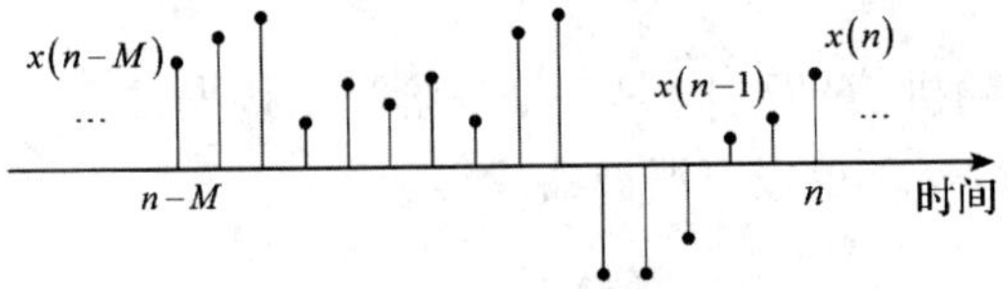

图 3.7.1 随机信号样本值

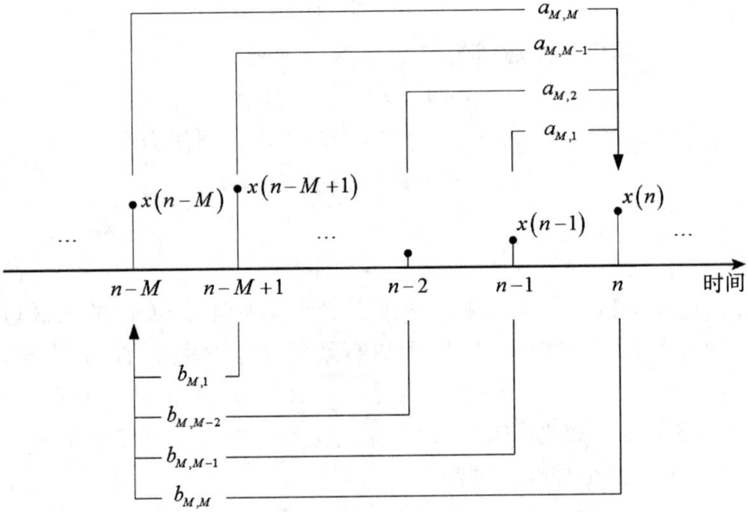

图 3.7.2 前向线性预测与后向线性预测过程

3.7.1 前向预测误差滤波器

如图 3.7.2 所示，如果通过 $x(n-1)$，…，$x(n-M)$ 对 $x(n)$ 的值进行估计，称为 M 点前向预测。前向预测器系数为 $h(i)=-a_{M,i}(i=1,2,\cdots,M)$，得到的 $x(n)$ 的前向估计值为

$$\hat{x}(n)=\sum_{i=1}^{M}h(i)x(n-i)=\sum_{i=1}^{M}-a_{M,i}x(n-i) \tag{3.7.1}$$

M 点前向预测器误差 $f_M(n)$ 为

$$f_M(n)=x(n)-\hat{x}(n)=x(n)+\sum_{i=1}^{M}a_{M,i}x(n-i) \tag{3.7.2}$$

定义 $a_{M,0}=1$，则式(3.7.2)可写作

$$f_M(n)=\sum_{i=0}^{M}a_{M,i}x(n-i) \tag{3.7.3}$$

式(3.7.3)为线性卷积关系式，表示一个系统的输入输出关系。该系统输

入为 $x(n)$，输出为 $f_M(n)$，系统函数 $A_M(z)$ 为

$$A_M(z)=1+a_{M,1}z^{-1}+\cdots+a_{M,M}z^{-M} \tag{3.7.4}$$

这个系统称为 M 阶前向预测误差滤波器，如图 3.7.3 所示。

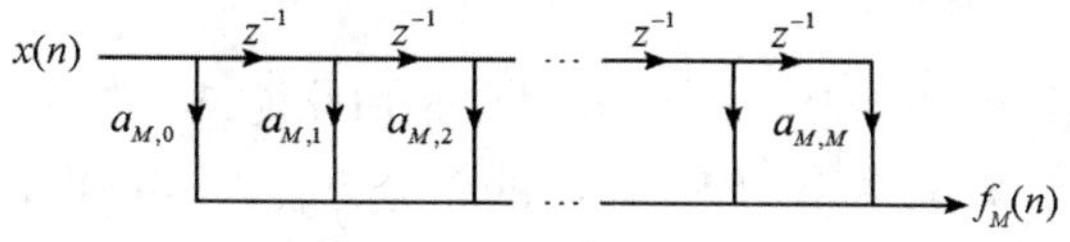

图 3.7.3　前向预测误差滤波器

结合式(3.7.1)和式(3.7.3)可以得到预测误差滤波器 $A_M(z)$ 与预测器 $H_{M-1}(z)$ 对应关系，如图 3.7.4 所示。

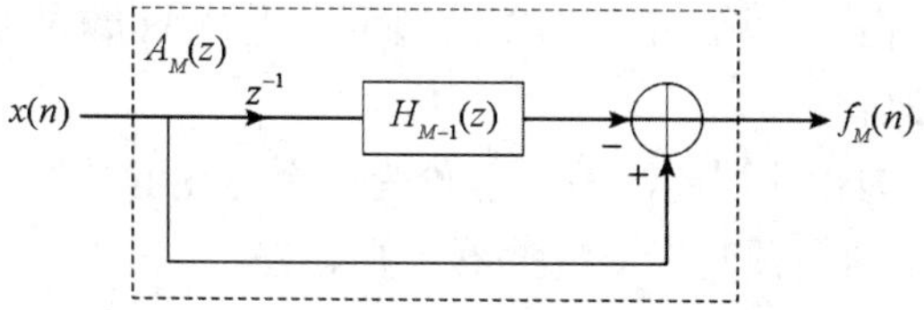

图 3.7.4　预测误差滤波器与预测器

预测误差滤波器与白化滤波器　根据 1.7.2 节讨论的正交投影定理，由式(3.7.2)可得

$$x(n)=f_M(n)+\hat{x}(n)=f_M(n)+\sum_{i=1}^{M}-a_{M,i}x(n-i) \tag{3.7.5}$$

即 $x(n)$ 包含在空间 $\{f_M(n),x(n-1),x(n-2),\cdots,x(n-M)\}$ 中。

如果预测误差滤波器 $A_M(z)$ 具有一个因果稳定的逆滤波器 $G(z)$

$$G(z)=\frac{1}{A_M(z)}=1+g_1z^{-1}+g_2z^{-2}+\cdots \tag{3.7.6}$$

则有

$$x(n)=f_M(n)*g(n)=f_M(n)+g_1f_M(n-1)+g_2f_M(n-2)+\cdots \tag{3.7.7}$$

即 $x(n)$ 包含在空间 $\{f_M(n),f_M(n-1),f_M(n-2),\cdots\}$ 中。对比式(3.7.5)和式(3.7.7)可知，空间 $\{x(n-1),x(n-2),\cdots,x(n-M)\}$ 和空间 $\{f_M(n-1),f_M(n-2),\cdots\}$ 是相同的空间。

那么，哪种线性预测器才能得到最好的线性预测？显然，这要求误差信号 $f_M(n)$ 根据过去值 $\{x(n-1),x(n-2),\cdots,x(n-M)\}$ 是不可预测的。换句话说，这要求 $f_M(n)$ 和空间 $\{x(n-1),x(n-2),\cdots,x(n-M)\}$ 正交，即要求

$f_M(n)$和空间$\{f_M(n-1), f_M(n-2), \cdots\}$正交，因此$f_M(n)$是一个白噪声序列。这时式(3.7.5)右边第一项$f_M(n)$为$x(n)$关于空间$\{x(n-1), x(n-2), \cdots, x(n-M)\}$的正交投影误差；第二项为$x(n)$关于空间$\{x(n-1), x(n-2), \cdots, x(n-M)\}$的正交投影。

根据以上分析可知，式(3.7.3)同时也是白化滤波器的表示式。如果$f_M(n)$是白噪声，则式(3.7.3)为AR(M)模型的差分方程。这意味着如果实现了最佳的线性预测，则同时得到了最佳的AR模型拟合，即求解预测误差滤波器可以得到AR模型。在理想情形下，如果$x(n)$是一个AR(m)过程，当预测误差滤波器阶数$M \geqslant m$时，预测误差滤波器的输出必定为白噪声。但一般情形下未必能满足$M \geqslant m$条件，因此预测误差滤波器输出也未必是严格的白噪声，但是总要比$x(n)$来得更"白"一些。基于AR模型可以进行$x(n)$的功率谱估计，这一点将在第5章详细讨论。

正则方程 前向预测误差滤波器等价为一个白化滤波器，根据式(3.6.46)可以得到求解M阶前向预测误差滤波器正则方程

$$\begin{bmatrix} r_x(0) & r_x(1) & \cdots & r_x(M) \\ r_x(1) & r_x(0) & \cdots & r_x(M-1) \\ \vdots & & & \vdots \\ r_x(M) & r_x(M-1) & \cdots & r_x(0) \end{bmatrix} \begin{bmatrix} 1 \\ a_{M,1} \\ \vdots \\ a_{M,M} \end{bmatrix} = \begin{bmatrix} \rho_M^f \\ 0 \\ \vdots \\ 0 \end{bmatrix} \tag{3.7.8}$$

其中$r_x(m)$为$x(n)$的自相关函数，$a_{M,i}(i=1, \cdots, M)$为M阶前向预测误差滤波器系数，$\rho_M^f = E[f_M^2(n)]$为M阶前向预测误差功率。根据式(3.7.8)可以得到

$$\rho_M^f = r_x(0) + \sum_{i=1}^{M} a_{M,i} r_x(i) \tag{3.7.9}$$

以及

$$r_x(k) + \sum_{i=1}^{M} a_{M,i} r_x(k-i) = 0, \quad k = 1, \cdots, M \tag{3.7.10}$$

3.7.2 后向预测误差滤波器

如图3.7.2所示，如果通过$x(n), \cdots, x(n-M+1)$对$x(n-M)$的值进行估计，称为M点后向预测。后向预测器系数为$-b_{M,i}$ $(i=1, 2, \cdots, M)$，得到的$x(n-M)$的后向估计值为

$$\hat{x}(n-M) = \sum_{i=1}^{M} -b_{M,i} x(n-M+i) \tag{3.7.11}$$

M 点后向预测器误差 $b_M(n)$ 为

$$b_M(n) = x(n-M) - \hat{x}(n-M) = x(n-M) + \sum_{i=1}^{M} b_{M,i}x(n-M+i) \tag{3.7.12}$$

定义 $b_{M,0}=1$，则式(3.7.12)可写作

$$b_M(n) = \sum_{i=0}^{M} b_{M,i}x(n-M+i) \tag{3.7.13}$$

式(3.7.13)表示了一个系统的输入输出关系，该系统输入为 $x(n)$，输出为$b_M(n)$，这个系统称为 M 阶后向预测误差滤波器。

正则方程 后向预测误差功率 $\rho_M^b = E[b_M^2(n)]$，为使 ρ_M^b 达到最小，需要满足

$$\frac{\partial E[b_M^2(n)]}{\partial b_{M,k}} = 0, \quad k=1, 2, \cdots, M$$

$$E[b_M(n)x(n-M+k)] = 0, \quad k=1, 2, \cdots, M$$

$$E\left\{[x(n-M) + \sum_{i=1}^{M} b_{M,i}x(n-M+i)]x(n-M+k)\right\} = 0, \quad k=1, 2, \cdots, M \tag{3.7.14}$$

即

$$r_x(k) + \sum_{i=1}^{M} b_{M,i}r_x(k-i) = 0, \quad k=1, 2, \cdots, M \tag{3.7.15}$$

此时可以得到最小的后向预测误差功率

$$\begin{aligned}\rho_M^b &= E[b_M^2(n)] = E[b_M(n)x(n-M)] \\ &= E\left\{[x(n-M) + \sum_{i=1}^{M} b_{M,i}x(n-M+i)]x(n-M)\right\} \\ &= r_x(0) + \sum_{i=1}^{M} b_{M,i}r_x(i)\end{aligned} \tag{3.7.16}$$

对比式(3.7.10)和式(3.7.15)，可以看到前向预测与后向预测的系数相等

$$a_{M,i} = b_{M,i}, \quad i=1, \cdots, M \tag{3.7.17}$$

对比式(3.7.9)和式(3.7.16)，可以看到前向预测与后向预测的误差功率相等

$$\rho_M = \rho_M^f = \rho_M^b \tag{3.7.18}$$

前向预测与后向预测的对称性是平稳随机信号的特点。

根据式(3.7.15)和式(3.7.16)，后向预测正则方程可写为

$$\begin{bmatrix} r_x(0) & r_x(1) & \cdots & r_x(M) \\ r_x(1) & r_x(0) & \cdots & r_x(M-1) \\ \vdots & & & \vdots \\ r_x(M) & r_x(M-1) & \cdots & r_x(0) \end{bmatrix} \begin{bmatrix} b_{M,M} \\ \vdots \\ b_{M,1} \\ 1 \end{bmatrix} = \begin{bmatrix} 0 \\ \vdots \\ 0 \\ \rho_M^b \end{bmatrix} \tag{3.7.19}$$

3.7.3 偏相关

偏相关系数是线性预测中的一个重要概念。设已知随机矢量空间 $\boldsymbol{Y}$ 和随机变量 x_1 和 x_2，根据 2.7 节讨论的正交投影定理，x_1 和 x_2 可以关于空间 $\boldsymbol{Y}$ 进行正交分解，如图 3.7.5 所示，有

$$x_1 = \hat{x}_1 + e_1 = E[x_1\boldsymbol{Y}^{\mathrm{T}}]E[\boldsymbol{YY}^{\mathrm{T}}]^{-1}\boldsymbol{Y} + e_1 \tag{3.7.20}$$

$$x_2 = \hat{x}_2 + e_2 = E[x_2\boldsymbol{Y}^{\mathrm{T}}]E[\boldsymbol{YY}^{\mathrm{T}}]^{-1}\boldsymbol{Y} + e_2 \tag{3.7.21}$$

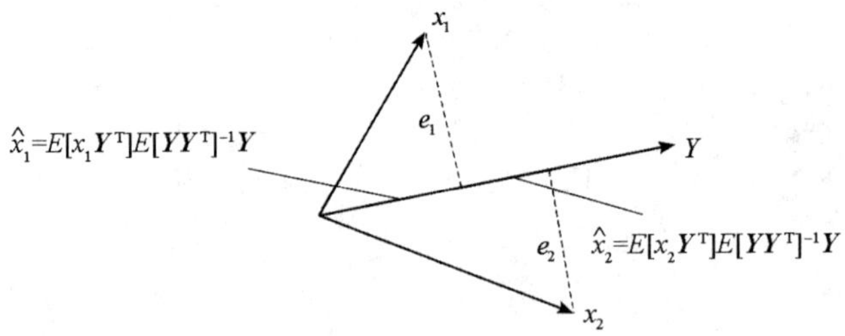

图 3.7.5 正交分解示意图

x_1 和 x_2 关于空间 $\boldsymbol{Y}$ 的偏相关定义为

$$\Delta(x_1, x_2) = E[e_1e_2] \tag{3.7.22}$$

其中 e_1 和 e_2 分别为 x_1 和 x_2 关于空间 $\boldsymbol{Y}$ 的正交投影误差。可以看到，即便 x_1 和 x_2 不相关，即 $E[x_1x_2]=0$，它们关于某一空间的偏相关也依然存在。

如图 3.7.6 所示，已知信号样本值 $x(n-1)$，…，$x(n-M)$，首先进行 M 点最佳线性前向预测，对 $x(n)$ 进行估计，得到前向预测误差 $f_M(n)$，最佳线性前向预测相当于 $x(n)$ 关于空间 $\{x(n-1), \cdots, x(n-M)\}$ 的正交分解过程；然后进行 M 点最佳线性后向，对 $x(n-M-1)$ 进行估计，得到后向预测误差 $b_M(n-1)$，最佳线性后向预测相当于 $x(n-M-1)$ 关于空间 $\{x(n-1), \cdots, x(n-M)\}$ 的正交分解过程。

$x(n)$ 和 $x(n-M-1)$ 关于空间的偏相关系数为

$$\begin{aligned} \Delta_{M+1} &= E[f_M(n)b_M(n-1)] \\ &= E\left\{f_M(n)\left[x(n-1-M) + \sum_{i=1}^{M} b_{M,i}x(n-1-M+i)\right]\right\} \end{aligned}$$

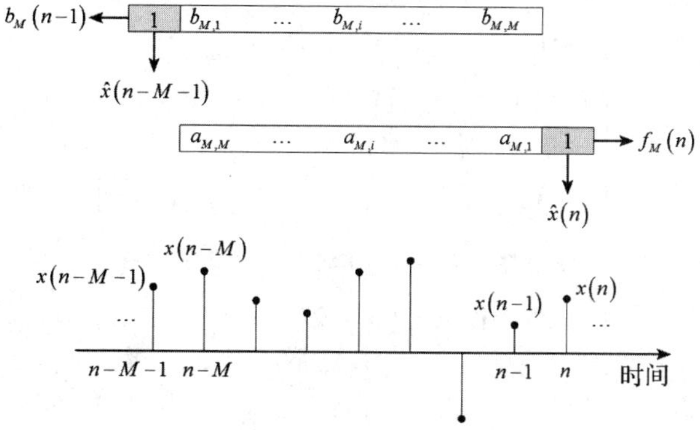

图 3.7.6 前向和后向预测偏相关示意图

$$
\begin{aligned}
&= E[f_M(n)x(n-1-M)] \\
&= E\left\{\left[x(n)+\sum_{i=1}^{M} a_{M,i}x(n-i)\right]x(n-1-M)\right\} \\
&= r_x(M+1)+\sum_{i=1}^{M} a_{M,i}r_x(M+1-i)
\end{aligned}
\tag{3.7.23}
$$

3.8 Levinson-Durbin 算法及应用

式(3.7.8)给出了 M 阶前向预测误差滤波器正则方程，即

$$
\begin{bmatrix} r_x(0) & r_x(1) & \cdots & r_x(M) \\ r_x(1) & r_x(0) & \cdots & r_x(M-1) \\ \vdots & & & \vdots \\ r_x(M) & r_x(M-1) & \cdots & r_x(0) \end{bmatrix}
\begin{bmatrix} 1 \\ a_{M,1} \\ \vdots \\ a_{M,M} \end{bmatrix}
=
\begin{bmatrix} \rho_M^f \\ 0 \\ \vdots \\ 0 \end{bmatrix}
\tag{3.8.1}
$$

如果已知 $r_x(m)(m=0, 1, \cdots, M)$，求解正则方程可以得到最佳单步预测器系数以及相应的预测误差方差。求解该方程需要矩阵求逆，采用高斯消元法的运算量为 $M^3/3+O(M^2)$；基于自相关阵的对称非负定特性，采用 Cholesky 法的运算量为 $M^3/6+O(M^2)$。

由于平稳随机信号的自相关矩阵是 Toeplitz 结构，可以找到一种矩阵求逆的高效阶数递推算法，即 Levinson-Durbin 算法。

3.8.1 自相关矩阵 Toeplitz 结构

平稳随机信号的自相关矩阵 R_x 是 Toeplitz 结构的，先后倒置 R_x 的行顺序

和列顺序后，矩阵保持不变，即

$$R_x=\begin{bmatrix} r_x(0) & r_x(1) & \cdots & r_x(M) \\ r_x(1) & r_x(0) & \cdots & r_x(M-1) \\ \vdots & & & \vdots \\ r_x(M) & r_x(M-1) & \cdots & r_x(0) \end{bmatrix} \xrightarrow{\text{倒置行}} \begin{bmatrix} r_x(M) & r_x(M-1) & \cdots & r_x(0) \\ r_x(M-1) & r_x(M-2) & \cdots & r_x(1) \\ \vdots & & & \vdots \\ r_x(0) & r_x(1) & \cdots & r_x(M) \end{bmatrix} \xrightarrow{\text{倒置列}} \begin{bmatrix} r_x(0) & r_x(1) & \cdots & r_x(M) \\ r_x(1) & r_x(0) & \cdots & r_x(M-1) \\ \vdots & & & \vdots \\ r_x(M) & r_x(M-1) & \cdots & r_x(0) \end{bmatrix} = R_x \tag{3.8.2}$$

现在先后倒置式(3.8.1)中自相关矩阵 R_x 的行顺序和列顺序，则式(3.8.1)依次变换为

$$\begin{bmatrix} r_x(M) & r_x(M-1) & \cdots & r_x(0) \\ r_x(M-1) & r_x(M-2) & \cdots & r_x(1) \\ \vdots & & & \vdots \\ r_x(0) & r_x(1) & \cdots & r_x(M) \end{bmatrix} \begin{bmatrix} 1 \\ a_{M,1} \\ \vdots \\ a_{M,M} \end{bmatrix} = \begin{bmatrix} 0 \\ \vdots \\ 0 \\ \rho_M^f \end{bmatrix} \tag{3.8.3}$$

$$\begin{bmatrix} r_x(0) & r_x(1) & \cdots & r_x(M) \\ r_x(1) & r_x(0) & \cdots & r_x(M-1) \\ \vdots & & & \vdots \\ r_x(M) & r_x(M-1) & \cdots & r_x(0) \end{bmatrix} \begin{bmatrix} a_{M,M} \\ \vdots \\ a_{M,1} \\ 1 \end{bmatrix} = \begin{bmatrix} 0 \\ \vdots \\ 0 \\ \rho_M^f \end{bmatrix} \tag{3.8.4}$$

结合式(3.7.17)和式(3.7.18)，可以看到式(3.8.4)和式(3.7.19)是相同的，式(3.8.4)为 M 阶后向预测误差滤波器正则方程。3.7 节讨论的平稳随机信号前向预测与后向预测的对称性体现在自相关矩阵具有 Toeplitz 结构上。

3.8.2 Levinson-Durbin 算法

将式(3.7.23)偏相关系数合并到式(3.8.1)M 阶前向预测误差滤波器正则方程最后一行，有

$$\begin{bmatrix} r_x(0) & r_x(1) & \cdots & r_x(M) \\ r_x(1) & r_x(0) & \cdots & r_x(M-1) \\ \vdots & & & \vdots \\ r_x(M) & r_x(M-1) & \cdots & r_x(0) \\ r_x(M+1) & r_x(M) & \cdots & r_x(1) \end{bmatrix} \begin{bmatrix} 1 \\ a_{M,1} \\ \vdots \\ a_{M,M} \end{bmatrix} = \begin{bmatrix} \rho_M \\ 0 \\ \vdots \\ 0 \\ \Delta_{M+1} \end{bmatrix} \tag{3.8.5}$$

其中 $\rho_M = \rho_M^f$。在式(3.8.5)中相关矩阵右边添加列矢量$[r_x(M+1)\ r_x(M)\ \cdots\ r_x(0)]^{\mathrm{T}}$补成方阵，有

$$\begin{bmatrix} r_x(0) & r_x(1) & \cdots & r_x(M) & r_x(M+1) \\ r_x(1) & r_x(0) & \cdots & r_x(M-1) & r_x(M) \\ \vdots & & & & \vdots \\ r_x(M) & \cdots & \cdots & r_x(0) & r_x(1) \\ r_x(M+1) & \cdots & \cdots & r_x(1) & r_x(0) \end{bmatrix} \begin{bmatrix} 1 \\ a_{M,1} \\ \vdots \\ a_{M,M} \\ 0 \end{bmatrix} = \begin{bmatrix} \rho_M \\ 0 \\ \vdots \\ 0 \\ \Delta_{M+1} \end{bmatrix} \tag{3.8.6}$$

将式(3.7.23)偏相关系数合并到式(3.8.4) M 阶后向预测误差滤波器正则方程第一行，有

$$\begin{bmatrix} r_x(1) & \cdots & r_x(M) & r_x(M+1) \\ r_x(0) & \cdots & r_x(M-1) & r_x(M) \\ \vdots & & & \vdots \\ r_x(M-1) & \cdots & r_x(0) & r_x(1) \\ r_x(M) & \cdots & r_x(1) & r_x(0) \end{bmatrix} \begin{bmatrix} a_{M,M} \\ \vdots \\ a_{M,1} \\ 1 \end{bmatrix} = \begin{bmatrix} \Delta_{M+1} \\ 0 \\ \vdots \\ 0 \\ \rho_M \end{bmatrix} \tag{3.8.7}$$

将式(3.8.7)中相关矩阵左边添加列矢量$[r_x(0)\ r_x(1)\ \cdots\ r_x(M+1)]^{\mathrm{T}}$补成方阵，有

$$\begin{bmatrix} r_x(0) & r_x(1) & \cdots & r_x(M) & r_x(M+1) \\ r_x(1) & r_x(0) & \cdots & r_x(M-1) & r_x(M) \\ \vdots & & & & \vdots \\ r_x(M) & \cdots & \cdots & r_x(0) & r_x(1) \\ r_x(M+1) & \cdots & \cdots & r_x(1) & r_x(0) \end{bmatrix} \begin{bmatrix} 0 \\ a_{M,M} \\ \vdots \\ a_{M,1} \\ 1 \end{bmatrix} = \begin{bmatrix} \Delta_{M+1} \\ 0 \\ \vdots \\ 0 \\ \rho_M \end{bmatrix} \tag{3.8.8}$$

定义反射系数为 K_{M+1}，将式(3.8.6)和式(3.8.8)组合，可得

$$\begin{bmatrix} r_x(0) & r_x(1) & \cdots & r_x(M) & r_x(M+1) \\ r_x(1) & r_x(0) & \cdots & r_x(M-1) & r_x(M) \\ \vdots & & & & \vdots \\ r_x(M) & \cdots & \cdots & r_x(0) & r_x(1) \\ r_x(M+1) & \cdots & \cdots & r_x(1) & r_x(0) \end{bmatrix} \left\{ \begin{bmatrix} 1 \\ a_{M,1} \\ \vdots \\ a_{M,M} \\ 0 \end{bmatrix} + K_{M+1} \begin{bmatrix} 0 \\ a_{M,M} \\ \vdots \\ a_{M,1} \\ 1 \end{bmatrix} \right\}$$

$$= \left\{ \begin{bmatrix} \rho_M \\ 0 \\ \vdots \\ 0 \\ \Delta_{M+1} \end{bmatrix} + K_{M+1} \begin{bmatrix} \Delta_{M+1} \\ 0 \\ \vdots \\ 0 \\ \rho_M \end{bmatrix} \right\}$$

即

$$\begin{bmatrix} r_x(0) & r_x(1) & \cdots & r_x(M) & r_x(M+1) \\ r_x(1) & r_x(0) & \cdots & r_x(M-1) & r_x(M) \\ \vdots & & & & \vdots \\ r_x(M) & \cdots & \cdots & r_x(0) & r_x(1) \\ r_x(M+1) & \cdots & \cdots & r_x(1) & r_x(0) \end{bmatrix} \begin{bmatrix} 1 \\ a_{M,1} + K_{M+1} a_{M,M} \\ \vdots \\ a_{M,M} + K_{M+1} a_{M,1} \\ K_{M+1} \end{bmatrix}$$

$$= \begin{bmatrix} \rho_M + K_{M+1} \Delta_{M+1} \\ 0 \\ \vdots \\ 0 \\ \Delta_{M+1} + K_{M+1} \rho_M \end{bmatrix} \tag{3.8.9}$$

$M+1$ 阶前向预测误差滤波器正则方程

$$\begin{bmatrix} r_x(0) & r_x(1) & \cdots & r_x(M) & r_x(M+1) \\ r_x(1) & r_x(0) & \cdots & r_x(M-1) & r_x(M) \\ \vdots & & & & \vdots \\ r_x(M) & \cdots & \cdots & r_x(0) & r_x(1) \\ r_x(M+1) & \cdots & \cdots & r_x(1) & r_x(0) \end{bmatrix} \begin{bmatrix} 1 \\ a_{M+1,1} \\ \vdots \\ a_{M+1,M} \\ a_{M+1,M+1} \end{bmatrix} = \begin{bmatrix} \rho_{M+1} \\ 0 \\ \vdots \\ 0 \\ 0 \end{bmatrix} \tag{3.8.10}$$

对比式(3.8.9)和式(3.8.10)，如果反射系数满足

$$K_{M+1} = -\frac{\Delta_{M+1}}{\rho_M} \tag{3.8.11}$$

可以由 M 阶前向预测误差滤波器系数 $a_M^i(1 \leqslant i \leqslant M)$ 得到 $M+1$ 阶前向预测误差

滤波器系数 $a^i_{M+1}(1\leqslant i\leqslant M+1)$，具体为

$$a_{M+1,\,i}=a_{M,\,i}+K_{M+1}a_{M,\,M+1-i},\quad i=1,\,2,\,\cdots,\,M \tag{3.8.12}$$

$$a_{M+1,\,M+1}=K_{M+1} \tag{3.8.13}$$

$$K_{M+1}=-\frac{\Delta_{M+1}}{\rho_M}=\frac{-\left[r_x(M+1)+\sum_{i=1}^{M}a_{M,\,i}r_x(M+1-i)\right]}{\rho_M} \tag{3.8.14}$$

$$\rho_{M+1}=\rho_M+K_{M+1}\Delta_{M+1}=\rho_M(1-K^2_{M+1}) \tag{3.8.15}$$

这就是著名的 Levinson-Durbin 递推算法，它提供了一种阶数逐次增高的白化滤波器系数估计方法，初始条件(当阶数 $M=0$ 时)为

$$K_0=0,\quad f_0(n)=b_0(n)=x(n),\quad \rho_0=r_x(0) \tag{3.8.16}$$

其中 $f_0(n)$，$b_0(n)$ 分别为前向预测误差与后向预测误差初值。根据式(3.8.12)至式(3.8.15)，当阶数 $M=1$ 时，有

$$a_{1,\,1}=K_1=-\frac{r_x(1)}{r_x(0)}$$

$$\rho_1=(1-K_1^2)\rho_0=r_x(0)-\frac{r_x^2(1)}{r_x(0)} \tag{3.8.17}$$

下面来估计一下 Levinson-Durbin 算法的运算量。根据式(3.8.12)至式(3.8.15)，当从 M 阶递推到 $M+1$ 阶时，分别需要 $2M+3$ 次乘法以及 $2M+1$ 次加法。计算 M 阶系数需要从初始条件开始递推，需要的乘法和加法运算量分别为

$$\text{乘法次数}=\sum_{i=0}^{M-1}2\times i+3=M\times(M-1)+3 \tag{3.8.18}$$

$$\text{加法次数}=\sum_{i=0}^{M-1}2\times i+1=M\times(M-1)+1 \tag{3.8.19}$$

例 3.8.1 对于自相关序列 $r_x(0)=55$，$r_x(1)=40$，$r_x(2)=26$ 和 $r_x(3)=14$ 的信号 $x(n)$，试用 Levinson-Durbin 算法计算三阶前向预测误差滤波器系数。

解：由式(3.8.17)得

$$a_{1,\,1}=K_1=\frac{-r_x(1)}{r_x(0)}=\frac{-40}{55}=-0.727\,27$$

$$\rho_1=(1-K_1^2)\rho_0=(1-K_1^2)r_x(0)=25.909$$

利用式(3.8.12)至式(3.8.15)得

$$a_{2,2}=K_2=\frac{-[r_x(2)+a_{1,1}r_x(1)]}{\rho_1}=0.119\ 29$$

$$a_{2,1}=a_{1,1}+K_2a_{1,1}=-0.814\ 03$$

$$\rho_2=(1-K_2^2)\rho_1=25.540\ 3$$

$$a_{3,3}=K_3=\frac{-[r_x(3)+a_{2,1}r_x(2)+a_{2,2}r_x(1)]}{\rho_2}=0.093\ 702$$

$$a_{3,1}=a_{2,1}+K_3a_{2,2}=-0.802\ 85$$

$$a_{3,2}=a_{2,2}+K_3a_{2,1}=0.043\ 01$$

$$\rho_3=(1-K_3^2)\rho_2=25.316$$

容易验证上述结果与直接解例 3.8.1 前向预测误差滤波器正则方程相同。

Levinson-Durbin 算法在图 3.8.1 中进行了总结。

1. 输入： $r_x(0), r_x(1), \cdots, r_x(M)$
2. 初始化：$K_0=0$，$\rho_0=r_x(0)$
3. 对于 $m=0, 1, \cdots, M-1$ (a) $a_{m+1,m+1}=K_{m+1}=\dfrac{-\left[r_x(m+1)+\sum_{i=1}^{m}a_{M,i}r_x(m+1-i)\right]}{\rho_m}$ (b) $a_{m+1,i}=a_{m,i}+K_{m+1}a_{m,m+1-i}\quad i=1, 2, \cdots, m$ (c) $\rho_{m+1}=\rho_m(1-K_{m+1}^2)$
4. 输出：$a_{M,i}$，$i=1, 2, \cdots, M$，ρ_M

图 3.8.1　Levinson-Durbin 算法总结

3.8.3　反射系数

从图 3.8.1 中可以看出，Levinson-Durbin 算法的输出是反射系数的函数。之所以用这个名称，是因为式(3.8.15)最小均方误差的表示式具有类似于传输线理论中信号通过不同特性阻抗的界面时传输功率的表示式。如图 3.8.2 所示信号传输过程，当信号通过节点时，由于节点两端阻抗不匹配，一部分功率被反射回来，即

$$\rho_{M+1入}=\rho_{M入}-\rho_{M反}=\rho_{M入}(1-K_{M+1}^2)\tag{3.8.20}$$

式中 $\rho_{M入}$ 表示第 $M+1$ 个节点的输入信号功率，$\rho_{M+1入}$ 表示第 $M+1$ 个节点的输出信号功率，反射系数 K_{M+1} 反映了阻抗匹配的情况。由 ρ_M 和 ρ_{M+1} 是非负的可知 $|K_{M+1}|\leqslant 1$。当阻抗完全匹配时，$K_{M+1}=0$，信号可以完全通过节点；当传输线断路时，$K_{M+1}=1$，信号将被全部反射。

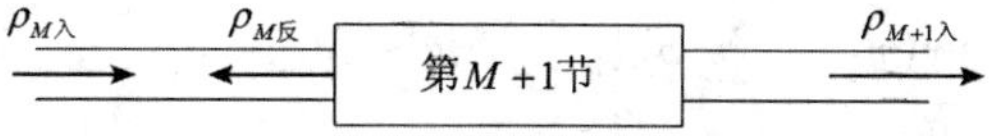

图 3.8.2　传输线理论示意图

对于平稳随机信号，根据式(3.8.14)反射系数 K_{M+1}的计算公式以及前向预测与后向预测的对称性可见

$$K_{M+1}=-\frac{\Delta_{M+1}}{\rho_M}=-\frac{\Delta_{M+1}}{(\rho_M^f\rho_M^b)^{\frac{1}{2}}}=-\frac{E[f_M(n)b_M(n-1)]}{\{E[f_M^2(n)]\cdot E[b_M^2(n-1)]\}^{\frac{1}{2}}} \tag{3.8.21}$$

因此反射系数 K_{M+1}可以理解为$f_M(n)$和 $b_M(n-1)$的归一化互相关系数。根据偏相关的定义，反射系数 K_{M+1}为 $x(n)$和 $x(n-M-1)$关于空间$\{x(n-1),\cdots,x(n-M)\}$的归一化偏相关系数。

3.8.4　格型滤波器

图 3.7.3 给出了预测误差滤波器的横截型结构，利用 Levinson-Durbin 算法可以得到预测误差滤波器的另一种结构，即格型结构。

根据式(3.8.12)和式(3.8.13)Levinson-Durbin 算法给出的参数递推关系，同时根据前向预测与后向预测的对称性，式(3.7.2)定义的 M 点前向预测器误差$f_M(n)$可写成

$$\begin{aligned}f_M(n)&=x(n)-\hat{x}(n)\\&=x(n)+\sum_{i=1}^{M}a_{M,i}x(n-i)\\&=x(n)+\sum_{i=1}^{M-1}(a_{M-1,i}+K_Ma_{M-1,M-i})x(n-i)+K_Mx(n-M)\\&=\left[x(n)+\sum_{i=1}^{M-1}a_{M-1,i}x(n-i)\right]+K_M\left[x(n-M)+\sum_{i=1}^{M-1}a_{M-1,M-i}x(n-i)\right]\end{aligned}$$

令 $k=M-i$，则

$$\begin{aligned}f_M(n)&=f_{M-1}(n)+K_M\left[x(n-M)+\sum_{k=1}^{M-1}a_{M-1,k}x(n-M+k)\right]\\&=f_{M-1}(n)+K_Mb_{M-1}(n-1)\end{aligned} \tag{3.8.22}$$

同理，式(3.7.12)定义的 M 点后向预测器误差 $b_M(n)$可写成

$$\begin{aligned}b_M(n)&=x(n-M)-\hat{x}(n-M)=x(n-M)+\sum_{i=1}^{M}b_{M,i}x(n-M+i)\\&=\left[x(n-M)+\sum_{i=1}^{M-1}b_{M-1,i}x(n-M+i)\right]+\end{aligned}$$

$$K_M\left[x(n)+\sum_{i=1}^{M-1}b_{M-1,\,M-i}x(n-M+i)\right]$$

令 $k=M-i$，则

$$b_M(n)=b_{M-1}(n-1)+K_M\left[x(n)+\sum_{k=1}^{M-1}a_{M-1,\,k}x(n-k)\right]$$

$$=b_{M-1}(n-1)+K_Mf_{M-1}(n) \tag{3.8.23}$$

初始条件为

$$f_0(n)=b_0(n)=x(n) \tag{3.8.24}$$

这样得到了预测误差滤波器的另一种结构形式——格型结构，如图 3.8.3 所示。由图可见，在格型结构内前向预测误差和后向预测误差以互相支持的方式由低阶向高阶传播。

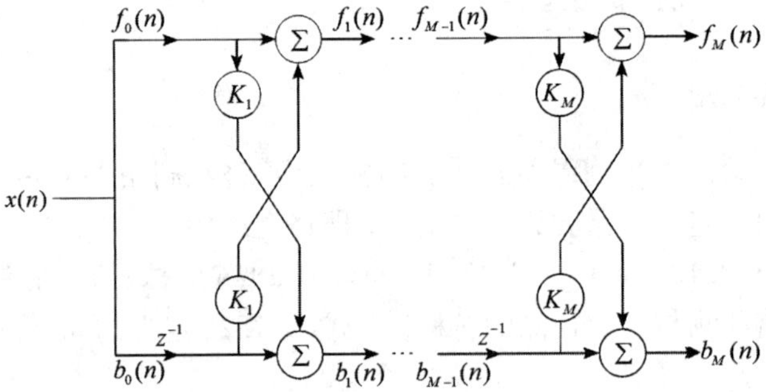

图 3.8.3　格型预测误差滤波器

一个 M 阶预测误差滤波器既可以用图 3.8.3 所示格型结构实现，也可以用图 3.7.3 所示的横截型结构实现，因此格型滤波器的系数 $\{K_1 \quad K_2 \quad \cdots \quad K_M\}$ 一定和横截型滤波器的系数 $\{a_{M1} \quad a_{M2} \quad \cdots \quad a_{MM}\}$ 之间存在有确定的关系，也即系数 $\{a_{M1} \quad a_{M2} \quad \cdots \quad a_{MM}\}$ 完全可以由系数 $\{K_1 \quad K_2 \quad \cdots \quad K_M\}$ 推导出来，反之亦然，下面推导这两个系数集合的等效性。

根据式(3.8.22)和式(3.8.23)，有

$$A_M(z)=A_{M-1}(z)+K_Mz^{-1}B_{M-1}(z) \tag{3.8.25}$$

$$B_M(z)=z^{-1}B_{M-1}(z)+K_MA_{M-1}(z) \tag{3.8.26}$$

其中 $A_M(z)$ 为式(3.7.4)定义的 M 阶前向预测误差滤波器系统函数

$$A_M(z)=1+a_{M,\,1}z^{-1}+\cdots+a_{M,\,M}z^{-M}$$

$B_M(z)$ 为 M 阶后向预测误差滤波器系统函数

$$B_M(z)=a_{M,\,M}+a_{M,\,M-1}z^{-1}+\cdots+a_{M,\,1}z^{-M+1}+z^{-M} \tag{3.8.27}$$

联合式(3.8.25)和式(3.8.26)，可得

$$[A_M(z) \quad B_M(z)] = [A_{M-1}(z) \quad z^{-1}B_{M-1}(z)]\begin{bmatrix}1 & K_M \\ K_M & 1\end{bmatrix}$$

$$= [A_{M-1}(z) \quad B_{M-1}(z)]\begin{bmatrix}1 & 0 \\ 0 & z^{-1}\end{bmatrix}\begin{bmatrix}1 & K_M \\ K_M & 1\end{bmatrix} \tag{3.8.28}$$

由式(3.8.24)可得 $A_0(z) = B_0(z) = 1$，式(3.8.28)可以递推到初始条件，得

$$[A_M(z) \quad B_M(z)] = [1 \quad 1]\begin{bmatrix}1 & 0 \\ 0 & z^{-1}\end{bmatrix}\begin{bmatrix}1 & K_1 \\ K_1 & 1\end{bmatrix}\begin{bmatrix}1 & 0 \\ 0 & z^{-1}\end{bmatrix}\begin{bmatrix}1 & K_2 \\ K_2 & 1\end{bmatrix}$$

$$\cdots\begin{bmatrix}1 & 0 \\ 0 & z^{-1}\end{bmatrix}\begin{bmatrix}1 & K_M \\ K_M & 1\end{bmatrix} \tag{3.8.29}$$

这样就得到了系数 $\{a_{M,1} \quad a_{M,2} \quad \cdots \quad a_{M,M}\}$ 与 $\{K_1 \quad K_2 \quad \cdots \quad K_M\}$ 之间的关系。

对于 $M=1$，有

$$[A_1(z) \quad B_1(z)] = [1 \quad 1]\begin{bmatrix}1 & 0 \\ 0 & z^{-1}\end{bmatrix}\begin{bmatrix}1 & K_1 \\ K_1 & 1\end{bmatrix}$$

其中 $A_1(z)$，$B_1(z)$ 分别为 1 阶前向预测和后向预测误差滤波器的传递函数，由此得

$$a_{1,0} = 1,\ a_{1,1} = K_1$$

对于 $M=2$，有

$$[A_2(z) \quad B_2(z)] = [1 \quad 1]\begin{bmatrix}1 & 0 \\ 0 & z^{-1}\end{bmatrix}\begin{bmatrix}1 & K_1 \\ K_1 & 1\end{bmatrix}\begin{bmatrix}1 & 0 \\ 0 & z^{-1}\end{bmatrix}\begin{bmatrix}1 & K_2 \\ K_2 & 1\end{bmatrix}$$

其中 $A_2(z)$，$B_2(z)$ 分别为 2 阶前向预测和后向预测误差滤波器的传递函数，由此得

$$a_{2,0} = 1,\ a_{2,1} = K_1 + K_2K_1,\ a_{2,2} = K_2$$

对于 $M=3$，有

$$[A_3(z) \quad B_3(z)] = [1 \quad 1]\begin{bmatrix}1 & 0 \\ 0 & z^{-1}\end{bmatrix}\begin{bmatrix}1 & K_1 \\ K_1 & 1\end{bmatrix}\begin{bmatrix}1 & 0 \\ 0 & z^{-1}\end{bmatrix}\begin{bmatrix}1 & K_2 \\ K_2 & 1\end{bmatrix}\begin{bmatrix}1 & 0 \\ 0 & z^{-1}\end{bmatrix}\begin{bmatrix}1 & K_3 \\ K_3 & 1\end{bmatrix}$$

其中 $A_3(z)$，$B_3(z)$ 分别为 3 阶前向预测和后向预测误差滤波器的传递函数，由此得

$$a_{3,0} = 1$$

$$a_{3,1} = a_{2,1} + K_3K_2 = K_1 + K_1K_2 + K_2K_3$$

$$a_{3,2} = K_2 + K_3a_{2,1} = K_2 + K_1K_3 + K_1K_2K_3$$

$$a_{3,3} = K_3$$

更高阶的预测误差滤波器系数以此类推。

根据 Levinson-Durbin 算法发展出来的格型滤波器具有一系列的重要优点，获得了广泛的应用。这些优点包括：

(1)格型滤波器一旦得到了 M 阶的预测误差，那么同时也就得到了1阶到 $M-1$ 阶的低阶滤波器的预测误差，即 M 阶的格型滤波器一旦确定，1阶到 $M-1$阶的格型滤波器就确定了。也就是说一个 M 阶的格型滤波器可以产生相当于1阶到 M 阶的 M 个横截型滤波器的输出，这就可以在变化的环境下动态地选择最佳阶数。意味着能够增加滤波器的阶数的同时，不破坏已有滤波器的最佳性。相比之下，横截型结构阶数一旦变化就需要重新计算每个系数。

(2)格型滤波器中各阶后向预测误差相互正交，即

$$E\{b_i(n)b_j(n)\}=0, \quad i\neq j$$

各阶后向预测误差实际上是输入信号 $x(n)$，$x(n-1)$，…，$x(n-M)$的新息表示。格型滤波器将输入信号转换成相互正交的后向预测误差 $x(n)$，$b_1(n)$，…，$b_M(n)$的过程，就是在1.7节讨论的 Gram-Schmidt 正交化过程。

(3)当且仅当$|K_i|\leqslant 1$，$1\leqslant i\leqslant M$，M 阶前向预测误差滤波器是最小相位的。由于反射系数绝对值一定小于等于1，也就是说格型滤波器实现的是最小相位的前向预测误差滤波器。

(4)平稳随机信号 $x(n)$不仅可以由其自相关序列 $r_x(0)$，$r_x(1)$，…表征，也可以用其反射系数序列 $r_x(0)$，K_1，…表征。

(5)格型滤波器具有模块化结构，便于实现高速并行处理。

小　结

本章讨论了最优滤波器的原理及应用。从最优滤波器的引出开始，首先推导了确定性最小二乘滤波器正则方程并进行了误差分析。然后讨论了两种重要的原型滤波器——最小二乘逆滤波器和白化滤波器。在此基础上，详细讨论了平稳随机信号的维纳滤波器，包括维纳滤波器的正则方程、信号模型以及最佳线性平滑器、IIR 最佳线性滤波器、FIR 最佳线性滤波器、IIR 最佳线性预测器以及 FIR 最佳线性单步预测器的设计。接下来讨论了线性预测误差滤波器，指出它与白化滤波器的等效性，强调了对于平稳随机过程前向预测与后向预测的对称性。最后，推导了 Levinson-Durbin 递推算法和线性预测误差滤波器的格型结构。

习 题

3.1 假定f是因果的有限能量序列，令 $G(z)=z^{-1}F(z)$，考虑如下的确定性最小二乘问题

$$\min V_0(a)=\|a*g\|^2,\ a(0)=1,\ A(z)\text{的阶数为 } n+1,$$

$$\min V(h)=\|f-g*h\|^2,\ H(z)\text{的阶数为 } n,$$

证明上述解满足 $H_n(z)=z[1-A_{n+1}(z)]$，并且 $\min V_0(a)=\min V(h)$。

3.2 假定 g 是一个因果、有限能量序列，考虑下列二个确定性最小二乘问题

$$\min V(h)=\|\delta-g*h\|^2,\ H(z)\text{的阶数为 } n,$$

$$\min V_0(a)=\|a*g\|^2,\ a(0)=1,\ A(z)\text{的阶数为 } n,$$

证明上述解满足 $H_n(z)=h(0)A_n(z)$，$h(0)\alpha_n=g(0)$。

3.3 设 $x(n)=s(n)+v(n)$，$R_v(z)=1$，$R_{sv}(z)=0$，且 $s(n)$ 为一阶 AR 过程，其自相关函数为 $r_s(m)=0.6^{|m|}$。

(a) 确定一个 FIR 滤波器 $\hat{s}(n)=a_1x(n)+a_2x(n-1)$ 来估计 $s(n)$，并求出相应的 MMSE。

(b) 确定一个因果 IIR 滤波器来估计 $s(n)$，并求出相应的 MMSE。

3.4 设 $x(n)=s(n)+v(n)$，$R_v(z)=1$，$R_{sv}(z)=0$，且

$$R_s(z)=\frac{0.875}{(1-0.5z^{-1})(1-0.5z)}$$

(a) 将 $x(n)$ 通过一个系统函数为 $H(z)=\dfrac{1}{1-0.4z^{-1}}$ 的因果滤波器，求：输入信噪比 SNR_{in}；输出信噪比 SNR_{out}；信噪比的改善 $SNR_{\text{out}}/SNR_{\text{in}}$。

(b) 确定从 $\{x(k),\ -\infty<k\le n\}$ 估计 $s(n)$ 的最佳滤波器 $H_{\text{opt}}(z)$，并求出相应的 MMSE；

(c) 将 $x(n)$ 通过最佳滤波器 $H_{\text{opt}}(z)$，求：输出信噪比 SNR_{out}；信噪比的改善 $SNR_{\text{out}}/SNR_{\text{in}}$。

3.5 设 $x(n)=s(n)+v(n)$，$R_v(z)=1$，$R_{sv}(z)=0$，且

$$R_s(z)=\frac{0.875}{(1-0.5z^{-1})(1-0.5z)}$$

确定从 $\{x(k),\ -\infty<k\le n\}$ 估计 $s(n+1)$ 的最佳滤波器 $H_{\text{opt}}(z)$，并求出相应的 MMSE。

3.6 设 $x(n)=s(n)+v(n)$，其中 $s(n)=0.6s(n-1)+w(n)$，$w(n)\sim N(0,$

0.82)；$R_v(z)=1$，$R_{sv}(z)=0$。

确定从$\{x(k),\ -\infty<k\leqslant n\}$分别估计$s(n)$，$s(n-2)$和$s(n+2)$的最佳维纳滤波器$H_{opt}(z)$，并求出相应的MMSE。

3.7 设有一平稳随机过程，其自相关序列为

$$r_s(0)=1$$

$$r_s(\pm 1)=0.5$$

$$r_s(m)=0,\qquad m=\pm 2,\ \pm 3,\ \cdots$$

在传输该随机过程的一个取样序列$s(n)$时混入了一个方差为0.25的零均值平稳白噪声$\nu(n)$。设信号与噪声统计独立，设计一个因果IIR维纳滤波器，当$x(n)=s(n)+\nu(n)$作为输入时，输出为$\hat{s}(n)$。

(a)确定最佳滤波器$H_{opt}(z)$，并求出相应的MMSE。

(b)若用$x(n)$作为对$s(n)$的估计，试与设计的滤波器处理结果进行比较，后者的估计误差均方值改进了多少分贝？

(c)若用一个二阶FIR维纳滤波器来滤除噪声，试同样完成上述(a)、(b)的计算。

3.8 设$x(n)=s(n)+v(n)$，$R_v(z)=0.75$，$R_{sv}(z)=0$，且$s(n)$为一阶MA过程

$$s(n)=w(n)+0.5w(n-1)$$

其中$\sigma_w^2=1$。试确定一个最佳FIR平滑器$\hat{s}(n)=a_1x(n-1)+a_2x(n)+a_3x(n+1)$的系统函数$H_{opt}(z)$，并求出相应的MMSE。

3.9 考虑如图1所示的简单通信系统框图。信息存储在信号$s(n)$中，该信号由白噪声$w(n)\sim N(0,1)$通过系统$H_1(z)=\dfrac{1}{1-0.8z^{-1}}$产生。信号$s(n)$通过信道$H_2(z)=1-0.5z^{-1}$并掺杂了加性白噪声$v(n)\sim N(0,1)$，$v(n)$与$w(n)$不相关。现用一个1阶最佳FIR维纳滤波器，从接收到的信号$x(n)=z(n)+v(n)$中对信号$s(n)$进行估计试确定最佳滤波器系统函数$H_{opt}(z)$，并求出相应的MMSE[$\hat{s}(n)=h(0)x(n)+h(1)x(n-1)$]。

3.10 设$x(n)$为随机信号，其功率谱

$$R_x(z)=\frac{(1-0.2z^{-1})(1-0.2z)}{(1-0.9z^{-1})(1-0.9z)}$$

试确定$x(n)$的最佳二步前向预测器的系统函数$H_{opt}(z)$，并求出相应的MMSE。

3.11 设$x(n)=v(n)+0.5v(n-1)$，其中$v(n)\sim N(0,1)$。

(a)确定一个最佳FIR前向预测器$\hat{x}(n)=a_1x(n-1)+a_2x(n-2)$的系

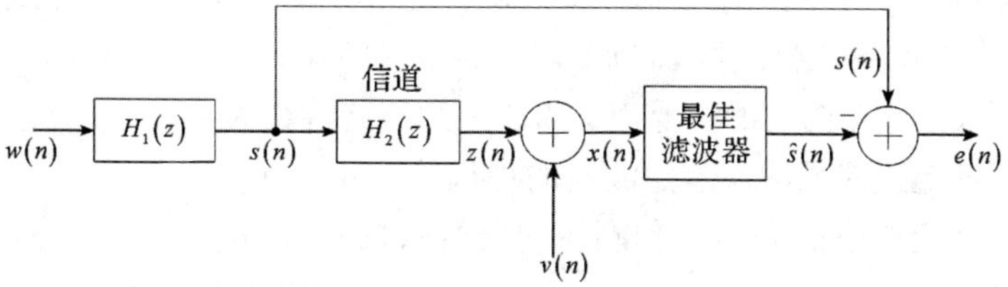

图 1　简单通信系统框图

统函数 $H_{opt}(z)$，并求出相应的 MMSE。

(b) 确定一个最佳 FIR 平滑器 $\hat{x}(n)=a_1x(n-1)+a_2x(n+1)$ 的系统函数 $H_{opt}(z)$，并求出相应的 MMSE。

(c) 确定一个最佳 FIR 后向预测器 $\hat{x}(n)=a_1x(n+1)+a_2x(n+2)$ 的系统函数 $H_{opt}(z)$，并求出相应的 MMSE。

3.12　对于如图 2 所示非因果干扰对消器，已知 $v(n)$，$n(n)$ 为白噪声信号，功率分别为 M 和 N。信号 $s(n)$ 与这些噪声信号不相关，滤波器 $H(z)=\dfrac{z}{z-0.3}$。

(a) 计算该对消器的最佳系统函数 $W_{opt}(z)$。

(b) 确定该对消器输出信噪比和输入信噪比的比值(信噪比的改善)。

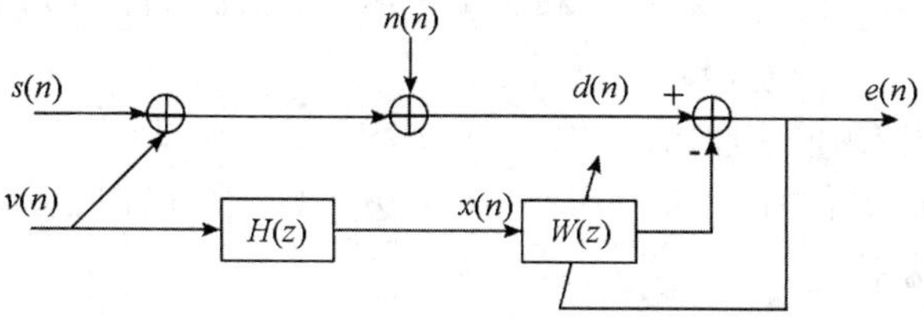

图 2　干扰对消器系统框图

3.13　设 $x(n)=s(n)+v(n)$，$R_v(z)=1$，$s(n)=0.8s(n-1)+w(n)$，其中 $w(n)\sim N(0,0.36)$，$v(n)\sim N(0,1)$。确定一个估计 $s(n+1)$ 的二阶最佳因果 FIR 预测器 $H_{opt}(z)$，并求出相应的 MMSE[$\hat{s}(n+1)=h(0)x(n)+h(1)\cdot x(n-1)+h(2)x(n-2)$]。

3.14　考虑一个广义平稳过程 $x(n)$，它的自相关函数具有下列值

$$r_x(0)=1,\ r_x(1)=0.8,\ r_x(2)=0.6,\ r_x(3)=0.4$$

(a) 利用 Levinson-Durbin 递归计算反射系数 k_1，k_2，k_3；

(b) 利用所计算得的反射系数，构成一个 3 级 Lattice 预测器；

(c) 计算这个 3 级 Lattice 预测器的每一级输出端的预测误差平均功率，

由此做一个预测误差功率相对于预测阶数的图，讨论所得结果。

3.15 对于一个一阶 AR 过程 $x(n)=0.9x(n-1)+v(n)$，其中 $v(n)$ 是一个均值为 0，方差为 1 的白噪声，如果预测器的阶数为 2：

(a) 确定正向预测误差滤波器的加权系数 a_{21}，a_{22}；

(b) 确定相应的 Lattice 预测器的反射系数 K_1 和 K_2。

3.16 如果 $x_1(n)=\alpha e^{j\omega n}+v(n)$，其中 $v(n)$ 是一个均值为 0，方差为 σ_v^2 的白噪声，将 $x_1(n)$ 加到一个 M 阶的线性预测器上，在满足最小均方误差的条件下：

(a) 确定 M 阶预测误差滤波器的系数，并求出最小预测误差功率值；

(b) 确定相应的 Lattice 预测器的反射系数；

(c) 当噪声方差 $\sigma_v^2=0$ 时，讨论(a)和(b)的结果。

3.17 在测试某正弦信号 $s(n)=\sin\frac{\pi}{4}n$ 的过程中叠加有白噪声 $v(n)$，即测试结果为

$$x(n)=\sin\frac{\pi}{4}n+v(n)$$

设计一个估计 $s(n)$ 的 4 点长最佳 FIR 滤波器，求该滤波器的冲激响应并求出相应的 MMSE。

3.18 已知反射系数 k_0，k_1，k_2 和误差功率 ρ_0，计算自相关序列值 $r_x(0)$，$r_x(1)$，$r_x(2)$ 和 $r_x(3)$。

3.19 对于自相关函数序列值 $r_x(0)=3$，$r_x(1)=2$，$r_x(2)=1$ 和 $r_x(3)=0.5$ 的信号 $x(n)$，利用 Levinson-Durbin 算法计算 3 阶前向预测器系数以及预测误差功率。

3.20 已知 $g(n)=\delta(n)-a\delta(n-1)$，计算其 1 阶逆滤波器。讨论该逆滤波器的最小相位特性。

第4章　自适应滤波器

第3章介绍了最优线性滤波器。如果把最小二乘滤波器看作是有限数据集条件下对维纳滤波器的一种近似，则最优线性滤波器都可以归类为维纳滤波器。维纳滤波器求解维纳－霍夫方程需要信号自相关矩阵求逆，要求已知信号和噪声统计特性的先验知识，或者通过足够的数据进行估计，不适宜实时处理和工程实现。同时，维纳滤波器是输入过程平稳时的最小均方误差线性滤波器，但在许多情况下信号的统计特性是时变的，这时就需要采用自适应滤波器。所谓自适应，就是这种滤波器能够根据输入信号统计特性的变化自动调整其结构参数，以满足某种最优化准则的要求，这种调整往往采用递推或者迭代的形式。自适应滤波所采用的最优化准则有最小均方误差准则、最小二乘准则、最大信噪比准则和统计检测准则等，其中最小均方误差准则和最小二乘准则应用最为广泛。自适应滤波器可以认为是维纳滤波器的工程实现。

本章首先讨论最小均方误差（LMS）自适应横向滤波器。LMS自适应滤波算法是维纳滤波器求解维纳－霍夫方程的一种递推算法，不需要矩阵求逆，而是基于误差性能曲面的梯度，采用最陡下降法来迭代求解最佳滤波器系数。其次讨论递推最小二乘（RLS）自适应横向滤波器。RLS自适应滤波算法是最小二乘滤波器求解正则方程的一种递推算法，每增加一个观测数据，滤波器的权值迭代更新一次。对于平稳随机信号，RLS滤波器权值将收敛到与维纳滤波器相同。LMS自适应滤波器和RLS自适应滤波器有着广泛的应用，将在4.3节进行介绍。本章最后讨论状态空间Kalman滤波器。在Kalman滤波理论中，先通过状态方程对期望信号进行建模，再通过观测方程对观测数据进行建模，最后通过观测数据利用递推方法对信号或者状态进行最佳估计。Kalman滤波器和维纳滤波器最优化准则相同，二者的不同之处主要有两点：一是Kalman滤波器采用递推结构，本质上是一个时变系统，可以用来处理非平稳信号；二是Kalman滤波器通过状态方程描述了期望输出信号的产生过程或者说变化规律。

4.1　LMS 自适应横向滤波器

4.1.1　基本原理

自适应滤波器由参数可调的数字滤波器(或称为自适应处理器)和自适应算法两部分组成，其原理如图 4.1.1 所示。参数可调的数字滤波器可以是 FIR 数字滤波器或 IIR 数字滤波器，也可以是格型数字滤波器。输入信号 $x(n)$ 通过参数可调数字滤波器后产生输出信号(或响应) $y(n)$，将其与参考信号(期望响应) $d(n)$ 进行比较，形成误差信号 $e(n)$。$e(n)$(有时需利用 $x(n)$)通过某种自适应算法对滤波器参数进行调整，最终使 $e(n)$ 的均方值最小。因此，实际上自适应滤波器是一种能够自动调整本身参数的特殊维纳滤波器，在设计时不需要事先知道关于输入信号和噪声统计特性的知识，它能够在自己的工作过程中逐渐了解或估计出所需的统计特性，并以此为依据自动调整自己的参数，以达到最佳滤波效果。一旦输入信号的统计特性发生变化，它又能够跟踪这种变化，自动调整参数，使滤波器性能重新达到最佳。所以，自适应滤波器在输入过程的统计特性未知时，或是输入过程的统计特性变化时，能够调整自己的参数，以满足某种最优化准则的要求。当输入过程的统计特性未知时，自适应滤波器调整自己参数的过程称为学习过程；当输入过程的统计特性变化时，自适应滤波器调整自己参数的过程称为跟踪过程。

图 4.1.1 所示的自适应滤波器有 $x(n)$ 和 $d(n)$ 两个输入，$y(n)$ 和 $e(n)$ 两个输出，均为时间序列。其中 $x(n)$ 可以是单输入信号，也可以是多输入信号。在不同的应用背景下这些信号代表不同内容。

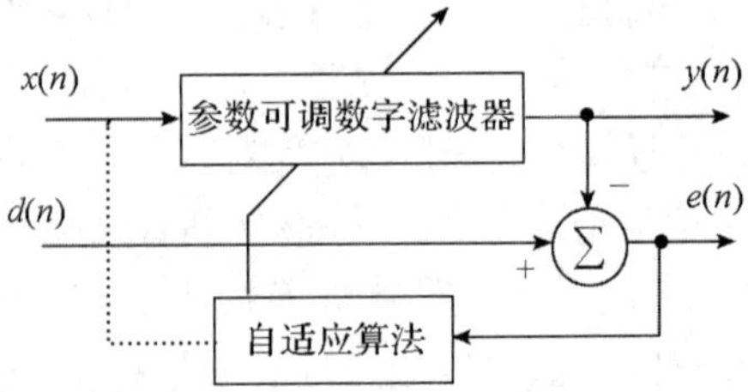

图 4.1.1　自适应滤波器原理图

本节主要讨论如图 4.1.2 所示的 LMS 自适应横向滤波器，它实际上是一种单输入自适应线性组合器。该滤波器由两个基本部分组成：一是具有可调整权值的横向滤波器，在时间 n，这一组权值用 $w_1(n)$，$w_2(n)$，…，$w_M(n)$表示；二是采用某种自适应算法的权值调整机构。

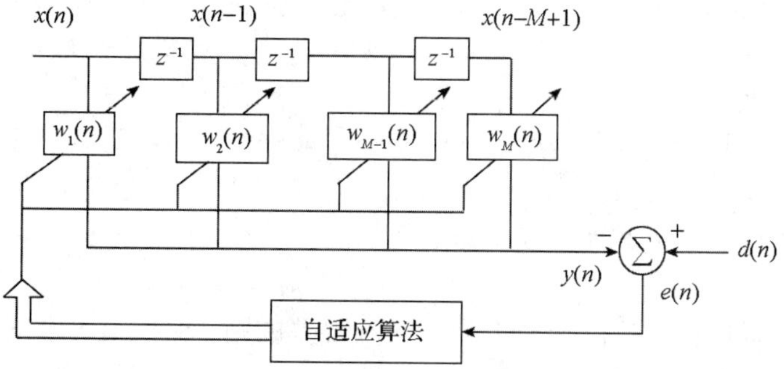

图 4.1.2　LMS 自适应横向滤波器原理图

对于图 4.1.2，其输入矢量为

$$\boldsymbol{X}(n)=[x(n)\quad x(n-1)\quad \cdots \quad x(n-M+1)]^{\mathrm{T}} \tag{4.1.1}$$

加权矢量(即滤波器参数矢量)为

$$\boldsymbol{W}(n)=[w_1(n)\quad w_2(n)\quad \cdots \quad w_M(n)]^{\mathrm{T}} \tag{4.1.2}$$

滤波器的输出为

$$y(n)=\sum_{i=1}^{M} w_i(n)x(n-i+1)=\boldsymbol{W}^{\mathrm{T}}(n)\boldsymbol{X}(n)=\boldsymbol{X}^{\mathrm{T}}(n)\boldsymbol{W}(n) \tag{4.1.3}$$

$y(n)$相对于滤波器期望输出 $d(n)$的误差为

$$e(n)=d(n)-y(n)=d(n)-\boldsymbol{W}^{\mathrm{T}}(n)\boldsymbol{X}(n) \tag{4.1.4}$$

根据最小均方误差准则，最佳的滤波器参量应使得性能函数——均方误差

$$f(\boldsymbol{W})=\xi(n)=E[e^2(n)] \tag{4.1.5}$$

为最小。式(4.1.5)称为均方误差性能函数。

假定输入信号 $x(n)$和期望响应 $d(n)$是联合平稳过程，那么在时刻 n 的均方误差是加权矢量的二次函数，其表示式为

$$\begin{aligned}\xi(n)&=E[e^2(n)]=E\left\{[d(n)-\boldsymbol{W}^{\mathrm{T}}(n)\boldsymbol{X}(n)]^2\right\}\\&=E[d^2(n)-\boldsymbol{W}^{\mathrm{T}}(n)d(n)\boldsymbol{X}(n)-d(n)\boldsymbol{X}^{\mathrm{T}}(n)\boldsymbol{W}(n)+\\&\quad\boldsymbol{W}^{\mathrm{T}}(n)\boldsymbol{X}(n)\boldsymbol{X}^{\mathrm{T}}(n)\boldsymbol{W}(n)]\end{aligned}$$

在 $\boldsymbol{W}(n)$是常数矢量的情况下，有

$$\xi(n)=E[d^2(n)]-2\boldsymbol{P}^{\mathrm{T}}\boldsymbol{W}(n)+\boldsymbol{W}^{\mathrm{T}}(n)\boldsymbol{R}_x\boldsymbol{W}(n) \tag{4.1.6}$$

其中，$E[d^2(n)]$是期望响应 $d(n)$的方差，$\boldsymbol{P}=E[d(n)\boldsymbol{X}(n)]$是输入矢量$\boldsymbol{X}(n)$

和期望响应 $d(n)$ 的互相关矢量，$\boldsymbol{R}_x = E[\boldsymbol{X}(n)\boldsymbol{X}^{\mathrm{T}}(n)]$ 是输入矢量 $\boldsymbol{X}(n)$ 的自相关矩阵，具体可表示为

$$\boldsymbol{R}_x = \begin{bmatrix} E[x^2(n)] & E[x(n)x(n-1)] & \cdots & E[x(n)x(n-M+1)] \\ E[x(n-1)x(n)] & E[x^2(n-1)] & \cdots & E[x(n-1)x(n-M+1)] \\ \vdots & & & \vdots \\ E[x(n-M+1)x(n)] & E[x(n-M+1)x(n-1)] & \cdots & E[x^2(n-M+1)] \end{bmatrix} \tag{4.1.7}$$

$$\boldsymbol{P} = E\,[d(n)x(n) \quad d(n)x(n-1) \quad \cdots \quad d(n)x(n-M+1)]^{\mathrm{T}} \tag{4.1.8}$$

LMS 自适应横向滤波器采用最小均方误差准则，根据第 3 章的讨论可知，当 $E[e(n)X(n)]=0$ 时，得到最佳权矢量 $\boldsymbol{W}_{\mathrm{opt}}$，它一定满足正则方程

$$\boldsymbol{R}_x\boldsymbol{W}_{\mathrm{opt}} = \boldsymbol{P} \tag{4.1.9}$$

当 $\boldsymbol{R}_x$ 为满秩时（即 $|\boldsymbol{R}_x|\neq 0$），正则方程式(4.1.9)有唯一解

$$\boldsymbol{W}_{\mathrm{opt}} = \boldsymbol{R}_x^{-1}\boldsymbol{P} \tag{4.1.10}$$

这个解称为维纳解。

当 $\boldsymbol{W} = \boldsymbol{W}_{\mathrm{opt}}$ 时，均方误差性能函数最小值（即最小均方误差）等于

$$\xi_{\min} = E\,[e^2(n)]_{\min} = E[d^2(n)] - \boldsymbol{P}^{\mathrm{T}}\boldsymbol{W}_{\mathrm{opt}} \tag{4.1.11}$$

上式表示的 $\xi_{\min}$ 称为维纳误差。

直接根据式(4.1.10)求解正则方程的方法称为直接矩阵求逆算法。它首先根据输入 $x(n)$ 及 $d(n)$ 的采样值，求 $\boldsymbol{R}_x$ 和 $\boldsymbol{P}$ 的估计值 $\hat{\boldsymbol{R}}_x$ 和 $\hat{\boldsymbol{P}}$，再对 $\hat{\boldsymbol{R}}_x$ 求逆，最后由式(4.1.10)求 $\boldsymbol{W}_{\mathrm{opt}}$。由于信号和干扰环境是时变的，因此这种估计和求逆过程必须不断进行。直接矩阵求逆算法的最大缺点是运算量很大，特别是当加权系数大时更是如此，因此应用范围有限。

正则方程的另两种重要解法是梯度法和 Levinson-Durbin 算法。梯度法是先给定一个初始加权值，然后逐步沿梯度的相反方向改变加权值，在一定条件下能使加权矢量最终收敛到最佳值。梯度法不需要进行矩阵求逆运算，它是应用最广泛的最小均方误差算法（即 LMS 算法）的基础。Levinson-Durbin 算法是利用相关矩阵 $\boldsymbol{R}_x$ 的 Toeplitz 性质（即该矩阵的各主对角线元素相同），以实现对加权系数的递推，从而大大降低运算量。应用广泛的格型滤波器就是在 Levinson-Durbin 算法的基础上发展起来的。

4.1.2 均方误差性能曲面

式(4.1.5)和式(4.1.6)所示均方误差性能函数对于梯度法、LMS 算法及其他一些算法的性能分析有重要作用，因此对它做进一步的讨论。

根据式(4.1.6)、式(4.1.9)和式(4.1.11)，均方误差性能函数可表示为

$$\begin{aligned}\xi(n) &= E[d^2(n)] - 2\boldsymbol{W}_{\text{opt}}^{\text{T}}\boldsymbol{R}_x\boldsymbol{W}(n) + \boldsymbol{W}^{\text{T}}(n)\boldsymbol{R}_x\boldsymbol{W}(n)\\ &= \xi_{\min} + \boldsymbol{W}_{\text{opt}}^{\text{T}}R_xW_{\text{opt}} - 2\boldsymbol{W}_{\text{opt}}^{\text{T}}\boldsymbol{R}_x\boldsymbol{W}(n) + \boldsymbol{W}^{\text{T}}(n)\boldsymbol{R}_x\boldsymbol{W}(n)\\ &= \xi_{\min} + \boldsymbol{W}_{\text{opt}}^{\text{T}}\boldsymbol{R}_x\boldsymbol{W}_{\text{opt}} - \boldsymbol{W}_{\text{opt}}^{\text{T}}\boldsymbol{R}_x\boldsymbol{W}(n) - W^{\text{T}}(n)\boldsymbol{R}_xW_{\text{opt}} + \boldsymbol{W}^{\text{T}}(n)\boldsymbol{R}_x\boldsymbol{W}(n)\\ &= \xi_{\min} + [\boldsymbol{W}^{\text{T}}(n)\boldsymbol{R}_x\boldsymbol{W}(n) - \boldsymbol{W}_{\text{opt}}^{\text{T}}\boldsymbol{R}_x\boldsymbol{W}(n)] - [\boldsymbol{W}^{\text{T}}(n)\boldsymbol{R}_x\boldsymbol{W}_{\text{opt}} - \boldsymbol{W}_{\text{opt}}^{\text{T}}\boldsymbol{R}_x\boldsymbol{W}_{\text{opt}}]\\ &= \xi_{\min} + [\boldsymbol{W}(n) - \boldsymbol{W}_{\text{opt}}]^{\text{T}}\boldsymbol{R}_x[\boldsymbol{W}(n) - \boldsymbol{W}_{\text{opt}}]\end{aligned} \tag{4.1.12}$$

引入误差权矢量

$$\begin{aligned}\boldsymbol{V}(n) &= \boldsymbol{W}(n) - \boldsymbol{W}_{\text{opt}} = [v_1(n) \quad v_2(n) \quad \cdots \quad v_M(n)]^{\text{T}}\\ &= [w_1(n) - w_{\text{opt}} \quad w_2(n) - w_{\text{opt}} \quad \cdots \quad w_M(n) - w_{\text{opt}}]^{\text{T}}\end{aligned} \tag{4.1.13}$$

则有

$$\xi(n) = \xi_{\min} + \boldsymbol{V}(n)^{\text{T}}\boldsymbol{R}_x\boldsymbol{V}(n) \tag{4.1.14}$$

式(4.1.14)表明，当权矢量偏离最佳值时，均方误差将比最小均方误差增加一项 $\boldsymbol{V}(n)^{\text{T}}\boldsymbol{R}_x\boldsymbol{V}(n)$，在 $\boldsymbol{R}_x$ 非负定的条件下，该项非负。

对于实信号，$\boldsymbol{R}_x$ 为对称矩阵；对于复信号，$\boldsymbol{R}_x$ 为 Heimit 矩阵。以实信号为例，$\boldsymbol{R}_x$ 可以正交分解为

$$\boldsymbol{R}_x = \boldsymbol{Q}\boldsymbol{\Lambda}\boldsymbol{Q}^{\text{T}} = \boldsymbol{Q}\boldsymbol{\Lambda}\boldsymbol{Q}^{-1} \tag{4.1.15}$$

其中 $\boldsymbol{\Lambda} = \text{diag}\{\lambda_1, \lambda_2, \cdots, \lambda_M\}$ 为对角矩阵，$\lambda_i (i = 1, 2, \cdots, M)$ 为 $\boldsymbol{R}_x$ 的 M 个特征值，$\boldsymbol{Q}$ 是一个正交矩阵。

将式(4.1.15)代入式(4.1.14)，可得(为书写方便以下省略了 $\xi(n)$ 和 $\boldsymbol{V}(n)$ 的时间标记)

$$\xi = \xi_{\min} + \boldsymbol{V}^{\text{T}}(\boldsymbol{Q}\boldsymbol{\Lambda}\boldsymbol{Q}^{\text{T}})\boldsymbol{V} = \xi_{\min} + (\boldsymbol{Q}^{\text{T}}\boldsymbol{V})^{\text{T}}\boldsymbol{\Lambda}(\boldsymbol{Q}^{\text{T}}\boldsymbol{V}) \tag{4.1.16}$$

令 $\boldsymbol{V}' = \boldsymbol{Q}^{\text{T}}\boldsymbol{V} = [v_1' \quad \cdots \quad v_M']^{\text{T}}$，式(4.1.16)可写成

$$\xi = \xi_{\min} + \boldsymbol{V}'^{\text{T}}\boldsymbol{\Lambda}\boldsymbol{V}' = \xi_{\min} + \sum_{i=1}^{M}\lambda_i v_i'^2 \geqslant \xi_{\min} \tag{4.1.17}$$

这样，就用 $\boldsymbol{V} = \boldsymbol{W} - \boldsymbol{W}_{\text{opt}}$ 和 $\boldsymbol{V}' = \boldsymbol{Q}^{\text{T}}\boldsymbol{V}$ 将均方误差性能函数 ξ 化成了平方和的形式，也再次证明 $\xi_{\min}$ 确为均方误差性能函数的最小值。

式(4.1.14)具有明显的几何意义，不失一般性，讨论抽头数为 2 的 LMS 自适应横向滤波器，所得结果对于抽头数为 M 的情况也是成立的。定义：

滤波器系数权矢量 $\boldsymbol{W}(n) = [w_1(n) \quad w_2(n)]^{\text{T}}$

最佳权矢量 $\boldsymbol{W}_{\text{opt}} = [w_{\text{opt1}} \quad w_{\text{opt2}}]^{\text{T}}$

误差权矢量 $\boldsymbol{V}(n) = \boldsymbol{W}(n) - \boldsymbol{W}_{\text{opt}} = [v_1(n) \quad v_2(n)]$

$$= [w_1(n) - w_{\text{opt1}} \quad w_2(n) - w_{\text{opt2}}]^{\text{T}}$$

输入信号自相关矩阵$R_x = \begin{bmatrix} r_x(0) & r_x(1) \\ r_x(1) & r_x(0) \end{bmatrix}$

根据式(4.1.14)有

$$\begin{aligned}\xi(n) &= \xi_{\min} + \mathbf{V}(n)^{\mathrm{T}} \boldsymbol{R}_x \mathbf{V}(n) \\ &= \xi_{\min} + r_x(0) v_1^2(n) + 2r_x(1) v_1(n) v_2(n) + r_x(0) v_2^2(n)\end{aligned}$$

其对应的性能曲面是三维空间(ξ, w_1, w_2)中的一个开口向上的抛物面，称为自适应滤波器的行为面，如图4.1.3所示，其形状宛如一个碗，碗底具有唯一的均方误差最小值$\xi_{\min}$，它所对应的权矢量即为式(4.1.10)中的最佳权矢量。对于工作在平稳环境中的LMS自适应横向滤波器，其行为面具有固定的形状和指向，因此自适应过程就是一个连续搜索碗底的过程，使得自适应滤波器工作在这个误差平面的最小点上或在其附近。可是，当自适应滤波器工作在非平稳环境中时，误差表面的底部在连续运动，而且其形状和指向也在改变。因此，当输入信号为非平稳时，自适应滤波器不仅需要搜索这个误差表面的底部，而且需要连续地对它进行跟踪。

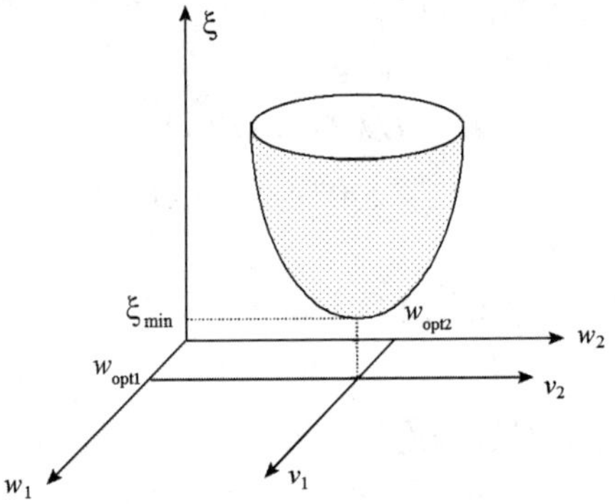

图4.1.3　自适应滤波器的行为面

对于M维LMS自适应滤波器，其均方误差ξ是$\{\xi, w_1, w_2, \cdots, w_M\}$空间中的一个中间下凹的超抛物面，有唯一的最小值$\xi_{\min}$，与最优权矢量对应，该曲面称为均方误差性能曲面($\xi$面)或自适应滤波器的行为面，简称性能曲面。自适应过程就是自动调整权系数，使均方误差达到最小值$\xi_{\min}$的过程，这相当于在性能曲面上搜索最低点的过程。

4.1.3　梯度法

LMS自适应滤波器正则方程的一种重要解法是梯度法，梯度法通过递推方式寻求权矢量的最佳值，它是LMS算法的基础。

1. **算法引出**

梯度法不直接求解正则方程，而是沿性能曲面的负梯度方向，即沿性能曲面最陡方向向下搜索其最低点的一个迭代搜索方法。梯度法计算权矢量的表示式为

$$\boldsymbol{W}(n+1)=\boldsymbol{W}(n)+\mu[-\nabla(n)] \tag{4.1.18}$$

其中，步长因子 μ 为正常数，$\nabla(n)$ 是均方误差 $\xi=E[e^2(n)]$ 相对于权矢量 $\boldsymbol{W}(n)$ 的梯度。

式(4.1.18)是一个递推表示式，其含义是：权向量在 $n+1$ 时刻的值等于 n 时刻的值加上一个修正量，后者正比于 $-\nabla(n)$，这意味着在自适应过程中的任意时刻，均方误差 ξ 总是沿着均方误差面最陡的方向下降的。由于均方误差面具有唯一的极小值，因此只要 μ 值选择适当，不管初始值 $\boldsymbol{W}(0)$ 如何，总可使均方误差 ξ 趋于其最小值，也即使 $\boldsymbol{W}(n)$ 趋于最佳权矢量 $\boldsymbol{W}_{\mathrm{opt}}$。图 4.1.4 中从第 1 步到第 5 步描述了这一迭代收敛过程。

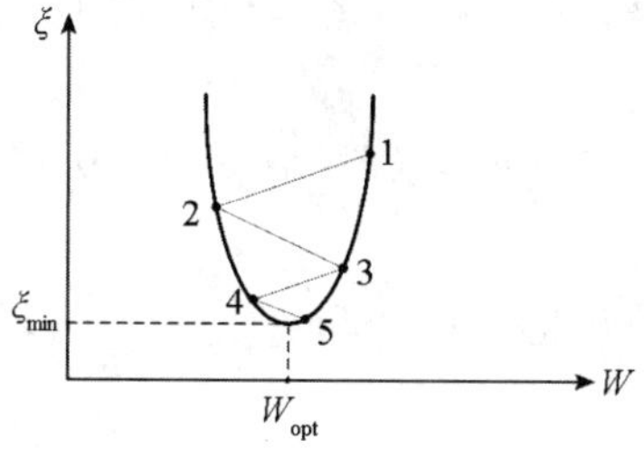

图 4.1.4　梯度法原理示意图

均方误差性能曲面的梯度定义为

$$\begin{aligned}\nabla(n)&=\frac{\partial E[e^2(n)]}{\partial \boldsymbol{W}(n)}=2E\left\{\frac{\partial[d(n)-\boldsymbol{W}^{\mathrm{T}}(n)\boldsymbol{X}(n)]}{\partial \boldsymbol{W}(n)}\cdot e(n)\right\}\\&=-2E[\boldsymbol{X}(n)e(n)]=-2E\{\boldsymbol{X}(n)[d(n)-\boldsymbol{X}^{\mathrm{T}}(n)\boldsymbol{W}(n)]\}\\&=-2[\boldsymbol{P}-\boldsymbol{R}_x\boldsymbol{W}(n)]\end{aligned} \tag{4.1.19}$$

将式(4.1.19)代入式(4.1.18)，可得

$$\begin{aligned}\boldsymbol{W}(n+1)&=\boldsymbol{W}(n)+2\mu E[\boldsymbol{X}(n)e(n)]\\&=\boldsymbol{W}(n)+2\mu[\boldsymbol{P}-\boldsymbol{R}_x\boldsymbol{W}(n)],\quad n=0,1,2,\cdots\end{aligned} \tag{4.1.20}$$

式(4.1.20)右边第二项表示了每一次递推中的修正量，与当前时刻的误差有关。这是一种具有反馈功能的滤波器，稳定与否取决于步长因子 μ，下面将讨论这一问题。

2. **收敛特性**

利用最佳加权矢量 $\boldsymbol{W}_{\mathrm{opt}}=\boldsymbol{R}_x^{-1}\boldsymbol{P}$ 和 n 时刻的误差权矢量 $\boldsymbol{V}(n)=\boldsymbol{W}(n)-$

$\boldsymbol{W}_{\mathrm{opt}}$，可将式(4.1.20)写成

$$\boldsymbol{W}(n+1)-\boldsymbol{W}_{\mathrm{opt}}=(\boldsymbol{I}-2\mu\boldsymbol{R}_x)[\boldsymbol{W}(n)-\boldsymbol{W}_{\mathrm{opt}}] \tag{4.1.21}$$

和

$$\boldsymbol{V}(n+1)=(\boldsymbol{I}-2\mu\boldsymbol{R}_x)\boldsymbol{V}(n) \tag{4.1.22}$$

$\boldsymbol{V}(n)$趋于零，等效于$\boldsymbol{W}(n)$趋于$\boldsymbol{W}_{\mathrm{opt}}$。

将$\boldsymbol{R}_x$按式(4.1.15)正交分解为$\boldsymbol{R}_x=\boldsymbol{Q\Lambda Q}^{\mathrm{T}}=\boldsymbol{Q\Lambda Q}^{-1}$，代入式(4.1.22)可得

$$\boldsymbol{V}(n+1)=\boldsymbol{Q}[\boldsymbol{I}-2\mu\boldsymbol{\Lambda}]\boldsymbol{Q}^{\mathrm{T}}\boldsymbol{V}(n)$$

和

$$\boldsymbol{Q}^{\mathrm{T}}\boldsymbol{V}(n+1)=[\boldsymbol{I}-2\mu\boldsymbol{\Lambda}]\boldsymbol{Q}^{\mathrm{T}}\boldsymbol{V}(n) \tag{4.1.23}$$

定义$\boldsymbol{V}'(n)=\boldsymbol{Q}^{-1}\boldsymbol{V}(n)=\boldsymbol{Q}^{\mathrm{T}}\boldsymbol{V}(n)$，由式(4.1.23)可得

$$\boldsymbol{V}'(n+1)=[\boldsymbol{I}-2\mu\boldsymbol{\Lambda}]\boldsymbol{V}'(n) \tag{4.1.24}$$

$\boldsymbol{V}'(n)$趋于零，等效于$\boldsymbol{W}(n)$趋于$\boldsymbol{W}_{\mathrm{opt}}$。

设$\boldsymbol{W}(n)$的初值为$\boldsymbol{W}(0)$，则$\boldsymbol{V}'(0)=\boldsymbol{Q}^{\mathrm{T}}[\boldsymbol{W}(0)-\boldsymbol{W}_{\mathrm{opt}}]$。由式(4.1.24)可以得到

$$\boldsymbol{V}'(n)=(\boldsymbol{I}-2\mu\boldsymbol{\Lambda})^n\boldsymbol{V}'(0) \tag{4.1.25}$$

由于

$$(\boldsymbol{I}-2\mu\boldsymbol{\Lambda})^n=\mathrm{diag}[(1-2\mu\lambda_1)^n \quad \cdots \quad (1-2\mu\lambda_M)^n] \tag{4.1.26}$$

因此，只要

$$|1-2\mu\lambda_k|<1, \quad k=1, 2, \cdots, M \tag{4.1.27}$$

即

$$0<\mu<\frac{1}{\lambda_{\max}} \tag{4.1.28}$$

这里$\lambda_{\max}=\max(\lambda_1, \lambda_2, \cdots, \lambda_M)$是$\boldsymbol{R}_x$的最大特征值，就有

$$\lim_{n\to\infty}(\boldsymbol{I}-2\mu\boldsymbol{\Lambda})^n=\boldsymbol{0}, \ \lim_{n\to\infty}\boldsymbol{V}(n)=0$$

以及

$$\lim_{n\to\infty}\boldsymbol{W}(n)=\boldsymbol{W}_{\mathrm{opt}} \tag{4.1.29}$$

由式(4.1.14)定义的误差性能函数可以得到

$$\begin{aligned}\xi(n)&=\xi_{\min}+\boldsymbol{V}^{\mathrm{T}}(n)\boldsymbol{R}_x\boldsymbol{V}(n)\\&=\xi_{\min}+\boldsymbol{V}^{\mathrm{T}}(n)\boldsymbol{Q\Lambda Q}^{\mathrm{T}}\boldsymbol{V}(n)\\&=\xi_{\min}+[\boldsymbol{V}'(n)]^{\mathrm{T}}\boldsymbol{\Lambda}[\boldsymbol{V}'(n)]\\&=\xi_{\min}+[\boldsymbol{V}'(0)]^{\mathrm{T}}[\boldsymbol{I}-2\mu\boldsymbol{\Lambda}]^n\boldsymbol{\Lambda}[\boldsymbol{I}-2\mu\boldsymbol{\Lambda}]^n\boldsymbol{V}'(0)\\&=\xi_{\min}+[\boldsymbol{V}'(0)]^{\mathrm{T}}[\boldsymbol{I}-2\mu\boldsymbol{\Lambda}]^{2n}\boldsymbol{\Lambda}\boldsymbol{V}'(0)\end{aligned}$$

$$= \xi_{\min} + \sum_{k=1}^{M} \lambda_k (1 - 2\mu\lambda_k)^{2n} v'^2_k(0) \tag{4.1.30}$$

当满足式(4.1.28)时有

$$\lim_{n\to\infty} \xi(n) = \xi_{\min} \tag{4.1.31}$$

因此式(4.1.28)称为梯度法的收敛条件。

在工程上估计输入信号自相关矩阵的最大特征值比较困难。根据矩阵求迹定理可以得到

$$\lambda_{\max} \leqslant \mathrm{Tr}\boldsymbol{\Lambda} = \mathrm{Tr}\boldsymbol{R}_x \tag{4.1.32}$$

以及

$$\mathrm{Tr}\boldsymbol{R}_x = \sum_{i=1}^{M} \lambda_i = \sum_{i=1}^{M} E[x^2(n-i+1)] = MP_{\mathrm{in}} \tag{4.1.33}$$

其中 M 为抽头数，P_{in} 为输入信号功率，则梯度法的收敛条件可调整为

$$0 < \mu < (MP_{\mathrm{in}})^{-1} \tag{4.1.34}$$

实际应用中为保证收敛性，步长因子往往选取为

$$0 < \mu \ll (MP_{\mathrm{in}})^{-1} \tag{4.1.35}$$

3. **收敛速度**

定义 τ_k 为权矢量 $\boldsymbol{W}(n)$ 中第 k 个分量的收敛时间常数，则有

$$1 - 2\mu\lambda_k = \mathrm{e}^{-\frac{1}{\tau_k}}$$

和

$$\tau_k = \frac{1}{-\ln(1-2\mu\lambda_k)} \approx \frac{1}{2\mu\lambda_k} \tag{4.1.36}$$

显然，μ 值越大，时间常数越小，收敛过程越快，反之收敛过程越平稳。在满足收敛性的条件下，μ 值取大一些，可使收敛速度加快一些，这对于实际的信号处理问题是有利的。

定义 τ'_k为误差性能函数第 k 个分量的收敛时间常数，则有

$$(1 - 2\mu\lambda_k)^2 = \mathrm{e}^{-\frac{1}{\tau'_k}}$$

和

$$\tau'_k \approx \frac{1}{4\mu\lambda_k} \tag{4.1.37}$$

由式(4.1.28)和式(4.1.37)可以得到误差性能函数最大收敛时间常数

$$\tau'_{\max} > \frac{\lambda_{\max}}{4\lambda_{\min}} \tag{4.1.38}$$

最大时间常数取决于特征值的散度，散度愈大，则收敛时间愈长。对于具

有等特征值的情形，其收敛速度最为理想。

4.1.4 LMS 算法

梯度法简单有效，它不用预先求相关矩阵，也不用做矩阵的求逆运算。但是，梯度的计算需要输入信号 $x(n)$ 和期望输出 $d(n)$ 平稳且二阶统计特性为已知。

要严格地得到梯度矢量工程上是不可实现的，需要对梯度矢量作出估计。B. Widrow 和 M. E. Hoff 在 1960 年提出了 Least-Mean-Square（LMS）算法，它是取单个误差样本的平方的梯度作为均方误差梯度的估计。

1. 算法引出

为了区别于梯度法，设 LMS 算法的权矢量为 $\hat{\boldsymbol{W}}(n)$，根据式(4.1.4)，有

$$e(n)=d(n)-\hat{\boldsymbol{W}}^{\mathrm{T}}(n)\boldsymbol{X}(n)$$

梯度矢量的估计值为

$$\hat{\nabla}(n)=\frac{\partial e^2(n)}{\partial\hat{\boldsymbol{W}}(n)}=-2e(n)\boldsymbol{X}(n)=-2\boldsymbol{X}(n)d(n)+2\boldsymbol{X}(n)\boldsymbol{X}^{\mathrm{T}}(n)\hat{\boldsymbol{W}}(n) \tag{4.1.39}$$

将式(4.1.39)的 $\hat{\nabla}(n)$ 代替式(4.1.18)中的 $\nabla(n)$，得到 LMS 算法的权矢量递推式

$$\hat{\boldsymbol{W}}(n+1)=\hat{\boldsymbol{W}}(n)+\mu[-\hat{\nabla}(n)] \tag{4.1.40}$$

或

$$\hat{\boldsymbol{W}}(n+1)=\hat{\boldsymbol{W}}(n)+2\mu\boldsymbol{X}(n)e(n) \tag{4.1.41}$$

LMS 算法流程如图 4.1.5 所示。应用 LMS 算法的自适应横向滤波器如图 4.1.6所示。

参量：抽头数 M，步长因子 μ

初始条件：$\hat{\boldsymbol{W}}(0)=0$ 或根据先验确定

对于每个时刻 $n=1, 2, \cdots$

滤波：$y(n)=\hat{\boldsymbol{W}}^{\mathrm{T}}(n)\boldsymbol{X}(n)$

误差估计：$e(n)=d(n)-y(n)$

更新权矢量：$\hat{\boldsymbol{W}}(n+1)=\hat{\boldsymbol{W}}(n)+2\mu\boldsymbol{X}(n)e(n)$

图 4.1.5 LMS 算法流程

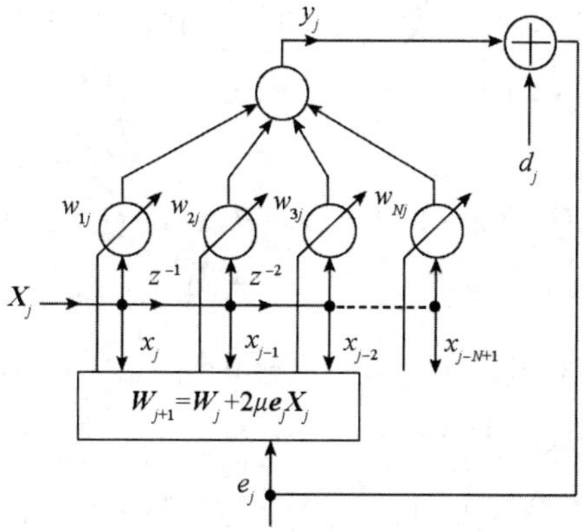

图 4.1.6　LMS 自适应横向滤波器结构图

比较式(4.1.41)和式(4.1.20)可见，LMS 算法和梯度算法的不同之处在于：LMS 算法用 $\boldsymbol{X}(n)e(n)$ 作为梯度法中 $E[\boldsymbol{X}(n)e(n)]$ 的一个瞬时估计，因此现在的权矢量 $\hat{\boldsymbol{W}}(n)$ 是一个随机矢量。下面探讨 LMS 算法的收敛特性。

2. **收敛特性**

在讨论 LMS 算法的收敛特性之前，首先假定 $E[\boldsymbol{X}(n)\hat{\boldsymbol{W}}(n)]=0$。由于选取的步长因子较小，$\hat{\boldsymbol{W}}(n)$ 变化缓慢而 $\boldsymbol{X}(n)$ 变化比较剧烈，这样的假设近似成立。

对比式(4.1.39)和式(4.1.19)可知，LMS 算法估计的梯度是无偏的，满足

$$E[\hat{\nabla}(n)]=\nabla(n) \tag{4.1.42}$$

利用 n 时刻的误差权矢量 $\hat{\boldsymbol{V}}(n)=\hat{\boldsymbol{W}}(n)-\boldsymbol{W}_{\text{opt}}$，根据式(4.1.40)有

$$\hat{\boldsymbol{V}}(n+1)=\hat{\boldsymbol{V}}(n)-\mu\hat{\nabla}(n) \tag{4.1.43}$$

以及

$$E[\hat{\boldsymbol{V}}(n+1)]=E[\hat{\boldsymbol{V}}(n)]-\mu E[\hat{\nabla}(n)] \tag{4.1.44}$$

根据式(4.1.39)，考虑最佳加权矢量 $\boldsymbol{W}_{\text{opt}}=\boldsymbol{R}_x^{-1}\boldsymbol{P}$，有

$$E[\hat{\nabla}(n)]=-2\boldsymbol{P}+2\boldsymbol{R}_x\hat{\boldsymbol{W}}(n)=2\boldsymbol{R}_x[\hat{\boldsymbol{W}}(n)-\boldsymbol{W}_{\text{opt}}]=2\boldsymbol{R}_x\hat{\boldsymbol{V}}(n) \tag{4.1.45}$$

由式(4.1.44)和式(4.1.45)可以得到 LMS 误差权矢量均值的递推关系式

$$E[\hat{\boldsymbol{V}}(n+1)]=(\boldsymbol{I}-2\mu\boldsymbol{R}_x)E[\hat{\boldsymbol{V}}(n)] \tag{4.1.46}$$

$E[\hat{\boldsymbol{V}}(n)]$ 趋于零，等效于 $E[\hat{\boldsymbol{W}}(n)]$ 趋于 $\boldsymbol{W}_{\text{opt}}$。

将 $\boldsymbol{R}_x$ 正交分解为 $\boldsymbol{R}_x = \boldsymbol{Q\Lambda Q}^{\mathrm{T}} = \boldsymbol{Q\Lambda Q}^{-1}$，代入式(4.1.46)可得

$$E[\hat{\boldsymbol{V}}(n+1)] = \boldsymbol{Q}[\boldsymbol{I} - 2\mu\boldsymbol{\Lambda}]\boldsymbol{Q}^{\mathrm{T}}E[\hat{\boldsymbol{V}}(n)]$$

和

$$E[\boldsymbol{Q}^{\mathrm{T}}\hat{\boldsymbol{V}}(n+1)] = [\boldsymbol{I} - 2\mu\boldsymbol{\Lambda}]E[\boldsymbol{Q}^{\mathrm{T}}\hat{\boldsymbol{V}}(n)] \tag{4.1.47}$$

定义 $\hat{\boldsymbol{V}}(n) = \boldsymbol{Q}^{-1}\hat{\boldsymbol{V}}(n) = \boldsymbol{Q}^{\mathrm{T}}\hat{\boldsymbol{V}}(n)$，由式(4.1.47)可得

$$E[\hat{\boldsymbol{V}}(n+1)] = [\boldsymbol{I} - 2\mu\boldsymbol{\Lambda}]E[\hat{\boldsymbol{V}}(n)] \tag{4.1.48}$$

$E[\hat{\boldsymbol{V}}'(n)]$趋于零，等效于 $E[\hat{\boldsymbol{W}}(n)]$趋于 $\boldsymbol{W}_{\mathrm{opt}}$。

设 $\hat{\boldsymbol{W}}(n)$的初值为 $\hat{\boldsymbol{W}}(0)$，则 $\hat{\boldsymbol{V}}'(0) = \boldsymbol{Q}^{\mathrm{T}}[\hat{\boldsymbol{W}} - \boldsymbol{W}_{\mathrm{opt}}]$。由式(4.1.48)可以得到

$$E[\boldsymbol{Q}^{\mathrm{T}}\hat{\boldsymbol{V}}'(n)] = [\boldsymbol{I} - 2\mu\boldsymbol{\Lambda}]^{n}E[\hat{\boldsymbol{V}}'(0)] \tag{4.1.49}$$

所以，只要满足 $0 < \mu < \dfrac{1}{\lambda_{\max}}$，这里 $\lambda_{\max} = \max(\lambda_1, \lambda_2, \cdots, \lambda_M)$是 $\boldsymbol{R}_x$ 的最大特征值，就有

$$\lim_{n\to\infty}E[\hat{\boldsymbol{W}}(n)] = \boldsymbol{W}_{\mathrm{opt}} \tag{4.1.50}$$

因此 LMS 算法和梯度算法所需满足的收敛条件是相同的。实际应用中为保证收敛性，步长因子往往选取为 $0 < \mu \ll (MP_{\mathrm{in}})^{-1}$。

下面讨论 LMS 算法在误差的收敛性。LMS 算法误差可以写成

$$\begin{aligned} e(n) &= d(n) - \hat{\boldsymbol{W}}^{\mathrm{T}}(n)\boldsymbol{X}(n) \\ &= d(n) - \hat{\boldsymbol{W}}_{\mathrm{opt}}^{\mathrm{T}}\boldsymbol{X}(n) - (\hat{\boldsymbol{W}}(n) - \boldsymbol{W}_{\mathrm{opt}})^{\mathrm{T}}\boldsymbol{X}(n) \end{aligned}$$

考虑到 $\boldsymbol{X}(n)$和 $d(n) - \boldsymbol{W}_{\mathrm{opt}}^{\mathrm{T}}\boldsymbol{X}(n)$的不相关性，所以

$$\begin{aligned} E[e^2(n)] &= E\{[d(n) - \boldsymbol{W}_{\mathrm{opt}}^{\mathrm{T}}(n)\boldsymbol{X}(n)]^2\} + \\ &\quad E\{[\boldsymbol{W}_{\mathrm{opt}} - \hat{\boldsymbol{W}}(n)]^{\mathrm{T}}\boldsymbol{X}(n)\boldsymbol{X}^{\mathrm{T}}(n)[\boldsymbol{W}_{\mathrm{opt}} - \hat{\boldsymbol{W}}(n)]\} \\ &= \xi_{\min} + E\{[\boldsymbol{W}_{\mathrm{opt}} - \hat{\boldsymbol{W}}(n)]^{\mathrm{T}}\boldsymbol{X}(n)\boldsymbol{X}^{\mathrm{T}}(n)[\boldsymbol{W}_{\mathrm{opt}} - \hat{\boldsymbol{W}}(n)]\} \\ &= \xi_{\min} + E[\hat{\boldsymbol{V}}^{\mathrm{T}}(n)\boldsymbol{X}^{\mathrm{T}}(n)\hat{\boldsymbol{V}}(n)] \\ &= \xi_{\min} + \mathrm{Tr}\{E[\hat{\boldsymbol{V}}(n)\hat{\boldsymbol{V}}^{\mathrm{T}}(n)\boldsymbol{X}(n)\boldsymbol{X}^{\mathrm{T}}(n)]\} \end{aligned} \tag{4.1.51}$$

考虑到 $\hat{\boldsymbol{W}}(n)$与 $\boldsymbol{X}(n)$不相关的假设，式(4.1.51)可写为

$$\begin{aligned} E[e^2(n)] &= \xi_{\min} + \mathrm{Tr}\{E[\boldsymbol{X}(n)\boldsymbol{X}^{\mathrm{T}}(n)]E[\hat{\boldsymbol{V}}(n)\hat{\boldsymbol{V}}^{\mathrm{T}}(n)]\} \\ &= \xi_{\min} + \mathrm{Tr}\{\boldsymbol{R}_x E[\hat{\boldsymbol{V}}(n)\hat{\boldsymbol{V}}^{\mathrm{T}}(n)]\} \\ &= \xi_{\min} + \mathrm{Tr}\{\boldsymbol{R}_x \boldsymbol{R}_{\hat{V}}(n)\} \end{aligned} \tag{4.1.52}$$

其中 $\boldsymbol{R}_{\hat{V}}(n)$ 是系数误差矢量的自相关矩阵。

如果 $\boldsymbol{R}_x$ 和 $\boldsymbol{R}_{\hat{V}}(n)$ 都是正定的，则 $\mathrm{Tr}\{\boldsymbol{R}_x\boldsymbol{R}_{\hat{V}}(n)\}>0$，也就是说 LMS 算法的最小均方误差大于梯度法的最小均为方误差，超出的部分定义为超量均方误差。

$$\boldsymbol{V}_{\mathrm{ex}}(n)=\mathrm{Tr}\{\boldsymbol{R}_x\boldsymbol{R}_{\hat{V}}(n)\} \tag{4.1.53}$$

如图 4.1.7 所示，超量均方误差产生的原因在于虽然 LMS 算法是一个无偏估计，满足 $\lim\limits_{n\to\infty}E[\hat{\boldsymbol{W}}(n)]=\boldsymbol{W}_{\mathrm{opt}}$，但权矢量 $\hat{\boldsymbol{W}}(n)$ 是一个随机矢量，均方误差 $E[e^2(\infty)]$ 的值要大于 $\xi_{\min}$。显然，抽头数越多，输入信号功率越大，步长因子越大，超量均方误差就越大。

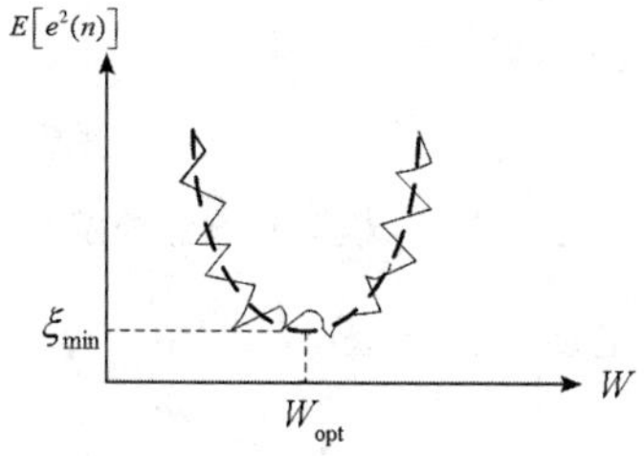

图 4.1.7　LMS 算法误差性能面

4.2　RLS 自适应横向滤波器

前面讨论的 LMS 自适应滤波器最优化准则为最小均方误差准则，自适应算法的目标在于使滤波器输出与期望信号误差的均方值最小。LMS 准则根据输入数据的长期统计特性寻求最佳滤波，但是通常已知的仅为一组数据，只能对长期统计特性进行估计或近似。本节将讨论 RLS 自适应横向滤波器，它采用最小二乘算法，直接根据一组数据寻求最佳。一般来说，与 LMS 滤波器相比，RLS 滤波器具有较好的收敛特性和跟踪能力，但计算量较大。目前最快的 RLS 算法要比 LMS 算法多 2~3 倍的计算量，因此 RLS 自适应滤波器一般用于要求较高的场合。

RLS 滤波器算法是一种递推的最小二乘算法，n 时刻的滤波器参数可以在 $n-1$ 时刻滤波器参数的基础上根据 n 时刻到来的输入数据 $x(n)$ 进行更新。本节将讨论 RLS 自适应横向滤波器的参数更新算法。

4.2.1 基本原理

假设输入信号为 $x(1)$, $x(2)$, …, $x(N)$, 将其加到一个如图 4.2.1 所示的 M 阶横向滤波器的输入端, 其输出 y 满足 $y=x\cdot w$, 假如滤波器的期望响应为 $d(i)$, 则可得误差分量

$$e(i)=d(i)-x(i)*w(i) \tag{4.2.1}$$

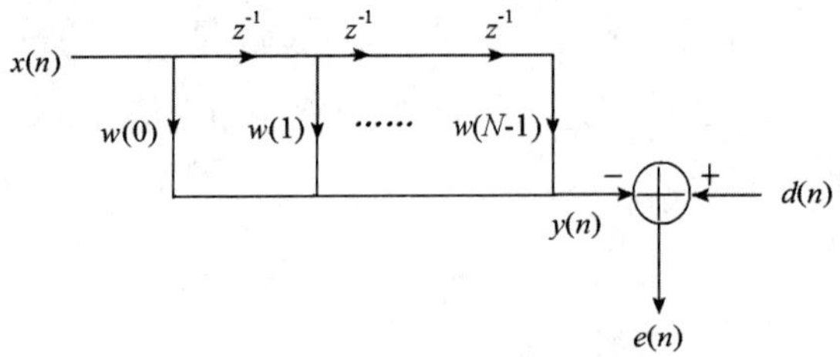

图 4.2.1 横向滤波器模型

最小二乘算法是在满足误差测度函数

$$\boldsymbol{\varepsilon}(\boldsymbol{W}) = \sum_{i=i_1}^{i_2} |e(i)|^2 \tag{4.2.2}$$

为最小的条件下, 求解出最佳的滤波器权矢量 $\boldsymbol{W}$。可知这里所讨论的最优滤波器实际上就是一个确定性最小二乘滤波器, 所不同的仅仅是求和式上下限取值的不同, 式(4.2.2)求和上下限 i_1 和 i_2 是取决于数据加窗形式的不同而选择不同的值, 一般来说, 输入数据加窗的形式有如下几种:

1. 协方差法

它对于间隔(1, N)之外的输入数据未做任何假定, 因此可取 $i_1=M$ 和 $i_2=N$, 而输入数据可写成如下矩阵形式

$$\boldsymbol{A}^{\mathrm{T}}=\begin{bmatrix} x(M) & x(M+1) & \cdots & x(N) \\ x(M-1) & x(M) & \cdots & x(N-1) \\ \vdots & & & \vdots \\ x(1) & x(2) & \cdots & x(N-M+1) \end{bmatrix} \tag{4.2.3}$$

2. 自相关法

它假定时间 $i=1$ 之前和 $i=N$ 之后的输入数据都为零。因此, 可取 $i_1=1$ 和 $i_2=N+M-1$, 而输入数据可写成如下矩阵形式

$$\mathbf{A}^{\mathrm{T}}=\begin{bmatrix} x(1) & x(2) & \cdots & x(M) & \cdots & x(N) & 0 & \cdots & 0 \\ 0 & x(1) & \cdots & x(M-1) & \cdots & x(N-1) & x(N) & \cdots & 0 \\ \vdots & & & & & & & & \vdots \\ 0 & 0 & \cdots & x(1) & \cdots & x(N-M+1) & x(N-M) & \cdots & x(N) \end{bmatrix} \tag{4.2.4}$$

3. **前加窗法**

它假定时间 $i=1$ 之前的输入数据为零，而对于 $i=N$ 之后的数据未做任何假定，因此可取 $i_1=1$ 和 $i_2=N$，而输入数据可写成如下矩阵形式

$$\mathbf{A}^{\mathrm{T}}=\begin{bmatrix} x(1) & x(2) & \cdots & x(M) & x(M+1) & \cdots & x(N) \\ 0 & x(1) & \cdots & x(M-1) & x(M) & \cdots & x(N-1) \\ \vdots & & & & & & \vdots \\ 0 & 0 & \cdots & x(1) & x(2) & \cdots & x(N-M+1) \end{bmatrix} \tag{4.2.5}$$

4. **后加窗法**

它对于时间 $i=1$ 之前的输入数据没做任何假定，而对于 $i=N$ 之后的数据假定是零，因此可取 $i_1=M$ 和 $i_2=N+M-1$，而输入数据可写成如下矩阵形式

$$\mathbf{A}^{\mathrm{T}}=\begin{bmatrix} x(M) & x(M+1) & \cdots & x(N) & 0 & \cdots & 0 \\ x(M-1) & x(M) & \cdots & x(N-1) & x(N) & \cdots & 0 \\ \vdots & & & & & & \vdots \\ x(1) & x(2) & \cdots & x(N-M+1) & x(N-M) & \cdots & x(N) \end{bmatrix} \tag{4.2.6}$$

在这四种形式的数据窗中，前加窗法得到了最广泛的应用，下面的讨论都以前加窗的形式来进行。

在满足式(4.2.2)误差平方和最小的条件下，可以得到最小二乘滤波器的正则方程。令

$$e(k)=d(k)-x(k)*w(k)$$

$$\boldsymbol{\varepsilon}(W)=\sum_{k=1}^{N}e^2(k)=\sum_{k=1}^{N}\left[\sum_{m=0}^{M-1}w(m)x(k-m)-d(k)\right]^2$$

$$\frac{\partial\boldsymbol{\varepsilon}(W)}{\partial w(l)}=0$$

$$\sum_{k=1}^{N}\left[\sum_{m=0}^{M-1}w(m)x(k-m)-d(k)\right]x(k-l)=0$$

由此得

$$\sum_{m=0}^{M-1} r_x(l,\ m)w(m) = q(l),\quad 0 \leqslant l \leqslant M-1 \tag{4.2.7}$$

其中

$$r_x(l,\ m) = \sum_{k=1}^{N} x(k-m)x(k-l),\quad 0 \leqslant l,\ m \leqslant M-1 \tag{4.2.8}$$

$$q(l) = \sum_{k=1}^{N} d(k)x(k-l),\quad 0 \leqslant l \leqslant M-1 \tag{4.2.9}$$

定义系数矢量

$$\boldsymbol{W} = [w(0)\quad w(1)\quad \cdots \quad w(M-1)]^{\mathrm{T}} \tag{4.2.10}$$

定义输入信号确定性自相关矩阵

$$\boldsymbol{R}_x = \begin{bmatrix} r_x(0,\ 0) & r_x(0,\ 1) & \cdots & r_x(0,\ M-1) \\ r_x(1,\ 0) & r_x(1,\ 1) & \cdots & r_x(1,\ M-1) \\ \vdots & & & \vdots \\ r_x(M-1,\ 0) & r_x(M-1,\ 1) & \cdots & r_x(M-1,\ M-1) \end{bmatrix} \tag{4.2.11}$$

满足$\boldsymbol{R}_x = \boldsymbol{A}^{\mathrm{T}}\boldsymbol{A}$，其中$\boldsymbol{A}$由式(4.2.5)所定义。

定义期望输出矢量

$$\boldsymbol{b} = [d(1)\quad d(2)\quad \cdots \quad d(N)]^{\mathrm{T}} \tag{4.2.12}$$

定义输入与期望输出确定性互相关矢量

$$\boldsymbol{q} = [q(0)\quad q(1)\quad \cdots \quad q(M-1)]^{\mathrm{T}} \tag{4.2.13}$$

满足$\boldsymbol{q} = \boldsymbol{A}^{\mathrm{T}}\boldsymbol{b}$，则正则方程式(4.2.7)也可写成如下矩阵表示式

$$\boldsymbol{R}_x\boldsymbol{W} = \boldsymbol{q} \quad \text{或} \quad (\boldsymbol{A}^{\mathrm{T}}\boldsymbol{A})\boldsymbol{W} = \boldsymbol{A}^{\mathrm{T}}\boldsymbol{b} \tag{4.2.14}$$

求解正则方程可以得到最优系数矢量

$$\boldsymbol{W} = \boldsymbol{R}_x^{-1}\boldsymbol{q} = (\boldsymbol{A}^{\mathrm{T}}\boldsymbol{A})^{-1}\boldsymbol{A}^{\mathrm{T}}\boldsymbol{b} \tag{4.2.15}$$

以及最小误差测度函数

$$\begin{aligned} \varepsilon_{\min} &= \sum_{i=1}^{N} e^2(i) = [\boldsymbol{b} - \boldsymbol{A}\boldsymbol{W}]^{\mathrm{T}}[\boldsymbol{b} - \boldsymbol{A}\boldsymbol{W}] \\ &= \boldsymbol{b}^{\mathrm{T}}\boldsymbol{b} - \boldsymbol{W}^{\mathrm{T}}\boldsymbol{A}^{\mathrm{T}}\boldsymbol{b} - \boldsymbol{b}^{\mathrm{T}}\boldsymbol{A}\boldsymbol{W} + \boldsymbol{W}^{\mathrm{T}}\boldsymbol{A}^{\mathrm{T}}\boldsymbol{A}\boldsymbol{W} \\ &= \boldsymbol{b}^{\mathrm{T}}\boldsymbol{b} - \boldsymbol{b}^{\mathrm{T}}\boldsymbol{A}\boldsymbol{W} \\ &= \boldsymbol{b}^{\mathrm{T}}\boldsymbol{b} - \boldsymbol{b}^{\mathrm{T}}\boldsymbol{A}(\boldsymbol{A}^{\mathrm{T}}A)^{-1}\boldsymbol{A}^{\mathrm{T}}\boldsymbol{b} \end{aligned} \tag{4.2.16}$$

其中右边第一项表示期望响应的信号能量，它可用ρ表示

$$\rho = \boldsymbol{b}^{\mathrm{T}}\boldsymbol{b} \tag{4.2.17}$$

4.2.2 RLS 自适应横向滤波器

RLS 算法是一种递推的最小二乘算法，它用已知的初始条件开始进行计

算。RLS 自适应滤波器设计为从滤波器开始运行直到当前时刻，滤波器参数的更新总是令总的平方误差达到最小值。因此，在时刻 n 将式(4.2.2)的误差测度函数写成

$$\varepsilon(n) = \sum_{i=1}^{n} \lambda^{n-i} |e(i)|^2 \tag{4.2.18}$$

其中 $0<\lambda<1$ 为遗忘因子。引入加权因子 λ^{n-i} 的目的是赋予老数据与新数据以不同的权值，以使自适应滤波器具有对输入过程特性变化的快速反应能力。

1. **正则方程**

进行如下定义：

(1)滤波器系数矢量

$$\boldsymbol{W}(n) = [w_0(n) \quad w_1(n) \quad \cdots \quad w_{M-1}(n)]^{\mathrm{T}} \tag{4.2.19}$$

(2)遗忘因子矩阵

$$\boldsymbol{\Lambda}(n) = \begin{bmatrix} \lambda^{n-1} & & & \\ & \lambda^{n-2} & & \\ & & \ddots & \\ & & & \lambda^0 \end{bmatrix} \tag{4.2.20}$$

(3)期望输出矢量

$$\boldsymbol{b}(n) = [d(1) \quad d(2) \quad \cdots \quad d(n)]^{\mathrm{T}} \tag{4.2.21}$$

(4)期望响应的信号能量

$$\rho(n) = \boldsymbol{b}^{\mathrm{T}}(n)\boldsymbol{\Lambda}(n)\boldsymbol{b}(n) \tag{4.2.22}$$

(5)输入信号确定性自相关矩阵

$$\boldsymbol{R}_x(n) = \boldsymbol{A}^{\mathrm{T}}(n)\boldsymbol{\Lambda}(n)\boldsymbol{A}(n) \tag{4.2.23}$$

(6)输入与期望输出确定性互相关矢量

$$\boldsymbol{q}(n) = \boldsymbol{A}^{\mathrm{T}}(n)\boldsymbol{\Lambda}(n)\boldsymbol{b}(n) \tag{4.2.24}$$

(7)误差矢量

$$\boldsymbol{e}(n) = [e(1) \quad e(2) \quad \cdots \quad e(n)]^{\mathrm{T}}$$

则式(4.2.18)定义的误差测度函数可写成

$$\begin{aligned} \varepsilon(n) &= \boldsymbol{e}^{\mathrm{T}}(n)\boldsymbol{\Lambda}(n)\boldsymbol{e}(n) = \boldsymbol{b}^{\mathrm{T}}(n)\boldsymbol{\Lambda}(n)\boldsymbol{b}(n) \\ &\quad -2\boldsymbol{W}^{\mathrm{T}}(n)[\boldsymbol{A}^{\mathrm{T}}(n)\boldsymbol{\Lambda}(n)d(n)] + \boldsymbol{W}^{\mathrm{T}}(n)[\boldsymbol{A}^{\mathrm{T}}(n)\boldsymbol{\Lambda}(n)\boldsymbol{A}(n)]\boldsymbol{W}(n) \\ &= \rho(n) - 2\boldsymbol{W}^{\mathrm{T}}(n)\boldsymbol{q}(n) + \boldsymbol{W}^{\mathrm{T}}(n)\boldsymbol{R}_x(n)\boldsymbol{W}(n) \end{aligned} \tag{4.2.25}$$

令 $\dfrac{\partial \boldsymbol{\varepsilon}(n)}{\partial \boldsymbol{W}(n)} = 0$，可得到正则方程矩阵表示式是

$$\boldsymbol{W}(n) = \boldsymbol{R}_x^{-1}(n)\boldsymbol{q}(n) \tag{4.2.26}$$

满足式(4.2.26)可得到误差测度函数的最小值

$$\varepsilon_{\min}(n)=\rho(n)-\boldsymbol{q}^{\mathrm{T}}(n)\boldsymbol{W}(n) \tag{4.2.27}$$

2. **递推表示式**

由式(4.2.26)可知，如果能够建立自相关矩阵和互相关矢量的递推表示式，就可以得到最优滤波器系数矢量的递推表示式。

定义前加窗法输入信号矢量

$$\boldsymbol{X}(i)=[x(i)\ x(i-1)\ \cdots\ x(i-M+1)]^{\mathrm{T}},\quad 1\leqslant i\leqslant n \tag{4.2.28}$$

则由式(4.2.23)有

$$\begin{aligned}\boldsymbol{R}_x(n) &= \boldsymbol{A}^{\mathrm{T}}(n)\boldsymbol{\Lambda}(n)\boldsymbol{A}(n) = \sum_{i=1}^{n}\lambda^{n-i}\boldsymbol{X}(i)\boldsymbol{X}^{\mathrm{T}}(i)\\ &= \lambda\left[\sum_{i=1}^{n-1}\lambda^{n-1-i}\boldsymbol{X}(i)\boldsymbol{X}^{\mathrm{T}}(i)\right]+\boldsymbol{X}(n)\boldsymbol{X}^{\mathrm{T}}(n)\\ &= \lambda\boldsymbol{R}_x(n-1)+\boldsymbol{X}(n)\boldsymbol{X}^{\mathrm{T}}(n)\end{aligned} \tag{4.2.29}$$

这是输入信号自相关矩阵的递推表示式。

同理可将式(4.2.24)写成

$$\begin{aligned}\boldsymbol{q}(n) &= \lambda\sum_{i=1}^{n-1}\lambda^{n-1-i}\boldsymbol{X}(i)d(i)+\boldsymbol{X}(n)d(n)\\ &=\lambda\boldsymbol{q}(n-1)+\boldsymbol{X}(n)d(n)\end{aligned} \tag{4.2.30}$$

这是输入与期望响应的确定性互相关矢量的递推表示式。

根据矩阵求逆定理，若 $\boldsymbol{A}$，$\boldsymbol{B}$ 均是 $M\times M$ 的正定矩阵，$\boldsymbol{C}$ 是一个 $M\times N$ 矩阵，$\boldsymbol{D}$ 是一个 $N\times N$ 矩阵

$$\boldsymbol{A}=\boldsymbol{B}^{-1}+\boldsymbol{C}\boldsymbol{D}^{-1}\boldsymbol{C}^{\mathrm{T}} \tag{4.2.31}$$

则有

$$\boldsymbol{A}^{-1}=\boldsymbol{B}-\boldsymbol{B}\boldsymbol{C}(\boldsymbol{D}+\boldsymbol{C}^{\mathrm{T}}\boldsymbol{B}\boldsymbol{C})^{-1}\boldsymbol{C}^{\mathrm{T}}\boldsymbol{B} \tag{4.2.32}$$

将式(4.2.31)和式(4.2.29)比较，令

$$\boldsymbol{A}=\boldsymbol{R}_x(n),\quad \boldsymbol{B}^{-1}=\lambda\boldsymbol{R}_x(n-1),\quad \boldsymbol{C}=\boldsymbol{X}(n),\quad \boldsymbol{D}=\boldsymbol{I}$$

则

$$\boldsymbol{R}_x^{-1}(n)=\lambda^{-1}\boldsymbol{R}_x^{-1}(n-1)-\frac{\lambda^{-2}\boldsymbol{R}_x^{-1}(n-1)\boldsymbol{X}(n)\boldsymbol{X}^{\mathrm{T}}(n)\boldsymbol{R}_x^{-1}(n-1)}{1+\lambda^{-1}\boldsymbol{X}^{\mathrm{T}}(n)\boldsymbol{R}_x^{-1}(n-1)\boldsymbol{X}(n)} \tag{4.2.33}$$

定义增益系数

$$\boldsymbol{K}(n)=\frac{\lambda^{-1}\boldsymbol{R}_x^{-1}(n-1)\boldsymbol{X}(n)}{1+\lambda^{-1}\boldsymbol{X}^{\mathrm{T}}(n)\boldsymbol{R}_x^{-1}(n-1)\boldsymbol{X}(n)} \tag{4.2.34}$$

式(4.2.33)可以写成

$$\boldsymbol{R}_x^{-1}(n)=\lambda^{-1}\boldsymbol{R}_x^{-1}(n-1)-\lambda^{-1}\boldsymbol{K}(n)\boldsymbol{X}^{\mathrm{T}}(n)\boldsymbol{R}_x^{-1}(n-1) \tag{4.2.35}$$

由式(4.2.34)和式(4.2.35)可以得到

$$\begin{aligned}\boldsymbol{K}(n) &= \lambda^{-1}\boldsymbol{R}_x^{-1}(n-1)\boldsymbol{X}(n) - \lambda^{-1}\boldsymbol{K}(n)\boldsymbol{X}^{\mathrm{T}}(n)\boldsymbol{R}_x^{-1}(n-1)\boldsymbol{X}(n)\\ &= [\lambda^{-1}\boldsymbol{R}_x^{-1}(n-1) - \lambda^{-1}\boldsymbol{K}(n)\boldsymbol{X}^{\mathrm{T}}(n)\boldsymbol{R}_x^{-1}(n-1)]\boldsymbol{X}(n)\\ &= \boldsymbol{R}_x^{-1}(n)\boldsymbol{X}(n)\end{aligned} \tag{4.2.36}$$

由此可以建立式(4.2.26)正则方程的递推表示式

$$\begin{aligned}\boldsymbol{W}(n) &= \boldsymbol{R}_x^{-1}(n)\boldsymbol{q}(n)\\ &= \lambda\boldsymbol{R}_x^{-1}(n)\boldsymbol{q}(n-1) + \boldsymbol{R}_x^{-1}(n)\boldsymbol{X}(n)d(n)\\ &= \boldsymbol{R}_x^{-1}(n-1)\boldsymbol{q}(n-1) - \boldsymbol{K}(n)\boldsymbol{X}^{\mathrm{T}}(n)\boldsymbol{R}_x^{-1}(n-1)\boldsymbol{q}(n-1) +\\ &\quad \boldsymbol{R}_x^{-1}(n)\boldsymbol{X}(n)d(n)\\ &= \boldsymbol{W}(n-1) - \boldsymbol{K}(n)\boldsymbol{X}^{\mathrm{T}}(n)\boldsymbol{W}(n-1) + \boldsymbol{R}_x^{-1}(n)\boldsymbol{X}(n)d(n)\\ &= \boldsymbol{W}(n-1) + \boldsymbol{K}(n)[d(n) - \boldsymbol{X}^{\mathrm{T}}(n)\boldsymbol{W}(n-1)]\\ &= \boldsymbol{W}(n-1) + \boldsymbol{K}(n)a(n)\end{aligned} \tag{4.2.37}$$

其中 $a(n)$ 称为先验估计误差，表示利用 $n-1$ 时刻滤波器权系数而对期望响应 $d(n)$ 做的一个估计

$$a(n) = d(n) - \boldsymbol{X}^{\mathrm{T}}(n)\boldsymbol{W}(n-1) \tag{4.2.38}$$

对比式(4.1.41)和式(4.2.37)可以看出 LMS 算法与 RLS 算法的不同。同样是有反馈的递推算法，LMS 算法采用后验估计误差 $e(n) = d(n) - \boldsymbol{X}^{\mathrm{T}}(n)\hat{\boldsymbol{W}}(n)$，RLS 算法采用先验估计误差 $a(n)$。同时 LMS 算法误差的增益系数只是简单的 $2\mu\boldsymbol{X}(n)$，而 RLS 算法的增益系数 $\boldsymbol{K}(n)$ 复杂得多。

式 (4.2.35)至式(4.2.38)是 RLS 算法的更新表示式，图 4.2.2 给出了 RLS 自适应横向滤波器算法的信号流图。图 4.2.3 列出了 RLS 算法的算法流程。

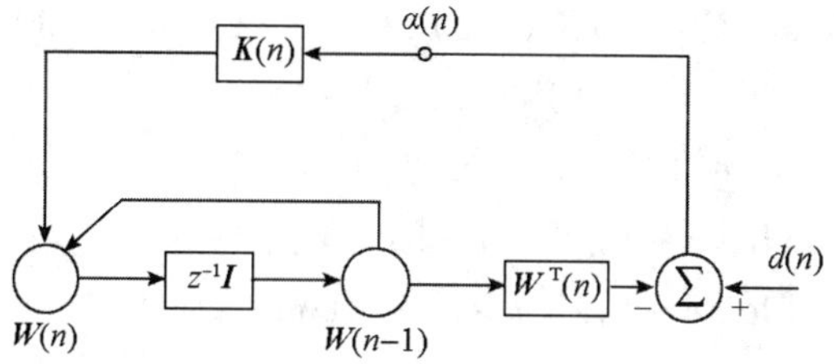

图 4.2.2　RLS 自适应横向滤波器算法的信号流图

初始条件 $\boldsymbol{R}_x(0)=\delta\boldsymbol{I}$，$\delta$ 是一个小的正常数，$\boldsymbol{W}(0)=0$
对于每个时刻 $n=1, 2, \cdots\cdots$，计算
增益系数：$\boldsymbol{K}(n)=\dfrac{\lambda^{-1}\boldsymbol{R}_x^{-1}(n-1)\boldsymbol{X}(n)}{1+\lambda^{-1}\boldsymbol{X}^{\mathrm{T}}(n)\boldsymbol{R}_x^{-1}(n-1)\boldsymbol{X}(n)}$
先验误差：$a(n)=d(n)-\boldsymbol{X}^{\mathrm{T}}(n)\boldsymbol{W}(n-1)$
更新权矢量：$\boldsymbol{W}(n)=\boldsymbol{W}(n-1)+\boldsymbol{K}(n)a(n)$
更新自相关逆矩阵：$\boldsymbol{R}_x^{-1}(n)=\boldsymbol{\lambda}^{-1}\boldsymbol{R}_x^{-1}(n-1)-\lambda^{-1}\boldsymbol{K}(n)\boldsymbol{X}^{\mathrm{T}}(n)\boldsymbol{R}_x^{-1}(n-1)$

图 4. 2. 3　RLS 算法流程

3. 收敛特性

下面从两个方向讨论 RLS 算法收敛特性：一是从均值的意义上讨论权矢量的收敛性；二是从均方值的意义上讨论误差的收敛性。

RLS 自适应滤波器的目的是从 n 时刻输入信号 $\boldsymbol{X}(n)$ 和期望信号 $d(n)$ 的响应

$$d(n)=\boldsymbol{X}^{\mathrm{T}}(n)\boldsymbol{W}(n)+e(n) \tag{4.2.39}$$

中识别最佳滤波器 $\boldsymbol{W}_{\mathrm{opt}}$，得到最小误差 $e_{\min}(n)=d(n)-\boldsymbol{X}^{\mathrm{T}}(n)\boldsymbol{W}_{\mathrm{opt}}$。定义误差权矢量

$$\boldsymbol{V}(n)=\boldsymbol{W}(n)-\boldsymbol{W}_{\mathrm{opt}} \tag{4.2.40}$$

当 $E[\boldsymbol{V}(n)]\to 0$ 时，$E[\boldsymbol{W}(n)]\to\boldsymbol{W}_{\mathrm{opt}}$。

由式(4. 2. 26)和式(4. 2. 30)有

$$\boldsymbol{R}_x(n)\boldsymbol{W}(n)=\lambda\boldsymbol{R}_x(n-1)\boldsymbol{W}(n-1)+\boldsymbol{X}(n)d(n) \tag{4.2.41}$$

由式(4. 2. 29)可以得到

$$\boldsymbol{R}_x(n)\boldsymbol{W}_{\mathrm{opt}}=\lambda\boldsymbol{R}_x(n-1)\boldsymbol{W}_{\mathrm{opt}}+\boldsymbol{X}(n)\boldsymbol{X}^{\mathrm{T}}(n)\boldsymbol{W}_{\mathrm{opt}} \tag{4.2.42}$$

则根据式(4. 2. 40)、式(4. 2. 41)和式(4. 2. 42)有

$$\begin{aligned}\boldsymbol{R}_x(n)\boldsymbol{V}(n)&=\boldsymbol{R}_x(n)[\boldsymbol{W}(n)-\boldsymbol{W}_{\mathrm{opt}}]\\&=\lambda\boldsymbol{R}_x(n-1)[\boldsymbol{W}(n-1)-\boldsymbol{W}_{\mathrm{opt}}]+\boldsymbol{X}(n)[d(n)-\boldsymbol{X}^{\mathrm{T}}(n)\boldsymbol{W}_{\mathrm{opt}}]\\&=\lambda\boldsymbol{R}_x(n-1)\boldsymbol{V}(n-1)+\boldsymbol{X}(n)e_{\min}(n)\\&=\lambda^n\boldsymbol{R}_x(0)\boldsymbol{V}(0)+\sum_{i=0}^{n}\boldsymbol{X}(i)e_{\min}(i)\end{aligned} \tag{4.2.43}$$

即

$$\boldsymbol{V}(n)=\lambda^n\boldsymbol{R}_x^{-1}(n)\boldsymbol{R}_x(0)\boldsymbol{V}(0)+\boldsymbol{R}_x^{-1}(n)\sum_{i=0}^{n}\boldsymbol{X}(i)e_{\min}(i) \tag{4.2.44}$$

如果假定 $\boldsymbol{R}_x(n)$，$\boldsymbol{X}(i)$，$e_{\min}(i)$ 是独立的，则

$$E[\boldsymbol{V}(n)] = \lambda^n \boldsymbol{R}_x^{-1}(n)\boldsymbol{R}_x(0)\boldsymbol{V}(0) \tag{4.2.45}$$

当初始条件 $\boldsymbol{R}_x(0)=\delta\boldsymbol{I}$，遗忘因子 $0<\lambda<1$ 时，随着 $n\to\infty$，$E[\boldsymbol{V}(n)]\to 0$，$E[\boldsymbol{W}(n)]\to\boldsymbol{W}_{\mathrm{opt}}$。因此，RLS 算法渐进无偏。

与 LMS 算法同理，RLS 算法也会出现超量均方误差。由式(4.2.39)有

$$\begin{aligned} e(n) &= d(n) - \boldsymbol{X}^{\mathrm{T}}(n)\boldsymbol{W}(n) \\ &= d(n) - \boldsymbol{X}^{\mathrm{T}}(n)\boldsymbol{W}_{\mathrm{opt}} - \boldsymbol{X}^{\mathrm{T}}(n)[\boldsymbol{W}(n) - \boldsymbol{W}_{\mathrm{opt}}] \\ &= e_{\min}(n) - \boldsymbol{X}^{\mathrm{T}}(n)\boldsymbol{V}(n) \end{aligned} \tag{4.2.46}$$

考虑到 $\boldsymbol{X}(n)$ 与 $e_{\min}(n)$ 的不相关性，同时假设 $\boldsymbol{X}(n)$ 与 $\boldsymbol{W}(n)$ 不相关，参照式(4.1.51)和式(4.1.52)有

$$E[e^2(n)] = E[e_{\min}^2(n)] + \mathrm{Tr}\{\tilde{\boldsymbol{R}}_x\boldsymbol{R}_V(n)\} \tag{4.2.47}$$

其中 $\tilde{\boldsymbol{R}}_x = E[\boldsymbol{X}(n)\boldsymbol{X}^{\mathrm{T}}(n)]$，$\boldsymbol{R}_v(n) = E[\boldsymbol{V}(n)\boldsymbol{V}^{\mathrm{T}}(n)]$。

RLS 算法超量均方误差产生的原因，同样在于虽然 RLS 算法是一个无偏估计，但权矢量是一个随机矢量。超量均方误差与抽头数、输入信号功率和遗忘因子有关。遗忘因子越小，超量均方误差越大。

RLS 算法性能要优于 LMS 算法，但计算量要比 LMS 算法大得多，这推动了各种快速 RLS 滤波器算法的产生，如最小二乘格型(LSL)算法与快速横向滤波器(FTF)算法等。

4.3 自适应滤波器的应用

自适应滤波器在通信、控制、语言分析和综合、地震信号处理、雷达和声呐波束形成以及医学诊断等诸多科学领域有着广泛的应用，正是这些应用推动了自适应滤波理论和技术的发展。本节将进一步对自适应对消器和自适应预测器典型例子进行具体分析、讨论。

自适应滤波器的每一种具体的应用都与应用对象的特点密切相关，常常需要根据具体应用背景对基本算法作适当的修正。因此，对每一种具体应用的深入讨论均需要相关的专业知识。限于篇幅，这里只作原理性的讨论。

4.3.1 自适应对消

图 4.3.1 所示为自适应干扰对消器的原理框图。自适应对消器有两个输入通道，其中主通道输入信号是自适应滤波器期望信号，为有用信号与干扰信号之和，即 $d=s+n_0$；参考通道输入信号是自适应滤波器输入信号，为与

n_0 相关的干扰信号 n_1。自适应滤波器调整滤波器系数，以使其输出 y 成为 n_0 的最佳估计，误差 e 为对有用信号的最佳估计，干扰 n_0 得到了一定程度的抵消。

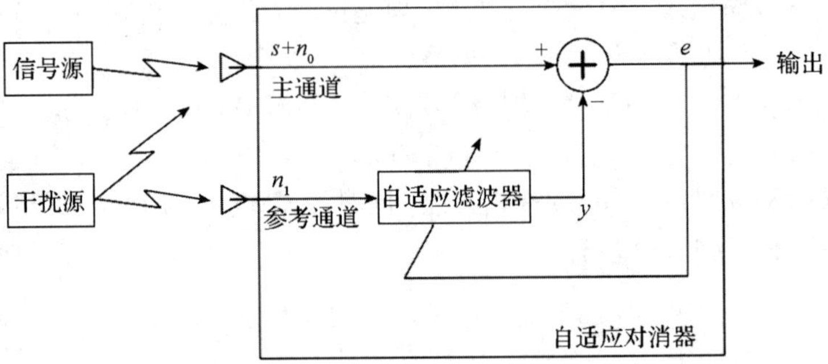

图 4.3.1　自适应干扰对消器原理框图

如图4.3.1 所示，设信号与干扰不相关，即 $E[s, n_0]=0$，$E[s, n_1]=0$，定义误差

$$e = s + n_0 - y = s + n_0 - n_1 * h \tag{4.3.1}$$

其中 h 为自适应滤波器的单位取样响应，则有

$$E[e^2] = E[(s + n_0 - y)^2] = E[s^2] + E[(n_0 - y)^2] \tag{4.3.2}$$

因此有

$$E_{\min}[e^2] = E[s^2] + E_{\min}[(n_0 - y)^2] \tag{4.3.3}$$

以及

$$E_{\min}[(e-s)^2] = E_{\min}[(n_0 - y)^2] \tag{4.3.4}$$

式(4.3.3)说明自适应对消器在保持对消器输出端信号功率不变的条件下使干扰功率最小，满足最大信干比准则。式(4.3.4)说明当自适应滤波器输出最优逼近期望输出时(由于信号与干扰不相关，$y \to n_0$ 等价于 $y \to s + n_0$)，对消器输出信号是有用信号的最佳逼近。

这里有两个实际问题需要考虑：

一是自适应对消器主通道输入是有用信号与干扰的混合波形，参考通道输入的是与主通道干扰信号相关的干扰信号。由于参考通道输入信号 n_1 与主通道输入信号中的干扰信号 n_0 相关，因而能够抵消。若主通道输入信号中另外还有与 n_1 不相关的干扰叠加在有用信号 s 上，则无法抵消。

二是若主通道有用信号 s 泄漏到参考通道，则在实现干扰对消的同时，有用信号也将有一部分被抵消，因此，应尽可能避免有用信号泄漏到参考通道。

自适应干扰对消原理有着广泛应用，经典的应用之一是抵消胎儿心电图中的母亲的心音:先将从母亲腹部取得的信号加在主通道上，它是胎儿心音与母亲心音的信号叠加;再将从母亲胸部取得的信号加在参考通道上，对消器输出的将是胎儿心音的最佳估计。

下面讨论自适应对消器在雷达中的应用。如图 4.3.2 所示，雷达在工作过程中，不仅会接收到目标回波信号，还会接收到干扰信号(如地杂波)。通过设置参考天线，利用自适应干扰对消器，可以有效消除杂波影响，提高信杂比。如果主天线接收到目标回波与杂波的混合波形，通常在主天线方向图零深的位置，那么可以减少目标回波信号在参考天线的泄漏。

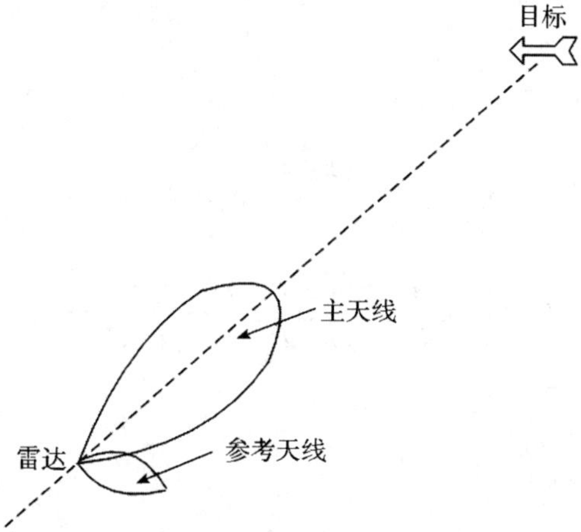

图 4.3.2　雷达杂波对消器原理示意图

图 4.3.3 为雷达杂波对消器结构框图。设主天线目标回波信号为 s，杂波信号为 v，s 与 v 不相关；参考天线杂波信号为 $v*h$，泄漏的天线回波信号为 $s*g$。则主通道信号为 $s+v$，参考通道输入信号为 $s*g+v*h$。

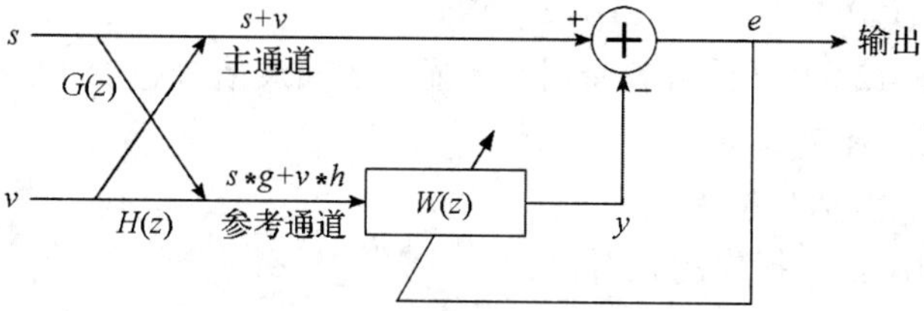

图 4.3.3　雷达杂波对消器结构框图

设自适应滤波器系统函数为 $W(z)$，输入信号 $x=s*g+v*h$，期望输出信号 $d=s+v$，$W(z)$理想的最优解为

$$W_{\mathrm{opt}}(z)=\frac{R_{xd}(z)}{R_x(z)}=\frac{R_s(z)G(z^{-1})+R_v(z)H(z^{-1})}{R_s(z)G(z)G(z^{-1})+R_v(z)H(z)H(z^{-1})} \tag{4.3.5}$$

当 $W(z)$ 最优时，可知输出回波信号为

$$S_{\mathrm{out}}(z)=S(z)[1-G(z)W_{\mathrm{opt}}(z)] \tag{4.3.6}$$

输出干扰信号为

$$V_{\mathrm{out}}(z)=V(z)[1-H(z)W_{\mathrm{opt}}(z)] \tag{4.3.7}$$

参考通道回波信号为

$$S_{\mathrm{ref}}(z)=S(z)G(z) \tag{4.3.8}$$

参考通道干扰信号为

$$V_{\mathrm{ref}}(z)=V(z)H(z) \tag{4.3.9}$$

主通道信干比

$$P_{\mathrm{pri}}(z)=\frac{R_s(z)}{R_v(z)} \tag{4.3.10}$$

参考通道信干比

$$P_{\mathrm{ref}}(z)=\frac{R_{S\mathrm{ref}}(z)}{R_{V\mathrm{ref}}(z)}=\frac{R_s(z)G(z)G(z^{-1})}{R_v(z)H(z)H(z^{-1})} \tag{4.3.11}$$

讨论以下问题：

(1)输出信干比

输出信干比 P_{out} 为

$$\begin{aligned}P_{\mathrm{out}}&=\frac{R_{S\mathrm{out}}(z)}{R_{V\mathrm{out}}(z)}=\frac{R_s(z)[1-G(z)W_{\mathrm{opt}}(z)][1-G(z^{-1})W_{\mathrm{opt}}(z^{-1})]}{R_v(z)[1-H(z)W_{\mathrm{opt}}(z)][1-H(z^{-1})W_{\mathrm{opt}}(z^{-1})]}\\&=\frac{R_v(z)H(z)H(z^{-1})}{R_s(z)G(z)G(z^{-1})}=\frac{1}{P_{\mathrm{ref}}}\end{aligned} \tag{4.3.12}$$

其中 $P_{\mathrm{ref}}=\dfrac{R_{S\mathrm{ref}}(z)}{R_{V\mathrm{ref}}(z)}=\dfrac{R_s(z)G(z)G(z^{-1})}{R_v(z)H(z)H(z^{-1})}$ 为参考通道信干比。

由式(4.3.12)可以看出泄漏到参考通道的回波信号越少，信干比越低，则对消器输出信干比越高。

(2)输出回波信号损失

对消器输出信号损失的相对值为

$$\begin{aligned}D&=\frac{S(z)-S_{\mathrm{out}}(z)}{S(z)}\\&=G(z)W_{\mathrm{opt}}(z)=\frac{R_s(z)G(z)G(z^{-1})+R_v(z)H(z^{-1})G(z)}{R_s(z)G(z)G(z^{-1})+R_v(z)H(z)H(z^{-1})}\end{aligned} \tag{4.3.13}$$

考虑到回波信号泄漏到参考通道增益 $G(z)$ 远小于 $H(z)$，因此式(4.3.11)

可简化为

$$D \approx \frac{R_v(z)H(z^{-1})G(z)}{R_v(z)H(z)H(z^{-1})} = \frac{G(z)}{H(z)} \tag{4.3.14}$$

因此输出回波信号功率损失为

$$\begin{aligned} R_D(z) &= \frac{G(z)G(z^{-1})}{H(z)H(z^{-1})} = \frac{R_s(z)}{R_v(z)}\frac{G(z)G(z^{-1})}{H(z)H(z^{-1})} \times \frac{R_v(z)}{R_s(z)} \\ &= \frac{P_{\text{ref}}(z)}{P_{\text{pri}}(z)} \end{aligned} \tag{4.3.15}$$

由式(4.3.15)可以看出参考通道的回波信号越强，输出回波信号功率损失越大；主通道的信号越弱，输出回波信号功率损失越大。

(3)输出干扰信号功率

由式(4.3.7)有

$$\begin{aligned} V_{\text{out}}(z) &= V(z)[1 - H(z)W_{\text{opt}}(z)] \\ &= V(z)\frac{R_s(z)G(z)G(z^{-1}) - R_s(z)H(z)G(z^{-1})}{R_s(z)G(z)G(z^{-1}) + R_v(z)H(z)H(z^{-1})} \\ &\approx -V(z)\frac{R_s(z)G(z^{-1})}{R_v(z)H(z^{-1})} \end{aligned} \tag{4.3.16}$$

因此输出干扰信号功率为

$$R_{V\text{out}}(z) = R_s(z)\frac{R_s(z)G(z)G(z^{-1})}{R_v(z)H(z)H(z^{-1})} = R_s(z)P_{\text{ref}}(z) \tag{4.3.17}$$

式(4.3.17)说明输出信号中原干扰信号被对消，此时的干扰信号主要由参考通道泄漏的回波信号产生。

4.3.2 自适应预测

若自适应预测器原理框图如图 4.3.4 所示。当完成自适应调整后，若将自适应滤波器的参数复制移植到预测滤波器上去，那么后者的输出便是对有用信号的预测，预测时间与时延相等。

自适应预测的应用之一是分离窄带信号和宽带信号，在一些实际应用中需要从加性白噪声干扰的宽带有用信号中除去窄带干扰。比如，能穿透地面和植被障碍物的超宽带雷达采用脉冲或者线性调频波形，为了得到高的分辨率，这些波形具有很高的带宽，通常在 100 MHz 以上。雷达工作的频率范围内存在电视、调频广播电台、蜂窝电话等窄带射频信号，因而对超宽带雷达信号产生了

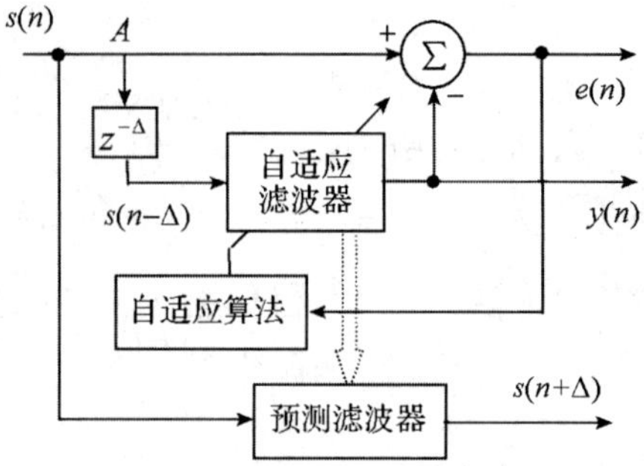

图 4.3.4　自适应预测器原理框图

窄带干扰。

设观测到的混合波形为

$$s(n)=x(n)+y(n)+v(n)$$

其中 $x(n)$ 是有用的宽带雷达信号，$y(n)$ 是窄带干扰，$v(n)$ 是热噪声（白噪声）。

观测信号有以下性质：

(1) $x(n)$、$y(n)$ 和 $v(n)$ 相互独立；

(2) 由于 $x(n)$ 是宽带信号，因此有短的相关长度 D，即

$$r_x(m)=0,\qquad |m|\geqslant D$$

(3) 窄带干扰 $y(n)$ 有长的相关长度 M，$M\gg D$。

性质(2)和(3)意味着由于宽带信号的自相关函数的有效长度要比窄带信号的短，当延迟时间选为 $D\leqslant\Delta\leqslant M$ 时，$s(n)$ 中宽带信号 $x(n)$ 与 $s(n-\Delta)$ 中宽带信号 $x(n-\Delta)$ 不再相关，而窄带信号 $y(n)$ 和 $y(n-\Delta)$ 仍然相关。因此自适应滤波器的输入信号 $s(n-\Delta)$ 的期望输出为 $s(n)$，自适应滤波器的输出是对 $s(n)$ 中窄带信号 $y(n)$ 的最佳估计，自适应预测器的输出 $e(n)$ 将是 $s(n)$ 中宽带信号 $x(n)$ 的最佳估计。

图 4.3.5 给出了自适应预测器消除宽带信号中窄带信号干扰的仿真结果。其中图(a)为观测信号中宽带信号时域波形；图(b)为宽带信号叠加白噪声的时域波形；图(c)为观测信号波形，包括了宽带信号、窄带干扰和白噪声；图(d)为自适应预测器的输出波形，可以看到窄带干扰被有效抑制。

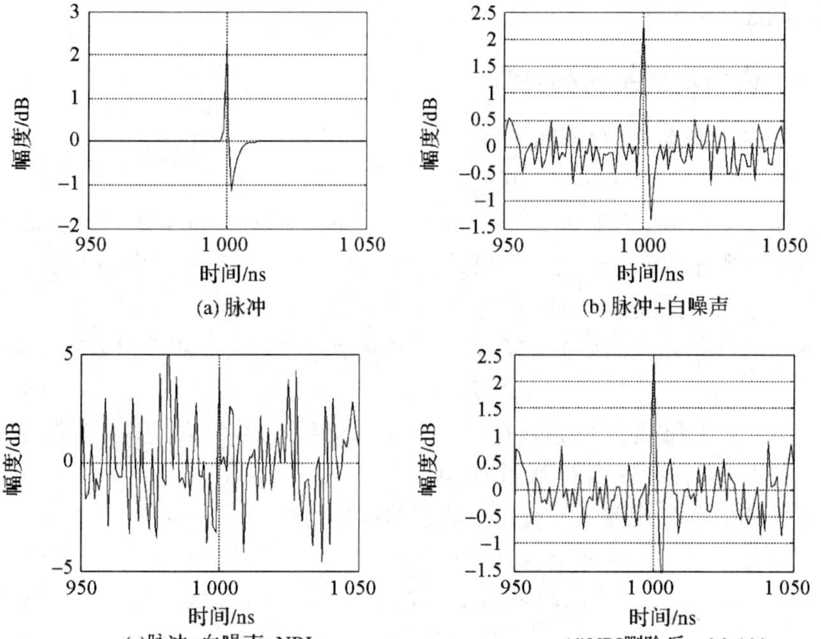

(a) 脉冲　(b) 脉冲+白噪声　(c)脉冲+白噪声+NBI　(d)NBI删除后：M=100

图 4.3.5　自适应预测器仿真结果

4.4　Kalman 滤波器

维纳滤波器是平稳随机信号的线性最优滤波器。最小二乘滤波器可以看作是有限数据集条件下对维纳滤波器的近似，Kalman 滤波器则是维纳滤波理论的发展。Kalman 滤波器通过新息导出，采用递推最小二乘准则，从存在信道失真并叠加噪声的观测信号中估计期望信号。

Kalman 滤波器建立了两个方程，分别是期望信号的状态方程和观测信号的观测方程。其中状态方程对期望信号的"内在结构"进行建模，如运动目标的动力学方程或者 ARMA 过程的差分方程；观测方程对存在信道失真和叠加噪声的观测信号进行建模。状态方程和观测信号结合起来可以得到有效的递推计算结构。Kalman 滤波器可以是时不变的，也可以是时变的，突破了维纳滤波的平稳性限制。Kalman 滤波器是一种自适应滤波器，它的解是递推计算的。Kalman 滤波器提供了推导递推最小二乘滤波器的一大类自适应滤波器的统一框架。

与维纳滤波器一样，从应用角度，Kalman 滤波器可分为滤波问题、平滑问题和预测问题,本节主要讨论预测问题。

4.4.1 状态方程与观测方程

假设有一个系统,对于期望信号 $\boldsymbol{x}(n)$,其状态方程定义为

$$\boldsymbol{x}(n)=\boldsymbol{\Phi}(n,n-1)\boldsymbol{x}(n-1)+\boldsymbol{v}_1(n) \tag{4.4.1}$$

其中 $\boldsymbol{x}(n)$ 是 M 维信号向量或状态向量。$\boldsymbol{\Phi}(n,n-1)$ 为 $M\times M$ 状态转移矩阵,描述 $n-1$ 时刻到 n 时刻状态之间的转移。$\boldsymbol{v}_1(n)$ 为状态方程中的 M 维状态扰动(误差)向量或状态噪声向量,与 $\boldsymbol{x}(n)$ 不相关。

对于存在信道失真的叠加有噪声的观测信号 $\boldsymbol{y}(n)$,观测方程分别定义为

$$\boldsymbol{y}(n)=\boldsymbol{H}(n)\boldsymbol{x}(n)+\boldsymbol{v}_2(n) \tag{4.4.2}$$

其中 $\boldsymbol{y}(n)$ 是 N 维观测向量。$\boldsymbol{H}(n)$ 为 $N\times M$ 维信道失真矩阵(观测矩阵)。$\boldsymbol{v}_2(n)$ 为观测方程中的 N 维观测噪声向量。

对状态方程和观测方程有以下假定的统计特性

$$E[\boldsymbol{x}(k)\boldsymbol{v}_2^{\boldsymbol{H}}(n)]=0,\qquad k,n\geqslant 0 \tag{4.4.3}$$

$$E[\boldsymbol{y}(k)\boldsymbol{v}_2^{\boldsymbol{H}}(n)]=0,\qquad 1\leqslant k\leqslant n-1 \tag{4.4.4}$$

$$E[\boldsymbol{y}(k)\boldsymbol{v}_1^{\boldsymbol{H}}(n)]=0,\qquad 1\leqslant k\leqslant n \tag{4.4.5}$$

$$E[\boldsymbol{v}_1(k)\boldsymbol{v}_2^{\boldsymbol{H}}(n)]=0,\qquad k,n\geqslant 0 \tag{4.4.6}$$

图 4.4.1 给出了系统状态模型和观测模型的结构。系统状态方程描述了物理系统内部状态自身的变化规律,例如一枚飞行中的火箭,其运动方向、速度、姿态等都是按设计的运动规律变化,是火箭这一系统的内部状态,用状态变量表示为 $\boldsymbol{x}(n)$。通常情况下系统内在规律和运动状态并不能直接得到,而是需要通过另外的物理量进行间接测量,比如对飞行中的火箭位置可以用雷达进行观测,这些参数的测量值构成的向量便是系统的观测向量 $\boldsymbol{y}(n)$。观测向量和状态向量之间关系通过系统的观测方程描述。

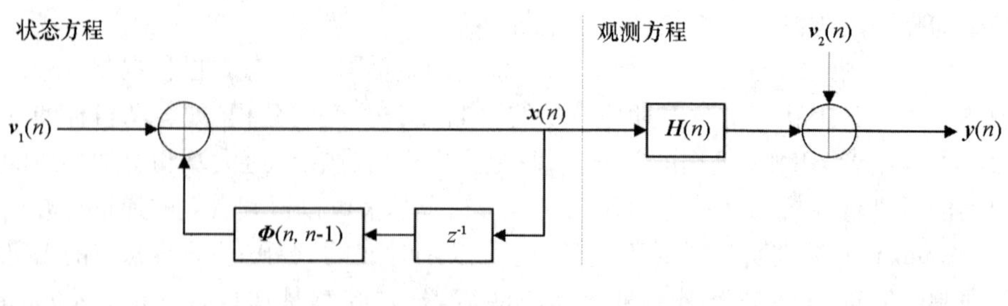

图 4.4.1 Kalman 滤波信号模型与观测模型示意图

例 4.4.1 设用雷达测量一个均加速直线运动目标,距离用 $\boldsymbol{r}(n)$ 表示,速度用 $\boldsymbol{v}(n)$ 表示,加速度用 $\boldsymbol{a}(n)$ 表示,假设加速度存在随机扰动 $\boldsymbol{a}'(n)\sim N(0,\sigma_a^2)$,

设雷达可以测量到有噪声的距离。

状态向量定义为

$$\boldsymbol{x}(n)=\begin{bmatrix}\boldsymbol{r}(n)\\\boldsymbol{v}(n)\\\boldsymbol{a}(n)\end{bmatrix}$$

状态方程可以写为

$$\boldsymbol{x}(n)=\begin{bmatrix}\boldsymbol{r}(n)\\\boldsymbol{v}(n)\\\boldsymbol{a}(n)\end{bmatrix}=\begin{bmatrix}1 & T & T^2/2\\0 & 1 & T\\0 & 0 & 1\end{bmatrix}\begin{bmatrix}\boldsymbol{r}(n-1)\\\boldsymbol{v}(n-1)\\\boldsymbol{a}(n-1)\end{bmatrix}+\begin{bmatrix}T^2/2\\T\\1\end{bmatrix}\boldsymbol{a}'(n-1)$$

其中 T 为采样时间间隔。

观测方程可以写为

$$\boldsymbol{y}(n)=[1\quad 0\quad 0]\begin{bmatrix}\boldsymbol{r}(n)\\\boldsymbol{v}(n)\\\boldsymbol{a}(n)\end{bmatrix}+\boldsymbol{w}(n)$$

其中 $\boldsymbol{w}(n)$ 为距离测量噪声。

4.4.2 Kalman 预测的新息

新息的概念是导出 Kalman 滤波器的核心要素。$\boldsymbol{y}(n)$ 在 n 时刻的新息序列 $\boldsymbol{a}(n)$ 包含了从过去的观测数据 $\boldsymbol{y}(0),\boldsymbol{y}(1),\cdots,\boldsymbol{y}(n-1)$ 无法预测的全部信息，既有噪声，也有不可预测的部分信号。$\boldsymbol{y}(n)$ 在 n 时刻的新息 $\boldsymbol{a}(n)$ 定义为

$$\boldsymbol{a}(n)=\boldsymbol{y}(n)-\hat{\boldsymbol{y}}(n|n-1) \tag{4.4.7}$$

其中 $\hat{\boldsymbol{y}}(n|n-1)$ 为根据观测信号 $\boldsymbol{y}(0),\boldsymbol{y}(1),\cdots,\boldsymbol{y}(n-1)$ 对 $\boldsymbol{y}(n)$ 的最小二乘估计。根据最小二乘准则，新息 $\boldsymbol{a}(n)$ 与过去的观测数据 $\boldsymbol{y}(0),\boldsymbol{y}(1),\cdots,\boldsymbol{y}(n-1)$ 正交，且不同时刻的新息彼此正交，即新息有如下的性质

$$E[\boldsymbol{a}(n)\boldsymbol{y}^{H}(k)]=0,\qquad k\leqslant n-1 \tag{4.4.8}$$

$$E[\boldsymbol{a}(n)\boldsymbol{a}^{H}(k)]=0,\qquad k\leqslant n-1 \tag{4.4.9}$$

新息序列 $\{\boldsymbol{a}(0),\boldsymbol{a}(1),\cdots,\boldsymbol{a}(n)\}$ 是观测序列 $\{\boldsymbol{y}(0),\boldsymbol{y}(1),\cdots,\boldsymbol{y}(n)\}$ 的正交化序列，两者定义的空间相同。

设 $\hat{\boldsymbol{x}}(n|n-1)$ 为根据观测信号 $\boldsymbol{y}(0),\boldsymbol{y}(1),\cdots,\boldsymbol{y}(n-1)$ 对 $\boldsymbol{x}(n)$ 的递推最小二乘估计，可得到新息 $\boldsymbol{a}(n)$ 与 $\boldsymbol{x}(n)$ 预测误差之间的数学关系，即

$$\begin{aligned}\boldsymbol{a}(n)&=\boldsymbol{y}(n)-\hat{\boldsymbol{y}}(n|n-1)\\&=\boldsymbol{y}(n)-\boldsymbol{H}(n)\hat{\boldsymbol{x}}(n|n-1)\\&=\boldsymbol{H}(n)\boldsymbol{x}(n)+\boldsymbol{v}_2(n)-\boldsymbol{H}(n)\hat{\boldsymbol{x}}(n|n-1)\\&=\boldsymbol{H}(n)[\boldsymbol{x}(n)-\hat{\boldsymbol{x}}(n|n-1)]+\boldsymbol{v}_2(n)\end{aligned}$$

$$=\boldsymbol{H}(n)\tilde{\boldsymbol{x}}(n|n-1)+\boldsymbol{v}_2(n) \tag{4.4.10}$$

其中

$$\tilde{\boldsymbol{x}}(n|n-1)=\boldsymbol{x}(n)-\hat{\boldsymbol{x}}(n|n-1) \tag{4.4.11}$$

为根据观测信号 $\boldsymbol{y}(0),\boldsymbol{y}(1),\cdots,\boldsymbol{y}(n-1)$ 对 $\boldsymbol{x}(n)$ 进行预测得到的预测误差。则新息向量 $\boldsymbol{a}(n)$ 的协方差矩阵为

$$\boldsymbol{R}_a(n)=E[\boldsymbol{a}(n)\boldsymbol{a}^{\mathrm{T}}(n)]=\boldsymbol{H}(n)E[\tilde{\boldsymbol{x}}(n|n-1)\tilde{\boldsymbol{x}}^{\mathrm{T}}(n|n-1)]\boldsymbol{H}^{\mathrm{T}}(n)+\boldsymbol{R}_{v_2}(n) \tag{4.4.12}$$

4.4.3 Kalman 预测算法

1. 预测方程

如果已经根据观测信号 $\boldsymbol{y}(0),\boldsymbol{y}(1),\cdots,\boldsymbol{y}(n-1)$ 得到 $\boldsymbol{x}(n)$ 的最小二乘估计 $\hat{\boldsymbol{x}}(n|n-1)$，Kalman 预测在此基础上以递归方式来计算 $\hat{\boldsymbol{x}}(n+1|n)$。从新息 $\boldsymbol{a}(n)$ 的性质出发，$\{\boldsymbol{y}(0),\boldsymbol{y}(1),\cdots,\boldsymbol{y}(n-1),\boldsymbol{y}(n)\}$ 和 $\{\boldsymbol{y}(0),\boldsymbol{y}(1),\cdots,\boldsymbol{y}(n-1),\boldsymbol{a}(n)\}$ 等价，可以得到

$$\hat{\boldsymbol{x}}(n+1|n)\overset{\text{def}}{=}\hat{\boldsymbol{x}}[n+1|\boldsymbol{y}(0),\cdots,\boldsymbol{y}(n-1),\boldsymbol{y}(n)]=\hat{\boldsymbol{x}}[n+1|\boldsymbol{y}(0),\cdots,\boldsymbol{y}(n-1),\boldsymbol{a}(n)] \tag{4.4.13}$$

以及

$$\hat{\boldsymbol{x}}(n+1|n)=\hat{\boldsymbol{x}}(n+1|n-1)+\boldsymbol{K}(n)\boldsymbol{a}(n) \tag{4.4.14}$$

其中，$\boldsymbol{K}(n)$ 为 Kalman 增益矩阵。根据状态方程式(4.4.1)有

$$\hat{\boldsymbol{x}}(n+1|n-1)=\boldsymbol{\Phi}(n+1,n)\hat{\boldsymbol{x}}(n|n-1) \tag{4.4.15}$$

将式(4.4.15)代入式(4.4.14)可得 Kalman 预测方程

$$\hat{\boldsymbol{x}}(n+1|n)=\boldsymbol{\Phi}(n+1,n)\hat{\boldsymbol{x}}(n|n-1)+\boldsymbol{K}(n)\boldsymbol{a}(n) \tag{4.4.16}$$

2. Kalman 增益的递归计算

为实现式(4.4.16)预测方程的递归计算，需要实现 Kalman 增益矩阵 $\boldsymbol{K}(n)$ 的递归计算。将式(4.4.16)左右两边都与新息 $\boldsymbol{a}(n)$ 做相关，可以得到

$$E[\hat{\boldsymbol{x}}(n+1|n)\boldsymbol{a}^{\mathrm{T}}(n)]=E[\boldsymbol{\Phi}(n+1,n)\hat{x}(n|n-1)\boldsymbol{a}^{\mathrm{T}}(n)]+\boldsymbol{K}(n)E[\boldsymbol{a}(n)\boldsymbol{a}^{\mathrm{T}}(n)] \tag{4.4.17}$$

又因为 $\boldsymbol{a}(n)$ 与过去的观测数据正交，即

$$E[\hat{\boldsymbol{x}}(n|n-1)\boldsymbol{a}^{\mathrm{T}}(n)]=0 \tag{4.4.18}$$

式(4.4.17)可写为

$$E[\hat{\boldsymbol{x}}(n+1|n)\boldsymbol{a}^{\mathrm{T}}(n)]=\boldsymbol{K}(n)\boldsymbol{R}_a(n) \tag{4.4.19}$$

$$\boldsymbol{K}(n)=E[\hat{\boldsymbol{x}}(n+1|n)\boldsymbol{a}^{\mathrm{T}}(n)]\boldsymbol{R}_a^{-1}(n) \tag{4.4.20}$$

可以进一步推导得出

$$
\begin{aligned}
& E[\hat{\boldsymbol{x}}(n+1|n)\boldsymbol{a}^{\mathrm{T}}(n)] \\
&= E\{[\boldsymbol{x}(n+1)-\tilde{\boldsymbol{x}}(n+1|n)]\boldsymbol{a}^{\mathrm{T}}(n)\} \\
&= E[\boldsymbol{x}(n+1)\boldsymbol{a}^{\mathrm{T}}(n)] \\
&= E\{[\boldsymbol{\Phi}(n+1,n)\boldsymbol{x}(n)+\boldsymbol{v}_1(n)][\boldsymbol{y}(n)-\hat{\boldsymbol{y}}(n|n-1)]^{\mathrm{T}}\} \\
&= E\{[\boldsymbol{\Phi}(n+1,n)\boldsymbol{x}(n)+\boldsymbol{v}_1(n)][\boldsymbol{H}(n)\tilde{\boldsymbol{x}}(n|n-1)+\boldsymbol{v}_2(n)]^{\mathrm{T}}\} \\
&= E\{[\boldsymbol{\Phi}(n+1,n)(\hat{\boldsymbol{x}}(n|n-1)+\tilde{\boldsymbol{x}}(n|n-1))+\boldsymbol{v}_1(n)][\boldsymbol{H}(n)\tilde{\boldsymbol{x}}(n|n-1)+\boldsymbol{v}_2(n)]^{\mathrm{T}}\} \\
&= \boldsymbol{\Phi}(n+1,n)E[\tilde{\boldsymbol{x}}(n|n-1)\tilde{\boldsymbol{x}}(n|n-1)^{\mathrm{T}}]\boldsymbol{H}^{\mathrm{T}}(n)
\end{aligned} \tag{4.4.21}
$$

上述推导过程中,用到了以下正交关系

$$E[\tilde{\boldsymbol{x}}(n+1|n)\boldsymbol{a}^{\mathrm{T}}(n)]=0 \tag{4.4.22}$$

$$E\{\boldsymbol{v}_1(n)[\boldsymbol{y}(n)-\hat{\boldsymbol{y}}(n|n-1)]^{\mathrm{T}}\}=0 \tag{4.4.23}$$

$$E[\hat{\boldsymbol{x}}(n|n-1)\tilde{\boldsymbol{x}}(n|n-1)]=0 \tag{4.4.24}$$

由式(4.4.20)和式(4.4.21)可得 Kalman 增益矩阵 $\boldsymbol{K}(n)$ 的计算公式

$$
\begin{aligned}
\boldsymbol{K}(n) &= \boldsymbol{\Phi}(n+1,n)\boldsymbol{E}[\tilde{\boldsymbol{x}}(n|n-1)\tilde{\boldsymbol{x}}(n|n-1)^{\mathrm{T}}]\boldsymbol{H}^{\mathrm{T}}(n)\boldsymbol{R}_a^{-1}(n) \\
&= \boldsymbol{\Phi}(n+1,n)\boldsymbol{R}_{\tilde{x}(n|n-1)}(n)\boldsymbol{H}^{\mathrm{T}}(n)[\boldsymbol{H}(n)\boldsymbol{R}_{\tilde{x}(n|n-1)}(n)\boldsymbol{H}^{\mathrm{T}}(n)+\boldsymbol{R}_{v_2}(n)]^{-1}
\end{aligned} \tag{4.4.25}
$$

可以看到,$\boldsymbol{K}(n)$ 的递归计算通过预测误差自相关矩阵 $\boldsymbol{R}_{\tilde{x}(n|n-1)}$ 的递归计算实现。根据式(4.4.16)Kalman 预测方程以及式(4.4.10)新息表示式

$$\hat{\boldsymbol{x}}(n|n-1)=\boldsymbol{\Phi}(n,n-1)\hat{\boldsymbol{x}}(n-1|n-2)+\boldsymbol{K}(n-1)\boldsymbol{a}(n-1) \tag{4.4.26}$$

$$\boldsymbol{a}(n-1)=\boldsymbol{H}(n-1)\tilde{\boldsymbol{x}}(n-1|n-2)+\boldsymbol{v}_2(n-1) \tag{4.4.27}$$

可以得到

$$
\begin{aligned}
\tilde{\boldsymbol{x}}(n|n-1) &= \boldsymbol{x}(n)-\hat{\boldsymbol{x}}(n|n-1) \\
&= \boldsymbol{\Phi}(n,n-1)\boldsymbol{x}(n-1)+\boldsymbol{v}_1(n)-\boldsymbol{\Phi}(n,n-1)\hat{\boldsymbol{x}}(n-1|n-2)-\boldsymbol{K}(n-1)\boldsymbol{a}(n-1) \\
&= \boldsymbol{\Phi}(n,n-1)[\boldsymbol{x}(n-1)-\hat{\boldsymbol{x}}(n-1|n-2)]+\boldsymbol{v}_1(n)-\boldsymbol{K}(n-1)[\boldsymbol{H}(n-1)\tilde{\boldsymbol{x}}(n-1|n-2)+\boldsymbol{v}_2(n-1)] \\
&= \boldsymbol{\Phi}(n,n-1)\tilde{\boldsymbol{x}}(n-1|n-2)+\boldsymbol{v}_1(n)-\boldsymbol{K}(n-1)[\boldsymbol{H}(n-1)\tilde{\boldsymbol{x}}(n-1|n-2)+\boldsymbol{v}_2(n-1)] \\
&= [\boldsymbol{\Phi}(n,n-1)-\boldsymbol{K}(n-1)\boldsymbol{H}(n-1)]\tilde{\boldsymbol{x}}(n-1|n-2)+\boldsymbol{v}_1(n)+\boldsymbol{K}(n-1)\boldsymbol{v}_2(n-1)
\end{aligned} \tag{4.4.28}
$$

定义矩阵

$$\boldsymbol{L}(n)=\boldsymbol{\Phi}(n,n-1)-\boldsymbol{K}(n-1)\boldsymbol{H}(n-1) \tag{4.4.29}$$

可以得到预测误差 $\tilde{\boldsymbol{x}}(n|n-1)$ 及其自相关矩阵 $\boldsymbol{R}_{\tilde{x}(n|n-1)}$ 的递归表达式分别为

$$\tilde{\boldsymbol{x}}(n|n-1)=\boldsymbol{L}(n)\tilde{\boldsymbol{x}}(n-1|n-2)+\boldsymbol{v}_1(n)+\boldsymbol{K}(n-1)\boldsymbol{v}_2(n-1) \tag{4.4.30}$$

$$\boldsymbol{R}_{\tilde{x}(n|n-1)}=\boldsymbol{L}(n)\boldsymbol{R}_{\tilde{x}(n-1|n-2)}\boldsymbol{L}^{\mathrm{T}}(n)+\boldsymbol{R}_{v_1}(n)+\boldsymbol{K}(n-1)\boldsymbol{R}_{v_2}(n-1)\boldsymbol{K}^{\mathrm{T}}(n-1) \tag{4.4.31}$$

3. Kalman 预测计算步骤

输入：观测信号$\{\boldsymbol{y}(n)\}$

输出：状态向量的估计$\{\hat{\boldsymbol{x}}(n+1|n)\}$

初始条件：

$$
\begin{aligned}
\hat{\boldsymbol{x}}(0|-1) &= E[\boldsymbol{x}(0)] \\
\boldsymbol{R}_{\tilde{\boldsymbol{x}}(0|-1)} &= E\{[\boldsymbol{x}(0)-E[\boldsymbol{x}(0)]][\boldsymbol{x}(0)-E[\boldsymbol{x}(0)]]^{\mathrm{T}}\}
\end{aligned}
\tag{4.4.32}
$$

从 $n=0,1,2,\cdots$ 逐步计算，计算步骤如下：

(1)计算新息

$$\boldsymbol{a}(n)=\boldsymbol{y}(n)-\hat{\boldsymbol{y}}(n|n-1)=\boldsymbol{y}(n)-\boldsymbol{H}(n)\hat{\boldsymbol{x}}(n|n-1)$$

(2)计算 Kalman 增益

$$\boldsymbol{K}(n)=\boldsymbol{\Phi}(n+1,n)\boldsymbol{R}_{\tilde{\boldsymbol{x}}(n|n-1)}(n)\boldsymbol{H}^{\mathrm{T}}(n)[\boldsymbol{H}(n)\boldsymbol{R}_{\tilde{\boldsymbol{x}}(n|n-1)}(n)\boldsymbol{H}^{\mathrm{T}}(n)+\boldsymbol{R}_{v_2}(n)]^{-1}$$

(3)预测更新

$$\hat{\boldsymbol{x}}(n+1|n)=\boldsymbol{\Phi}(n+1,n)\hat{\boldsymbol{x}}(n|n-1)+\boldsymbol{K}(n)\boldsymbol{a}(n)$$

(4)预测误差自相关阵更新

$$\boldsymbol{L}(n+1)=\boldsymbol{\Phi}(n+1,n)-\boldsymbol{K}(n)\boldsymbol{H}(n)$$

$$\boldsymbol{R}_{\tilde{\boldsymbol{x}}(n+1|n)}=\boldsymbol{L}(n+1)\boldsymbol{R}_{\tilde{\boldsymbol{x}}(n|n-1)}\boldsymbol{L}^{\mathrm{T}}(n+1)+\boldsymbol{R}_{v_1}(n+1)+\boldsymbol{K}(n)\boldsymbol{R}_{v_2}(n+1)\boldsymbol{K}^{\mathrm{T}}(n)$$

小　结

本章讨论了自适应滤波器的基本原理，包括 LMS 自适应横向滤波器、RLS 自适应横向滤波器和 Kalman 滤波器。LMS 自适应横向滤波器和 RLS 自适应横向滤波器可以看作维纳滤波器的递归应用，对于稳态过程，结果将会收敛到与维纳滤波器相同的解。LMS 自适应横向滤波器的优点在于简单，但当信号自相关矩阵特征值散度大的时候，可能出现不平稳和收敛速度慢的情况，这时 RLS 自适应横向滤波器更加适用。Kalman 滤波器可以看作维纳滤波理论的发展，Kalman 滤波器通过新息和正交准则导出，适用于非平稳信号，并且通过状态方程可以对信号产生过程进行复杂建模。

习 题

4.1 梯度法用最陡梯度进行迭代求解矩阵方程$\boldsymbol{R}_x\boldsymbol{W}_{\mathrm{opt}}=\boldsymbol{P}$以获得最佳权矢量$\boldsymbol{W}_{\mathrm{opt}}$。设$\boldsymbol{R}_x=\begin{bmatrix}1.00 & 0.90\\0.90 & 1.00\end{bmatrix}$，$\boldsymbol{P}=\begin{bmatrix}0.90\\0.85\end{bmatrix}$，初始值$\boldsymbol{W}(0)=\begin{bmatrix}0\\0\end{bmatrix}$，试证明权矢量的最陡梯度解为

$$\begin{bmatrix}w_1(n)\\w_2(n)\end{bmatrix}=\begin{bmatrix}0.71-0.46(1-3.8\mu)^n-0.25(1-0.2\mu)^n\\0.21-0.46(1-3.8\mu)^n+0.25(1-0.2\mu)^n\end{bmatrix}$$

4.2 一个具有两个权系数的单输入自适应线性组合器如图 1 所示，信号的每个周期有 N 个取样，假设 $N>2$ 以保证输入取样值不全为零。

(a)求性能曲面函数；

(b)求性能曲面梯度公式；

(c)求最佳权矢量；

(d)求最小均方误差。

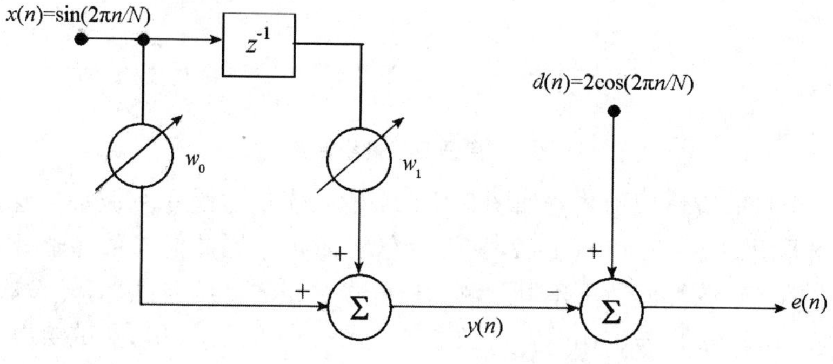

图 1　单输入自适应线性组合器

4.3 已知$\boldsymbol{R}=\begin{bmatrix}2 & 1\\1 & 2\end{bmatrix}$，$\boldsymbol{P}=\begin{bmatrix}7\\8\end{bmatrix}$，$E[d^2(n)]=42$

(a)求性能曲面函数；

(b)求最佳权矢量；

(c)求最小均方误差；

(d)求性能曲面主轴。

4.4 设一个一维自适应横向滤波器的性能曲面为

$$\xi = 0.4w^2 + 4w + 11$$

(a)求收敛参数 μ 的范围，以保证过阻尼权系数调节曲线；

(b)若初始权值 $w_0 = 0$，$\mu = 1.5$，写出学习曲线的表达式，并画出学习曲线。

4.5 在图3所示的自适应线性组合器中加入随机信号。已知随机信号 $r(n)$ 的平均功率为 φ，即 $E[r^2(n)] = \varphi$。

(a)求性能曲面方程和最佳权矢量；

(b)求系统收敛 μ 的范围；

(c)若已知 $\mu = 0.05$，$E[r^2(n)] = \varphi = 0.01$，$N = 16$，求超量均方误差 $V_{ex}(n)$ 和自适应滤波器的失调量 M。

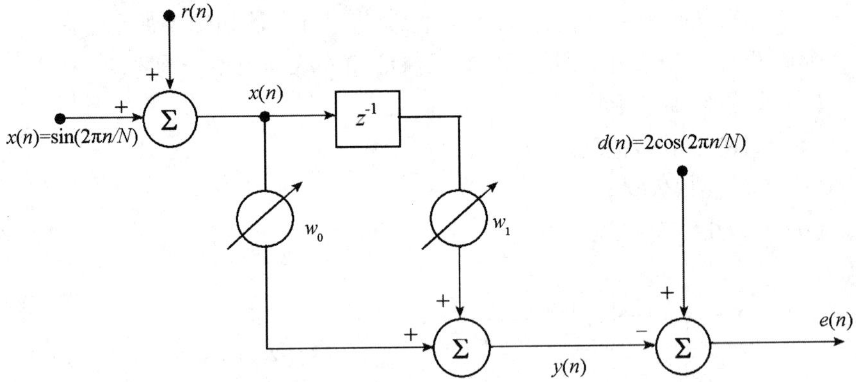

图2　自适应线性组合器

4.6 一个自适应格型预测器如图3所示，输入实信号是正弦波加白噪声，预测器用 $x(n-1)$ 和 $x(n-2)$ 来预测信号 $x(n)$，因此要求系统输出从 $x(n)$ 中消除正弦波而留下不可预测的白噪声分量 $r(n)$。若取信号参数：$N = 16$，$E[r^2(n)] = 0.01$，且收敛参数：$\mu_1 = 0.05$，$\mu_2 = 0.1$，试绘出用格型预测器实现的均方误差等高线和 LMS 算法自适应权值的轨迹。

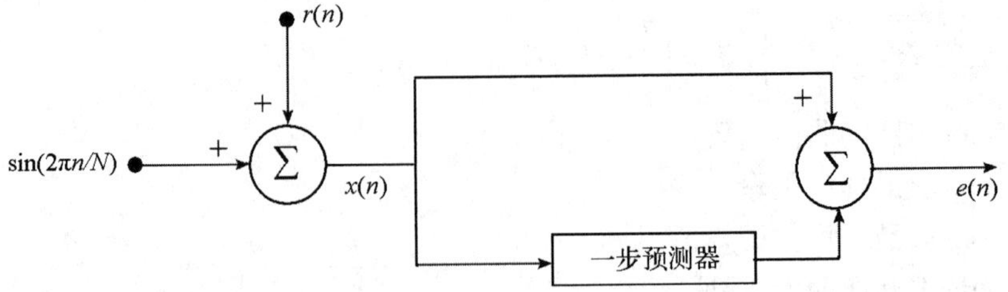

图3　自适应格型预测器

4.7 证明对复信号线性预测滤波器的正交原理，即

$$E\{e_m^f(n)x^*(n-k)\}=0, \quad k=1, \cdots, m$$

4.8 给定格型滤波器的递推式

$$e_m^f(n)=e_{m-1}^f(n)+K_m e_{m-1}^b(n-1)$$

$$e_m^b(n)=e_{m-1}^b(n-1)+K_m e_{m-1}^f(n)$$

求使 $E\{[e_m^f(n)]^2\}$ 最小的最佳 K_m。

4.9 若 j 阶最小二乘后向预测误差矢量为 $\boldsymbol{P}_{0,j-1}^{\perp}(n)z^{-j}\boldsymbol{x}(n)=\boldsymbol{e}_j^b(n)$，证明

$$\boldsymbol{P}_{1,j}^{\perp}(n)z^{-j-1}\boldsymbol{x}(n)=\boldsymbol{z}^{-1}\boldsymbol{e}_j^b(n)$$

4.10 给定 $\boldsymbol{g}_M(n-1)=\boldsymbol{K}_{1,M}(n)\boldsymbol{\pi}(n)$，证明 $\boldsymbol{g}_M(n)=\boldsymbol{K}_{0,M-1}(n)\boldsymbol{\pi}(n)$。

4.11 给定时间信号 $\boldsymbol{v}(n)=\{v(1), \ v(2), \ v(3), \ \cdots\}=\{4, \ 2, \ 4, \ \cdots\}$，

(a) 计算矢量 $\boldsymbol{v}(2)$ 和 $\boldsymbol{v}(3)$；

(b) 计算矢量 $\boldsymbol{z}^{-1}\boldsymbol{v}(2)$ 和 $\boldsymbol{z}^{-2}\boldsymbol{v}(2)$；

(c) 计算矢量 $\boldsymbol{z}^{-1}\boldsymbol{v}(3)$ 和 $\boldsymbol{z}^{-2}\boldsymbol{v}(3)$。

4.12 给定时间信号 $\boldsymbol{v}(n)=\{v(1), \ v(2), \ v(3), \ \cdots\}=\{4, \ 2, \ 4, \ \cdots\}$，令 $\boldsymbol{u}(n)=z^{-1}\boldsymbol{v}(n)$。画出矢量空间 $\{\boldsymbol{u}(2)\}$ 和 $\{\boldsymbol{u}(3)\}$。

(a) 计算 $\boldsymbol{P}_u(2)$ 及 $\boldsymbol{P}_u(3)$；

(b) 利用 $\boldsymbol{u}(n)$ 计算 $\boldsymbol{v}(n)$ 的最小二乘估计 $(n=2, 3)$；

(c) 计算矢量 $\boldsymbol{e}_1^f(2)$ 及 $\boldsymbol{e}_1^f(3)$。

4.13 令 $\boldsymbol{u}(3)=[3, \ 2, \ 3]^{\mathrm{T}}$，$\boldsymbol{\pi}(3)=[0, \ 0, \ 1]^{\mathrm{T}}$，

(a) 证明 $\boldsymbol{P}_{u,\pi}(3)=\begin{bmatrix}\boldsymbol{P}_u(2) & \boldsymbol{0}_2\\ \boldsymbol{0}_2^{\mathrm{T}} & 1\end{bmatrix}$

(b) 计算 $\boldsymbol{g}=\boldsymbol{P}_u(3)\boldsymbol{\pi}(3)$，并说明 $\boldsymbol{g}$ 的意义；

(c) 画图表示出 $\boldsymbol{\pi}(3)$，$\{\boldsymbol{u}(3), \boldsymbol{\pi}(3)\}$，$\boldsymbol{u}(3)$ 及 $\{\boldsymbol{u}(3)\}$。

4.14 已知 4 点数据 $x(0)$，$x(1)$，$x(2)$，$x(3)$，采用二阶预测滤波器时，对于相关法的输入矩阵 $\boldsymbol{X}_1$ 和对于前加窗的输入矩阵 $\boldsymbol{X}_2$ 分别为

$$\boldsymbol{X}_1=\begin{bmatrix}x(0) & 0 & 0\\ x(1) & x(0) & 0\\ x(2) & x(1) & x(0)\\ x(3) & x(2) & x(1)\\ 0 & x(3) & x(2)\\ 0 & 0 & x(3)\end{bmatrix}, \quad \boldsymbol{X}_2=\begin{bmatrix}x(0) & 0 & 0\\ x(1) & x(0) & 0\\ x(2) & x(1) & x(0)\\ x(3) & x(2) & x(1)\end{bmatrix}$$

证明：(a) 相关法的相关矩阵 $\boldsymbol{R}_1=\boldsymbol{X}_1^{\mathrm{T}}\boldsymbol{X}_1$ 是对称的和 Toeplitz 的；

(b) 前加窗法的相关矩阵 $\boldsymbol{R}_2=\boldsymbol{X}_2^{\mathrm{T}}\boldsymbol{X}_2$ 是对称的和 Toeplitz 的。

4.15 设一个系统，其状态方程为 $\boldsymbol{x}(n+1)=\boldsymbol{x}(n)+\boldsymbol{v}(n)$，测量方程 $\boldsymbol{y}(n)=\boldsymbol{x}(n)+\boldsymbol{w}(n)$，且 $\boldsymbol{v}(n)\sim N(0,1)$ 和 $\boldsymbol{w}(n)\sim N(0,1)$，$\boldsymbol{v}(n)$ 和 $\boldsymbol{w}(n)$ 不相关。

(a) 设初始条件为 $\boldsymbol{x}(0)=0$，已知测量序列 $\boldsymbol{y}(1)=-0.1$，$\boldsymbol{y}(2)=0.05$，$\boldsymbol{y}(3)=-0.2$，利用 Kalman 滤波计算前 3 次递推的结果。

(b) $n\to\infty$ 时，计算 $\boldsymbol{K}(n|n-1)|_{n\to\infty}$ 和 Kalman 增益 $\boldsymbol{K}(\infty)$。

4.16 设待估计系统满足 AR(2) 模型，状态方程为 $\boldsymbol{x}(n)=\frac{1}{4}\boldsymbol{x}(n-1)+\frac{3}{8}\boldsymbol{x}(n-2)+\boldsymbol{v}(n)$，测量方程为 $\boldsymbol{y}(n)=\boldsymbol{x}(n)+\boldsymbol{w}(n)$，且 $\boldsymbol{v}(n)\sim N(0,1)$ 和 $\boldsymbol{w}(n)\sim N(0,4)$，$\boldsymbol{v}(n)$ 和 $\boldsymbol{w}(n)$ 不相关。

(a) 设初始条件为 $\boldsymbol{x}(0)=\boldsymbol{x}(-1)=0$，$\boldsymbol{y}(1)=-0.6$，$\boldsymbol{y}(2)=0.5$，利用 Kalman 滤波计算前 2 次递推的结果。

(b) $n\to\infty$ 时，计算 Kalman 增益 $\boldsymbol{K}(\infty)$。

4.17 已知一个系统满足 AR(1) 模型，状态方程为 $\boldsymbol{x}(n)=0.5\boldsymbol{x}(n-1)+\boldsymbol{v}(n)$，测量方程为 $\boldsymbol{y}(n)=\boldsymbol{x}(n)+\boldsymbol{w}(n)$，且 $\boldsymbol{v}(n)\sim N(0,5/18)$ 和 $\boldsymbol{w}(n)\sim N(0,2/3)$，$\boldsymbol{v}(n)$ 和 $\boldsymbol{w}(n)$ 不相关。求 $n\to\infty$ 时，利用 $\boldsymbol{y}(n)$ 对 $\boldsymbol{x}(n)$ 进行估计的 AR(1) 差分方程。

第 5 章　功率谱估计

在随机信号分析中，最主要的工具是谱估计。谱估计是用来表示从一组观测中估计信号的能量和功率分布的一系列方法的统称。谱估计技术的发展渊源很长，它所涉及的学科相当广泛，包括信号与系统、随机信号分析、概率统计、随机过程、矩阵代数等一系列基础学科；它的应用领域也十分广泛，包括雷达、声呐、通信、地质勘测、天文、生物医学工程等众多领域，其内容、方法都在不断更新，是一个具有强大生命力的研究领域。谱估计的一种分类方法如图 5.0.1 所示，包括功率谱(二阶谱)、多谱(高阶谱)和高维谱。

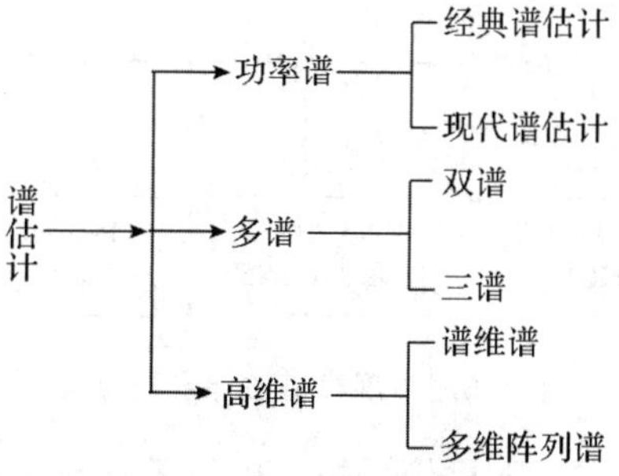

图 5.0.1　谱估计的分类

本章讨论功率谱的估计。谱密度函数作为频率的函数，表示信号功率或能量的分布。信号的自相关和谱密度形成一个傅里叶变换对，以不同的形式表达信息。众所周知“谱”的概念最早是由牛顿所提出；1822 年,法国工程师傅里叶提出了谐波分析的理论，此理论奠定了信号分析和功率谱估计的理论基础；19 世纪末，Schuster 提出了周期图的概念，至今仍然被沿用；1927 年，Yule 提出了用线性回归方程来模拟一个时间序列，这一工作成了现代谱估计中最重要的方法——参数模型法的基础；1930 年，著名控制论专家 Wiener 首次精确定义了一个随机过程的自相关函数和功率谱密度，即功率谱密度是随机过程二阶统计量——自相关函数的傅里叶变换，这就是维纳 - 辛钦(Wiener-Khintchine)定理；1958 年，Blackman 和 Tukey 提出了自相关谱估计，后人将其简称为 BT 法，它利用信号的有限长观测值先估计自相关函数，再做傅里叶变换，从而得到功率谱的估计；1965 年，Cooley 和 Tukey 提出的快速傅里叶变换(FFT)的问世，促进了功率谱估计的迅速发展；1967 年，Burg 提出了最大熵谱估计，这是朝着高分辨率谱估计所做的最有意义的努力，虽然在此之前，Bartlett 于 1948 年，Parzen 于 1957 年都曾建议利用自回归模型来作谱估计，但在 Burg 的论文发表之前，都没有引起注意；等等。近 30 年来，现代谱估计的理论得到了迅速的发展。图 5.0.2 给出了经典谱估计的发展历程，图 5.0.3 给出了现代谱估计的发展历程。

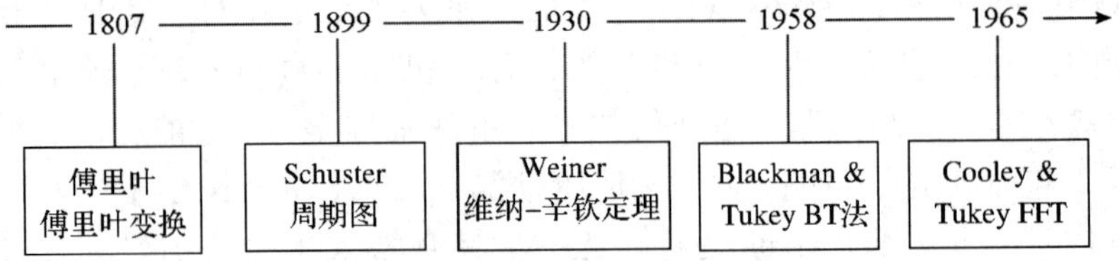

图 5.0.2　经典谱估计发展历程

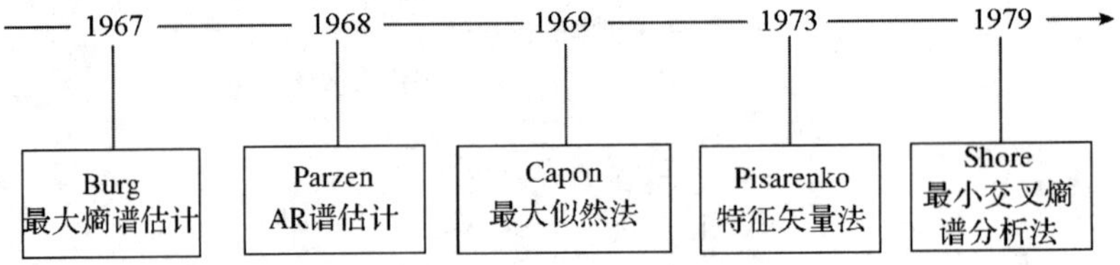

图 5.0.3　现代谱估计发展历程

功率谱估计面临的问题是：随机信号的自相关函数定义在集合平均下。由于无法得到随机信号的样本函数集，根据各态历经性，可以利用随机信号单样本函数的时间平均来得到自相关函数。由于观测到的只是随机信号单样本函数的有限个样本值，既无法实现集合平均，也无法实现时间平均，因此只能够对信号的自相关函数和谱密度函数进行估计。

本章的内容从经典谱估计和现代谱估计两个方面来进行讨论，经典谱估计主要讨论 BT 法和周期图法，而现代谱估计主要讨论参数模型法和谐波模型法。

5.1 经典功率谱估计

5.1.1 间接法与直接法

1. 间接法

1958 年,Blackman 和 Tukey 给出了维纳－辛钦定理的具体实现方法，即先由 N 个观察值 $x_N(n)$，得到自相关函数的估计 $\hat{r}_x(m)$，再求傅里叶变换，以此变换结果作为对功率谱 $P_x(\omega)$ 的估计。

(1) 自相关函数的估计

如果得到的是 $x(n)$ 的 N 个观察值 $x(0)$，$x(1)$，…，$x(N-1)$，令

$$x_N(n) = a(n) \cdot x(n) \tag{5.1.1}$$

其中 $a(n)$ 是数据窗，对于矩形窗

$$a_r(n) = \begin{cases} 1, & 0 \leqslant n \leqslant N-1 \\ 0, & 0 \end{cases}$$

计算 $r_x(m)$ 的估计值的一种方法是

$$\begin{aligned} \hat{r}_x(m) &= \frac{1}{N}\sum_{n=0}^{N-1} x_N(n)x_N(n+m) \\ &= \frac{1}{N}\sum_{n=0}^{N-1-|m|} x_N(n)x_N(n+m), \quad |m| \leqslant N-1 \end{aligned} \tag{5.1.2}$$

现计算 $\hat{r}_x(m)$ 的均值和方差：

均值　$\hat{r}_x(m)$ 的均值为

$$E\left[\frac{1}{N}\sum_{m=0}^{N-1-|m|} x_N(n)x_N(n+m)\right] = \frac{1}{N}\sum_{n=0}^{N-1-|m|} E[x(n)x(n+m)]a(n)a(n+m)$$

若 $a(n)$ 是矩形窗，则

$$E[\hat{r}_x(m)] = \frac{N-|m|}{N} \cdot r_x(m) \tag{5.1.3}$$

所以，偏差

$$\begin{aligned} bias[\hat{r}_x(m)] &= E[\hat{r}_x(m)] - r_x(m) \\ &= -\frac{|m|}{N} r_x(m) \end{aligned} \tag{5.1.4}$$

由此可以看出：

一是这种自相关函数的估计是一个有偏估计，且估计的偏差是 $-\frac{|m|}{N}r_x(m)$，

当 $N\to\infty$ 时，$bias[\hat{r}_x(m)]\to 0$。因此，$\hat{r}_x(m)$ 是 $r_x(m)$的渐近无偏估计。

二是对于一个固定的 N，当$|m|$越接近于 N 时，估计的偏差越大。

三是由式(5.1.3)可看出，$E[\hat{r}_x(m)]$是真值 $r_x(m)$和三角窗函数

$$q(m)=\begin{cases}1-\dfrac{|m|}{N}, & 0\leqslant m\leqslant N-1\\ 0, & \text{其他}\end{cases}$$

的乘积，$q(m)$的长度是 $2N-1$，它是由矩形数据窗 $a_r(n)$的自相关所产生。

方差　根据有关方差的定义，$\hat{r}_x(m)$的方差是

$$\mathrm{Var}[\hat{r}_x(m)]=E[\hat{r}_x^2(m)]-\{E[\hat{r}_x(m)]\}^2 \tag{5.1.5}$$

其中

$$\begin{aligned}E[\hat{r}_x^2(m)] &= E\Big[\frac{1}{N^2}\sum_{n=0}^{N-1-|m|}x(n)x(n+m)\sum_{k=0}^{N-1-|m|}x(k)x(k+m)\Big]\\ &=\frac{1}{N^2}\sum_n\sum_k E[x(n)x(k)x(n+m)x(k+m)]\end{aligned} \tag{5.1.6}$$

假定 $x(n)$是零均值的高斯随机信号，有

$$E[x(n)x(k)x(n+m)x(k+m)]=r_x^2(n-k)+r_x^2(m)+r_x(n-k-m)r_x(n-k+m)$$

所以

$$\begin{aligned}E[\hat{r}_x^2(m)] &= \frac{1}{N^2}\sum_n\sum_k[r_x^2(n-k)+r_x^2(m)+r_x(n-k-m)r_x(n-k+m)]\\ &=\Big[\frac{N-|m|}{N}r_x(m)\Big]^2+\\ &\quad\frac{1}{N^2}\sum_n\sum_k[r_x^2(n-k)+r_x(n-k-m)r_x(n-k+m)]\end{aligned}$$

将上式和式(5.1.3)代入式(5.1.5)得

$$\mathrm{Var}[\hat{r}_x(m)]=\frac{1}{N^2}\sum_{n=0}^{N-1-|m|}\sum_{k=0}^{N-1-|m|}[r_x^2(n-k)+r_x(n-k-m)r_x(n-k+m)] \tag{5.1.7}$$

令 $n-k=i$，式(5.1.7)可写成

$$\mathrm{Var}[\hat{r}_x(m)]=\frac{1}{N}\sum_{i=-(N-1-|m|)}^{N-1-|m|}\Big[1-\frac{|m+|i||}{N}\Big][r_x^2(i)+r_x(i-m)r_x(i+m)] \tag{5.1.8}$$

在大多数情况下，$r_x(m)$是平方可求和的，所以当 $N\to\infty$ 时，$\mathrm{Var}[\hat{r}_x(m)]\to 0$，又因为

$$\lim_{N\to\infty}bias[\hat{r}_x(m)]=0$$

所以对于固定的延迟 $|m|$，$\hat{r}_x(m)$ 是 $r_x(m)$ 的一致估计。

(2)傅里叶变换的计算

由式(5.1.2)得到自相关函数估计 $\hat{r}_x(m)$，计算其傅里叶变换

$$\hat{P}_{\mathrm{BT}}(\omega) = \sum_{m=-M}^{M} v(m)\hat{r}_x(m)\mathrm{e}^{-\mathrm{j}\omega m}, \quad |M| \leqslant N-1 \tag{5.1.9}$$

以此作为功率谱估计。其中 $v(m)$ 是延迟窗，其宽度为 $2M+1$。由式(5.1.4)可知，由于自相关函数估计的偏差与 $|m|$ 成正比，为减少估计的偏差，通常 $M \ll N$。因为这种方法求出的功率谱是通过自相关函数的估计间接得到的，所以此法称为间接法，或称为 BT 法。

2. **直接法**

直接法又称为周期图法，它是把随机信号的 N 个观察值 $x_N(n)$ 直接求其傅里叶变换，得 $X_N(\mathrm{e}^{\mathrm{j}\omega})$，然后取其幅值的平方，再除以 N，作为对 $x(n)$ 真实功率谱 $P_x(\omega)$ 的估计。以 $\hat{P}_{\mathrm{per}}(\omega)$ 表示周期图法估计出的功率谱，则

$$\hat{P}_{\mathrm{per}}(\omega) = \frac{1}{N}|X_N(\mathrm{e}^{\mathrm{j}\omega})|^2 \tag{5.1.10}$$

其中

$$\begin{aligned} X_N(\mathrm{e}^{\mathrm{j}\omega}) &= \sum_{n=0}^{N-1} x_N(n)\mathrm{e}^{-\mathrm{j}\omega n} \\ &= \sum_{n=0}^{N-1} x(n)a(n)\mathrm{e}^{-\mathrm{j}\omega n} \end{aligned} \tag{5.1.11}$$

$a(n)$ 为所加的数据窗，若 $a(n)$ 为矩形窗，则

$$X_N(\mathrm{e}^{\mathrm{j}\omega}) = \sum_{n=0}^{N-1} x(n)\mathrm{e}^{-\mathrm{j}\omega n}$$

因为这种功率谱估计的方法是直接通过观察数据的傅里叶变换求得的，所以人们习惯上称之为直接法。

3. **直接法与间接法关系**

由式(5.1.9)，取 M 为其最大值 $N-1$，且平滑窗 $v(m)$ 为矩形窗

$$\begin{aligned} \hat{P}_{\mathrm{BT}}(\omega) &= \sum_{m=-(N-1)}^{N-1} \hat{r}_x(m)\mathrm{e}^{-\mathrm{j}\omega m} \\ &= \frac{1}{N}\sum_{m=-(N-1)}^{N-1}\sum_{n=0}^{N-1} a(n)a(n+m)x(n)x(n+m)\mathrm{e}^{-\mathrm{j}\omega m} \\ &= \frac{1}{N}\sum_{n=0}^{N-1} a(n)x(n)\mathrm{e}^{\mathrm{j}\omega n}\sum_{m=-(N-1)}^{N-1} a(n+m)x(n+m)\mathrm{e}^{-\mathrm{j}\omega(n+m)} \end{aligned}$$

令 $n+m=l$，上式可变成

$$\hat{P}_{BT}(\omega) = \frac{1}{N}\sum_{n=0}^{N-1} a(n)x(n)e^{j\omega n}\sum_{l=0}^{N-1} a(l)x(l)e^{-j\omega l}$$
$$= \frac{1}{N}|X_N(e^{j\omega})|^2$$

所以

$$\hat{P}_{BT}|_{M=N-1} = \hat{P}_{per}(\omega) \tag{5.1.12}$$

由此可见，直接法功率谱估计是间接法功率谱估计的一个特例，当间接法中使用的自相关函数延迟 $M=N-1$ 时，二者是相同的。

5.1.2 估计的质量

1. $M=N-1$ 时的估计质量

(1) 均值

由式(5.1.12)和式(5.1.9)，并取平滑窗 $v(n)$ 为矩形窗，得

$$E[\hat{P}_{BT}(\omega)]|_{M=N-1} = E[\hat{P}_{per}(\omega)] = E\left[\sum_{M=-(N-1)}^{N-1} \hat{r}_x(m)e^{-j\omega m}\right]$$

将式(5.1.1)和式(5.1.2)代入上式

$$E[\hat{P}_{BT}(\omega)]|_{M=N-1} = E[\hat{P}_{per}(\omega)]$$
$$= E\left[\sum_{M=-(N-1)}^{N-1} \frac{1}{N}\sum_{n=0}^{N-1} a(n)a(n+m)x(n)x(n+m)e^{-j\omega m}\right] \tag{5.1.13}$$

令

$$q(m) = \frac{1}{N}\sum_{n=0}^{N-1} a(n)a(n+m)$$

则

$$E[\hat{P}_{BT}(\omega)]|_{M=N-1} = E[\hat{P}_{per}(\omega)] = \sum_{m=-(N-1)}^{N-1} q(m)r_x(m)e^{-j\omega m} \tag{5.1.14}$$

根据卷积定理，上式又可写成

$$E[\hat{P}_{BT}(\omega)]|_{M=N-1} = E[\hat{P}_{per}(\omega)] = \frac{1}{2\pi}\int_{-\pi}^{\pi} P_x(\lambda)Q(\omega-\lambda)d\lambda \tag{5.1.15}$$

$Q(\omega)$称之为频谱窗，它是数据窗 $a(n)$ 的自相关的傅里叶变换

$$Q(\omega) = \frac{1}{N}|A(\omega)|^2 \tag{5.1.16}$$

由式(5.1.15)可见，周期图是一个有偏估计，其偏差为

$$bias[\hat{P}_{\text{per}}(\omega)] = E[\hat{P}_{\text{per}}(\omega)] - P_x(\omega) = P_x(\omega) * Q(\omega) - P_x(\omega)$$
$$= P_x(\omega) * \frac{1}{N}|A(\omega)|^2 - P_x(\omega) \tag{5.1.17}$$

当 $a(n)$ 为矩形窗时，有

$$q(m) = \begin{cases} 1 - \dfrac{|m|}{N}, & 0 \leqslant m \leqslant N-1 \\ 0, & \text{其他} \end{cases}$$

$$A(\omega) = \sum_{n=0}^{N-1} e^{-j\omega m} = e^{-j\omega\frac{(N-1)}{2}} \cdot \frac{\sin\dfrac{\omega N}{2}}{\sin\dfrac{\omega}{2}} \tag{5.1.18}$$

而

$$Q(\omega) = \frac{1}{N}\left[\frac{\sin\dfrac{\omega N}{2}}{\sin\dfrac{\omega}{2}}\right]^2 \tag{5.1.19}$$

可以证明

$$\lim_{N\to\infty} Q(\omega) = 2\pi \sum_{k=-\infty}^{\infty} \delta(\omega - 2\pi k) \tag{5.1.20}$$

由式(5.1.15)可知

$$\lim_{N\to\infty} E[\hat{P}_{\text{per}}(\omega)] = \lim_{N\to\infty} E[\hat{P}_{\text{BT}}(\omega)]\big|_{M=N-1} = P_x(\omega) \tag{5.1.21}$$

因此，当数据窗 $a(n)$ 是矩形窗，并且 $N\to\infty$ 时，周期图的期望值等于功率谱的真值 $P_x(\omega)$，所以，这种估计又是渐近无偏的。

(2) 方差

首先写出两个不同频率点 ω_1 和 ω_2 的周期图协方差表达式，为书写方便，将 $\hat{P}_{\text{per}}(\omega)$ 和 $\hat{P}_{\text{BT}}(\omega)$ 都简写为 $\hat{P}(\omega)$，有

$$\text{Cov}[\hat{P}(\omega_1), \hat{P}(\omega_2)] = E\{[\hat{P}(\omega_1) - E[\hat{P}(\omega_1)]][\hat{P}(\omega_2) - E[\hat{P}(\omega_2)]]\}$$
$$= E[\hat{P}(\omega_1)\hat{P}(\omega_2)] - E[\hat{P}(\omega_1)]E[\hat{P}(\omega_2)] \tag{5.1.22}$$

根据式(5.1.10)，有

$$E[\hat{P}(\omega)] = E\left\{\frac{1}{N}\sum_{n=-\infty}^{\infty} a(n)x(n)e^{-j\omega n} \sum_{k=-\infty}^{\infty} a(k)x(k)e^{j\omega k}\right\}$$
$$= \frac{1}{N}\sum_{n=-\infty}^{\infty}\sum_{k=-\infty}^{\infty} a(n)a(k)r_x(n-k)e^{-j\omega(n-k)} \tag{5.1.23}$$

和

$$E[\hat{P}(\omega_1)\hat{P}(\omega_2)]$$
$$=\frac{1}{N^2}\sum_n\sum_k\sum_p\sum_q a(n)a(k)a(p)a(q)E[x(n)x(k)x(p)x(q)]\times \mathrm{e}^{-\mathrm{j}\omega_1(n-k)}\times \mathrm{e}^{-\mathrm{j}\omega_2(p-q)} \tag{5.1.24}$$

假定 $x(n)$ 是一个零均值的高斯随机信号，式(5.1.24)可写成

$$\begin{aligned}
&E[\hat{P}(\omega_1)\hat{P}(\omega_2)]\\
&=\frac{1}{N^2}\sum_n\sum_k a(n)a(k)r_x(n-k)\mathrm{e}^{-\mathrm{j}\omega_1(n-k)}\sum_p\sum_q a(p)a(q)r_x(p-q)\mathrm{e}^{-\mathrm{j}\omega_2(p-q)}+\\
&\quad\frac{1}{N^2}\sum_n\sum_p a(n)a(p)r_x(n-p)\mathrm{e}^{-\mathrm{j}(\omega_1 n+\omega_2 p)}\sum_k\sum_q a(k)a(q)r_x(k-q)\mathrm{e}^{+\mathrm{j}(\omega_1 k+\omega_2 q)}+\\
&\quad\frac{1}{N^2}\sum_n\sum_q a(n)a(q)r_x(n-q)\mathrm{e}^{-\mathrm{j}(\omega_1 n-\omega_2 q)}\sum_k\sum_p a(k)a(p)r_x(k-p)\mathrm{e}^{+\mathrm{j}(\omega_1 k-\omega_2 p)}\\
&=E[\hat{P}(\omega_1)]E[\hat{P}(\omega_2)]+\left|\frac{1}{N}\sum_n\sum_p a(n)a(p)r_x(n-p)\mathrm{e}^{-\mathrm{j}(\omega_1 n+\omega_2 p)}\right|^2+\\
&\quad\left|\frac{1}{N}\sum_n\sum_p a(n)a(p)r_x(n-p)\mathrm{e}^{-\mathrm{j}(\omega_1 n-\omega_2 p)}\right|^2
\end{aligned}$$

式中

$$\begin{aligned}
&\sum_n\sum_p a(n)a(p)r_x(n-p)\mathrm{e}^{-\mathrm{j}(\omega_1 n+\omega_2 p)}\\
&=\sum_p a(p)\left[\sum_n a(n)r_x(n-p)\mathrm{e}^{-\mathrm{j}\omega_1 n}\right]\mathrm{e}^{-\mathrm{j}\omega_2 p}\\
&=\sum_p a(p)\left[\frac{1}{2\pi}\int_{-\pi}^{\pi}P_x(\lambda)A(\omega_1-\lambda)\mathrm{e}^{-\mathrm{j}\lambda p}\mathrm{d}\lambda\right]\mathrm{e}^{-\mathrm{j}\omega_2 p}\\
&=\frac{1}{2\pi}\int_{-\pi}^{\pi}P_x(\lambda)A(\omega_1-\lambda)\sum_p a(p)\mathrm{e}^{-\mathrm{j}(\lambda+\omega_2)p}\mathrm{d}\lambda\\
&=\frac{1}{2\pi}\int_{-\pi}^{\pi}P_x(\lambda)A(\omega_1-\lambda)A(\omega_2+\lambda)\mathrm{d}\lambda
\end{aligned}$$

综合上面的推导，得

$$\begin{aligned}
\mathrm{Cov}[\hat{P}(\omega_1),\hat{P}(\omega_2)]=&\left|\frac{1}{2\pi N}\int_{-\pi}^{\pi}P_x(\lambda)A(\omega_1-\lambda)A(\omega_2+\lambda)\mathrm{d}\lambda\right|^2+\\
&\left|\frac{1}{2\pi N}\int_{-\pi}^{\pi}P_x(\lambda)A(\omega_1-\lambda)A(\lambda-\omega_2)\mathrm{d}\lambda\right|^2
\end{aligned}\tag{5.1.25}$$

令 $\omega_1=\omega_2=\omega$，可得周期图的方差

$$\mathrm{Var}[\hat{P}(\omega)] = \left|\frac{1}{2\pi}\int_{-\pi}^{\pi} P_x(\lambda)\,\frac{1}{N}A(\omega-\lambda)A(\omega+\lambda)\,\mathrm{d}\lambda\right|^2 + \left|\frac{1}{2\pi}\int_{-\pi}^{\pi} P_x(\lambda)\,\frac{1}{N}A(\omega-\lambda)A(\lambda-\omega)\,\mathrm{d}\lambda\right|^2$$

根据式(5.1.15)和式(5.1.16)，周期图的方差又可写成

$$\mathrm{Var}[\hat{P}(\omega)] = \left|\frac{1}{2\pi}\int_{-\pi}^{\pi} P_x(\lambda)\,\frac{1}{N}A(\omega-\lambda)A(\omega+\lambda)\,\mathrm{d}\lambda\right|^2 + \left\{E[\hat{P}(\omega)]\right\}^2 \tag{5.1.26}$$

由此，可以得到周期图功率谱估计的一些性能：

一是不管 N 取多大，周期图的方差总是大于或等于估计值的均值平方，因此尽管周期图是真实功率谱的渐近无偏估计，但却不是一致估计，而根据 5.1.1 节所讨论的自相关函数的估计，知道 $\hat{r}_x(m)$ 是 $r_x(m)$ 的一致估计，但把 $\hat{r}_x(m)$ 做傅里叶变换($M=N-1$)得到的功率谱却不是 $P_x(\omega)$ 的一致估计，所以功率谱的估计要比自相关函数的估计复杂得多。

二是如果选择一个好的窗 $a(n)$，其频谱的主瓣宽度为 $2B$，其中 $B=\alpha(2\pi/N)$，而在主瓣以外的部分为零，即

$$A(\omega)=0, \qquad B<|\omega|<\pi-B$$

此时，若限制 $B<|\omega|<\pi-B$，则在式(5.1.26)中的 $A(\omega-\lambda)A(\omega+\lambda)=0$，因此，估计的方差

$$\mathrm{Var}[\hat{P}(\omega)] = \{E[\hat{P}(\omega)]\}^2, \quad B<|\omega|<\pi-B \tag{5.1.27}$$

可取得最小值。

另外，若限制 ω_1，ω_2 在 $0\sim(\pi-B)$ 的频率范围内，且 $|\omega_1-\omega_2|>2B$，则式(5.1.25)中 $A(\omega_1-\lambda)A(\omega_2+\lambda)=A(\omega_1-\lambda)A(\lambda-\omega_2)=0$，此时

$$\mathrm{Cov}[\hat{P}(\omega_1),\hat{P}(\omega_2)]=0 \tag{5.1.28}$$

这说明，在 $0\sim(\pi-B)$ 的范围内，估计谱 $\hat{P}(\omega)$ 在相距大于或等于 $2B$ 的两个频率点上的协方差为零，也即 $\hat{P}(\omega)$ 在这样的频率点上是不相关的，这一结果使谱估计 $\hat{P}(\omega)$ 呈现较大的起伏。如果增加数据的长度 N，则窗函数主瓣的宽度 $2B$ 将减小，这样将会加剧 $\hat{P}(\omega)$ 的起伏，这是周期图的一个严重的缺点。

例 5.1.1 $x(n)$ 是一个白噪声序列，其功率谱密度 $P_x(\omega)=\sigma_x^2$，所利用的数据窗 $a(n)$ 为矩形窗，计算其周期图的方差和协方差。

解：根据式(5.1.25)，有

$$\mathrm{Cov}[\hat{P}(\omega_1),\hat{P}(\omega_2)] = \sigma_x^4\left|\frac{1}{2\pi N}\int_{-\pi}^{\pi} A(\omega_1-\lambda)A(\omega_2+\lambda)\,\mathrm{d}\lambda\right|^2 +$$

$$\sigma_x^4\left|\frac{1}{2\pi N}\int_{-\pi}^{\pi}A(\omega_1-\lambda)A(\lambda-\omega_2)\mathrm{d}\lambda\right|^2$$

利用 Parseval 定理，得

$$\frac{1}{2\pi}\int_{-\pi}^{\pi}\frac{1}{N}A(\omega_1-\lambda)A(\omega_2+\lambda)\mathrm{d}\lambda=\frac{1}{N}\sum_n|a_r(n)|^2\mathrm{e}^{-\mathrm{j}(\omega_1+\omega_2)n}$$

$$=\frac{1}{N}\sum_{n=0}^{N-1}\mathrm{e}^{-\mathrm{j}(\omega_1+\omega_2)n}$$

$$=\mathrm{e}^{-\mathrm{j}(\omega_1+\omega_2)\frac{(N-1)}{2}}\frac{\sin\left[(\omega_1+\omega_2)\frac{N}{2}\right]}{N\sin\left[\frac{(\omega_1+\omega_2)}{2}\right]}$$

所以

$$\mathrm{Cov}[\hat{P}(\omega_1),\hat{P}(\omega_2)]=\sigma_x^4\left\{\frac{\sin^2\left[\frac{(\omega_1+\omega_2)N}{2}\right]}{N^2\sin^2\left[\frac{\omega_1+\omega_2}{2}\right]}\right\}+\sigma_x^4\left\{\frac{\sin^2\left[\frac{(\omega_1-\omega_2)N}{2}\right]}{N^2\sin^2\left[\frac{\omega_1-\omega_2}{2}\right]}\right\}\tag{5.1.29}$$

令 $\omega_1=\omega_2=\omega$，则

$$\mathrm{Var}[\hat{P}(\omega)]=\sigma_x^4\left\{1+\frac{\sin^2\omega N}{N^2\sin^2\omega}\right\}\tag{5.1.30}$$

显然

$$\lim_{N\to\infty}\mathrm{Var}[\hat{P}(\omega)]=\sigma_x^4=[P_x(\omega)]^2\tag{5.1.31}$$

如果取 $\omega_1=k(2\pi/N)$，$\omega_2=p(2\pi/N)$，k，p 为整数，并且使 $k+p$ 和 $k-p$ 都不是 N 的整倍数，由式(5.1.29)知

$$\mathrm{Cov}[\hat{P}(\omega_1),\hat{P}(\omega_2)]=\sigma_x^4\left\{\frac{\sin^2[(k+p)\pi]}{N^2\sin^2\left[\frac{(k+p)\pi}{N}\right]}\right\}+\sigma_x^4\left\{\frac{\sin^2[(k-p)\pi]}{N^2\sin^2\left[\frac{(k-p)\pi}{N}\right]}\right\}=0$$

也即 $\hat{P}(\omega)$ 在这样的一些频率点上是不相关的，当 N 增大时，满足上述关系式的点就会增多，这样也就加剧了功率谱曲线的起伏，图 5.1.1 示出了用周期图估计方差为 1 的高斯白噪声序列的功率谱，图(a)、(b)和(c)分别是 N 为 16、32 和 64 时的谱曲线，可以看出，当 N 增大时，谱曲线的起伏变得越来越剧烈。

2. $M<N-1$ **时的估计质量**

前面已讨论，当 $M<N-1$ 时 $\hat{P}_{\mathrm{BT}}(\omega)$ 不等于 $\hat{P}_{\mathrm{per}}(\omega)$，现在来讨论 $\hat{P}_{\mathrm{BT}}(\omega)$ 对 $P_x(\omega)$ 的估计性能。

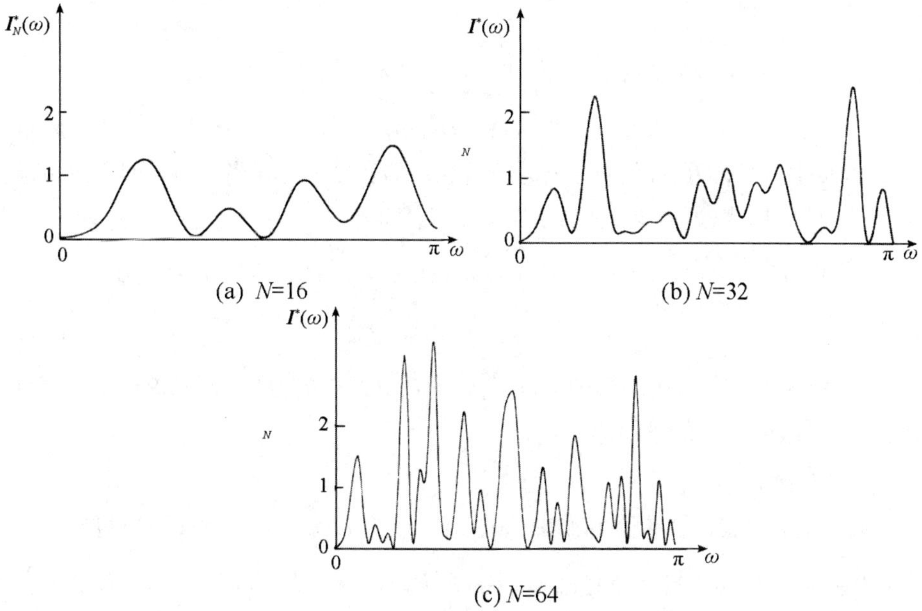

图 5.1.1　高斯白噪声序列的功率谱(周期图估计方差为 1)

(1) 均值

由式(5.1.9)，可知

$$\hat{P}_{\mathrm{BT}}(\omega) = \sum_{m=-M}^{M} v(m)\hat{r}_x(m)\mathrm{e}^{-\mathrm{j}\omega m}$$

但根据式(5.1.2)，如果 $x(n)$ 的观察值是 $x(0)$，$x(1)$，…，$x(N-1)$，那么 $\hat{r}_x(m)$ 的长度应是 $2N-1$。而当 $M<N-1$ 时，上式实际上相当于将最大长度为 $2N-1$ 的自相关函数用窗函数 $v(m)$ 截短成 $2M+1$，因此上式又可写成

$$\begin{aligned}\hat{P}_{\mathrm{BT}}(\omega) &= \sum_{m=-(N-1)}^{N-1} \hat{r}_x(m)v(m)\mathrm{e}^{-\mathrm{j}\omega m}\\ &= \hat{P}_{\mathrm{per}}(\omega) * V(\omega)\\ &= \frac{1}{2\pi}\int_{-\pi}^{\pi}\hat{P}_{\mathrm{per}}(\lambda)V(\omega-\lambda)\mathrm{d}\lambda \end{aligned} \tag{5.1.32}$$

其中 $V(\omega)$ 是窗函数 $v(m)$ 的傅里叶变换

$$V(\omega) = \sum_{n=-M}^{M} v(m)\mathrm{e}^{-\mathrm{j}\omega n}$$

根据式(5.1.15)，有

$$E\left[\sum_{m=-(N-1)}^{N-1}\hat{r}_x(m)\mathrm{e}^{-\mathrm{j}\omega m}\right] = P_x(\omega) * Q(\omega) = E[\hat{P}_{\mathrm{per}}(\omega)]$$

故

$$E[\hat{P}_{BT}(\omega)] = \frac{1}{2\pi}\int_{-\pi}^{\pi} E[\hat{P}_{per}(\lambda)]V(\omega - \lambda)\mathrm{d}\lambda$$
$$= P_x(\omega) * Q(\omega) * V(\omega) \tag{5.1.33}$$

当 $M \ll N$ 时，$Q(\omega)$的宽度远小于 $V(\omega)$的宽度，尤其当 $N\to\infty$ 时，$Q(\omega)$趋近于δ函数(见式(5.1.20))，此时

$$\lim_{N\to\infty} E[\hat{P}_{BT}(\omega)] = P_x(\omega) * V(\omega) = \frac{1}{2\pi}\int_{-\pi}^{\pi} P_x(\lambda)V(\omega - \lambda)\mathrm{d}\lambda \tag{5.1.34}$$

由式(5.1.32)和式(5.1.34)可见，$E[\hat{P}_{BT}(\omega)]$实际上是$E[\hat{P}_{per}(\omega)]$用频谱窗$V(\omega)$做进一步的平滑。

(2)方差

首先写出$\hat{P}_{BT}(\omega)$的协方差表达式，由式(5.1.32)和式(5.1.33)可知

$$\mathrm{Cov}[\hat{P}_{BT}(\omega_1), \hat{P}_{BT}(\omega_2)] = E\{[\hat{P}_{BT}(\omega_1) - E[\hat{P}_{BT}(\omega_1)]][\hat{P}_{BT}(\omega_2) - E[\hat{P}_{BT}(\omega_2)]]\}$$
$$= \frac{1}{4\pi}\int_{-\pi}^{\pi}\int_{-\pi}^{\pi} V(\lambda)V(\mu)\mathrm{Cov}[\hat{P}_{per}(\omega_1 - \lambda), \hat{P}_{per}(\omega_2 - \mu)]\mathrm{d}\lambda\mathrm{d}\mu \tag{5.1.35}$$

为了进一步了解式(5.1.35)的含义，假定观察信号 $x(n)$是一个功率谱密度为σ_x^2 的高斯白噪声序列，根据式(5.1.29)，有

$$\mathrm{Cov}[\hat{P}_{per}(\omega_1 - \lambda), \hat{P}_{per}(\omega_2 - \mu)] = \frac{\sigma_x^4}{N}[Q(\omega_1 + \omega_2 - \lambda - \mu) + Q(\omega_1 - \omega_2 - \lambda + \mu)]$$

其中

$$Q(\omega) = \frac{\sin^2 \frac{\omega N}{2}}{N\sin^2 \frac{\omega}{2}}$$

当 N 足够大时，可以证明

$$\lim_{N\to\infty} Q(\omega) = 2\pi\delta(\omega - 2\pi k)$$

将上两式代入式(5.1.35)，并对 λ 进行积分后，得到

$$\lim_{N\to\infty}\mathrm{Cov}[\hat{P}_{BT}(\omega_1), \hat{P}_{BT}(\omega_2)]$$
$$\cong \frac{\sigma_x^4}{2\pi N}\int_{-\pi}^{\pi} V(\mu)\{V(\omega_1 + \omega_2 - \mu) + V(\omega_1 - \omega_2 + \mu)\}\mathrm{d}\mu \tag{5.1.36}$$

进一步作近似，假定 $V(\omega)$的主瓣宽度足够小，以至 $V(\mu)V(\omega_1 + \omega_2 - \mu)$可以

忽略，式(5.1.36)可写成

$$\lim_{N\to\infty}\text{Cov}[\hat{P}_{\text{BT}}(\omega_1),\hat{P}_{\text{BT}}(\omega_2)]\cong\frac{\sigma_x^4}{2\pi N}\int_{-\pi}^{\pi}V(\mu)V(\omega_1-\omega_2+\mu)\,\text{d}\mu \tag{5.1.37}$$

从式(5.1.37)可见，当$|\omega_1-\omega_2|$大于频谱窗 $V(\omega)$的主瓣宽度时，积分近似为零，这也就意味着 $\hat{P}_{\text{BT}}(\omega)$在 ω_1 和 ω_2 这两个频率点上是不相关的，可是频谱窗 $V(\omega)$的主瓣宽度是正比于 $1/M$，因此随着 M 值的减小，ω_1 与 ω_2 的距离越来越远，这也就是说 $\hat{P}_{\text{BT}}(\omega)$邻近频率点的相关性越来越强。

现令式(5.1.37)中 $\omega_1=\omega_2$，就可得到方差表达式

$$\lim_{N\to\infty}\text{Var}\{\hat{P}_{\text{BT}}(\omega)\}\cong\frac{\sigma_x^4}{2\pi N}\int_{-\pi}^{\pi}V^2(\mu)\,\text{d}\mu \tag{5.1.38}$$

其中 $V(\mu)$是偶函数，式(5.1.38)也可写成

$$\lim_{N\to\infty}\text{Var}\{\hat{P}_{\text{BT}}(\omega)\}\cong\frac{\sigma_x^4}{N}\sum_{n=-M}^{M}\nu^2(n) \tag{5.1.39}$$

如果令 Λ 是 $\hat{P}_{\text{BT}}(\omega)$和 $\hat{P}_{\text{per}}(\omega)$的方差之比，根据式(5.1.31)

$$\Lambda=\frac{\text{Var}[\hat{P}_{\text{BT}}(\omega)]}{\text{Var}[\hat{P}_{\text{per}}(\omega)]}=\frac{1}{N}\sum_{n=-M}^{M}v^2(n) \tag{5.1.40}$$

一般 $v(m)$是以 $m=0$ 为对称并递减的，且 $v(0)=1$，又因为 $M\ll N$，所以 $\Lambda<1$，这说明 $\hat{P}_{\text{BT}}(\omega)$的方差小于 $\hat{P}_{\text{per}}(\omega)$的方差，这正是 $V(\omega)$对 $\hat{P}_{\text{per}}(\omega)$平滑的结果，例如令 $v(m)$是 Hanning 窗

$$v_{\text{HN}}(n)=0.5\left[1+\cos\left(\frac{2\pi n}{L}\right)\right]\nu_r(n)$$

其中 $L=2M+1$，并且

$$v_r(n)=\begin{cases}1, & |n|<M\\ 1, & \text{其他}\end{cases}$$

经计算得

$$\Lambda_{\text{HN}}=\frac{3}{8}\times\frac{2M+1}{N} \tag{5.1.41}$$

由上面的讨论，可得到下述结论：

一是由于在 $\hat{r}_x(m)$上施加了一个较短的窗口 $v(m)$，间接法估计的偏差大于直接法。

二是 $\hat{P}_{\text{BT}}(\omega)$谱是 $\hat{P}_{\text{per}}(\omega)$谱用 $V(\omega)$平滑的结果，因此前者的方差小于后

者的方差，这也就导致 $\hat{P}_{BT}(\omega)$的分辨率要比 $\hat{P}_{per}(\omega)$低。

由此可以看出在方差、偏差和分辨率之间存在着一定矛盾，在实际工作中只能根据需要作出折中的选择。

5.1.3 平均周期图

由概率论知道，如果 X_1，X_2，…，X_L 是 L 个不相关的随机变量，每个随机变量的期望值为μ，方差为σ^2，那么将这 L 个随机变量求平均$(X_1+X_2+\cdots+X_L)/L$，它的期望仍为μ，而方差变为σ^2/L。受此启发，如果将 N 点的观察值分成 L 个数据段，每段的数据为 M，然后计算 L 个数据段的周期图的平均 $\bar{P}_{per}(\omega)$，作为功率谱的估计，就可以改善用 N 点观察数据直接计算的周期图 $\bar{P}_{per}(\omega)$的方差特性。根据分段方法的不同，下面讨论两种周期图求平均的方法，一种是所分的数据段互不重叠，选用的数据窗是矩形窗，这种周期图求平均的方法称之为 Bartlett 法；另一种是所分的数据段可以互相重叠，选用的数据窗可以是任意窗，这种周期图求平均的方法称之为 Welch 法。因此，Welch 法实际上是 Bartlett 法的一种改进，换句话说，Bartlett 法只是 Welch 法的一种特例。

1. Welch 法

假定观察数据是 $x(n)(n=0, 1, \cdots, N-1)$，现将其分段，每段长度为 M，段与段之间的重叠为 $M-K$，如图 5.1.2 所示。

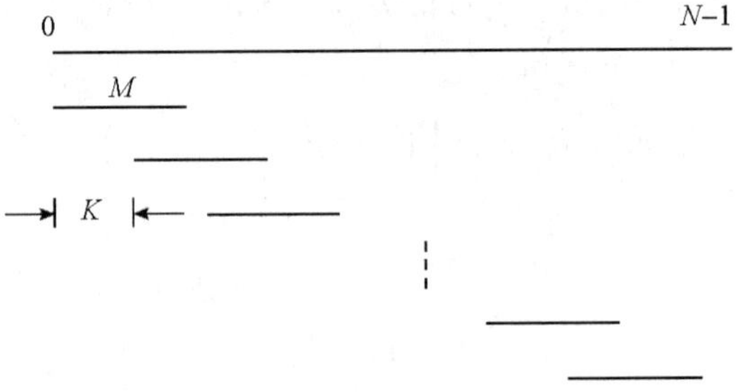

图 5.1.2 数据的分段

第 i 个数据段经加窗后可表示为

$$x_M^i(n)=a(n)x(n+iK),\quad i=0,1,\cdots,L-1;\ n=0,1,\cdots,M-1 \tag{5.1.42}$$

其中 K 为整数，L 为分段数，它们之间满足如下关系

$$(L-1)K+M\leqslant N \tag{5.1.43}$$

该数据段的周期图为

$$\hat{P}^{i}_{\text{per}}(\omega)=\frac{1}{MU}|X^{i}_{M}(\omega)|^{2} \tag{5.1.44}$$

其中

$$X^{i}_{M}(\omega)=\sum_{n=0}^{M-1}x^{i}_{M}(n)\mathrm{e}^{-\mathrm{j}\omega n} \tag{5.1.45}$$

U 为归一化因子，使用它是为了保证所得到的谱是真正功率谱的渐近无偏估计。

由此得到平均周期图

$$\bar{P}_{\text{per}}(\omega)=\frac{1}{L}\sum_{i=0}^{L-1}\hat{P}^{i}_{\text{per}}(\omega) \tag{5.1.46}$$

如果 $x(n)$ 是一个平稳随机过程，每个独立的周期图的期望值是相等的，根据式(5.1.15)和式(5.1.16)，有

$$E[\bar{P}_{\text{per}}(\omega)]=E[\hat{P}^{i}_{\text{per}}(\omega)]=\frac{1}{2\pi}\int_{-\pi}^{\pi}P_{x}(\lambda)Q(\omega-\lambda)\mathrm{d}\lambda \tag{5.1.47}$$

其中

$$Q(\omega)=\frac{1}{MU}|A(\omega)|^{2} \tag{5.1.48}$$

$A(\omega)$ 是对应 M 个点数据窗 $a(n)$ 的傅里叶变换，若 M 值较大，则 $Q(\omega)$ 主瓣宽度较窄，如果 $P_x(\omega)$ 是一慢变的谱，那么可以认为 $P_x(\omega)$ 在 $Q(\omega)$ 的主瓣内为常数，这样式(5.1.47)可以写成

$$E[\bar{P}_{\text{per}}(\omega)]\cong P_{x}(\omega)\cdot\frac{1}{2\pi}\int_{-\pi}^{\pi}Q(\omega)\mathrm{d}\omega \tag{5.1.49}$$

为了保证 Welch 法估计的谱是渐近无偏的，必须保证

$$\frac{1}{2\pi}\int_{-\pi}^{\pi}Q(\omega)\mathrm{d}\omega=1 \tag{5.1.50}$$

或

$$\frac{1}{MU}\cdot\frac{1}{2\pi}\int_{-\pi}^{\pi}|A(\omega)|^{2}\mathrm{d}\omega=1 \tag{5.1.51}$$

根据 Parseval 定理，式(5.1.51)可写成

$$\frac{1}{MU}\cdot\sum_{n=0}^{M-1}a^{2}(n)=1$$

所以归一化因子

$$U=\frac{1}{M}\cdot\sum_{n=0}^{M-1}a^{2}(n) \tag{5.1.52}$$

为了计算 $\bar{P}_{\text{per}}(\omega)$ 的方差，首先写出表示式

$$\bar{P}_{\text{per}}(\omega)-E[\bar{P}_{\text{per}}(\omega)]=\frac{1}{L}\sum_{i=0}^{L-1}\left\{\hat{P}_{\text{per}}^{i}(\omega)-E[\hat{P}_{\text{per}}^{i}(\omega)]\right\} \tag{5.1.53}$$

由此写出方差表示式

$$\text{Var}[\bar{P}_{\text{per}}(\omega)]=\frac{1}{L^{2}}\sum_{i=0}^{L-1}\sum_{l=0}^{L-1}\text{Cov}[\hat{P}_{\text{per}}^{i}(\omega),\hat{P}_{\text{per}}^{l}(\omega)] \tag{5.1.54}$$

如果 $x(n)$ 是一个平稳随机过程，式(5.1.54)的协方差仅仅取决于 $i-l=r$，令

$$\boldsymbol{\Gamma}_{r}(\omega)=\text{Cov}[\hat{P}_{\text{per}}^{i}(\omega),\hat{P}_{\text{per}}^{l}(\omega)] \tag{5.1.55}$$

式(5.1.54)可写成单求和表示式

$$\text{Var}[\bar{P}_{\text{per}}(\omega)]=\frac{1}{L}\text{Var}[\hat{P}_{\text{per}}(\omega)]\sum_{r=-(L-1)}^{L-1}\left(1-\frac{|r|}{L}\right)\frac{\boldsymbol{\Gamma}_{r}(\omega)}{\boldsymbol{\Gamma}_{0}(\omega)} \tag{5.1.56}$$

其中 $\text{Var}[\hat{P}_{\text{per}}(\omega)]$ 表示某一数据段的周期图方差

$$\text{Var}[\hat{P}_{\text{per}}^{l}(\omega)]=\text{Var}[\hat{P}_{\text{per}}^{i}(\omega)],\quad i=0,1,\cdots,L-1 \tag{5.1.57}$$

而 $\boldsymbol{\Gamma}_{r}(\omega)/\boldsymbol{\Gamma}_{0}(\omega)$ 是 $\hat{P}_{\text{per}}^{i}(\omega)$ 与 $\hat{P}_{\text{per}}^{i+r}(\omega)$ 的相关系数，如果各个数据段的周期图之间的相关性很小，那式(5.1.56)可近似写成

$$\text{Var}[\bar{P}_{\text{per}}(\omega)]\cong\frac{1}{L}\text{Var}[\hat{P}_{\text{per}}(\omega)] \tag{5.1.58}$$

这也就是说，平均周期图的方差比单数据段周期图的方差减小了 L 倍。但实际上，考虑到各个数据段之间是互相相关的，尤其是当段与段之间重叠数据越多时，相关性越强，换句话说，各个数据段的周期图之间的相关性也越强，因此平均周期图的实际方差减小倍数一般要比 L 小。但是在 N 固定时，重叠越大，所能分的段数 L 越多，因此段数 L 的影响与段与段之间的相关性影响是相反的。通常的方法是选择一个好的数据窗，并且尽可能地增加段的数目，直至达到一个最小的方差，例如对白噪声用 Welch 法进行功率谱估计，段与段之间可有50%的重叠。

2. Bartlett **法**

对应 Welch 法中，如果段与段之间互不重叠，且数据窗选用的是矩形窗，此时得到的周期图求平均的方法即为 Bartlett 法。可从上面讨论的 Welch 法得到 Bartlett 法有关计算公式，第 i 个数据段可表示为

$$x_{M}^{i}(n)=x(n+iM),\quad i=0,1,\cdots,L-1;\ n=0,1,\cdots,M-1 \tag{5.1.59}$$

其中 $LM\leqslant N$，该数据段的周期图为

$$\hat{P}_{\text{per}}^{i}(\omega)=\frac{1}{M}|X_{M}^{i}(\omega)|^{2} \tag{5.1.60}$$

其中

$$X_M^i(\omega) = \sum_{n=0}^{M-1} x_M^i(n)\mathrm{e}^{-\mathrm{j}\omega n} \tag{5.1.61}$$

平均周期图为

$$\bar{P}_{\mathrm{per}}(\omega) = \frac{1}{L}\sum_{i=0}^{L-1} \hat{P}_{\mathrm{per}}^i(\omega) \tag{5.1.62}$$

其数学期望为

$$E[\bar{P}_{\mathrm{per}}(\omega)] = E[\hat{P}_{\mathrm{per}}^i(\omega)] = \frac{1}{2\pi}\int_{-\pi}^{\pi} P_x(\lambda)Q(\omega-\lambda)\mathrm{d}\lambda \tag{5.1.63}$$

其中

$$Q(\omega) = \frac{1}{M}\left(\frac{\sin\dfrac{\omega M}{2}}{\sin\dfrac{\omega}{2}}\right)^2 \tag{5.1.64}$$

将式(5.1.64)与式(5.1.19)相比，取平均情况下 $A(\omega)$ 的主瓣宽度比不取平均情况下 $A(\omega)$ 的主瓣宽度要大 N/M 倍，由此可知，取平均以后，由式(5.1.63)和式(5.1.64)式计算的平均周期图偏差要比由式(5.1.15)和式(5.1.16)计算的不平均周期图偏差大，同时分辨率也下降。而平均周期图的方差仍可应用式(5.1.56)，由于数据段非重叠，Bartlett 法各数据段的相关性比 Welch 法各数据段的相关性小，因此平均周期图的方差更趋向于式(5.1.58)的理论结果。但要注意，在 N 一定的情况下，Bartlett 法此时所能分的段数比 Welch 法有重叠情况下所能分的段数 L 少，因此总的来说，Welch 法所得的结果要比 Bartlett 法所得的结果好。

5.1.4 问题讨论与总结

1. 窗函数的影响

在功率谱的估计中，不可避免地会遇到对观察数据加窗的问题，如果窗函数 $a(n)$ 的傅氏变换为 $A(\omega)$，如图 5.1.3 所示，可以用 $A(\omega)$ 的三个参量来表示窗函数的性能：

(1) 3 dB 带宽 B；

(2) 第 1 旁瓣峰值 A(dB)；

(3) 旁瓣谱峰渐近衰减速度 D(dB/oct)。

因为 3 dB 带宽 B 决定了功率谱估计的频率分辨率，而第 1 旁瓣峰值 A(dB)决定了大信号的谱分量会否淹没小信号的谱分量，所以通常选择的窗函数希望具有最小的 B 和 A 以及最大的 D，另外要求 $a(n)$ 是非负的实偶函数，且在对称中心处，窗函数的值为1。

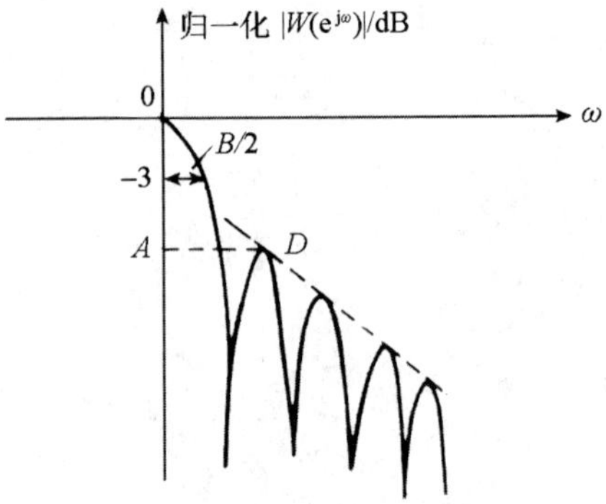

图5.1.3　窗函数的影响示意图

下面列出几种常用的窗函数，其中N表示数据长度，$\Delta\omega=2\pi/N$，B_0表示主瓣两个过零点之间的宽度

（1）矩形窗

$$B=0.89\Delta\omega,\ B_0=\frac{4\pi}{N},\ A=-13\ \text{dB},\ D=-6\ \text{dB/oct}$$

（2）三角窗

$$B=1.28\Delta\omega,\ B_0=\frac{8\pi}{N},\ A=-27\ \text{dB},\ D=-12\ \text{dB/oct}$$

（3）Hanning窗

$$B=1.44\Delta\omega,\ B_0=\frac{8\pi}{N},\ A=-32\ \text{dB},\ D=-18\ \text{dB/oct}$$

（4）Hamming窗

$$B=1.3\Delta\omega,\ B_0=\frac{8\pi}{N},\ A=-43\ \text{dB},\ D=-6\ \text{dB/oct}$$

（5）Blackman窗

$$B=1.68\Delta\omega,\ B_0=\frac{12\pi}{N},\ A=-58\ \text{dB},\ D=-18\ \text{dB/oct}$$

2. **关于周期图的计算**

将式(5.1.10)离散化，也即将单位圆以$2\pi/N$等间隔抽取N个点，得

$$\hat{P}_{\text{per}}(k)=\frac{1}{N}|X_N(k)|^2,\quad k=0,1,\cdots,N-1 \tag{5.1.65}$$

其中$X_N(k)$也即$x_N(n)$的N点快速傅里叶变换（FFT）的结果，但是，根据式(5.1.9)、式(5.1.10)和式(5.1.12)可知，$\hat{P}_{\text{per}}(\omega)$的FFT逆变换结果即是自

相关函数估计$\hat{r}_x(m)$，$-(N-1)\leqslant m\leqslant(N-1)$，而$\hat{r}_x(m)$的长度为$2N-1$，所以通常在进行 FFT 计算时，将$x_N(n)$序列补上$N-1$个零点，然后求其$2N-1$个点的 FFT，得

$$\hat{P}_{\text{per}}(k)=\frac{1}{N}|X_{2N-1}(k)|^2,\quad k=0,1,\cdots,2N-2$$

$\hat{P}_{\text{per}}(k)$也即$\hat{P}_{\text{per}}(\omega)$在单位圆上$2N-1$个点的等间隔采样，此时如果将$\hat{P}_{\text{per}}(k)$进行$2N-1$个点的 FFT 逆变换，就可直接得到自相关函数的估计$\hat{r}_x(m)$。

3. 经典谱估计总结

综合上述讨论，可以对经典谱估计作大致的总结。

(1)经典谱估计，不论是直接法还是间接法都可用 FFT 快速计算，且物理概念明确，尤其是周期图法不仅能获取功率信息，还能保留相位信息，因而仍是目前常用的谱估计方法。

(2)谱的分辨率较低，它正比于$2\pi/N$，N是所使用的数据长度。

(3)由于不可避免的窗函数的影响，真正功率谱$P_x(\omega)$在窗口主瓣的功率向旁瓣部分泄漏，降低了分辨率，另外，较大的旁瓣也有可能掩盖$P_x(\omega)$中较弱的部分，或是产生假的峰值，当分析数据较短时，这些影响更为突出。

(4)方差性能不好，不是$P_x(\omega)$的一致估计，且N增大时功率谱起伏加剧。

(5)周期图的平滑和平均是和窗函数的使用紧紧相关的，平滑和平均主要是用来改善周期图的方差性能，但往往又减小了分辨率和增加了偏差。没有一个窗函数能使估计的谱在方差、偏差和分辨率各个方面都得到改善，因此，使用窗函数只是改进估计质量的一个技巧，而不是根本的解决办法。

5.2 信号建模谱估计

信号建模谱估计是现代谱估计的重要方法，其中 AR 模型功率谱估计是最常用的一种方法，这是因为 AR 模型参数的精确估计可以用解一组线性方程的方法求得，而对于 MA 或 ARMA 模型功率谱估计来说，其参数的精确估计需要解一组高阶的非线性方程。所以本章的现代谱估计内容以 AR 模型谱估计为主来进行讨论。

5.2.1 AR 模型谱估计的引出

p 阶 AR 模型满足如下差分方程

$$x_n + a_1 x_{n-1} + \cdots + a_p x_{n-p} = \varepsilon_n$$

其中 a_1, a_2, $\cdots$, a_p 为实常数，且 $a_p \neq 0$，ε_n 是均值为零，方差为 σ_ε^2 的白噪声序列，这也就是说，随机信号 x_n 可以看成是白噪声 ε_n 通过一个系统 $H(z) = \dfrac{1}{A(z)}$的输出，如图 5.2.1 所示。其中

$$A(z) = 1 + a_1 z^{-1} + \cdots + a_p z^{-p} \tag{5.2.1}$$

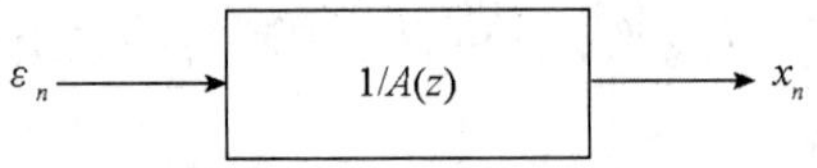

图 5.2.1　AR 模型示意图

由式(2.2.42)可知，x_n 的自相关函数满足

$$r_A(m) = \begin{cases} -\sum\limits_{k=1}^{p} a_k r_A(m-k), & m > 0 \\ -\sum\limits_{k=1}^{p} a_k r_A(k) + \sigma_\varepsilon^2, & m = 0 \end{cases} \tag{5.2.2}$$

其中 $r_A(m)$是 x_n 的自相关函数，尤其是对于$0 \leqslant m \leqslant p$，由式(5.2.2)得到求解模型参数的 Yule – Walker 方程

$$\begin{bmatrix} r_A(0) & r_A(1) & \cdots & r_A(p) \\ r_A(1) & r_A(0) & \cdots & r_A(p-1) \\ \vdots & & & \vdots \\ r_A(p) & r_A(p-1) & \cdots & r_A(0) \end{bmatrix} \begin{bmatrix} 1 \\ a_1 \\ \vdots \\ a_p \end{bmatrix} = \begin{bmatrix} \sigma_\varepsilon^2 \\ 0 \\ \vdots \\ 0 \end{bmatrix} \tag{5.2.3}$$

其中 $r_A(m)$ $(0 \leqslant m \leqslant p)$为 x_n 的自相关函数，$a_m(m = 1, 2, \cdots, p)$为模型系数，σ_ε^2 为模型输入白噪声方差。

从式(5.2.2)和式(5.2.3)可以看到，只要得到 $r_A(m)(0 \leqslant m \leqslant p)$的 $p+1$ 个值，就可以通过求解 Yule-Walker 方程确定模型参数，进而确定 $r_A(m)$ $(-\infty \leqslant m \leqslant +\infty)$的全部值，同时得到 x_n 的功率谱密度函数

$$P_{\mathrm{AR}}(\omega) = \frac{\sigma_\varepsilon^2}{\left|1 + \sum\limits_{k=1}^{p} a_k \mathrm{e}^{-\mathrm{j}\omega k}\right|^2} = \sum_{m=-\infty}^{\infty} r_A(m) \mathrm{e}^{-\mathrm{j}\omega m} \tag{5.2.4}$$

另外，在 3.6 节讨论了信号 $x(n)$的最佳线性单步预测器。对于一个 p 点单步预测器，$x(n)$的预测值

$$\hat{x}(n) = -\sum_{k=1}^{p} a(k) x(n-k) = \sum_{k=1}^{p} h(k) x(n-k) \tag{5.2.5}$$

其中 $h(k)=-a(k)$，预测误差为

$$e(n)=x(n)-\hat{x}(n)=\sum_{k=0}^{p}a(k)x(n-k) \tag{5.2.6}$$

其中 $a(0)=1$，这样得到了一个 p 阶预测误差滤波器系统函数 $A_p(z)$ 为

$$A_p(z)=1+a(1)z^{-1}+\cdots+a(p)z^{-p}$$

以及预测误差滤波器正则方程

$$\begin{bmatrix} r_x(0) & r_x(1) & \cdots & r_x(p) \\ r_x(1) & r_x(0) & \cdots & r_x(p-1) \\ \vdots & & & \vdots \\ r_x(p) & r_x(p-1) & \cdots & r_x(0) \end{bmatrix}\begin{bmatrix} 1 \\ a(1) \\ \vdots \\ a(p) \end{bmatrix}=\begin{bmatrix} E\left[e^2(n)\right]_{\min} \\ 0 \\ \vdots \\ 0 \end{bmatrix} \tag{5.2.7}$$

其中 $r_x(m)$ $(0\leqslant m\leqslant p)$ 为 $x(n)$ 的自相关函数，$a(m)(m=1,2,\cdots,p)$ 为预测误差滤波器系数，$E\left[e^2(n)\right]_{\min}$ 为最小预测误差均方值。

现在如果已知信号 $x(n)$ 的 $p+1$ 个自相关函数值 $r_x(m)$ $(0\leqslant m\leqslant p)$，可以用一个 p 阶 AR 模型对信号 $x(n)$ 进行建模。比较式(5.2.3)和式(5.2.7)，令 $r_A(m)=r_x(m)(m=0,1,\cdots,p)$，则有关系式

$$\begin{cases} a_k=a(k), & k=1,2,\cdots,p \\ \sigma_\varepsilon^2=E\left[e^2(n)\right]_{\min} \end{cases} \tag{5.2.8}$$

则 $x(n)$ 的 p 阶 AR 模型谱估计的结果为

$$P_x^{\mathrm{AR}}(\omega)=\frac{E\left[e^2(n)\right]_{\min}}{\left|1+\sum_{k=1}^{p}a(k)\mathrm{e}^{-\mathrm{j}\omega k}\right|^2} \tag{5.2.9}$$

AR 模型谱估计算法步骤如下：

(1) 根据观测信号 $x(n)(n=0,1,\cdots,N-1)$ 估计 $(p+1)\times(p+1)$ 自相关矩阵 R_x；

(2) 求解式(5.2.7)预测误差滤波器正则方程，得到预测误差滤波器系数 $a(m)(m=1,2,\cdots,p)$ 和最小预测误差均方值 $E\left[e^2(n)\right]_{\min}$；

(3) 利用式(5.2.9)得到信号的 AR 谱。

需要注意的是，预测误差滤波器实际上也是一个白化滤波器，但一般情况下，它不能将 $x(n)$ 完全白化，所以预测误差滤波器的输出并不是白噪声，$E\left[e^2(n)\right]_{\min}$ 表示的也是非白噪声的方差。只有当被估计的随机信号 $x(n)$ 本身就是一个 AR(p) 过程，且预测误差滤波器的阶数大于或等于 p 时，$x(n)$ 才能够被完全白化。但无论如何，与预测误差滤波器的输入信号相比，其输出信号要随机得多或者说“白得多”。

5.2.2 AR 模型谱估计的性质

1. **自相关函数匹配特性**

对信号 $x(n)$ 进行 AR 模型谱估计，信号的自相关函数和模型的自相关函数具有匹配的性质。对比式(5.2.2)、式(5.2.3)和式(5.2.7)，模型的自相关函数 $r_A(m)$ 和信号 $x(n)$ 的自相关函数 $r_x(m)$ 有如下关系

$$r_A(m)=\begin{cases}r_x(m), & 0\leqslant |m|\leqslant p\\ -\sum_{k=1}^{p}a_k r_A(m-k), & |m|>p\end{cases}\tag{5.2.10}$$

由此表示式可见，用 AR(p)模型来对信号进行建模，在 $0\leqslant |m|\leqslant p$ 时，模型自相关函数与信号自相关函数完全相同。随着模型阶数 p 的增大，匹配的程度越来越好，当 $p\to\infty$ 时，AR 模型的自相关函数和信号 $x(n)$ 的自相关函数可完全匹配，即

$$\lim_{p\to\infty}r_A(m)=r_x(m),\quad 0\leqslant |m|<\infty\tag{5.2.11}$$

而经典谱估计中的自相关函数估计是有偏的。

2. **隐含的自相关函数延拓的特性**

在前面讨论的经典功率谱估计中，对信号进行了加窗，即信号 $x(n)$ 在 $n=0,1,\cdots,N-1$ 范围之外为零，这时意味着自相关函数是有限长度的。周期图法的谱估计结果为

$$\hat{P}(\omega)=\sum_{m=-(N-1)}^{N-1}\hat{r}_x(m)\mathrm{e}^{-\mathrm{j}\omega m}\tag{5.2.12}$$

即自相关函数在 m 的取值范围 $-(N-1)\sim(N-1)$ 以外为零，BT 法除数据加窗外，还要对估计的自相关再加一个延迟窗，自相关函数长度更短。加窗是经典谱估计分辨率不高的根本原因。与此同时，加窗使得经典谱估计不是一个一致估计，起伏激烈。

而 AR 模型谱估计隐含着数据和自相关函数的外推。对比式(5.2.5)和式(5.2.6)可知，线性预测误差滤波器与最佳单步预测器是等价的。通过 $x(0),x(1),\cdots,x(N-1)$ 可以进行前向甚至后向预测来扩展信息空间。如果在外推的过程中，用估计值代替信号，那么还可以持续不断地外推。同样，如式(5.2.10)所示，AR 模型的自相关函数 $r_A(m)$ 在 $0\sim p$ 范围内与信号的自相关函数 $r_x(m)$ 完全匹配，在这区间外，可以用递推的方法求得。而 $r_A(m)$ 的外推实际上就是被估计信号自相关函数的外推

$$\hat{r}_x(m)=r_A(m)$$

将其求傅里叶变换，就可得到信号 $x(n)$ 的 AR 模型谱估计结果

$$P_x^{AR}(\omega) = \sum_{m=-\infty}^{\infty} \hat{r}_x(m)e^{-j\omega m} = \sum_{m=-\infty}^{\infty} r_A(m)e^{-j\omega m} \tag{5.2.13}$$

比较式(5.2.12)和式(5.2.13)显见，由于隐含了自相关函数的外推，AR 模型法避免了窗函数的影响，因此它可得到高的谱分辨率。同时信号的 AR 谱是一个确定性有理函数，改善了起伏特性。图 5.2.2 给出了 BT 法谱估计和 AR 模型谱估计的比较。

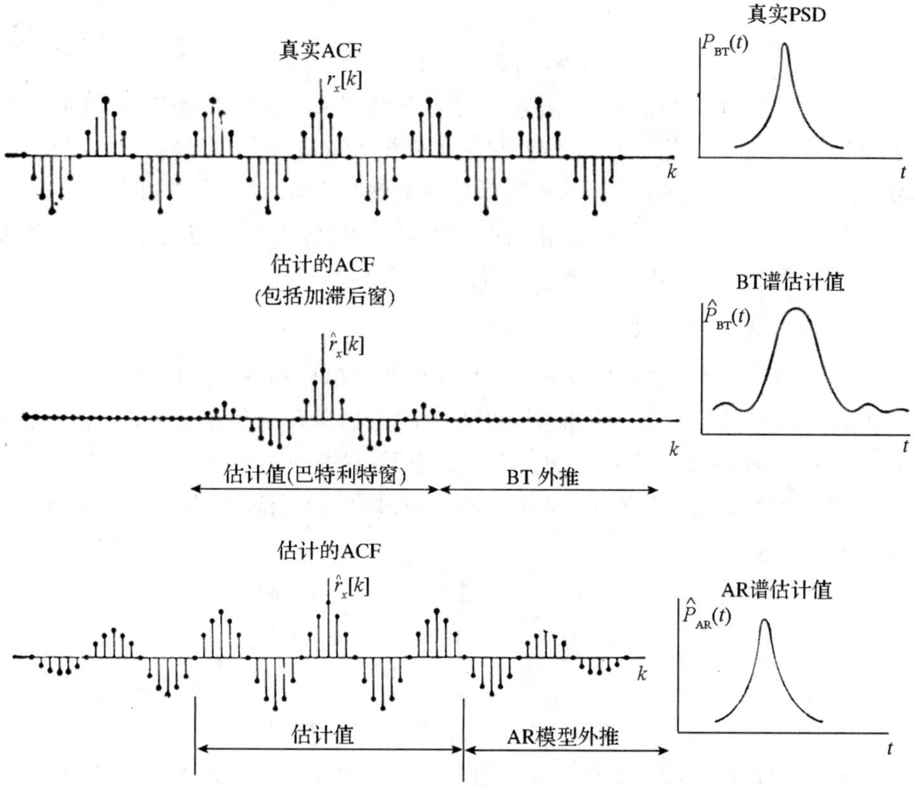

图 5.2.2　BT 法谱估计与 AR 模型谱估计的比较

3. 功率谱匹配特性

信号的 AR 谱与真实功率谱之间并不是相等的关系，而是匹配的关系。

设预测误差滤波器系统函数 $A_p(z)=1+a(1)z^{-1}+\cdots+a(p)z^{-p}$，信号的真实功率谱为 $P_x(\omega)$。当预测误差滤波器最优时，输出的最小误差均方值为

$$E\left[e^2(n)\right]_{\min} = r_e(0) = \frac{1}{2\pi}\int_{-\pi}^{\pi} P_x(\omega)\ |A_p(e^{j\omega})|^2 d\omega \tag{5.2.14}$$

信号的 AR 谱为

$$P_x^{\mathrm{AR}}(\omega)=\frac{E[e^2(n)]_{\min}}{|A_p(\mathrm{e}^{\mathrm{j}\omega})|^2}$$

即

$$|A_p(\mathrm{e}^{\mathrm{j}\omega})|^2=\frac{E[e^2(n)]_{\min}}{P_x^{\mathrm{AR}}(\omega)} \tag{5.2.15}$$

由式(5.2.14)和式(5.2.15)可以得到

$$\frac{1}{2\pi}\int_{-\pi}^{\pi}\frac{P_x(\omega)}{P_x^{\mathrm{AR}}(\omega)}\mathrm{d}\omega=1 \tag{5.2.16}$$

从式(5.2.16)可以看出，信号真实功率谱与AR谱的比值在2π周期内积分为1。这就是说，信号AR谱与真实功率谱之间是一个匹配的关系：当信号功率谱增大时，AR谱随之增大；当信号功率谱减小时，AR谱也随之减小。AR谱谱峰的大小不再反应信号能量，而是由AR模型的极点分布决定。当一些极点很靠近单位圆时，AR谱将产生很尖的谱峰。

4. AR模型的稳定性

AR模型稳定的充分必要条件是极点必须在单位圆内，而且这一条件也是保证$x(n)$是一个广义平稳过程所必需的。因为如果有一个极点在单位圆外，那么$x(n)$的方差将趋于无穷，此时$x(n)$是非平稳的。

AR模型的系数是由Yule－Walker方程解得的，可以证明如果$(p+1)\times(p+1)$的自相关矩阵

$$\boldsymbol{R}_p=\begin{bmatrix} r_x(0) & r_x(1) & \cdots & r_x(p) \\ r_x(1) & r_x(0) & \cdots & r_x(p-1) \\ \vdots & & & \vdots \\ r_x(p) & r_x(p-1) & \cdots & r_x(0) \end{bmatrix}$$

是正定的，AR模型的系数具有非零解，此时预测误差滤波器$A_p(z)$一定具有最小相位的特性，换句话说，AR模型$H(z)$一定是一个稳定的全极点滤波器。其证明过程如下：

(1) 因为AR模型的系数是通过预测误差滤波器的输出功率

$$\rho=E[e^2(n)]=E\left\{\left[x(n)-\hat{x}(n)\right]^2\right\}=E\left\{\left[\sum_{k=0}^{p}a_kx(n-k)\right]^2\right\}$$

达到最小所求得的，当ρ达到其最小值$\rho_{\min}$时，最小预测误差功率$\rho_{\min}$可以写成

$$\rho_{\min}=\frac{1}{2\pi}\int_{-\pi}^{\pi}|A_p(\omega)|^2P_x(\omega)\mathrm{d}\omega \tag{5.2.17}$$

其中

$$A_p(\omega) = 1 + \sum_{k=1}^{p} a_k e^{-j\omega k}$$

现假设 $A_p(z)$ 的某一零点在单位圆外，即 $|z_i| > 1$，则

$$\begin{aligned} A_p(z) &= \prod_{j=1}^{p}(1 - z_j z^{-1}) \\ &= (1 - z_i z^{-1})\prod_{\substack{j=1 \\ j\neq i}}^{p}(1 - z_j z^{-1}) \\ &= (1 - z_i z^{-1})A'(z) \end{aligned}$$

将其代入式(5.2.17)

$$\rho_{\min} = \frac{1}{2\pi}\int_{-\pi}^{\pi} |1 - z_i e^{-j\omega}|^2 \, |A'(\omega)|^2 P_x(\omega)\,d\omega \qquad (5.2.18)$$

现将 $A_p(z)$ 在单位圆外的零点用在其共轭倒数位置上的零点(即 $1/z_i^*$)来代替，即将 $|1 - z_i e^{-j\omega}|^2$ 写成

$$\begin{aligned} |1 - z_i e^{-j\omega}|^2 &= |z_i|^2 \left|\frac{1}{z_i} - e^{-j\omega}\right|^2 = |z_i|^2 \left|e^{j\omega} - \frac{1}{z_i^*}\right|^2 \\ &= |z_i|^2 \left|1 - \frac{1}{z_i^*}e^{-j\omega}\right|^2 \end{aligned}$$

其中 $|z_i| > 1$，这说明式(5.2.18)求得的 $\rho_{\min}$ 并非真正的最小预测误差功率，因为有一个零点在单位圆外的情况下求得的最小预测误差功率必定比所有零点都在单位圆内的情况下求得的最小预测误差功率来得大，这从反面证明了式(5.2.17)的 ρ 值最小时，预测误差滤波器的所有零点必在单位圆内或单位圆上。

(2) 当 $\boldsymbol{R}_p$ 是正定时，进一步可证明，$A_p(z)$ 必定是最小相位的，也即 $A_p(z)$ 的所有零点必在单位圆内，这意味着，在用 Levinson 递归算法求解 Yule - Walker 方程时，解总是存在的，且是唯一的，并满足如下关系

$$K_k = a_{k,k} < 1, \quad k = 1, 2, \cdots, p$$

$$\rho_1 > \rho_2 > \cdots > \rho_p > 0$$

(3) 若 $\boldsymbol{R}_p$ 是奇异的而 $\boldsymbol{R}_{p-1}$ 是正定的(因而 $\boldsymbol{R}_p$ 是半正定的)，则预测误差滤波器 $A_p(z)$ 的所有零点在单位圆上。若由 p 个复正弦信号所组成的 $x(n)$ 就是这种情况，则此时 $x(n)$ 是完全可以预测的，且 $\rho_{\min} = 0$。例如 $x(n) = A\cos(\omega_0 n + \varphi)$，它也可用二阶递推方程来表示，即

$$x(n) = 2\cos\omega_0 x(n-1) - x(n-2) + A\cos\varphi\delta(n) - A\cos(\omega_0 - \varphi)\delta(n-1)$$

其中初始条件是 $x(-1) = x(-2) = 0$。既然 $x(n)$ $(n > 0)$ 可用上述二阶预测方程精确表示，最小预测误差功率就应当为零。

(4) 当 $x(n)$ 由 k 个复正弦信号所组成，且 $k<p$，此时最小预测误差功率将为零，但 $\boldsymbol{R}_p$ 是非正定矩阵，可以证明，$A_p(z)$ 必有 k 个零点在单位圆上，而另外的 $p-k$ 个零点可位于 z 平面的任意地方，这意味着预测系数不是唯一的，也即 Yule-Walker 方程具有无穷个解。

上述讨论说明，用 AR 模型对纯正弦信号建模是不合适的，因为此时 $\boldsymbol{R}_p$ 可能会出现奇异或非正定的情况。但在信号处理中经常要用正弦信号作为试验信号以检验某个算法或系统的性能，为克服自相关矩阵奇异的情况，最常用的方法是加上白噪声，这样 $\det\boldsymbol{R}_p$ 不会等于零。

5. 谱的平坦度

前面的讨论已经指出，AR(p)的系数 a_k 就是预测误差功率最小时的 p 阶线性预测误差滤波器的系数，由于预测误差滤波器就是一个白化滤波器，它的作用是去掉随机信号 x_n 的相关性，在自己的输出端得到白噪声，因此在这一节中，把白化的概念加以推广，表明 AR 参数也可以用使预测误差滤波器 $A_p(z)$ 输出过程具有最大的谱平坦性的方法得到，利用谱平坦度的概念可以把 AR 谱估计得出的结果看成是最佳白化处理的结果。

功率谱密度的谱平坦度可定义为

$$\xi_x = \frac{\exp\left[\frac{1}{2\pi}\int_{-\pi}^{\pi}\ln P_x(\omega)\,\mathrm{d}\omega\right]}{\frac{1}{2\pi}\int_{-\pi}^{\pi}P_x(\omega)\,\mathrm{d}\omega} \tag{5.2.19}$$

它是 $P_x(\omega)$ 的几何均值与算术均值之比，可以证明

$$0\leqslant\xi_x\leqslant1$$

如果 $P_x(\omega)$ 有很多峰（也就是它的动态范围很大），例如，随机信号 x_n 由 p 个复正弦所组成，即

$$x(n)=\sum_{k=1}^{p}A_k\exp[\mathrm{j}(\omega_k n+\varphi_k)]$$

式中 A_k，ω_k 为常量，φ_k 是在 $(-\pi,\pi)$ 范围内均匀分布的随机变量，则

$$r_x(m)=\sum_{k=1}^{p}A_k^2\exp(\mathrm{j}\omega_k m)$$

$$P_x(m)=\sum_{k=1}^{p}A_k^2\delta(\omega-\omega_k)$$

此种信号的功率谱具有最大的动态范围，将上式代入式(5.2.19)，分子显见为零，因此 $\xi_x=0$。但如果 $P_x(\omega)$ 是一个常数（也就是它的动态范围为零），这也相当于 x_n 是一个白噪声的情况，则由式(5.2.19)显见，$\xi_x=1$，谱平坦度 ξ_x 直

接度量了谱的平坦程度。

现设预测误差滤波器 $A_p(z)=1+\sum_{k=1}^{p}a(k)z^{-k}$ 是最小相位的，输入时间序列 $x(n)$ 是任意的（不一定是 AR 过程），按照使输出误差序列 $e(n)$ 的谱的平坦度最大的准则来确定预测系数，为此，首先引入下述结果，如果 $A_p(z)$ 是最小相位的，则

$$\frac{1}{2\pi}\int_{-\pi}^{\pi}\ln|A_p(\omega)|^2\mathrm{d}\omega=0 \tag{5.2.20}$$

其证明如下：

$$\begin{aligned}
\frac{1}{2\pi}\int_{-\pi}^{\pi}\ln|A_p(\omega)|^2\mathrm{d}\omega &= \frac{1}{2\pi}\int_{-\pi}^{\pi}\ln[A_p(\omega)A_p^*(\omega)]\mathrm{d}\omega\\
&= 2\mathrm{Re}\left[\frac{1}{2\pi}\int_{-\pi}^{\pi}\ln A_p(\omega)\mathrm{d}\omega\right]\\
&= 2\mathrm{Re}\left[\frac{1}{2\pi \mathrm{j}}\oint_c\ln A_p(Z)\frac{\mathrm{d}z}{z}\right]\\
&= 2\mathrm{Re}\left[\frac{1}{2\pi \mathrm{j}}\oint_c\ln\prod_{k=1}^{p}(1-z_kz^{-1})\frac{\mathrm{d}z}{z}\right]\\
&= 2\mathrm{Re}\left[\frac{1}{2\pi \mathrm{j}}\oint_c\sum_{k=1}^{p}\ln(1-z_kz^{-1})\frac{\mathrm{d}z}{z}\right]\\
&= 2\mathrm{Re}\left[\sum_{k=1}^{p}\frac{1}{2\pi \mathrm{j}}\oint_c\sum_{n=1}^{\infty}\frac{z_k^n}{n}z^{-n}\frac{\mathrm{d}z}{z}\right]\\
&= 2\mathrm{Re}\left[\sum_{k=1}^{p}\sum_{n=1}^{\infty}\frac{z_k^n}{n}\frac{1}{2\pi \mathrm{j}}\oint_c z^{-n-1}\mathrm{d}z\right]
\end{aligned}$$

其中积分围线 c 是 z 平面的单位圆，因为 $|z_k|<1$ 且

$$\frac{1}{2\pi \mathrm{j}}\oint_c z^{-n-1}\mathrm{d}z=0$$

所以式(5.2.20)得证。

有了上述结果，可计算预测误差滤波器输出过程 $e(n)$ 的平坦度，因为

$$\begin{aligned}
\frac{1}{2\pi}\int_{-\pi}^{\pi}\ln P_e(\omega)\mathrm{d}\omega &= \frac{1}{2\pi}\int_{-\pi}^{\pi}\ln\left[|A_\rho(\omega)^2|\cdot P_x(\omega)\right]\mathrm{d}\omega\\
&= \frac{1}{2\pi}\int_{-\pi}^{\pi}\ln P_x(\omega)\mathrm{d}\omega
\end{aligned}$$

上式两端取指数并除以 $\frac{1}{2\pi}\int_{-\pi}^{\pi}P_e(\omega)\mathrm{d}\omega$ ，得

$$\xi_e = \frac{\exp\left[\frac{1}{2\pi}\int_{-\pi}^{\pi} \ln P_e(\omega)\mathrm{d}\omega\right]}{\frac{1}{2\pi}\int_{-\pi}^{\pi} P_e(\omega)\mathrm{d}\omega} = \xi_x \frac{\frac{1}{2\pi}\int_{-\pi}^{\pi} P_x(\omega)\mathrm{d}\omega}{\frac{1}{2\pi}\int_{-\pi}^{\pi} P_e(\omega)\mathrm{d}\omega} = \xi_x \cdot \frac{r_x(0)}{r_e(0)}$$

对于随机信号 x_n 来说，ξ_x 和 $r_x(0)$ 均是固定的，要使 ξ_e 最大，必须使 $r_e(0)$ 最小，$r_e(0)=E[e^2(n)]$，因此使预测误差 $e(n)$ 的功率谱平坦度最大和使 p 阶预测误差滤波器输出的误差功率最小是等效的，即条件 $\max\limits_a \xi_e$ 和条件

$$\min_a E[e^2(n)] = \min_a E[(x(n)-\hat{x}(n))^2]$$

完全等效。

如果 x_n 本身就是一个 AR(p)过程，也即

$$P_x(\omega) = \frac{\sigma_\varepsilon^2}{|A(\omega)|^2}$$

其中

$$A(\omega) = 1 + a_1 \mathrm{e}^{-\mathrm{j}\omega} + \cdots + a_p \mathrm{e}^{-\mathrm{j}p\omega}$$

现使其通过一个 p 阶预测误差滤波器

$$A_p(\omega) = 1 + a(1)\mathrm{e}^{-\mathrm{j}\omega} + \cdots + a(p)\mathrm{e}^{-\mathrm{j}p\omega}$$

在满足 $\max\limits_a \xi_e$ 的条件下，一定有 $A(\omega)=A_p(\omega)$

也即

$$a_k = a(k), \qquad k = 1, 2, \cdots, p$$

此时预测误差滤波器输出的误差序列 $e(n)$ 一定是一个白噪声序列。反之，如将 AR(p)过程通过一个 k 阶预测误差滤波器，$k<p$，同样在满足 $\max\limits_a \xi_e$ 的条件下，误差序列 $e(n)$ 不可能是一个白噪声序列，这一结果与前面讨论的 AR 模型谱估计的引出中所得的结果是完全一致的。

此处有一个重要的概念需要强调，预测误差滤波器的输入、输出功率谱，总满足关系式

$$P_x(\omega) = \frac{P_e(\omega)}{|A_p(\omega)|^2}$$

在满足 $E[e^2(n)]_{\min}$ 的条件下，根据求得的 $A_p(\omega)$ 建立 AR 模型

$$P_A(\omega) = \hat{P}_x(\omega) = \frac{\sigma_\varepsilon^2}{|A_p(\omega)|^2}$$

其中 $\sigma_\varepsilon^2 = E[e^2(n)]_{\min}$，它是一个常数。比较 $P_x(\omega)$ 和 $P_A(\omega)$ 两式可见，用 $P_A(\omega)$ 作为 $P_x(\omega)$ 的一个估计，其估计的好坏完全取决于 $P_e(\omega)$ 与一个常量相逼近的程度，换句话说，在建立 AR 模型时，正是用 σ_ε^2 代替了 $P_e(\omega)$，才使得

建立的 AR 模型功率谱 $P_A(\omega)$ 中丧失了很多 $P_e(\omega)$ 的重要细节，而只有当误差序列 $e(n)$ 是一个白噪声序列，$P_e(\omega)$ 是一个常量且等于 σ_ε^2 时，才能得到 $P_x(\omega)=P_A(\omega)=\hat{P}_x(\omega)$。

6. AR 谱估计与最大熵谱估计的等效性

最大熵谱估计(Maximum Entropyspectral Estimation)是 Burg 于 1975 年所提出，它的基本思想是将一段已知的自相关序列进行外推，以得到未知的自相关序列值，这样就可消除因自相关序列加窗(如 BT 法)而使谱估计特性恶化的弊端。

若已知 $r_x(0)$，$r_x(1)$，…，$r_x(p)$，现在希望利用这 $p+1$ 个值外推求得 $r_x(p+1)$，$r_x(p+2)$，…，同时要保证外推后的自相关矩阵是正定的。一般来说，外推的方法可以有无限多种，它们都能得到正确的自相关序列，Burg 主张，外推后的自相关序列所对应的时间序列应具有最大的熵，也就是说，在具有已知的 $p+1$ 个自相关序列值的所有时间序列中，该时间序列将是理想随机或不可预测的，或者说它的谱将是最平坦或最白的。选择这种最大熵准则的理由是，通过使时间序列的随机性最大，而对未知自相关值所加的约束最少，从而得到了一种最小偏差解。下面首先介绍熵的定义，然后讨论对于高斯随机过程来说，最大熵谱估计与 AR 模型谱估计的等效性。

设信源是由属于集合 $X=\{x_1 \quad x_2 \quad \cdots \quad x_M\}$ 的 M 个事件所组成，信源产生事件 x_j 的概率为 $P(x_j)$，则有 $\sum_{j=1}^{M} P(x_j)=1$。定义在集合 X 中事件 x_j 的信息量为

$$I(x_j)=-\ln P(x_j) \tag{5.2.21}$$

定义整个信源 M 个事件的平均信息量为

$$H(X)=-\sum_{j=1}^{M} P(x_j)\cdot\ln P(x_j)$$

$H(X)$ 被称为信源 X 的熵，若信源 X 是一个连续型的随机变量，其概率密度 $P(x)$ 是连续函数，则信源 X 的熵可定义为

$$H(X)=-\int_{-\infty}^{\infty} P(x)\ln P(x)\,\mathrm{d}x \tag{5.2.22}$$

由此可见，熵代表一种不定度，最大熵为最大不定度，此时时间序列将是理想随机的时间序列，换句话说，它的功率谱将具有最大的平坦度。

对于一维随机变量 x_n，假定它的均值为零，其概率密度函数 $P(x)$ 是高斯分布，满足

$$P(x)=\frac{1}{\sqrt{2\pi}\sigma}\mathrm{e}^{-\frac{x2}{\sigma2}}$$

代入式(5.2.22)，可得一维高斯分布随机信号的熵为

$$H=\ln\sqrt{2\pi\sigma^{2}}+\frac{1}{2}=\ln\sqrt{2\pi\sigma_x^{2}\mathrm{e}}$$

对于 $p+1$ 维的时间序列 x_0，x_1，…，x_p，概率密度应由联合概率密度函数 $P(x_0, x_1, \cdots, x_p)$ 代替，$(p+1)$ 维高斯分布的联合概率密度函数为

$$P(x_0, x_1, \cdots, x_p)=(2\pi)^{-\frac{(p+1)}{2}}(\det \boldsymbol{R}_p)^{-\frac{1}{2}}\exp\left(-\frac{1}{2}\boldsymbol{X}^{\mathrm{T}}[\boldsymbol{R}_p]^{-1}\boldsymbol{X}\right)$$

其中

$$\boldsymbol{X}=\begin{bmatrix}x_0\\x_1\\\vdots\\x_p\end{bmatrix},\ \boldsymbol{R}_p=\begin{bmatrix}r_x(0) & r_x(1) & \cdots & r_x(p)\\ r_x(1) & r_x(0) & \cdots & r_x(p-1)\\ \vdots & & & \vdots\\ r_x(p) & r_x(p-1) & \cdots & r_x(0)\end{bmatrix}$$

代入式(5.2.22)，可得 $(p+1)$ 维高斯分布信号的熵为

$$H=\ln\left[(2\pi\mathrm{e})^{\frac{(p+1)}{2}}(\det\boldsymbol{R}_p)^{\frac{1}{2}}\right]$$

式中 $\det \boldsymbol{R}_p$ 代表矩阵 $\boldsymbol{R}_p$ 的行列式。

如果已知 $r_x(0)$，$r_x(1)$，…，$r_x(p)$，现欲外推得 $r_x(p+1)$，由于自相关矩阵 $\boldsymbol{R}_{p+1}$ 必是正定的，故矩阵 $\boldsymbol{R}_{p+1}$ 的行列式必大于零，即

$$\det \boldsymbol{R}_{p+1}=\begin{vmatrix}r_x(0) & \cdots & r_x(p) & r_x(p+1)\\ \vdots & & & \vdots\\ r_x(p) & \cdots & r_x(0) & r_x(1)\\ r_x(p+1) & \cdots & r_x(1) & r_x(0)\end{vmatrix}>0$$

为了得到最大熵，要求 $\det \boldsymbol{R}_p$ 最大，为此将 $\det \boldsymbol{R}_p$ 相对于 $r_x(p+1)$ 微分，并令

$$\frac{\mathrm{d}\,|\boldsymbol{R}_{P+1}|}{\mathrm{d}r_x(p+1)}=0$$

求得使 $\det \boldsymbol{R}_p$ 最大的 $r_x(p+1)$，它一定满足

$$\begin{vmatrix}r_x(1) & r_x(0) & \cdots & r_x(p-1)\\ r_x(2) & r_x(1) & \cdots & r_x(p-2)\\ \vdots & & & \vdots\\ r_x(p+1) & r_x(p) & \cdots & r_x(1)\end{vmatrix}=0 \tag{5.2.23}$$

式(5.2.23)是 $r_x(p+1)$ 的一次函数，由此可解出 $r_x(p+1)$，于是又可由 $r_x(p+1)$

用类似的方法求得 $r_x(p+2)$，依此类推，这样每步都按最大熵的原则外推后一个自相关序列的值，可以外推到任意多个而不必认为它们是零。

下面证明，对于高斯随机过程来说，最大熵谱估计与 AR 模型谱估计是等效的：

根据式(5.2.2)和式(5.2.10)可知，对于一个 p 阶 AR 模型，它必满足

$$r_A(m)=\begin{cases}-\sum_{k=1}^{p}a_k r_A(m-k), & m>0\\ -\sum_{k=1}^{p}a_k r_A(k)+\sigma^2, & m=0\end{cases}$$

和

$$r_A(m)=\begin{cases}r_x(m), & 0\leqslant |m|\leqslant p\\ -\sum_{k=1}^{p}a_k r_A(m-k), & |m|>p\end{cases}$$

对应 $m=1, 2, \cdots, p+1$，将其写成下列线性方程组

$$\begin{cases}r_x(1)+a_1r_x(0)+\cdots+a_pr_x(p-1)=0\\ r_x(2)+a_1r_x(1)+\cdots+a_pr_x(p-2)=0\\ \vdots\\ r_x(p)+a_1r_x(p-1)+\cdots+a_pr_x(0)=0\end{cases} \tag{5.2.24}$$

和

$$r_A(p+1)+a_1r_x(p)+\cdots+a_pr_x(1)=0 \tag{5.2.25}$$

如果从式(5.2.24)的 p 个线性方程组中解得 p 个 AR 参数 $a_1, a_2, \cdots, a_p$ 值，代入式(5.2.25)，并整理成行列式形式即可得

$$\begin{vmatrix}r_x(1) & r_x(0) & \cdots & r_x(p-1)\\ \vdots & & & \vdots\\ r_x(p) & r_x(p-1) & \cdots & r_x(0)\\ r_A(p+1) & r_x(p) & \cdots & r_x(1)\end{vmatrix}=0 \tag{5.2.26}$$

比较式(5.2.26)和式(5.2.23)可见，在已知 $r_x(0), r_x(1), \cdots, r_x(p)$ 不变的情况下，采用最大熵谱估计法外推得到的 $r_x(p+1)$ 值与采用 p 阶 AR 模型外推得到的 $r_A(p+1)$ 是完全相同的，同理可依此类推 $r_x(p+2), r_x(p+3), \cdots$ 和 $r_A(p+2), r_A(p+3), \cdots$ 的相同性，这也就证明了对于高斯随机过程来说，最大熵谱估计法与 AR 模型谱估计法是等效的。

实际上，对于高斯随机过程来说，可以证明，它的每个样本的熵正比于

$$\int_{-\pi}^{\pi}\ln P_{\mathrm{MESE}}(\mathrm{e}^{\mathrm{j}\omega})\mathrm{d}\omega \tag{5.2.27}$$

其中 $P_{\text{MESE}}(e^{j\omega})$ 是信号 X 的最大熵功率谱，Burg 对 $P_{\text{MESE}}(e^{j\omega})$ 施加了一个制约条件，即它的傅里叶逆变换所得到的前 $p+1$ 个自相关函数值应等于所给定信号 X 的前 $p+1$ 个自相关函数值，即

$$\frac{1}{2\pi}\int_{-\pi}^{\pi} P_{\text{MESE}}(e^{j\omega})e^{j\omega m}d\omega = r_x(m), \quad m = 0, 1, \cdots, p \tag{5.2.28}$$

在此约束条件下，式(5.2.27)达到极大值，利用拉格朗日乘子法，可以解得

$$P_{\text{MESE}}(e^{j\omega}) = \frac{1}{\sum_{k=-p}^{p}\lambda_k \exp(-j\omega k)}$$

其中 λ_k 是使用式(5.2.28)的约束条件而求得的拉格朗日乘子，计算出拉格朗日乘子后便可得出

$$P_{\text{MESE}}(e^{j\omega}) = \frac{\sigma_\varepsilon^2}{\left|1 + \sum_{k=1}^{p} a_k \exp(-j\omega k)\right|^2}$$

其中$\{a_1, a_2, \cdots, a_k, \sigma_\varepsilon^2\}$是利用已知的$(p+1)$个自相关函数样本通过求解 Yule-Walker 方程求出的，该结果与 AR 模型谱估计的结果完全相同。这从另一个角度再次证明了，对于高斯随机过程，最大熵谱估计与 AR 模型谱估计的等效性。

5.2.3 AR 模型参数提取方法

由前面所讨论的 AR 模型谱估计的计算步骤可知，对于一个所要估计的随机信号 $x(n)$ 来说，首先要根据已知的观测数据 $x(0)$, $x(1)$, $\cdots$, $x(N-1)$ 对自相关函数值进行估计，然后再通过某种算法，计算得到 AR 模型的参数。下面讨论几种常用的 AR 模型参数的提取方法。

1. **自相关法**

假定观察到的数据是 $x(0)$, $x(1)$, $\cdots$, $x(N-1)$，而对于无法观察到的区间(即 $n<0$ 和 $n>N-1$)，$x(n)$ 的样本假定为零，写出预测误差功率的表示式

$$\begin{aligned}\hat{\rho} &= \frac{1}{N}\sum_{n=-\infty}^{\infty}\left[x(n) + \sum_{k=1}^{p} a(k)x(n-k)\right]^2 \\ &= \frac{1}{N}\sum_{n=0}^{N-1+p}\left[x(n) + \sum_{k=1}^{p} a(k)x(n-k)\right]^2\end{aligned} \tag{5.2.29}$$

式(5.2.29)可以写成求和上下限为$[0, N-1+p]$的表示式，是因为在此区间外误差表示式总为零。将上式对 $a(l)$ 求微分并令其等于零，以得到预测误差功率的极小值，得

$$\frac{1}{N}\sum_{n=-\infty}^{\infty}\left[x(n)+\sum_{k=1}^{p}\hat{a}(k)x(n-k)\right]x(n-l)=0,\quad l=1,2,\cdots,p \tag{5.2.30}$$

令

$$\hat{r}_x(k)=\begin{cases}\dfrac{1}{N}\displaystyle\sum_{n=-\infty}^{\infty}x(n)x(n+k), & k=0,1,\cdots,p\\ \hat{r}_x(-k), & k=-1,-2,\cdots,-p\end{cases} \tag{5.2.31}$$

代入式(5.2.30)得

$$\hat{r}_x(l)=-\sum_{k=1}^{p}\hat{a}(k)\hat{r}_x(l-k)\qquad l=1,2,\cdots,p \tag{5.2.32}$$

写成矩阵形式，这组方程为

$$\begin{bmatrix}\hat{r}_x(0) & \hat{r}_x(1) & \cdots & \hat{r}_x(p-1)\\ \hat{r}_x(1) & \hat{r}_x(0) & \cdots & \hat{r}_x(p-2)\\ \vdots & & & \vdots\\ \hat{r}_x(p-1) & \hat{r}_x(p-2) & \cdots & \hat{r}_x(0)\end{bmatrix}\begin{bmatrix}\hat{a}(1)\\ \hat{a}(2)\\ \vdots\\ \hat{a}(p)\end{bmatrix}=-\begin{bmatrix}\hat{r}_x(1)\\ \hat{r}_x(2)\\ \vdots\\ \hat{r}_x(p)\end{bmatrix} \tag{5.2.33}$$

求出白噪声方差 σ_ε^2 的估计值 $\hat{\sigma}_\varepsilon^2$，即

$$\hat{\sigma}_\varepsilon^2=\hat{\rho}_{\min}=\frac{1}{N}\sum_{n=-\infty}^{\infty}\left[x(n)+\sum_{k=1}^{p}\hat{a}(k)x(n-k)\right]\left[x(n)+\sum_{l=1}^{p}\hat{a}(k)x(n-l)\right]$$

将式(5.2.30)代入上式，得

$$\begin{aligned}\hat{\sigma}_\varepsilon^2=\hat{\rho}_{\min}&=\frac{1}{N}\sum_{n=-\infty}^{\infty}\left[x(n)+\sum_{k=1}^{p}\hat{a}(k)x(n-k)\right]x(n)\\ &=\hat{r}_x(0)+\sum_{k=1}^{p}\hat{a}(k)\hat{r}_x(k)\end{aligned} \tag{5.2.34}$$

将式(5.2.34)与式(5.2.32)合并，得

$$\begin{bmatrix}\hat{r}_x(0) & \hat{r}_x(1) & \cdots & \hat{r}_x(p)\\ \hat{r}_x(1) & \hat{r}_x(0) & \cdots & \hat{r}_x(p-1)\\ \vdots & & & \vdots\\ \hat{r}_x(p) & \hat{r}_x(p-1) & \cdots & \hat{r}_x(0)\end{bmatrix}\begin{bmatrix}1\\ \hat{a}(1)\\ \vdots\\ \hat{a}(p)\end{bmatrix}=\begin{bmatrix}\hat{\rho}_{\min}\\ 0\\ \vdots\\ 0\end{bmatrix} \tag{5.2.35}$$

或写成

$$\hat{\boldsymbol{R}}_p\cdot\hat{\boldsymbol{a}}=\begin{bmatrix}\hat{\rho}_{\min}\\ \boldsymbol{0}_p\end{bmatrix} \tag{5.2.36}$$

式(5.2.36)即 Yule-Walker 方程表示式，不同之处在于它用自相关矩阵的估计 $\hat{\boldsymbol{R}}_p$ 代替了$\boldsymbol{R}_p$，由此可得出结论：

(1)根据5.1.1节的讨论，用式(5.2.31)进行自相关函数的估计一定是有偏的估计，因此用自相关法来进行AR模型参数的提取，所得到的AR模型参数的估计 $\hat{\boldsymbol{a}}$ 和激励白噪声方差的估计 $\hat{\rho}_{\min}$ 也一定是有偏的，而且数据的长度越短，偏差越大。可以证明，若将上述方法进行修正，采用无偏的自相关函数估计，此时自相关矩阵不再保证是正定的，且通常是奇异的或接近奇异的，而产生的谱估计将呈现较大的方差，因此通常还是采用上述有偏的自相关函数估计。

(2)由于自相关矩阵 $\hat{\boldsymbol{R}}_p$ 是Toeplitz矩阵，且可证明它又是正定矩阵，可以利用Levinson递归算法来求解式(5.2.35)，因此自相关法是所有已知AR模型系数求解方法中最简单的一种。另外，由于 $\hat{\boldsymbol{R}}_p$ 的正定性，能够保证所得到的预测误差滤波器是最小相位的，而这是AR模型稳定的充要条件。

(3)在自相关法中，假定 $x(n)=0(n<0$ 或 $n>N-1)$，这相当于是对信号 $x(n)$ 进行加窗，使得自相关法的分辨率降低，数据越短，分辨率越低。另外，加窗的结果也使得建立的模型不能反映信号真正的模型。

例5.2.1 已知信号

$$x(n)=\begin{cases}\omega(n)x_{\infty}(n), & n=0,1,\cdots,N-1\\ 0, & \text{其他}\end{cases}$$

其中 $\omega(n)$ 为矩形窗，$x_{\infty}(n)=r^n u(n)$，$|r|<1$，其 Z 变换为 $X_{\infty}(Z)=1/(1-rz^{-1})$。

现根据 $x(n)(n=0,1,\cdots,N-1)$ 的观察数据采用自相关法对其用一阶的AR模型建模。首先计算 $\hat{r}_x(0)$ 和 $\hat{r}_x(1)$，有

$$\hat{r}_x(0)=\frac{1}{N}\sum_{n=0}^{N-1}r^n\cdot r^n=\frac{1}{N}\cdot\frac{1-r^{2N}}{1-r^2}$$

$$\hat{r}_x(1)=\frac{1}{N}\sum_{n=0}^{N-2}r^n\cdot r^{n+1}=\frac{1}{N}\cdot r\cdot\frac{1-r^{2N-2}}{1-r^2}$$

由此得

$$\hat{a}(1)=\frac{-r_x(1)}{r_x(0)}=-r\frac{1-r^{2N-2}}{1-r^{2N}}$$

而 $\hat{a}(1)$ 的真正解应该是 $-r$，这说明当观察数据为有限值 N 时，其解总是有偏的，直到 $N\to\infty$ 时，$\hat{a}(1)$ 才收敛于 $-r$。

虽然上面的例子是针对确定性的情况提出的，但是 $x(n)$ 是一个随机过程时，存在同样的结论。

2. 协方差法

假定观察到的数据是 $x(0)$, $x(1)$, …, $x(N-1)$, 预测误差功率的表示式为

$$\hat{\rho} = \frac{1}{N-p}\sum_{n=p}^{N-1}\left[x(n) + \sum_{k=1}^{p} avx(n-k)\right]^2 \tag{5.2.37}$$

比较式(5.2.37)和式(5.2.29)可见，协方差法与自相关法的区别主要在于预测误差功率的求和上下限不同。协方差法对于观察区间[0, $N-1$]外的 $x(n)$ 样本并未假定为零，这就要求式(5.2.37)中 $x(n-k)$ 总是落在观察区间[0, $N-1$]中，为此预测误差功率的求和上下限必须为[p, $N-1$]。

将上式对 $a(l)$ 求微分，并令其等于零，以得到预测误差功率的极小值，得

$$\frac{1}{N-p}\sum_{n=p}^{N-1}\left[x(n) + \sum_{k=1}^{p}\hat{a}vx(n-k)\right]x(n-l) = 0, \qquad l = 1, 2, \cdots, p \tag{5.2.38}$$

令

$$\hat{r}_x(l, k) = \begin{cases}\dfrac{1}{N-p}\displaystyle\sum_{n=p}^{N-1}x(n-l)x(n-k), & l, k = 1, 2, \cdots, p \\ \hat{r}_x(k, l)\end{cases} \tag{5.2.39}$$

代入式(5.2.38)，得

$$\sum_{k=1}^{p}\hat{a}(k)\hat{r}_x(l, k) = -\hat{r}_x(l, 0), \qquad l = 1, 2, \cdots, p$$

写成矩阵形式，这组方程为

$$\begin{bmatrix}\hat{r}_x(1, 1) & \hat{r}_x(1, 2) & \cdots & \hat{r}_x(1, p) \\ \hat{r}_x(2, 1) & \hat{r}_x(2, 2) & \cdots & \hat{r}_x(2, p) \\ \vdots & & & \vdots \\ \hat{r}_x(p, 1) & \hat{r}_x(p, 2) & \cdots & \hat{r}_x(p, p)\end{bmatrix}\begin{bmatrix}\hat{a}(1) \\ \hat{a}(2) \\ \vdots \\ \hat{a}(p)\end{bmatrix} = -\begin{bmatrix}\hat{r}_x(1, 0) \\ \hat{r}_x(2, 0) \\ \vdots \\ \hat{r}_x(p, 0)\end{bmatrix} \tag{5.2.40}$$

求出白噪声方差 σ_ε^2 的估计值 $\hat{\sigma}_\varepsilon^2$，即

$$\begin{aligned}\hat{\sigma}_\varepsilon^2 &= \hat{\rho}_{\min} \\ &= \frac{1}{N-p}\sum_{n=p}^{N-1}\left[x(n) + \sum_{k=1}^{p}\hat{a}(k)x(n-k)\right]\left[x(n) + \sum_{l=1}^{p}\hat{a}(l)x(n-l)\right]\end{aligned}$$

将式(5.2.38)代入上式，得

$$\hat{\sigma}_\varepsilon^2 = \hat{\rho}_{\min} = \frac{1}{N-p}\sum_{n=p}^{N-1}\left[x(n) + \sum_{k=1}^{p}\hat{a}(k)x(n-k)\right]x(n)$$

$$= \hat{r}_x(0,\ 0) + \sum_{k=1}^{p} \hat{a}(k)\hat{r}_x(0,\ k)$$

将上式与式(5.2.40)合并，得

$$\begin{bmatrix} r_x(0,\ 0) & r_x(0,\ 1) & \cdots & r_x(0,\ p) \\ r_x(1,\ 0) & r_x(1,\ 1) & \cdots & r_x(1,\ p) \\ \vdots & & & \vdots \\ r_x(p,\ 0) & r_x(p,\ 1) & \cdots & r_x(p,\ p) \end{bmatrix} \begin{bmatrix} 1 \\ \hat{a}(1) \\ \vdots \\ \hat{a}(p) \end{bmatrix} = -\begin{bmatrix} \hat{\rho}_{\min} \\ 0 \\ \vdots \\ 0 \end{bmatrix} \tag{5.2.41}$$

或写成

$$\hat{\boldsymbol{R}}_p \cdot \hat{\boldsymbol{a}} = \begin{bmatrix} \hat{\rho}_{\min} \\ \boldsymbol{0}_p \end{bmatrix} \tag{5.2.42}$$

比较式(5.2.42)和式(5.2.36)，表面上看，协方差法和自相关法最终所得到的正则方程具有相同的形式，但实际上二者具有不同的内容：

(1) 式(5.2.42)中自相关矩阵$\hat{\boldsymbol{R}}_p$是对称的半正定矩阵，且不具有 Toeplitz 性质，故式(5.2.42)不能采用 Levinson 递归算法来求解，虽然现在已经提出一系列协方差法的求解算法，但其算法求解的复杂性仍远远超过自相关法。另外，$\hat{\boldsymbol{R}}_p$ 的非正定性不能保证所得到的预测误差滤波器具有最小相位特性，换句话说，利用协方差法估计出的 AR 模型极点不能保证在单位圆内。例如，当 $p=1$ 和 $N=2$ 时，有

$$r_x(1,\ 0) = r_x(0,\ 1) = x(0)x(1),\ \hat{r}_x(1,\ 1) = x^2(0)$$

因此

$$\hat{a}(1) = \frac{-x(1)}{x(0)}$$

显然 $\hat{a}(1)$的幅度也可能大于或等于1，即极点 $-\hat{a}(1)$不在单位圆内。

(2) 采用协方差法对信号进行建模，能够较好地反映出信号真正的模型。

例 5.2.2 采用与例 5.2.1 相同的信号，现根据 $x(n)\,(n=0,\ 1,\ \cdots,\ N-1)$ 的观察数据采用协方差法对其用一阶的 AR 模型建模，首先计算 $r_x(1,\ 0)$和 $\hat{r}_x(1,\ 1)$，有

$$\hat{r}_x(1,\ 0) = \frac{1}{N-1} \cdot \sum_{n=1}^{N-1} x(n-1)x(n) = \frac{1}{N-1} \cdot r \cdot \frac{1-r^{2N-2}}{1-r^2}$$

$$\hat{r}_x(1,\ 1) = \frac{1}{N-1} \cdot \sum_{n=1}^{N-1} x(n-1)x(n-1) = \frac{1}{N-1} \cdot \frac{1-r^{2N-2}}{1-r^2}$$

由此得

$$\hat{a}(1) = \frac{-r_x(1,\ 0)}{r_x(1,\ 1)} = -r$$

由此可见，只要 $N\geqslant 2$，所建立的模型与信号的真正模型严格相同。

同理可算出

$$\hat{r}_x(0,\ 0)=\frac{1}{N-1}\left(\frac{1-r^{2N}}{1-r^2}-1\right)$$

由此求得

$$\rho_{\min}=r_x(0,\ 0)+\hat{a}(1)r_x(0,\ 1)=0$$

这说明采用协方差法得到的一阶 AR 模型和数据的真正模型完全一致。

3. 修正的协方差法

假定观察到的数据是 $x(0)$，$x(1)$，…，$x(N-1)$，前向预测与后向预测的表示式分别为

$$\hat{x}^f(n)=-\sum_{k=1}^{p}a(k)x(n-k)$$

和

$$\hat{x}^b(n)=-\sum_{k=1}^{p}a(k)x(n+k)$$

其中 $a(k)$ 是 AR 模型系数，前向预测误差功率和后向预测误差功率的表示式分别为

$$\hat{\rho}^f=\frac{1}{N-p}\sum_{n=p}^{N-1}\left[x(n)+\sum_{k=1}^{p}a(k)x(n-k)\right]^2 \tag{5.2.43}$$

和

$$\hat{\rho}^b=\frac{1}{N-p}\sum_{n=0}^{N-1-p}\left[x(n)+\sum_{k=1}^{p}a(k)x(n+k)\right]^2 \tag{5.2.44}$$

则前向预测误差功率 $\hat{\rho}^f$ 和后向预测误差功率 $\hat{\rho}^b$ 的平均值 $\hat{\rho}$ 为

$$\hat{\rho}=\frac{1}{2}(\hat{\rho}^f+\hat{\rho}^b) \tag{5.2.45}$$

修正的协方差法采用使前向和后向预测误差功率的平均值 $\hat{\rho}$ 为极小的方法估计 AR 参数。

为使式(5.2.45)极小化，可以将 $\hat{\rho}$ 相对于 $a(l)$ 求微分，并令其等于零，得

$$\frac{\partial\hat{\rho}}{\partial a(l)}=\frac{1}{2(n-p)}\left[\sum_{n=p}^{N-1}\left(x(n)+\sum_{k=1}^{p}\hat{a}(k)x(n-k)\right)x(n-l)\right.$$
$$\left.+\sum_{n=0}^{N-1-p}\left(x(n)+\sum_{k=1}^{p}\hat{a}(k)x(n+k)\right)x(n+l)\right]=0,\quad l=1,2,\cdots,p \tag{5.2.46}$$

经整理得

$$\sum_{k=1}^{p}\hat{a}(k)\left[\sum_{n=p}^{N-1}x(n-k)x(n-l)+\sum_{n=0}^{N-1-p}x(n+k)x(n+l)\right]$$
$$=-\left[\sum_{n=p}^{N-1}x(n)x(n-l)+\sum_{n=0}^{N-1-p}x(n)x(n+l)\right] \tag{5.2.47}$$

令

$$r_x(l,k)=\frac{1}{2(n-p)}\left[\sum_{n=p}^{N-1}x(n-l)x(n-k)+\sum_{n=0}^{N-1-p}x(n+l)x(n+k)\right] \tag{5.2.48}$$

则式(5.2.47)可写成

$$\sum_{k=1}^{p}\hat{a}(k)\hat{r}_x(l,k)=-\hat{r}_x(l,0),\quad l=1,2,\cdots,p \tag{5.2.49}$$

将其写成矩阵形式

$$\begin{bmatrix}\hat{r}_x(1,1) & \hat{r}_x(1,2) & \cdots & \hat{r}_x(1,p)\\ \hat{r}_x(2,1) & \hat{r}_x(2,2) & \cdots & \hat{r}_x(2,p)\\ \vdots & & & \vdots\\ \hat{r}_x(p,1) & \hat{r}_x(p,2) & \cdots & \hat{r}_x(p,p)\end{bmatrix}\begin{bmatrix}\hat{a}(1)\\ \hat{a}(2)\\ \vdots\\ \hat{a}(p)\end{bmatrix}=-\begin{bmatrix}\hat{r}_x(1,0)\\ \hat{r}_x(2,0)\\ \vdots\\ \hat{r}_x(p,0)\end{bmatrix}$$

求出白噪声方差 σ_ε^2 的估计值 $\hat{\sigma}_\varepsilon^2$，即

$$\hat{\sigma}_\varepsilon^2=\hat{\rho}_{\min}=\frac{1}{2(N-p)}\left\{\sum_{n=p}^{N-1}\left[x(n)+\sum_{k=1}^{p}\hat{a}(k)x(n-k)\right]x(n)+\right.$$
$$\left.\sum_{n=0}^{N-1-p}\left[x(n)+\sum_{k=1}^{p}\hat{a}(k)x(n+k)\right]x(n)\right\}$$

利用式(5.2.46)的结果，最后得

$$\hat{\sigma}_\varepsilon^2=\hat{\rho}_{\min}=\hat{r}_x(0,0)+\sum_{k-1}^{p}\hat{a}(k)\hat{r}_x(0,k)$$

将上式与式(5.2.49)合并得

$$\begin{bmatrix}\hat{r}_x(0,0) & \hat{r}_x(0,1) & \cdots & \hat{r}_x(0,p)\\ \hat{r}_x(1,0) & \hat{r}_x(1,1) & \cdots & \hat{r}_x(1,p)\\ \vdots & & & \vdots\\ \hat{r}_x(p,0) & \hat{r}_x(p,1) & \cdots & \hat{r}_x(p,p)\end{bmatrix}\begin{bmatrix}1\\ a(1)\\ \vdots\\ a(p)\end{bmatrix}=\begin{bmatrix}\hat{\rho}_{\min}\\ 0\\ \vdots\\ 0\end{bmatrix} \tag{5.2.50}$$

或写成

$$\hat{\boldsymbol{R}}_p\cdot\hat{\boldsymbol{a}}=\begin{bmatrix}\hat{\rho}_{\min}\\ \boldsymbol{0}_p\end{bmatrix} \tag{5.2.51}$$

式(5.2.51)尽管与式(5.2.36)、式(5.2.42)都具有相同的形式，但实际

上，这三者之间具有不同的内容。修正的协方差法具有下列特点：

（1）修正的协方差法的一个优点是，它的误差功率的计算（见式(5.2.45)）是在相对于协方差法多一倍的数据点上进行，这在观察数据长度很短的情况下，是非常有利的，但是这要求信号在正反两个方向上呈现相同的特性，例如，噪声中叠加上多个正弦信号就具有这种特性，因为正弦信号在正反两个方向上看起来是相同的，而噪声的自相关函数也是与方向无关的。此外，对于一个在两个方向呈现不同特性的信号，如一个指数衰减的信号，从相反的方向看，就是一个指数增长的信号，对这种信号如仍采用修正的协方差法来进行 AR 模型的估计，可能就会得到不好的结果。

例 5.2.3 采用与例 5.2.1 相同的信号，现根据 $x(n)(n=0,1,\cdots,N-1)$ 的观察数据，采用修正的协方差法对其用一阶的 AR 模型建模，首先计算 $r_x(1,0)$ 和 $r_x(1,1)$，有

$$r_x(1,0)=\frac{1}{2(N-1)}\cdot 2r\cdot\frac{1-r^{2N-2}}{1-r^2}$$

和

$$r_x(1,1)=\frac{1}{2(N-1)}\cdot(1+r^2)\cdot\frac{1-r^{2N-2}}{1-r^2}$$

由此得

$$\hat{a}(1)=\frac{-r_x(1,0)}{r_x(1,1)}=-r\frac{2}{1+r^2}$$

因为模型的真正解是 $a(1)=-r$，这说明此模型参量的估计是有偏的，且与数据的长度 N 无关。因为 $|r|<1$，所以 $|\hat{a}(1)|>|a(1)|$，所以一阶 AR 模型的极点比真正的极点更接近于单位圆。换句话说，用修正协方差法对一随机信号进行建模，可以得到一“锐化”的谱分析结果，因此用修正协方差法对随机信号建模，可以很好地用来进行高分辨率谱估计。

（2）式(5.2.50)中自相关矩阵 $\hat{\boldsymbol{R}}_p$ 是一个非 Toeplitz 矩阵，另外，虽然 $\hat{\boldsymbol{R}}_p$ 是正定的（纯正弦信号情况除外），但它也不能保证所得到的预测误差滤波器具有最小相位特性，换句话说，利用修改协方差法所估计出的极点与协方差法一样，不能保证在单位圆内。但是有一个例外，在一阶的情况下，$p=1$，用修正协方差法所建立的 AR 模型总是稳定的，即它所估计出的极点总是在单位圆内。这是因为在 $p=1$ 时，由式(5.2.48)可知

$$\hat{r}_x(1,0)=\frac{1}{2(N-1)}\left[\sum_{n=1}^{N-1}x(n-1)x(n)+\sum_{n=0}^{N-2}x(n+1)x(n)\right]$$

$$= \frac{1}{N-1}\sum_{n=1}^{N-1} x(n-1)x(n)$$

和

$$\hat{r}_x(1,1) = \frac{1}{2(N-1)}\left[\sum_{n=1}^{N-1} x(n-1)x(n-1) + \sum_{n=0}^{N-2} x(n+1)x(n+1)\right]$$

$$= \frac{1}{2(N-1)}\sum_{n=1}^{N-1}\left[x^2(n-1) + x^2(n)\right]$$

由此得

$$\hat{a}(1) = \frac{-r_x(1,0)}{r_x(1,1)} = \frac{-2\sum_{n=1}^{N-1} x(n-1)x(n)}{\sum_{n=1}^{N-1}\left[x^2(n-1)+x^2(n)\right]}$$

在观察数据 $x(n)$ 不恒为零的情况下，上式的分母总是大于分子，因此 $|\hat{a}(1)|<1$。

下面讨论的 Burg 法中正需要用到此结果。

4. Burg **法**

前面讨论了修改的协方差法，其结果是在无约束条件下使式(5.2.45)极小化而得出的。Burg 法同样要使式(5.2.45)极小化，但是 Burg 法的极小化是在有约束的条件下进行的，其约束条件是它所得到的各阶模型解要满足 Levinson 递归关系，即如果已经知道 AR 模型的 j 阶解 $\hat{a}_i^j(i=1, 2, \cdots, j)$，那么 AR 模型的 $j+1$ 阶解 $\hat{a}_i^{j+1}(i=1, 2, \cdots, j+1)$，必满足

$$\hat{a}_{j+1}^{j+1} = \hat{K}_{j+1}$$

$$\hat{a}_i^{j+1} = \hat{a}_i^j + \hat{K}_{j+1}\hat{a}_{j+1-i}^j, \qquad i=1, 2, \cdots, j \tag{5.2.52}$$

由此看出，在 AR 模型 j 阶解已知的情况下，欲求出 AR 模型 $j+1$ 阶解，仅仅一个参量 $\hat{K}_{j+1}$ 是未知的，换句话说，$j+1$ 阶模型的预测误差功率 $\hat{\rho}^{j+1}$ 是一个以 $\hat{K}_{j+1}$ 为唯一变量的函数，因此只需要相对于变量 $\hat{K}_{j+1}$ 作 $\hat{\rho}^{j+1}$ 的极小化。下面来推导这种算法。

j 阶模型的预测误差平均功率表示式为

$$\hat{\rho}^j = \frac{1}{2(N-j)}\left[\sum_{n=j}^{N-1}\left(e_{a+}^j(n)\right)^2 + \sum_{n=0}^{N-1-j}\left(e_{a-}^j(n)\right)^2\right] \tag{5.2.53}$$

其中

$$e_{a+}^j(n) = x(n) + \sum_{k=1}^{j}\hat{a}_k^j x(n-k)$$

$$e_{a-}^{j}(n) = x(n) + \sum_{k=1}^{j} \hat{a}_k^j x(n+k)$$

将式(5.2.52)应用到$j+1$ 阶预测误差信号表示式中，得

$$\begin{aligned} e_{a+}^{j+1}(n) &= x(n) + \sum_{k=1}^{j+1} \hat{a}_k^{j+1} x(n-k) \\ &= x(n) + \sum_{k=1}^{j} (\hat{a}_k^j + \hat{K}_{j+1}\hat{a}_{j+1-k}^j) x(n-k) + \hat{K}_{j+1} x(n-j-1) \\ &= x(n) + \sum_{k=1}^{j} \hat{a}_k^j x(n-k) + \\ &\quad \hat{K}_{j+1}\left[x(n-j-1) + \sum_{k=1}^{j} \hat{a}_k^j x(n-j-1+k)\right] \\ &= e_{a+}^j(n) + \hat{K}_{j+1} e_{a-}^j(n-j-1) \end{aligned}$$

同样有

$$\begin{aligned} e_{a-}^{j+1}(n) &= x(n) + \sum_{k=1}^{j+1} \hat{a}_k^{j+1} x(n+k) \\ &= x(n) + \sum_{k=1}^{j} (\hat{a}_k^j + \hat{K}_{j+1}\hat{a}_{j+1-k}^j) x(n+k) + \\ &\quad \hat{K}_{j+1} x(n+j+1) \\ &= x(n) + \sum_{k=1}^{j} \hat{a}_k^j x(n+k) + \\ &\quad \hat{K}_{j+1}\left[x(n+j+1) + \sum_{k=1}^{j} \hat{a}_k^j x(n+j+1-k)\right] \\ &= e_{a-}^j(n) + \hat{K}_{j+1} e_{a+}^j(n+j+1) \end{aligned}$$

$j+1$ 阶模型的预测误差平均功率表示式为

$$\hat{\rho}^{j+1} = \frac{1}{2(N-j-1)}\left[\sum_{n=j+1}^{N-1} \left(e_{a+}^{j+1}(n)\right)^2 + \sum_{n=0}^{N-j-2} \left(e_{a-}^{j+1}(n)\right)^2\right]$$

将 $\hat{\rho}^{j+1}$相对于$\hat{K}_{j+1}$极小化，得

$$\frac{\mathrm{d}\hat{\rho}^{j+1}}{\mathrm{d}\hat{K}_{j+1}} = \sum_{n=j+1}^{N-1} 2e_{a+}^{j+1}(n) e_{a-}^j(n-j-1) + \sum_{n=0}^{N-j-2} 2e_{a-}^{j+1}(n) e_{a+}^j(n+j+1) = 0$$

经化简，上式可写成

$$\begin{aligned} \sum_{n=j+1}^{N-1} \Big\{ &\left[e_{a+}^j(n) + \hat{K}_{j+1} e_{a-}^j(n-j-1)\right] e_{a-}^j(n-j-1) + \\ &\left[e_{a-}^j(n-j-1) + \hat{K}_{j+1} e_{a+}^j(n)\right] e_{a+}^j(n) \Big\} = 0 \end{aligned}$$

由此得，反射系数

$$\hat{K}_{j+1} = -2\frac{\sum\limits_{n=j+1}^{N-1} e_{a^+}^{j}(n)e_{a^-}^{j}(n-j-1)}{\sum\limits_{n=j+1}^{N-1}\left\{\left[e_{a^+}^{j}(n)\right]^2+\left[e_{a^-}^{j}(n-j-1)\right]^2\right\}} \tag{5.2.54}$$

根据 $a^2+b^2\geqslant 2ab$ 这一事实，由式(5.2.24)显然可见 $|\hat{K}_{j+1}|<1$，因为 Burg 法递归是以一阶模型为起点进行，而在修正的协方差法中已经证明了一阶 AR 模型总是稳定的，所以由 Burg 法递归得到的高阶模型也总是稳定的，换句话说，所估计出的极点总是在单位圆内。

下面将 Burg 递归算法综述如下：如果观察到的数据是 $x(0)$，$x(1)$，…，$x(N-1)$，其递归过程可如图 5.2.3 所示进行。

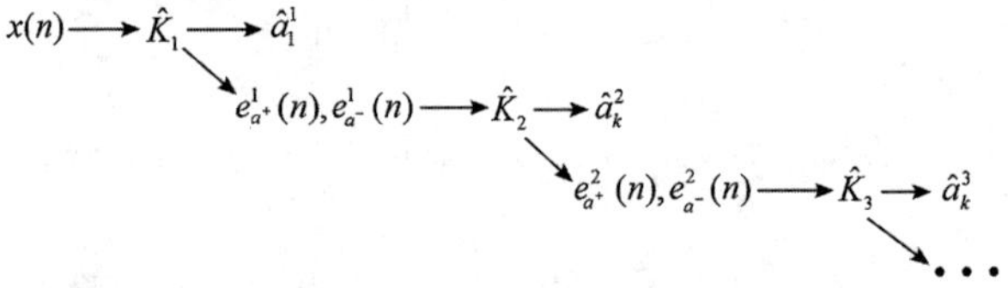

图 5.2.3　Burg 法递推过程

其中

$$e_{a^+}^{0}(n)=x(n),\qquad e_{a^-}^{0}(n)=x(n)$$

$$\hat{K}_{j+1} = -2\frac{\sum\limits_{n=j+1}^{N-1} e_{a^+}^{j}(n)e_{a^-}^{j}(n-j-1)}{\sum\limits_{n=j+1}^{N-1}\left\{\left[e_{a^+}^{j}(n)\right]^2+\left[e_{a^-}^{j}(n-j-1)\right]^2\right\}}$$

$$e_{a^+}^{j+1}(n)=e_{a^+}^{j}(n)+\hat{K}_{j+1}e_{a^-}^{j}(n-j-1),\qquad n=j+1,j+2,\cdots,N-1$$

$$e_{a^-}^{j+1}(n)=e_{a^-}^{j}(n)+\hat{K}_{j+1}e_{a^+}^{j}(n+j+1),\qquad n=0,1,\cdots,N-j-2$$

$$\hat{a}_{j+1}^{j+1}=\hat{K}_{j+1}$$

$$\hat{a}_{k}^{j+1}=\hat{a}_{k}^{j}+\hat{K}_{j+1}\hat{a}_{j+1-k}^{j},\qquad k=1,2,\cdots,j$$

这种递归的一个重要特点是，整个计算都是以观察数据直接进行的，它避开了中间的自相关函数估计这一步。

Burg 法要满足 Levinson 递归关系，而由于 Burg 法采用与修正协方差法相同的准则对自相关函数进行估计，此时自相关矩阵是一个非 Toeplitz 矩阵，实际上不满足 Levinson 递归关系。这导致当估计正弦信号叠加白噪声的功率谱时，有时可能出现谱线分裂现象，且谱峰的位置与相位密切相关。为了减少对

相位的依赖关系，可对反射系数进行修正

$$\hat{K}_{j+1}^{w}=-2\frac{\sum_{n=j+1}^{N-1}w_{j+1}(n)e_{a^+}^{j}(n)e_{a^-}^{j}(n-j-1)}{\sum_{n=j+1}^{N-1}w_{j+1}(n)\left\{\left[e_{a^+}^{j}(n)\right]^2+\left[e_{a^-}^{j}(n-j-1)\right]^2\right\}} \tag{5.2.55}$$

其中 $w_{j+1}(n)$ 是适当选择的具有非负权的窗。已经证实，式(5.2.55)可以减小相位的影响。

5.2.4 AR 模型谱估计的实际问题

1. 噪声对 AR 谱估计的影响

AR 谱估计由于下列的两种情况，经常会得到不甚理想的估计效果：

(1)如果被估计的过程就是一个 AR(p)过程，现采用 AR(k)模型对其进行估计，根据前面的讨论可知，只要 $k\geqslant p$，从理论上讲，一定会得到一个很好的估计结果，即估计出的 AR 模型参数应是

$$\hat{a}_i^k=\begin{cases}a_i^p, & i=1,2,\cdots,p\\0, & i=p+1,p+2,\cdots,k\end{cases}$$

由此可得到正确的功率谱估计。然而实际上当观察数据为有限长度时，根据 5.2.3 节所讨论模型参数估计方法，自相关函数的估计一般是会有误差的，有可能使得对于大于 p 的 i 值有 $\hat{a}_i^k\neq 0$，相应地会增加额外的 $k-p$ 个极点，若这些极点出现在单位圆附近，就会出现虚假的谱峰。为此有人建议，模型的阶次不宜选得太高，最高不应超过 $N/2$(N 是观察数据的长度)。

(2)被估计的过程是一个受到噪声污染的 AR 过程，其表示式为

$$y(n)=x(n)+\omega(n)$$

其中 $\omega(n)$ 是一个方差为 σ_ω^2 的白噪声，它与 $x(n)$ 无关。若假定 $x(n)$ 本身是一个 AR 过程，上式的功率谱密度为

$$P_y(z)=\frac{\sigma_\varepsilon^2}{A(z)A(z^{-1})}+\sigma_\omega^2=\frac{\sigma_\varepsilon^2+\sigma_\omega^2A(z)A(z^{-1})}{A(z)A(z^{-1})} \tag{5.2.56}$$

这样，$y(n)$ 的功率谱密度(PSD)可以用零点和极点来表示，换句话说，对于观测过程 $y(n)$ 来说，合适的模型应是 ARMA 模型。由于被噪声污染了的 AR 过程与 AR 模型的不一致性，AR 谱估计性能下降，而且随着观测过程信噪比的下降，AR 谱估计的性能会严重恶化。为了说明这个问题，图 5.2.4 示出了在白噪声中功率相差 6 dB 的两个实正弦信号构成的数据的例子，利用 $p=4$ 阶的 AR 模型，从谱估计的结果可见，谱峰展宽了，而且偏离了它的真实位置(用虚

线表示)，另外，在低信噪比时一个峰完全丢失了，这说明了 AR 谱估计的分辨率随着信噪比(SNR)的减小而下降。

为了定量地讨论噪声对 AR 谱估计的分辨率的影响，现在来讨论在白噪声中两个等幅正弦信号的情况。假定已经知道自相关函数的样本，当 $p\eta>10$ 时，AR 谱估计的分辨率近似为

$$\Delta f_{\mathrm{AR}}=\frac{1.03}{p\left[\eta(p+1)\right]^{0.31}}$$

其中 η 是单个正弦信号的信噪比，单位是 dB，p 是模型的阶数。由此式可见，AR 谱估计的分辨率是随着信噪比的增大而提高的。另外 AR 谱估计的分辨率

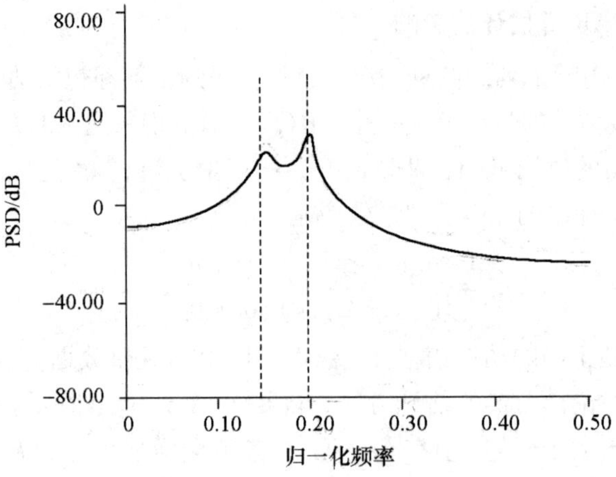

(a) SNR = 27.33 dB

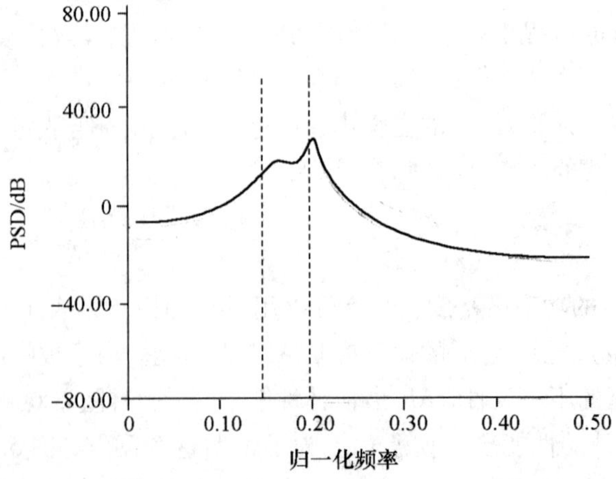

(b) SNR = 23.29 dB

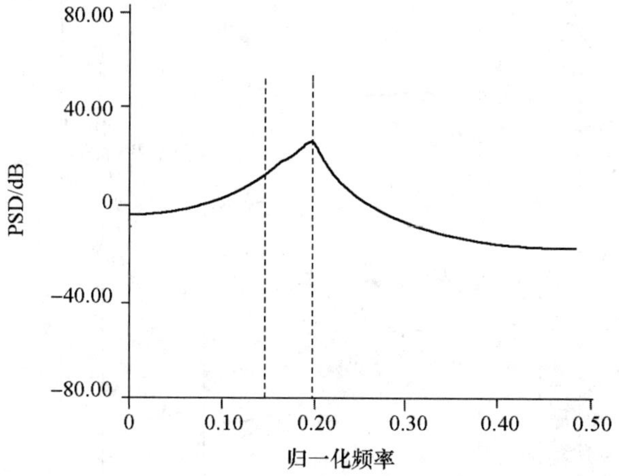

(c) SNR = 20.26 dB

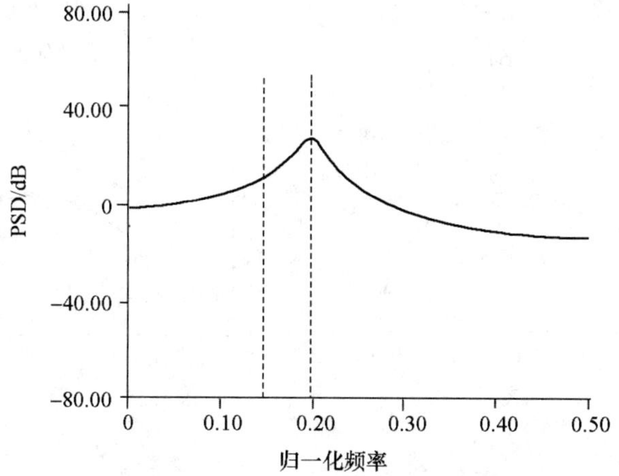

(d) SNR = 17.23 dB

图 5.2.4　AR 谱估计的分辨率随信噪比的减小而下降

也可用增大模型的阶次来提高，但 p 如果选得太大，一方面可能出现虚假谱峰，另一方面会使功率谱估计的方差增大。图 5.2.5 示出了白噪声中两个实正弦信号增加模型阶次对 AR 谱估计值的影响，由图可见，在阶次 $p=4$ 时，功率谱估计只有一个谱峰，该谱峰的宽度展宽了，且偏离了真实位置，而在 $p=32$ 时，得到了两个尖锐的谱峰，而且与真实位置吻合。

通过上面的讨论可见，噪声的污染从根本上来说是使被估计的过程偏离了 AR 模型，如果信噪比愈低，那么偏离愈远。因此需要减小噪声对 AR 谱估计的恶化影响，一种方法是采用 ARMA 谱估计方法，另一种方法是采用高阶的 AR

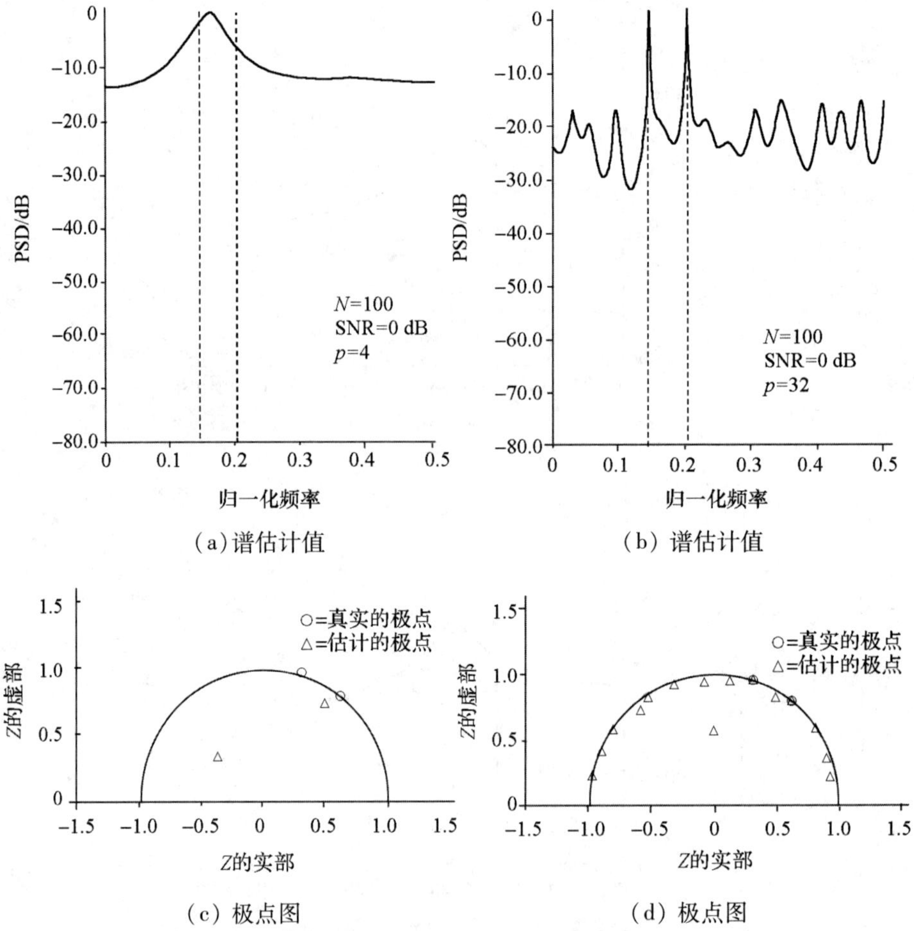

图 5.2.5　对于白噪声中两个实正弦信号增加模型阶次对 AR 谱估计的影响

模型，因为根据 Wold 谱分解定理，一个 ARMA(p, q)过程可以用一个AR(∞)模型来描述。

2. AR 模型阶数的确定

在 AR 谱估计中模型阶次的选择是一个关键问题，正如前面所讨论的，阶次太低将会导致平滑的谱估计结果，阶次太高，将会产生虚假谱峰，并且估计的方差也会增大。

一种简单而直观的模型阶次估计方法是基于预测误差功率来估计的，因为所有讨论过的 AR 模型参数估计方法，预测误差功率都是随模型阶次的增加而减小。但是不能简单地只把监测预测误差功率的减小作为确定模型阶次的方法，还必须考虑到模型阶次的增加会导致谱估计方差的增大。根据上述思想，下面介绍几种确定模型阶次的准则。

(1)最终预测误差(FPE)准则

它是使式 FPE(k)达到最小来估计模型阶次

$$\mathrm{FPE}(k)=\frac{N+k}{N-k}\hat{\rho}_k \tag{5.2.57}$$

其中 $\hat{\rho}_k$ 是 k 阶 AR 模型的预测误差功率估计值，N 是观察数据的长度。可以看出，尽管 $\hat{\rho}_k$ 随 k 的增大而减小，但 $(N+k)/(N-k)$ 却随 k 的增大而增大，它是由于 AR 模型参数估计不精确而做出的对预测误差功率的一个修正，因此 FPE(k)将有一个最小值，最小值所对应的阶数便是最后确定的阶数。该准则的实际应用表明，虽然对于 AR 过程来说效果很好，但在处理地球物理数据时，一般都认为这一准则确定的阶次偏低。

(2)阿凯克(Akaike)信息准则(AIC)

它是使 AIC(k)达到最小来估计模型阶次

$$\mathrm{AIC}(k)=N\ln\hat{\rho}_k+2k \tag{5.2.58}$$

可以证明 AIC 表示的是 AR 模型估计的 PDF 和数据的真实 PDF 之间的库尔贝克－利布勒(Kullback-Leibler)距离的估计值，这个准则不仅可用于确定 AR 模型的阶次，还可用于 MA 模型和 ARMA 模型阶次的确定。

AIC 和 FPE 的性能是相近的，对于短观察数据建议使用 AIC；对于长观察数据，这两种估计方法将得到相同的模型阶次估计。

(3)自回归传递函数准则(CAT)

它是使式 CAT(k)达到最小来估计模型阶次

$$\mathrm{CAT}(k)=\frac{1}{N}\sum_{i=1}^{k}\frac{1}{\tilde{\rho}_i}-\frac{1}{\tilde{\rho}_k} \tag{5.2.59}$$

其中 $\tilde{\rho}_i=\frac{N}{N-i}\hat{\rho}_i$，$\hat{\rho}_i$ 是 i 阶 AR 模型的预测误差功率估计值。CAT 选择 AR 模型阶次使得由该模型估计出的预测误差滤波器最接近于最佳无限长滤波器。之所以最佳滤波器是无限长的，是因为 CAT 不仅仅由纯 AR 过程，而且由任意过程数据的 AR 谱估计导出来，另外该准则考虑到预测误差功率的估计误差，所以对预测误差功率作了修正。

以上讨论了三种确定 AR 模型阶次的准则，人们发现，对于短的观察数据，以上准则都不理想；对于噪声中的谐波过程，在高信噪比情况下，FPE 和 AIC 估计得到的阶次一般都偏低，且二者给出的结果基本一致。一个经验法则是：AR 模型阶次应该选择在 $N/3<p<N/2$ 之间，这样可以得到高分辨率的谱估计。应该指出，上述给出的三种准则仅仅为 AR 模型阶次的选择提供了一个参

考依据，在具体应用这些准则时，还必须根据实验结果做多次比较后，才能确定模型的阶次。

5.2.5　MA 模型谱估计

对于一个 MA(q)过程，其功率谱密度可写成

$$P_{\mathrm{MA}}(\omega) = \sigma_{\varepsilon}^{2} \left| \sum_{k=0}^{q} b_k \mathrm{e}^{-\mathrm{j}\omega k} \right|^{2} \tag{5.2.60}$$

其中 $b_0 = 1$。也可将其写成自相关函数的傅里叶变换表示式

$$P_{\mathrm{MA}}(\omega) = \sum_{m=-q}^{q} r_M(m) \mathrm{e}^{-\mathrm{j}\omega m} \tag{5.2.61}$$

其中 $r_M(m)$可写成

$$r_M(m) = \begin{cases} \sigma_{\varepsilon}^{2} \sum\limits_{k=m}^{q} b_k b_{k-m}, & 0 \leqslant m \leqslant q \\ 0, & m > q \end{cases} \tag{5.2.62}$$

现若用模型 MA(q)对随机过程进行功率谱估计，其估计结果可写成

$$P_x^{\mathrm{MA}}(\omega) = \sum_{m=-q}^{q} \hat{r}_x(m) \mathrm{e}^{-\mathrm{j}\omega m} \tag{5.2.63}$$

其中 $\hat{r}_x(m)$是自相关函数的估计值。

MA 模型参数提取的一种常用方法是 Durbin 法，其原理已经在 2.3 节进行了讨论。MA 模型谱估计算法步骤如下：

(1)采用 5.2.3 节讨论的 AR 模型参数求解方法，根据观测信号 $x(n)$($n = 0, 1, \cdots, N-1$)估计其 p 阶 AR 模型参数 $a_1, a_2, \cdots, a_p$ 和噪声方差 σ_{ε}^{2}，其中 $p \gg q$，即 AR 模型阶数远大于 MA 模型阶数；

(2)定义信号 $a(0) = 1$, $a(i) = a_i$($i = 1, 2, \cdots, p$)，估计信号 $a(n)$的 q 阶 AR 模型参数 $b_1, b_2, \cdots, b_q$；

(3)利用式(5.2.60)得到信号的 MA 谱。

上面讨论的 Durbin 法 MA 模型功率谱估计的最大困难之处是阶数的确定，不仅包括 MA 模型阶数，还包括 AR 模型阶数。MA 模型阶数的确定可参考 5.2.4 节中讨论过的 AIC，它定义为

$$\mathrm{AIC}(i) = N \ln \hat{\sigma}_i^{2} + 2i \tag{5.2.64}$$

其中 i 是 MA 模型阶数，$\hat{\sigma}_i^{2}$ 是 i 阶 MA 逆滤波器 $1/B(Z)$对数据进行滤波的输出端噪声功率。当式(5.2.64)达到最小时，可选择此时的 i 值作为 MA 模型的阶数。

5.2.6 ARMA 模型功率谱估计

对于一个 ARMA(p, q)过程，其功率谱密度可写成

$$P_{\text{ARMA}}(\omega) = \sigma_{\varepsilon}^{2} \frac{\left| \sum_{k=0}^{q} b_k e^{-j\omega k} \right|^2}{\left| \sum_{k=0}^{p} a_k e^{-j\omega k} \right|^2} \tag{5.2.65}$$

如果能用某种方法，根据观测信号 $x(n)$ ($n=0, 1, \cdots, N-1$) 估计出模型参数 a_k、b_k 和白噪声功率 σ_{ε}^2，那么也就得到该信号的 ARMA 谱估计。

ARMA 模型参数提取的一种常用方法已经在 3.4 节进行了讨论。ARMA 模型谱估计算法步骤如下：

(1)根据观测信号 $x(n)$ ($n=0, 1, \cdots, N-1$) 估计自相关函数 $r_x(r)$ ($r=q+1, \cdots, p+q$)，根据式(3.4.15)估计模型中 AR 参数 $a_1, a_2, \cdots, a_p$；

(2) $x(n)$ 通过系统 $A(z)=1+a_1 z^{-1}+\cdots+a_p z^{-p}$ 进行滤波，得到输出 $y(n)$，$y(n)$ 为一个 MA(q)模型，模型参数为 $1, b_1, \cdots b_q$；

(3)用 Durbin 法对 MA 模型 $y(n)$ 进行参数求解，得到模型参数 $b_1, \cdots b_q$ 和噪声功率 σ_{ε}^2，通过式(5.2.65)计算信号的 ARMA 谱。

ARMA 谱估计模型阶数的选择也可以参考 AIC，它定义为

$$\text{AIC}(i, j) = N\ln\hat{\sigma}_{ij}^2 + 2(i+j) \tag{5.2.66}$$

其中 $\hat{\sigma}_{ij}^2$ 是 ARMA(i, j)模型的逆滤波器对数据进行滤波的输出端噪声功率。当式(5.2.66)达到最小值时，就可选择此时的(i, j)作为模型的阶次。

5.3 谐波模型谱估计

5.2 节讨论了信号建模谱估计方法，信号模型是被白噪声激励的线性时不变系统。在许多实际应用中，感兴趣的信号是包含在白噪声中的正弦信号，在这种情况下正弦函数或者谐波模型更加适用。

对在噪声中发现的复指数信号，感兴趣的参数是信号的频率。考虑一个噪声中的复指数信号模型，设信号由 p 个复指数信号组成

$$x(n) = \sum_{i=1}^{p} A_i e^{j(2\pi f_i n+\varphi_i)}$$

设观测序列为 $y(n)=x(n)+w(n)$，其中 $w(n)$ 是谱密度为 σ_w^2 的白噪声序列。

谐波模型谱估计的关键任务是谐波个数及频率的估计，采用主要特征分解法，即通过分解输入信号 $y(n)$ 的自相关矩阵的特征值和特征向量得到两个子空间，其中最大的若干特征值对应的特征向量构成信号子空间，最小的若干特征值对应的特征向量构成噪声子空间，同时两个子空间正交。

谐波模型谱估计的主要方法包括 Pisarenko 谐波分解法、多重信号分类(MUSIC)算法和旋转不变参数估计(ESPRIT)算法。

5.3.1 Pisarenko 谐波分解法

考虑 p 个实正弦信号组成的过程

$$x(n) = \sum_{i=1}^{p} A_i \sin(\omega_i n + \varphi_i) \tag{5.3.1}$$

其中幅度 A_i、数字频率 ω_i 均为确定的量，φ_i 是在$(0, 2\pi)$上均匀分布的不相关的随机变量，此时 $x(n)$是平稳随机过程。

由三角形和差公式，有

$$\sin(\omega n + \varphi) + \sin[\omega(n-2) + \varphi] = 2\cos\omega \sin[\omega(n-1) + \varphi]$$

则单个正弦信号 $x(n) = \sin(\omega n + \varphi)$满足差分方程

$$x(n) = -a_1 x(n-1) - a_2 x(n-2)$$

其中 $a_1 = -2\cos\omega$，$a_2 = 1$。

对上式做 Z 变换，得特征多项式

$$1 + a_1 z^{-1} + a_2 z^{-2} = 0$$

它有一对复共轭极点在 $e^{\pm j\omega}$，模为 1，决定了正弦信号的频率，通常只取正频率。

对于式(5.3.1)所示的 p 个实正弦信号组成的信号 $x(n)$，其特征多项式为

$$1 + a_1 z^{-1} + a_2 z^{-2} + \cdots + a_{2p-1} z^{-(2p-1)} + a_{2p} z^{-2p} = 0 \tag{5.3.2}$$

其信号频率由特征多项式的根 $z_k = e^{\pm j\omega_k}$决定，这些根在单位圆上且以共轭对的形式出现。

根据式(5.3.2)可以写出 $x(n)$的差分方程

$$x(n) = -\sum_{m=1}^{2p} a_m x(n-m) \tag{5.3.3}$$

这是一种无激励的 AR 过程。

现在，假定正弦信号被方差为 σ_w^2 的白噪声序列 $w(n)$所污染，则观测到的信号为

$$y(n) = x(n) + w(n) \tag{5.3.4}$$

代入式(5.3.3)，可得

$$y(n) - w(n) = -\sum_{m=1}^{2p} a_m[y(n-m) - w(n-m)]$$

或

$$\sum_{m=0}^{2p} a_m y(n-m) = \sum_{m=0}^{2p} a_m w(n-m) \tag{5.3.5}$$

其中，定义 $a_0 = 1$。

式(5.3.5)是一个特殊的 ARMA，不仅 AR 阶数与 MA 阶数相等，AR 的参数与 MA 的参数也一致。这一对称性是白噪声中的正弦信号的特征。

做如下矢量定义：

观测数据矢量：$\boldsymbol{y} = [y(n) \quad y(n-1) \quad \cdots \quad y(n-2p)]^{\mathrm{T}}$

噪声矢量：$\boldsymbol{w} = [w(n) \quad w(n-1) \quad \cdots \quad w(n-2p)]^{\mathrm{T}}$

系数向量：$\boldsymbol{a} = [1 \quad a_1 \quad \cdots \quad a_{2p}]^{\mathrm{T}}$

则式(5.3.5)可以写成

$$\boldsymbol{y}^{\mathrm{T}}\boldsymbol{a} = \boldsymbol{w}^{\mathrm{T}}\boldsymbol{a} \tag{5.3.6}$$

如果用 $\boldsymbol{y}$ 左乘式(5.3.6)并求期望，得到

$$E[\boldsymbol{y}\boldsymbol{y}^{\mathrm{T}}]\boldsymbol{a} = E[\boldsymbol{y}\boldsymbol{w}^{\mathrm{T}}]\boldsymbol{a} \tag{5.3.7}$$

设 $w(n)$ 与 $x(n)$ 不相关，则有

$$\boldsymbol{R}_y\boldsymbol{a} = \sigma_w^2\boldsymbol{a} \tag{5.3.8}$$

其中观测信号自相关矩阵

$$\boldsymbol{R}_y = \begin{bmatrix} r_y(0) & r_y(-1) & \cdots & r_y(-2p) \\ r_y(1) & r_y(0) & \cdots & r_y(-2p+1) \\ \vdots & & & \vdots \\ r_y(2p) & r_y(2p-1) & \cdots & r_y(0) \end{bmatrix}$$

由此得到 Pisarenko 谐波分解法特征方程

$$(\boldsymbol{R}_y - \sigma_w^2\boldsymbol{I})\boldsymbol{a} = 0 \tag{5.3.9}$$

其中，σ_w^2 是输入信号自相关矩阵 $\boldsymbol{R}_y$ 的噪声特征值(最小特征值，噪声与信号相比具有小的特征值)，参数矢量 $\boldsymbol{a}$ 是特征值 σ_w^2 对应的特征向量。求解式(5.3.9)得到参数矢量 $\boldsymbol{a}$，再求解式(5.3.2)特征多项式的根就确定了正弦信号的频率。这就是 Pisarenko 谐波分解法的理论基础，即谐波频率的估计可以通过输入信号自相关矩阵的特征值分解来获得。

下面讨论正弦信号功率的确定方法。对于式(5.3.4)定义的加性白噪声中 p 个任意相位的正弦信号，其自相关函数满足

$$r_y(k) = \sum_{i=1}^{p} P_i\cos(k\omega_i n) + \sigma_w^2\delta(k) \tag{5.3.10}$$

其中 $P_i = \frac{1}{2}A_i^2$ 是正弦信号 $A_i \sin(\omega_i n)$ 的功率。对于 $k=1, 2, \cdots, p$，可以得到

$$\begin{bmatrix} \cos\omega_1 & \cos\omega_2 & \cdots & \cos\omega_p \\ \cos2\omega_1 & \cos2\omega_2 & \cdots & \cos2\omega_p \\ \vdots & & & \vdots \\ \cos p\omega_1 & \cos p\omega_2 & \cdots & \cos p\omega_p \end{bmatrix} \begin{bmatrix} P_1 \\ P_2 \\ \vdots \\ P_p \end{bmatrix} = \begin{bmatrix} r_y(1) \\ r_y(2) \\ \vdots \\ r_y(p) \end{bmatrix} \tag{5.3.11}$$

估计出输入信号的自相关矩阵，求解式(5.3.9)确定 p 个正弦信号的频率后，根据式(5.3.11)就可以求出正弦信号的幅度了。

一旦正弦信号功率已知，由式(5.3.10)可以得出噪声方差

$$\sigma_w^2 = r_y(0) - \sum_{i=1}^{p} P_i \tag{5.3.12}$$

Pisarenko 谐波分解法的步骤如下：

(1)根据观测数据估计自相关矩阵 $\boldsymbol{R}_y$；

(2)根据式(5.3.9)求解矩阵最小特征值和对应的最小特征向量；

(3)根据式(5.3.2)计算特征多项式的根，确定正弦信号频率；

(4)求解式(5.3.11)得出正弦信号功率。

例 5.3.1 设观测信号由单正弦信号和加性白噪声构成，已知自相关函数

$$r_y(0)=3, \quad r_y(1)=1, \quad r_y(2)=0,$$

请确定正弦信号的频率、功率和白噪声的方差。

解：根据已知条件，可得观测信号相关矩阵

$$\boldsymbol{R}_y = \begin{bmatrix} 3 & 1 & 0 \\ 1 & 3 & 1 \\ 0 & 1 & 3 \end{bmatrix}$$

其特征多项式为

$$\boldsymbol{g}(\lambda) = \begin{vmatrix} 3-\lambda & 1 & 0 \\ 1 & 3-\lambda & 1 \\ 0 & 1 & 3-\lambda \end{vmatrix} = (3-\lambda)(\lambda^2 - 6\lambda + 7) = 0$$

求解特征多项式，可得特征值 $\lambda_1 = 3$，$\lambda_2 = 3+\sqrt{2}$，$\lambda_3 = 3-\sqrt{2}$，最小特征值 $\lambda_{\min} = \lambda_3$。

则噪声的方差为

$$\sigma_w^2 = \lambda_{\min} = 3 - \sqrt{2}$$

代入式(5.3.9)可得

$$\begin{bmatrix} \sqrt{2} & 1 & 0 \\ 1 & \sqrt{2} & 1 \\ 0 & 1 & \sqrt{2} \end{bmatrix} \begin{bmatrix} 1 \\ a_1 \\ a_2 \end{bmatrix} = \begin{bmatrix} 0 \\ 0 \\ 0 \end{bmatrix}$$

解该方程组，求得 $a_1 = -\sqrt{2}$，$a_2 = 1$。

将 a_1 和 a_2 代入式(5.3.2)特征多项式，得到

$$z^2 - \sqrt{2}z + 1 = 0$$

解方程可得

$$z_{1,2} = \frac{1}{\sqrt{2}} \pm \mathrm{j}\frac{1}{\sqrt{2}}$$

根据

$$z_1 = \mathrm{e}^{\mathrm{j}\omega_1} = \frac{1}{\sqrt{2}} + \mathrm{j}\frac{1}{\sqrt{2}}$$

可以得到正弦信号的频率 $\omega = \frac{\pi}{4}$。

最后，利用式(5.3.11)可得

$$P\cos\omega = r_y(1) = 1$$

$$P = \sqrt{2}$$

因此,正弦信号的振幅为 $A = \sqrt{2P} = \sqrt{2\sqrt{2}}$。

作为对上述计算的验证，有

$$\sigma_w^2 = r_y(0) - P = 3 - \sqrt{2}$$

与计算得到的 $\lambda_{\min}$完全一致。

Pisarenko 谐波分解法是第一个基于相关矩阵的特征分解的频率估计方法。这种方法采用与最小特征值相联系的特征矢量估计正弦信号的频率，因此对噪声很敏感，这限制了它的使用。但它有很重要的理论意义，是第一种基于信号与噪声子空间的谐波模型谱估计方法，它促进了很多算法的产生，如著名的 MUSIC 算法和 ESPRIT 算法。

5.3.2 MUSIC 算法

多重信号分类(MUSIC)算法是利用特征子空间分解来估计噪声中多个复指数信号频率的一种方法。通过分解观测信号的自相关矩阵的特征值和特征向量得到两个子空间:信号子空间和噪声子空间,利用两个子空间的正交性完成谐波信号频率的估计。

1. 观测信号

设观测信号模型为

$$y(n)=x(n)+w(n)=\sum_{i=1}^{p}A_i e^{j(\omega_i n+\varphi_i)}+w(n) \tag{5.3.13}$$

对于 m 时刻可以定义

观测向量 $\boldsymbol{Y}=[y(m)\quad y(m+1)\quad \cdots\quad y(m+N-1)]^{\mathrm{T}}$

信号向量 $\boldsymbol{X}=[x(m)\quad x(m+1)\quad \cdots\quad x(m+N-1)]^{\mathrm{T}}$

噪声向量 $\boldsymbol{W}=[w(m)\quad w(m+1)\quad \cdots\quad w(m+N-1)]^{\mathrm{T}}$

2. 信号子空间

信号向量 $\boldsymbol{X}$ 可以表示为

$$\boldsymbol{X}=\begin{bmatrix} x(m)\\ x(m+1)\\ \vdots\\ x(m+N-1)\end{bmatrix}=\begin{bmatrix} 1 & 1 & \cdots & 1\\ e^{j\omega_1} & e^{j\omega_2} & \cdots & e^{j\omega_p}\\ \vdots & & & \vdots\\ e^{j\omega_1(N-1)} & e^{j\omega_2(N-1)} & \cdots & e^{j\omega_p(N-1)}\end{bmatrix}\begin{bmatrix} A_1 e^{j(\omega_1 m+\varphi_1)}\\ A_2 e^{j(\omega_2 m+\varphi_2)}\\ \vdots\\ A_p e^{j(\omega_p m+\varphi_p)}\end{bmatrix}=\boldsymbol{S}\cdot\boldsymbol{a} \tag{5.3.14}$$

其中矩阵 $\boldsymbol{S}$ 是一个 Vandermonde 矩阵，每一列都是 DFT 向量形式，一个 $\boldsymbol{N}$ 点长序列的 DFT 可以表示序列与 DFT 向量 $\boldsymbol{s}(\omega)$ 的内积。

$$\boldsymbol{s}(\omega)=[1\quad e^{j\omega}\quad \cdots\quad e^{j\omega(N-1)}]^{\mathrm{T}} \tag{5.3.15}$$

即矩阵 $\boldsymbol{S}$ 可以表示为

$$\boldsymbol{S}=[s(\omega_1)\quad s(\omega_2)\quad \cdots\quad s(\omega_p)] \tag{5.3.16}$$

向量 $\boldsymbol{a}$ 为 m 时刻的 p 个谐波信号。

m 时刻信号向量为 p 个 DFT 向量的加权和，权值为对应的谐波信号。

$$\boldsymbol{X}=\boldsymbol{S}\cdot\boldsymbol{a}=\sum_{i=1}^{p}A_i e^{j(\omega_i m+\varphi_i)}\boldsymbol{s}(\omega_i) \tag{5.3.17}$$

下面从阵列信号处理角度对式(5.3.14)进行解释。设空间有 p 个远场辐射源，均为窄带信号，通过一阵列天线对这 p 个辐射源的波达方向(角度)进行估计。阵列天线采用等距线阵直线排列，每个天线 1 个阵元，共 N 个。

如图 5.3.1 所示，设 p 个辐射源中第 i 个辐射源信号为 $\alpha_i(m)$，与法线的夹角为 θ_i，则相邻两阵元相位差为

$$\omega_i=2\pi\frac{d}{\lambda}\sin\theta_i \tag{5.3.18}$$

其中 d 是相邻两阵元间距离，λ 为信号波长。由于是等距线阵，若 m 时刻第一个阵元接收到的信号为 $\alpha_i(m)$，则第 k 个阵元接收到的信号为 $\alpha_i(m)e^{j(k-1)\omega_i}$

$(k=1,2,\cdots,N)$。

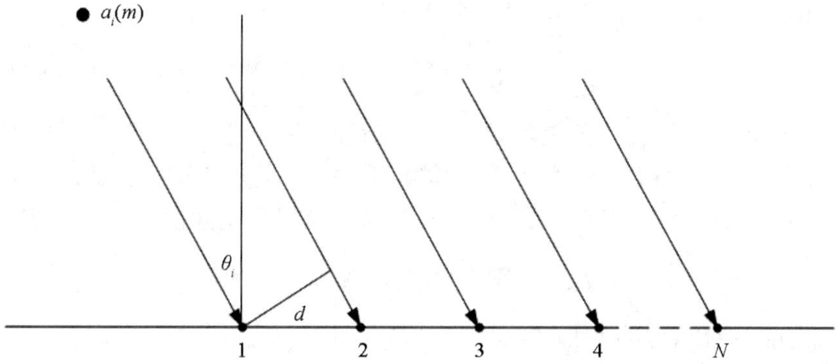

图 5.3.1 均匀线阵与远场辐射源

阵列由 N 个阵元组成，则信号 $a_i(m)$ 到达各阵元的相位差向量为

$$\boldsymbol{s}(\omega_i)=[1 \quad e^{j\omega_i} \quad \cdots \quad e^{j\omega_i(N-1)}]^{T} \tag{5.3.19}$$

称为信号 $a_i(m)$ 的方向向量，即式(5.3.15)定义的 DFT 向量。对应空间 p 个远场辐射源，p 个方向向量构成方向矩阵，如式(5.3.16)所示。

N 个阵元中第 k 个阵元收到信号为

$$x_k(m)=\sum_{i=1}^{p}a_i(m)s_k(\omega_i), k=1,2,\cdots N \tag{5.3.20}$$

其中 $s_k(\omega_i)$ 为 $\boldsymbol{s}(\omega_i)$ 向量中的第 k 项。N 个阵元接收到的信号组成信号向量

$$\boldsymbol{X}=[x_1(m) \quad x_2(m) \quad \cdots \quad x_N(m)]^{T} \tag{5.3.21}$$

在阵列信号处理中，式(5.3.14)信号向量对应式(5.3.21)定义的 N 个阵元接收到的信号，矩阵 $\boldsymbol{S}$ 对应为 p 个远场辐射源的方向矩阵，其中每个 DFT 向量对应为每个辐射源的方向向量，矢量 $\boldsymbol{a}$ 对应为 p 个远场辐射源信号构成的辐射源向量。

信号向量 $\boldsymbol{X}$ 可以定义为

$$\boldsymbol{X}=\boldsymbol{S}\cdot\boldsymbol{a} \tag{5.3.22}$$

其中矩阵 $\boldsymbol{S}$ 为方向矩阵，由方向向量组成，向量 $\boldsymbol{a}$ 为辐射源向量。

若 p 个谐波信号的频率不同，信号向量 $\boldsymbol{X}$ 的自相关矩阵为

$$\begin{aligned}\boldsymbol{R_X}&=E[\boldsymbol{XX}^{H}]=E[\boldsymbol{Saa}^{H}\boldsymbol{S}^{H}]=\boldsymbol{S}E[\boldsymbol{aa}^{H}]\boldsymbol{S}^{H}\\&=\boldsymbol{SPS}^{H}=\sum_{i=1}^{p}P_i\boldsymbol{s}(\omega_i)\boldsymbol{s}(\omega_i)^{H}\end{aligned} \tag{5.3.23}$$

其中

$$\boldsymbol{P}=\boldsymbol{aa}^{H}=\mathrm{diag}[P_1,P_2,\cdots,P_p]=\mathrm{diag}[A_1^2,A_2^2,\cdots,A_p^2] \tag{5.3.24}$$

代表了谐波信号功率。

同时,信号自相关矩阵 $\boldsymbol{R}_x$ 是一个 $N\times N$ 的矩阵,可以正交分解为

$$\boldsymbol{R}_x = \sum_{i=1}^{N} \lambda_i \boldsymbol{v}_i \boldsymbol{v}_i^{\mathrm{H}} \tag{5.3.25}$$

其中 λ_i 和 $\boldsymbol{v}_i$ 分别为自相关矩阵 $\boldsymbol{R}_x$ 的特征值和特征向量。

对比式(5.3.23)和式(5.3.25)可知,$\boldsymbol{X}$ 的自相关矩阵正交分解后,其 N 个特征值中,只有 p 个非零特征值,$N-p$ 个零值。信号子空间由 $\boldsymbol{R}_X$ 定义,满足

$$\boldsymbol{R}_X = \sum_{i=1}^{N} \lambda_i \boldsymbol{v}_i \boldsymbol{v}_i^{\mathrm{H}} = \sum_{i=1}^{p} \lambda_i \boldsymbol{v}_i \boldsymbol{v}_i^{\mathrm{H}} \tag{5.3.26}$$

而 DFT 向量 $\boldsymbol{s}(\omega_i)$ 为特征向量 $\boldsymbol{v}_i$ 的线性组合。

3. 噪声子空间

噪声子空间由噪声向量 $\boldsymbol{W}$ 的自相关矩阵构成,满足

$$\boldsymbol{R}_W = \sigma_w^2 \boldsymbol{I} = \sigma_w^2 \sum_{i=1}^{N} \boldsymbol{v}_i \boldsymbol{v}_i^{\mathrm{H}} \tag{5.3.27}$$

其中 σ_w^2 为噪声方差。

4. 观测空间

已知观测向量 $\boldsymbol{Y}$ 定义为

$$\boldsymbol{Y} = \boldsymbol{X} + \boldsymbol{W} = \boldsymbol{S} \cdot \boldsymbol{a} + \boldsymbol{W} \tag{5.3.28}$$

$\boldsymbol{Y}$ 的自相关矩阵为信号自相关矩阵和噪声自相关矩阵之和,即

$$\boldsymbol{R}_Y = \boldsymbol{R}_Y + \boldsymbol{R}_Y = \boldsymbol{SPS}^{\mathrm{H}} + \sigma_w^2 \boldsymbol{I} \tag{5.3.29}$$

对 $N\times N$ 的观测向量自相关矩阵 $\boldsymbol{R}_Y$ 进行正交分解,可得

$$\boldsymbol{R}_Y = \boldsymbol{R}_X + \boldsymbol{R}_W = \sum_{i=1}^{p} \lambda_i \boldsymbol{v}_i \boldsymbol{v}_i^{\mathrm{H}} + \sigma_w^2 \sum_{i=1}^{N} \boldsymbol{v}_i \boldsymbol{v}_i^{\mathrm{H}} = \sum_{i=1}^{p} (\lambda_i + \sigma_w^2) \boldsymbol{v}_i \boldsymbol{v}_i^{\mathrm{H}} + \sigma_w^2 \sum_{i=p+1}^{N} \boldsymbol{v}_i \boldsymbol{v}_i^{\mathrm{H}} \tag{5.3.30}$$

从式(5.3.30)可以看出,观测信号自相关矩阵的特征值和特征向量分成了两个部分:与 p 个最大特征值相对应的特征向量 $\{\boldsymbol{v}_1, \boldsymbol{v}_2, \cdots, \boldsymbol{v}_p\}$ 称为主特征向量,构成了主特征子空间;其余 $N-p$ 个最小特征值对应的特征向量 $\{\boldsymbol{v}_{p+1}, \boldsymbol{v}_{p+2}, \cdots, \boldsymbol{v}_N\}$ 构成了噪声子空间,与主特征子空间正交,如图 5.3.2 所示。

如果信噪比足够高(此时可假设主特征子空间噪声为零),主特征子空间即为信号子空间,与噪声子空间正交。

5. 噪声谱

信噪比足够高时,构成噪声子空间的特征向量 $\{\boldsymbol{v}_{p+1}, \boldsymbol{v}_{p+2}, \cdots, \boldsymbol{v}_N\}$ 与信号子空间正交,而 p 个 DFT 向量 $\boldsymbol{s}(\omega_1) \sim \boldsymbol{s}(\omega_p)$ 属于信号子空间,因此有

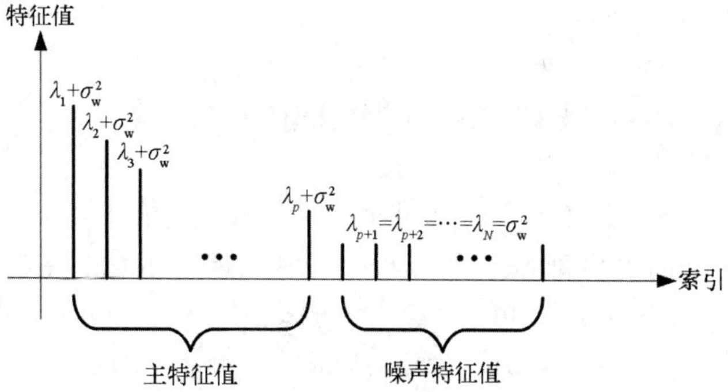

图 5.3.2 自相关矩阵特征值分解示意图

$$\boldsymbol{s}^{\mathrm{H}}(\omega_i)\boldsymbol{v}_k = \sum_{m=0}^{N-1}\boldsymbol{v}_k(m)\mathrm{e}^{-\mathrm{j}\omega_i m} = 0,\quad i = 1,2,\cdots,p,\ k = p+1,p+2,\cdots,N \tag{5.3.31}$$

式(5.3.31)同时又是噪声特征向量 $\boldsymbol{v}_k$ 的傅里叶变换表示形式。定义噪声特征向量的傅里叶变换为噪声谱函数

$$\boldsymbol{P}_k(\omega) = \sum_{m=0}^{N-1}\boldsymbol{v}_k(m)\mathrm{e}^{-\mathrm{j}\omega m} = \boldsymbol{s}^{\mathrm{H}}(\omega)\boldsymbol{v}_k \tag{5.3.32}$$

则 $\boldsymbol{P}_k(\omega)$的 $N-1$ 个零点中一定包含 p 个零点 $\omega_1 \sim \omega_p$，对应谐波信号频率 ω_i；这也意味着 $\boldsymbol{P}_k(\omega)$的倒数有 $N-1$ 个极点，其中 p 个极点对应谐波信号频率 ω_i。对于 $N-p$ 个噪声特征向量的噪声谱，其倒数的极点中有 p 个是相同的，对应谐波信号频率，其余极点各不相同。

6. MUSIC 伪谱

信号的 MUSIC 谱定义为

$$P^{\mathrm{MUSIC}}(\omega) = \frac{1}{\sum\limits_{k=p+1}^{N}|\boldsymbol{s}^{\mathrm{H}}(\omega)\boldsymbol{v}_k|^2} = \frac{1}{\sum\limits_{k=p+1}^{N}|\boldsymbol{P}_k(\omega)|^2} \tag{5.3.33}$$

平均 $N-p$ 个噪声功率谱的目的是减少 MUSIC 谱中很尖锐谱峰。找出 MUSIC 谱中的 p 个谱峰，它们就是谐波信号的频率估计值。

在 MUSIC 谱中隐含的假设是所有的噪声特征值相同，即 $\lambda_i = \sigma_w^2$，这意味着噪声是白色的。在实际应用中，由于需要进行自相关矩阵的估计，噪声特征值并不相等，因此可以对 MUSIC 算法进行修正以消除不相等特征值的影响，即

$$\boldsymbol{P}(\omega) = \frac{1}{\sum\limits_{k=p+1}^{N}\frac{1}{\lambda_k}|\boldsymbol{s}^{\mathrm{H}}(\omega)\boldsymbol{v}_k|^2} = \frac{1}{\sum\limits_{k=p+1}^{N}\frac{1}{\lambda_k}|\boldsymbol{P}_k(\omega)|^2} \tag{5.3.34}$$

综上,MUSIC 算法的步骤如下:

(1)根据观测数据估计自相关矩阵 $\boldsymbol{R}_Y$;

(2)对 $\boldsymbol{R}_Y$ 进行特征分解,求解噪声特征值和特征向量;

(3)计算 MUSIC 谱;

(4)找出 MUSIC 谱中 p 个谱峰,得到谐波信号频率估计值。

MUSIC 算法的提出是为了改进 Pisarenko 谐波分解法。当信号长度 $N=p+1$,MUSIC 算法等同于 Pisarenko 谐波分解法。当 $N>p+1$ 时,MUSIC 算法对噪声子空间进行了平均,因此比 Pisarenko 谐波分解法有所改善,更为强健。同时 MUSIC 算法在阵列信号处理中获得了广泛应用。

5.3.3 ESPRIT 算法

ESPRIT 算法利用旋转不变技术来估计信号参数(Estimation of Signal Parameters via Rotational Invariance Techniques),通过特征分解方法估计噪声复指数信号频率的一种方法。ESPRIT 算法揭示了谐波信号与其单位时移(对于阵列信号为单位平移)之间的确定性关系。

1. 观测信号

采用式(5.3.13)定义的观测信号模型

$$y(n)=x(n)+w(n)=\sum_{i=1}^{p}A_i e^{j(\omega_i n+\varphi_i)}+w(n)$$

如式(5.3.28)所示,满足

$$\boldsymbol{Y}=\boldsymbol{X}+\boldsymbol{W}=\boldsymbol{S}\cdot\boldsymbol{a}+\boldsymbol{W}$$

定义观测信号向量

$$\boldsymbol{Y}(m)=[y(m)\ \ y(m+1)\ \ \cdots\ \ y(m+N-1)]^{\mathrm{T}} \tag{5.3.35}$$

则其时移

$$\boldsymbol{Y}(m+1)=[y(m+1)\ \ y(m+2)\ \ \cdots\ \ y(m+N)]^{\mathrm{T}} \tag{5.3.36}$$

定义信号向量

$$\boldsymbol{X}(m)=[x(m)\ \ x(m+1)\ \ \cdots\ \ x(m+N-1)]^{\mathrm{T}} \tag{5.3.37}$$

则其时移

$$\boldsymbol{X}(m+1)=[x(m+1)\ \ x(m+2)\ \ \cdots\ \ x(m+N)]^{\mathrm{T}} \tag{5.3.38}$$

2. 信号子空间旋转

根据式(5.3.22),m 时刻信号向量满足

$$\boldsymbol{X}(m)=\boldsymbol{S}\cdot\boldsymbol{a} \tag{5.3.39}$$

可以表示为

$$\boldsymbol{X}(m)=\begin{bmatrix}x(m)\\x(m+1)\\\vdots\\x(m+N-1)\end{bmatrix}=\begin{bmatrix}1&1&\cdots&1\\e^{j\omega_1}&e^{j\omega_2}&\cdots&e^{j\omega_p}\\\vdots&&&\vdots\\e^{j\omega_1(N-1)}&e^{j\omega_2(N-1)}&\cdots&e^{j\omega_p(N-1)}\end{bmatrix}\begin{bmatrix}A_1e^{j(\omega_1m+\varphi_1)}\\A_2e^{j(\omega_2m+\varphi_2)}\\\vdots\\A_pe^{j(\omega_pm+\varphi_p)}\end{bmatrix}=\boldsymbol{S}\cdot\boldsymbol{a}\tag{5.3.40}$$

由于 $e^{j\omega_1(m+1)}=e^{j\omega_1m}\cdot e^{j\omega_1}$,即一个复指数信号 $e^{j\omega_1m}$乘上相位 $e^{j\omega_1}$可实现一个采样点的时移,因此信号矢量 $\boldsymbol{X}(m+1)$的时移可通过 $\boldsymbol{X}(m)$的相移来实现

$$\begin{aligned}\boldsymbol{X}(m+1)&=\begin{bmatrix}x(m+1)\\x(m+2)\\\vdots\\x(m+N)\end{bmatrix}=\begin{bmatrix}1&1&\cdots&1\\e^{j\omega_1}&e^{j\omega_2}&\cdots&e^{j\omega_p}\\\vdots&&&\vdots\\e^{j\omega_1(N-1)}&e^{j\omega_2(N-1)}&\cdots&e^{j\omega_p(N-1)}\end{bmatrix}\begin{bmatrix}A_1e^{j[\omega_1(m+1)+\varphi_1]}\\A_2e^{j[\omega_2(m+1)+\varphi_2]}\\\vdots\\A_pe^{j[\omega_p(m+1)+\varphi_p]}\end{bmatrix}\\&=\begin{bmatrix}1&1&\cdots&1\\e^{j\omega_1}&e^{j\omega_2}&\cdots&e^{j\omega_p}\\\vdots&&&\vdots\\e^{j\omega_1(N-1)}&e^{j\omega_2(N-1)}&\cdots&e^{j\omega_p(N-1)}\end{bmatrix}\begin{bmatrix}e^{j\omega_1}&0&\cdots&0\\0&e^{j\omega_2}&\cdots&0\\\vdots&&&\vdots\\0&0&\cdots&e^{j\omega_p}\end{bmatrix}\begin{bmatrix}A_1e^{j(\omega_1m+\varphi_1)}\\A_2e^{j(\omega_2m+\varphi_2)}\\\vdots\\A_pe^{j(\omega_pm+\varphi_p)}\end{bmatrix}\\&=\boldsymbol{S}\cdot\boldsymbol{\Phi}\cdot\boldsymbol{a}\end{aligned}\tag{5.3.41}$$

其中 $p\times p$ 的矩阵 $\boldsymbol{\Phi}$ 称为相移矩阵,也是信号向量 $\boldsymbol{X}(m)$和 $\boldsymbol{X}(m+1)$间的旋转矩阵,定义为

$$\boldsymbol{\Phi}=\mathrm{diag}[e^{j\omega_1},e^{j\omega_2},\cdots,e^{j\omega_p}]\tag{5.3.42}$$

矩阵 $\boldsymbol{\Phi}$ 对角线上的元素与谐波频率相对应。

平移是最简单的旋转。信号 $\boldsymbol{X}(m)$经过时移得到 $\boldsymbol{X}(m+1)$,$\boldsymbol{X}(m)$和 $\boldsymbol{X}(m+1)$对应的信号子空间保持不变。对于阵列信号,信号 $\boldsymbol{X}(m)$经过平移得到 $\boldsymbol{X}(m+1)$,对应相同的信号子空间,如图 5.3.3 所示。

3. ESPRIT **算法求解**

由式(5.3.29)可以得到观测矢量 $\boldsymbol{Y}(m)$的自相关矩阵满足

$$\boldsymbol{R}_{Y(m)Y(m)}=\boldsymbol{SPS}^{\mathrm{H}}+\sigma_w^2\boldsymbol{I}$$

$\boldsymbol{Y}(m)$与 $\boldsymbol{Y}(m+1)$的互相关矩阵满足

$$\boldsymbol{R}_{Y(m)Y(m+1)}=\boldsymbol{SP\Phi}^{\mathrm{H}}\boldsymbol{S}^{\mathrm{H}}+\sigma_w^2\boldsymbol{Z}\tag{5.3.43}$$

其中

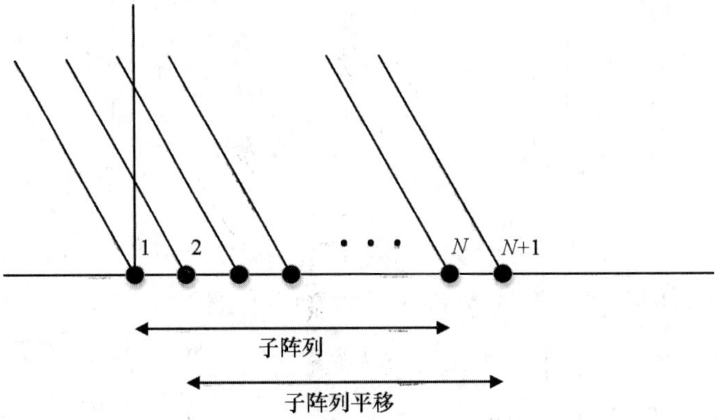

图 5.3.3　阵列信号平移示意图

$$\boldsymbol{Z}=\begin{bmatrix}0 & 0 & \cdots & 0 & 0\\ 1 & 0 & \cdots & 0 & 0\\ 0 & 1 & \cdots & 0 & 0\\ \vdots & & & & \vdots\\ 0 & 0 & \cdots & 1 & 0\end{bmatrix} \tag{5.3.44}$$

是一个 $N\times N$ 的特殊矩阵。

信号 $\boldsymbol{X}(m)$ 经过时移变成 $\boldsymbol{X}(m+1)$，这种时移保持了 $\boldsymbol{X}(m)$ 和 $\boldsymbol{X}(m+1)$ 对应的信号子空间的不变性。信号 $\boldsymbol{X}(m)$ 的自相关矩阵和 $\boldsymbol{X}(m)$ 与 $\boldsymbol{X}(m+1)$ 的互相关矩阵分别为

$$\boldsymbol{R}_{\boldsymbol{X}(m)\boldsymbol{X}(m)}=\boldsymbol{R}_{\boldsymbol{Y}(m)\boldsymbol{Y}(m)}-\sigma_w^2\boldsymbol{I}=\boldsymbol{SPS}^{\mathrm{H}} \tag{5.3.45}$$

$$\boldsymbol{R}_{\boldsymbol{X}(m)\boldsymbol{X}(m+1)}=\boldsymbol{R}_{\boldsymbol{Y}(m)\boldsymbol{Y}(m+1)}-\sigma_w^2\boldsymbol{Z}=\boldsymbol{SP\Phi}^{\mathrm{H}}\boldsymbol{S}^{\mathrm{H}} \tag{5.3.46}$$

这两个矩阵均为 $p\times p$ 的矩阵，相当于把 N 维的观测空间压缩到了 p 维的信号空间。

定义考察矩阵

$$\boldsymbol{R}_{\boldsymbol{X}(m)\boldsymbol{X}(m)}-\lambda\boldsymbol{R}_{\boldsymbol{X}(m)\boldsymbol{X}(m+1)}=\boldsymbol{SP}[\boldsymbol{I}-\lambda\boldsymbol{\Phi}^{\mathrm{H}}]\boldsymbol{S}^{\mathrm{H}} \tag{5.3.47}$$

求解方程

$$\left|\boldsymbol{R}_{\boldsymbol{X}(m)\boldsymbol{X}(m)}-\lambda\boldsymbol{R}_{\boldsymbol{X}(m)\boldsymbol{X}(m+1)}\right|=0 \tag{5.3.48}$$

其 p 个根对应着谐波信号的频率。

综上，ESPRIT 算法的步骤如下：

(1) 根据观测数据估计观测空间自相关矩阵 $\boldsymbol{R}_{\boldsymbol{Y}(m)\boldsymbol{Y}(m)}$ 和互相关矩阵 $\boldsymbol{R}_{\boldsymbol{Y}(m)\boldsymbol{Y}(m+1)}$；

(2) 对 $\boldsymbol{R}_{\boldsymbol{Y}(m)\boldsymbol{Y}(m)}$ 进行特征分解，其最小特征值为噪声方差 σ_w^2 的估计；

(3)构造信号子空间自相关矩阵和互相关矩阵

$$\boldsymbol{R}_{\boldsymbol{X}(m)\boldsymbol{X}(m)}=\boldsymbol{R}_{\boldsymbol{Y}(m)\boldsymbol{Y}(m)}-\sigma_w^2\boldsymbol{I}$$

$$\boldsymbol{R}_{\boldsymbol{X}(m)\boldsymbol{X}(m+1)}=\boldsymbol{R}_{\boldsymbol{Y}(m)\boldsymbol{Y}(m+1)}-\sigma_w^2\boldsymbol{Z}$$

(4)求解特征方程$|\boldsymbol{R}_{\boldsymbol{X}(m)\boldsymbol{X}(m)}-\lambda\boldsymbol{R}_{\boldsymbol{X}(m)\boldsymbol{X}(m+1)}|=0$的 p 个根 $e^{j\omega_i}, i=1,2,\cdots,p$,得到 p 个谐波频率的估计。

以上介绍的 ESPRIT 算法虽然没有使用任何谱的概念,却可以达到估计谐波信号频率的目的。ESPRIT 算法的实质是一种估计信号空间参数的旋转不变技术,将频率估计转换为广义特征值分解。

5.4 功率谱估计性能比较

利用 Matlab 的 randn 函数分别产生互不相关的白噪声序列 $u_1(n)$和 $u_2(n)$,两个白噪声序列分别通过归一化数字截止频率 $f_c=0.3$ 的低通滤波器,分别得到输出 $v_1(n)$和 $v_2(n)$,令

$$y(n)=v_1(n)+jv_2(n)$$

则 $y(n)$是一个复噪声序列。

在 $y(n)$上加入五个复正弦信号,其归一化频率分别为$f_1=0$, $f_2=0.1$, $f_3=0.11$, $f_4=0.2$, $f_5=0.22$ 的,构成观测信号

$$x(n)=y(n)+\sum_{k=1}^{5}A_k e^{j(2\pi)f_k n}$$

其中 A_k 对应不同的系数,可得到不同的信噪比。

本仿真数据在f_1 处的信噪比为 −6 dB, f_2 和f_3 处的信噪比为 3 dB, f_4 和f_5 处的信噪比为零。仿真信号点数为 128 点。

图 5.4.1(a)为 $x(n)$真实功率谱,注意频率范围是 −0.5 ~0.5,即 −π ~ π。

图 5.4.1(b)给出了周期图谱估计结果,采用的数据窗为 128 点 Hanning 窗。因为主瓣过零点宽度为 $B=\frac{2}{128}$大于 0.01,所以频率f_2 和f_3 不能完全分开,只是在波形顶部能看出两个频率分量;频率f_4 和f_5 满足分辨率要求,谱峰可以分辨,但受彼此间旁瓣尤其是第一旁瓣影响。

图 5.4.1(c)给出了 Welch 法谱估计结果,每段 32 点,重叠 16 点,使用 Hanning 窗。这时谱变得较平滑但是分辨率降低,不仅f_2 和f_3 不能分辨,f_4 和f_5 也不能分辨。

图 5.4.1(d)给出了 BT 法谱估计结果,延迟窗采用 Hanning 窗,长度 $M=$

32。获得的分辨率与 Welch 法大致相当。

图 5. 4. 1(e)和图 5. 4. 1(f)分别是利用 20 阶和 40 阶 Burg 方法得到谱估计结果。增大模型的阶数可提高分辨率和估计精度，付出的代价是增加了虚假谱峰。

图 5. 4. 1(g)是利用 MUSIC 算法得到的谱估计结果，信号子空间维数 $p=10$。增大信号维数可使得噪声谱的极点更靠近单位圆，形成更尖锐的谱峰，有利于提高分辨率。

图 5. 4. 1(h)是利用最小二乘 ESPRIT 算法估计得到的频率值，信号子空间维数 $p=5$，数据窗长度 $N=60$。5 个频率估计值分别为 $f_1=0$，$f_2=0.0998$，$f_3=0.1100$，$f_4=0.2000$，$f_5=0.2197$。

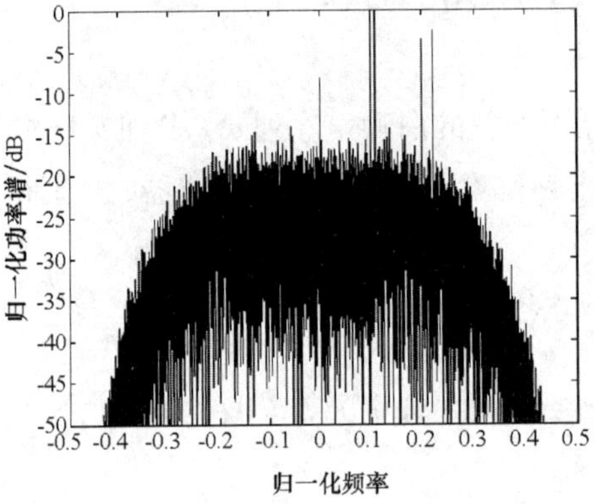

(a) 真实功率谱

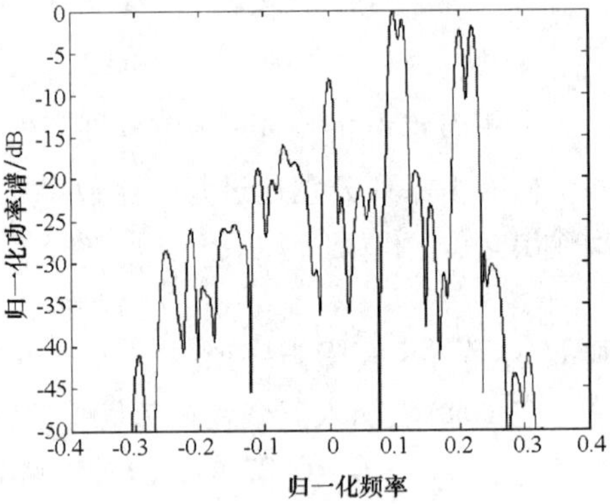

(b)周期图法

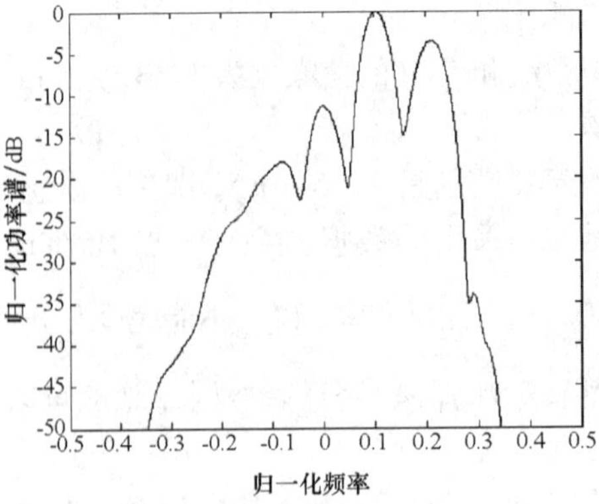

(c) Welch 法

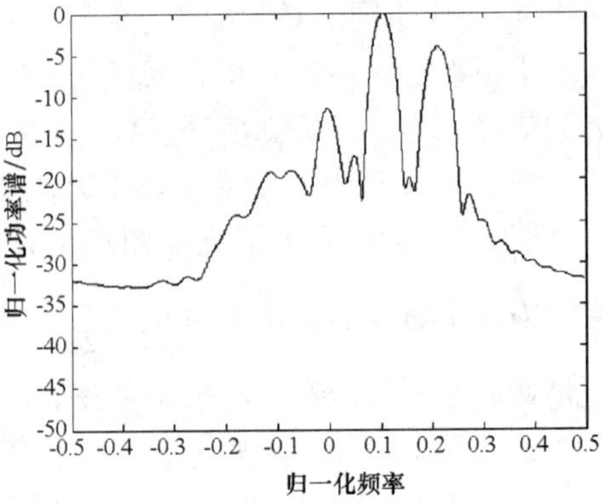

(d)BT 法

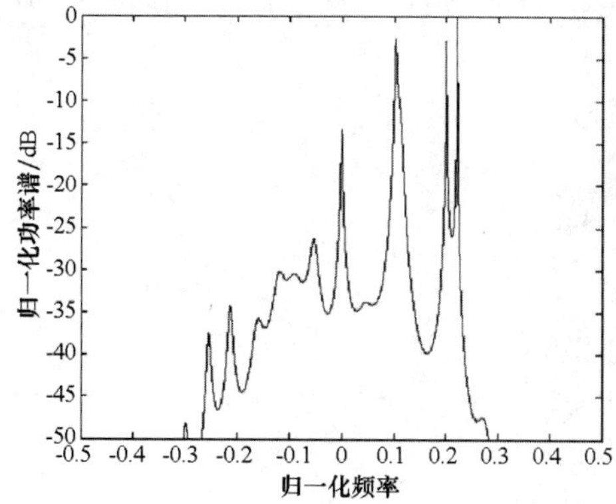

(e)20 阶 Burg 法

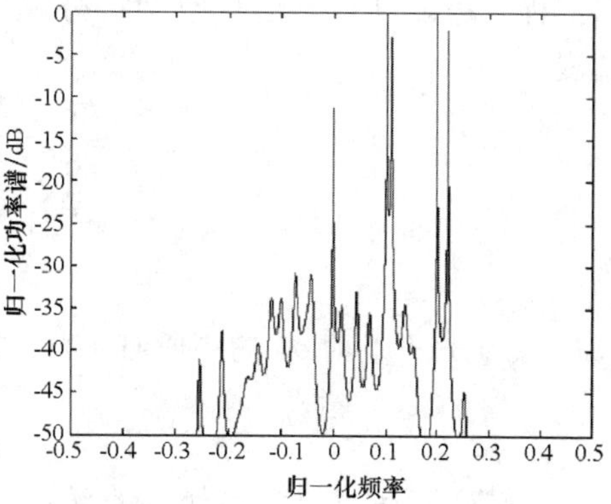

(f)40 阶 Burg 法

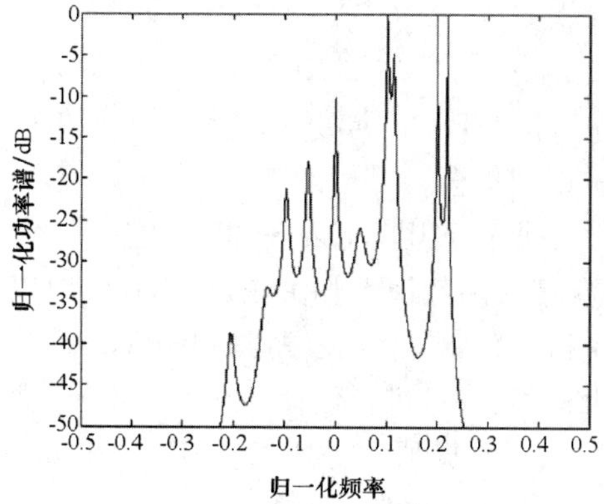

(g)MUSIC 算法

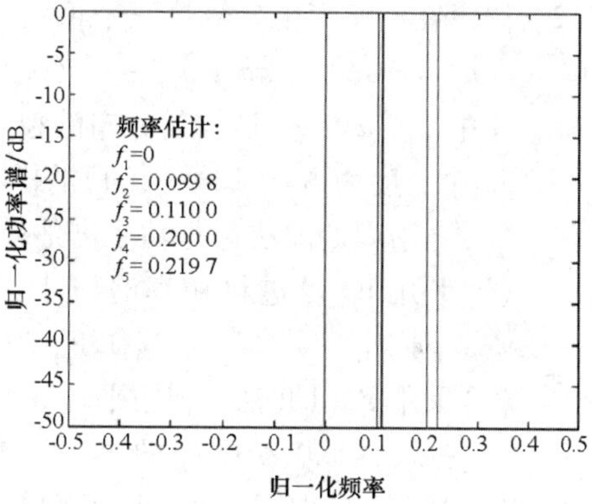

(h)最小二乘 ESPRIT 算法

图 5.4.1　功率谱估计性能比较

小　结

本章讨论了功率谱估计的基本方法。首先,讨论了经典功率谱估计。周期图法是经典谱估计的基本方法;间接法和平均周期图法是周期图法的改进,以牺牲分辨率为代价来换取方差性能的改善。其次,讨论了信号建模谱估计。AR 模型、MA 模型和 ARMA 模型是以平稳随机信号的差分模型为基础的现代谱估计技术。最后,讨论了以谐波信号为特定对象的谱估计方法。Pisarenko 谐波分解法是第一个基于相关矩阵特征分解的频率估计方法,MUSIC 算法改进了 Pisarenko 谐波分解法,ESPRIT 算法是一种估计信号空间参数的旋转不变技术,这三种方法都以观测信号空间可分解为正交的信号子空间和噪声子空间为前提。

习 题

5.1 令 y 是方差为 σ^2 的高斯白噪声，如果

$$\hat{r}_y(0) = \frac{1}{L}\sum_{k=0}^{L-1}[y(k)]^2$$

试问 L 应取多大，可使 $\hat{r}_y(0)$ 的方差满足

$$E[(\hat{r}_y(0))^2] - E[(\hat{r}_y(0))]^2 < 10^{-2}\sigma^4$$

5.2 假设在白噪声中分辨这三个正弦信号，

$x(n) = \cos(0.35\pi n + \varphi_1) + \cos(0.4\pi n + \varphi_2) + 0.25\cos(0.8\pi n + \varphi_3) + v(n)$

式中 φ_1，φ_2，φ_3 是均匀分布的独立随机变量，$v(n)$ 是单位白噪声。生成 50 个长度为 $N = 512$ 的 $x(n)$ 的样本序列集合。

(a) 利用周期图法进行功率谱估计，数据窗采用 Hamming 窗。

(b) 利用 BT 法进行功率谱估计。自相关函数最大相关长度 M 分别取以下四个参数：$M = 64$、128、256 和 512，对自相关序列加 Bartlett 窗。

(c) 采用 Bartlett 法，利用平均周期图对功率谱进行估计。在 $L = 1$（1 个数据段，即基本周期图）、$L = 4$（4 个数据段，每段长为 128）和 $L = 8$（8 个数据段，每段长为 64）这三种情况下进行计算。

(d) 采用 Welch 法，利用平均周期图对功率谱进行估计。在 50% 重叠且采用 Hamming 窗情况下，考虑三个不同的 L 值：$L = 256$（3 个数据段）、$L = 128$（7 个数据段）和 $L = 64$（15 个数据段），分别进行计算。

5.3 已知序列 $x(n) = \{4.684, 7.247, 8.423, 8.650, 8.640, 8.329\}$ 由模型

$$x(n) = 1.70x(n-1) - 0.72x(n-2) + v(n)$$

产生，这里 $v(n)$ 是均值为 0，方差为 1 的白噪声。试用 Burg 法求AR(2)的模型参数。

5.4 将 ARMA(1, 1) 过程用一个无限阶 AR 模型来逼近，试求 AR(∞) 模型参数与 ARMA(1, 1) 参数之间的关系式。

5.5 已知某自回归过程的 5 个观测值为 $\{1, 1, 1, 1, 1\}$

(a) 求一阶和二阶反射系数，并画出二阶预测误差滤波器的格型结构图。

(b) 求该自回归过程的功率谱估计。

5.6 某自回归过程的 5 个观测值为 $x(n) = \{1, 2, 3, 4, 5\}$ $(n = 0, 1, 2, 3, 4)$

(a)用自相关法设计一个 2 阶线性预测器。要求计算各阶线性预测系数、预测误差功率，以及 $x(0)$ 和 $x(4)$ 的预测值 $\hat{x}(0)$ 和 $\hat{x}(4)$，并画出横向结构预测误差滤波器的框图。

(b)用 Burg 法进行如(a)中同样的计算。

(c)对上面两种算法算得的预测误差功率、预测值进行比较，并将 $\hat{x}(0)$、$\hat{x}(4)$ 与真值进行比较，看看哪种算法预测得更准确些。

5.7 某自回归过程的 5 个观测值为 $\{y_0, y_1, y_2, y_3, y_4\} = \{1, -1, 1, -1, 1\}$

(a)用自相关法计算一阶和二阶预测误差滤波器的参数值和预测误差的均方值。

(b)利用二阶预测器预测 y_5。

(c)画出二阶预测器误差滤波器的格型结构图。

5.8 试证明：一个 AR(p)过程，根据它的无限多个过去取样值所做的最佳单步线性预测，与根据过去 p 个取样值所做的最佳单步线性预测是相同的。

5.9 设 $x(n)$ 和 $y(n)$ 是满足下列差分方程的平稳随机信号

$$x(n) = ax(n-1) + w(n), \quad w(n) \sim N(0, \sigma_w^2)$$

$$y(n) = ay(n-1) + x(n) + v(n), \quad v(n) \sim N(0, \sigma_v^2)$$

其中 $|a| < 1$，且 $w(n)$ 与 $v(n)$ 不相关。求 $y(n)$ 的功率谱。

5.10 求一个 MA(q)过程的最佳线性预测器的系数 α_k，该预测器用无限多个过去值预测当前值，即

$$\hat{x}(n) = -\sum_{k=1}^{\infty} \alpha_k x(n-k)$$

并证明该预测器等效于

$$\hat{x}(n) = \sum_{k=1}^{q} b_k v(n-k)$$

其中 $v(n)$ 是均值为零，方差为 1 的白噪声。

5.11 已知平稳随机信号 $x(n)$ 的自相关函数值

$$r_x(0) = 1, \; r_x(1) = 1, \; r_x(2) = 0.5, \; r_x(3) = 0.5$$

现用 3 阶 AR 模型估计它的功率谱，试用 Levinson-Durbin 算法求模型参数。

5.12 设平稳离散随机信号 $x(n)$ 有一个 p 阶全极点模型，该模型是单位方差的白噪声 $v(n)$ 激励一个传输函数为 $H(z)$ 的线性移不变系统，这里

$$H(z) = \frac{b(0)}{1 + \sum_{k=1}^{p} a_p(k) z^{-k}}$$

其中，参数 $b(0)$ 按照能量匹配约束条件选取，即选择 $b(0)$ 使 $r_x(0)=r_h(0)$，这里 $r_x(0)$ 是 $x(n)$ 的第一个自相关值即平均能量，$r_h(0)$ 是线性移不变系统 $H(z)$ 的单位取样响应 $h(n)$ 的平均能量。试证明：

(a) $b(0)=\sqrt{\varepsilon}$，$\varepsilon=E[e^2(n)]$ 是模型误差的均方值。

(b) 对于 $|m|\leqslant p$，$x(n)$ 的自相关序列 $r_x(m)$ 与 $h(n)$ 的自相关序列 $r_h(m)$ 相等。

5.13 已知全极点模型的前 3 阶反射系数 K_1，K_2 和 K_3，试用迭代计算方法求该模型的 AR(3) 参数 $a_3(0)$、$a_3(1)$、$a_3(2)$ 和 $a_3(3)$。

5.14 已知一个 3 阶 FIR 滤波器的传输函数

$$H(z)=1+0.5z^{-1}-0.1z^{-2}-0.5z^{-3}$$

求它的格型滤波器结构。

5.15 已知信号 $x(n)$ 是自相关函数已经估计出的随机过程，其前 4 个值为

$$r_x(0)=19,\ r_x(1)=9,\ r_x(2)=-5,\ r_x(3)=-7$$

现在通过一个 ARMA(2, 1) 模型 $x_n+a_1x_{n-1}+a_2x_{n-2}=\varepsilon_n+b\varepsilon_{n-1}$ 对其进行功率谱估计，确定估计出的 ARMA 谱。

5.16 已知信号 $x(n)$ 为叠加了白噪声的单频正弦信号

$$x(n)=A\cos 2\pi f_1 n+w(n),\quad w(n)\sim N(0,\ \sigma_w^2)$$

其中 A 为正实数。已知 $x(n)$ 的自相关函数为 $r_x(0)=3$，$r_x(1)=1$，$r_x(2)=0$。试确定信号幅度 A、频率 f_1 和白噪声功率 σ_w^2。

5.17 信号 $x(n)$ 的 5 个观察值为 $\{1,\ -2,\ 3,\ -4,\ 5\}$。现采用自相关法对其进行 AR(2) 模型功率谱估计（$x_n+a_1x_{n-1}+a_2x_{n-2}=\nu_n$）。试利用 Levinson-Durbin 法确定模型参数和估计出来的 $x(n)$ 的功率谱。

第 6 章　高阶谱估计

在现代谱估计理论体系中，基于自相关函数的功率谱估计的理论和方法都已相当成熟，应用也极为广泛。在功率谱估计过程中，通常假设观测数据是由高斯白噪声序列激励线性最小相位系统产生。另外，信号的自相关函数(或功率谱)只包含幅度信息，不包含相位信息。但在许多实际的应用场合，信号或噪声可能不服从高斯分布，或者所感兴趣的系统不是线性最小相位系统，或者不仅需要信号的幅度信息还需要信号的相位信息。此时可以使用基于高阶矩、高阶累积量及其谱的信号处理技术。

高阶矩、高阶累积量及其谱都称为高阶统计量。高阶统计量，尤其是高阶累积量，在信号处理中应用的主要优势体现在：(1)高阶累积量能够抑制高斯噪声，从而提高参数估计性能；(2)包含了相位信息，因此可用于非最小相位系统和信号的辨识；(3)高阶累积量反映了随机过程的分布偏离高斯分布的程度，因此可用于信号分类；(4)能够检测和刻画信号的非线性或者辨识非线性系统。

本章先给出高阶矩、高阶累积量及其谱的定义，随后讨论双谱估计，最后简单介绍高阶累积量的应用。

6.1　累积量、矩及其谱

累积量、矩可由随机变量的特征函数生成，本节先给出随机变量特征函数的定义,再给出累积量、矩及其谱的定义。

6.1.1　特征函数

先讨论单个随机变量的情况。假设随机变量 x 的概率密度函数为 $p(x)$，那么它的特征函数定义为

$$\Phi(\omega) = \int_{-\infty}^{\infty} p(x)\mathrm{e}^{\mathrm{j}\omega x}\mathrm{d}x = E[\mathrm{e}^{\mathrm{j}\omega x}] \tag{6.1.1}$$

因为概率密度函数 $p(x)\geqslant 0$，所以特征函数在原点处有最大值

$$|\Phi(\omega)|\leqslant\Phi(0)=1$$

对式(6.1.1)取对数，就得到随机变量 x 的第二特征函数

$$\Psi(\omega)=\ln\Phi(\omega)=\ln E[\mathrm{e}^{\mathrm{j}\omega x}] \tag{6.1.2}$$

对均值为 μ，方差为 σ^2 的高斯随机变量而言，其概率密度函数为

$$p(x)=\frac{1}{\sqrt{2\pi}\sigma}\mathrm{e}^{-\frac{(x-\mu)^2}{2\sigma^2}} \tag{6.1.3}$$

根据式(6.1.1)可得它的特征函数为

$$\Phi(\omega)=\int_{-\infty}^{\infty}\frac{1}{\sqrt{2\pi}\sigma}\mathrm{e}^{-\frac{(x-\mu)^2}{2\sigma^2}}\mathrm{e}^{\mathrm{j}\omega x}\mathrm{d}x$$

将上式中的指数项 $\mathrm{e}^{\mathrm{j}\omega x}$ 作泰勒级数展开，同时利用

$$\frac{1}{\sqrt{2\pi}}\int_{-\infty}^{\infty}x^{2n}\mathrm{e}^{-x^2/2}\mathrm{d}x=(2n-1)!!$$

作积分变量替换可得高斯随机变量特征函数

$$\Phi(\omega)=\mathrm{e}^{\mathrm{j}\omega\mu-\omega^2\sigma^2/2} \tag{6.1.4}$$

高斯随机变量的第二特征函数为

$$\Psi(\omega)=\mathrm{j}\omega\mu-\frac{1}{2}\omega^2\sigma^2 \tag{6.1.5}$$

下面把随机变量特征函数定义推广至随机矢量，随机矢量 $\boldsymbol{x}=[x_1, x_2, \cdots, x_k]^{\mathrm{T}}$ 的特征函数定义为

$$\Phi(\boldsymbol{\omega})=E[\mathrm{e}^{\mathrm{j}\boldsymbol{\omega}^{\mathrm{T}}\boldsymbol{x}}]=E[\mathrm{e}^{\mathrm{j}(\omega_1x_1+\omega_2x_2+\cdots+\omega_kx_k)}] \tag{6.1.6}$$

其中 $\boldsymbol{\omega}=[\omega_1, \omega_2, \cdots, \omega_k]^{\mathrm{T}}$，相应地，随机矢量 $\boldsymbol{x}$ 的第二特征函数定义为

$$\Psi(\boldsymbol{\omega})=\ln\Phi(\boldsymbol{\omega})=\ln E[\mathrm{e}^{\mathrm{j}\boldsymbol{\omega}^{\mathrm{T}}\boldsymbol{x}}] \tag{6.1.7}$$

根据上述定义，对于随机矢量 $\boldsymbol{x}=[x_1, x_2, \cdots, x_k]^{\mathrm{T}}$，均值为 $\boldsymbol{\mu}=[\mu_1, \mu_2, \cdots, \mu_k]^{\mathrm{T}}$，方差阵为 $\boldsymbol{R}=[r_{ij}]_{k\times k}$，其中 $r_{ij}=E[(x_i-\mu_i)(x_j-\mu_j)]$，$\boldsymbol{x}$ 的概率密度函数为

$$p(\boldsymbol{x})=\frac{1}{(2\pi)^{k/2}|\boldsymbol{R}|^{1/2}}\mathrm{e}^{-(\boldsymbol{x}-\boldsymbol{\mu})^{\mathrm{T}}\boldsymbol{R}^{-1}(\boldsymbol{x}-\boldsymbol{\mu})/2} \tag{6.1.8}$$

的高斯随机矢量，其特征函数为

$$\Phi(\boldsymbol{\omega})=\mathrm{e}^{\mathrm{j}\boldsymbol{\omega}^{\mathrm{T}}\boldsymbol{\mu}-\boldsymbol{\omega}^{\mathrm{T}}\boldsymbol{R}\boldsymbol{\omega}/2} \tag{6.1.9}$$

第二特征函数为

$$\Psi(\boldsymbol{\omega})=\ln\Phi(\boldsymbol{\omega})=\mathrm{j}\boldsymbol{\omega}^{\mathrm{T}}\boldsymbol{\mu}-\boldsymbol{\omega}^{\mathrm{T}}\boldsymbol{R}\boldsymbol{\omega}/2 \tag{6.1.10}$$

6.1.2 矩和累积量

现在用随机变量的特征函数给出矩、累积量的定义，仍从单个随机变量开

始讨论。对式(6.1.1)作 k 次导数可得

$$\frac{\mathrm{d}^k\Phi(\omega)}{\mathrm{d}\omega^k} = (\mathrm{j})^k\int_{-\infty}^{\infty} p(x)x^k\mathrm{e}^{\mathrm{j}\omega x}\mathrm{d}x = (\mathrm{j})^k E[x^k\mathrm{e}^{\mathrm{j}\omega x}] \tag{6.1.11}$$

当 $\omega=0$ 时，式(6.1.11)变为

$$m_k = (-\mathrm{j})^k\frac{\mathrm{d}\Phi(\omega)}{\mathrm{d}\omega^k}\bigg|_{\omega=0} = E[x^k] \tag{6.1.12}$$

其中 m_k 就是随机变量 x 的 k 阶矩，因此 $\Phi(\omega)$ 又称为随机变量的矩生成函数。把 $\Phi(\omega)$ 积分式中的指数项展开后得

$$\Phi(\omega) = E[\mathrm{e}^{\mathrm{j}\omega x}] = \int_{-\infty}^{\infty} p(x)\left[1 + \mathrm{j}\omega x + \cdots + \frac{(\mathrm{j}\omega x)^n}{n!} + \cdots\right]\mathrm{d}x$$

若 m_1，m_2，…，m_N 存在，上式可写成下列形式的泰勒展开式

$$\Phi(\omega) = 1 + \sum_{k=1}^{N}\frac{m_k}{k!}(\mathrm{j}\omega)^k + o(\omega^N) \tag{6.1.13}$$

随机变量的第二特征函数又称为累积量生成函数，因为随机变量 x 的 k 阶累积量 c_k 可以由式(6.1.2)在原点处的 k 阶导数

$$c_k = (-\mathrm{j})^k\frac{\mathrm{d}^k\Psi(\omega)}{\mathrm{d}\omega^k}\bigg|_{\omega=0} \tag{6.1.14}$$

生成。$\Psi(\omega)$ 也有下列形式的泰勒展开式(假设 $\Psi(\omega)$ 的前 N 阶导数在 $\omega=0$ 处存在)

$$\Psi(\omega) = \sum_{k=1}^{N}\frac{c_k}{k!}(\mathrm{j}\omega)^k + o(\omega^N) \tag{6.1.15}$$

下面用同样方式定义随机矢量的矩和累积量，对随机矢量 $\boldsymbol{x}=[x_1, x_2, \cdots, x_k]^{\mathrm{T}}$ 的特征函数作 $r=v_1+v_2+\cdots+v_k$ 阶偏导数

$$\frac{\partial\Phi(\omega_1, \omega_2, \cdots\omega_k)}{\partial\omega_1^{v_1}\omega_2^{v_2}\cdots\omega_k^{v_k}} = (\mathrm{j})^r E[x_1^{v_1}x_2^{v_2}\cdots x_k^{v_k}\mathrm{e}^{\mathrm{j}(\omega_1x_1+\omega_2x_2+\cdots+\omega_kx_k)}] \tag{6.1.16}$$

取 $\omega_1=\omega_2=\cdots=\omega_k=0$，上式变为

$$\frac{\partial\Phi(\omega_1, \omega_2, \cdots\omega_k)}{\partial(\omega_1^{v_1}\omega_2^{v_2}\cdots\omega_k^{v_k})}\bigg|_{\omega_1=\omega_2=\cdots=\omega_k=0} = (\mathrm{j})^r E[x_1^{v_1}x_2^{v_2}\cdots x_k^{v_k}] = \mathrm{j}^r m_{v_1v_2\cdots v_k}$$

或者

$$m_{v_1v_2\cdots v_k} = (-\mathrm{j})^r\frac{\partial\Phi(\omega_1, \omega_2, \cdots\omega_k)}{\partial(\omega_1^{v_1}\omega_2^{v_2}\cdots\omega_k^{v_k})}\bigg|_{\omega_1=\omega_2=\cdots=\omega_k=0} \tag{6.1.17}$$

其中 $m_{v_1v_2\cdots\cdots v_k}$是随机矢量的 $r=v_1+v_2+\cdots+v_3$ 阶矩。

随机矢量 $\boldsymbol{x}=[x_1, x_2, \cdots, x_k]^{\mathrm{T}}$ 的 $r=v_1+v_2+\cdots+v_k$ 阶累积量由累积量生成函数生成，对式(6.1.7)作 $r=v_1+v_2+\cdots+v_k$ 阶偏导数，并取 $\omega_1=\omega_2=\cdots=$

$\omega_k=0$，得

$$c_{v_1v_2\cdots v_k}=(-\mathrm{j})^r\frac{\partial\Psi(\omega_1,\omega_2,\cdots,\omega_k)}{\partial(\omega_1^{v_1}\omega_2^{v_2}\cdots\omega_k^{v_k})}\bigg|_{\omega_1=\omega_2=\cdots=\omega_k=0}\tag{6.1.18}$$

$\Phi(\omega_1,\omega_2,\cdots,\omega_k)$和$\Psi(\omega_1,\omega_2,\cdots,\omega_k)$同样能够展开成矩和累积量的泰勒级数的形式

$$\Phi(\omega_1,\omega_2,\cdots,\omega_k)=\sum_{v_1+v_2+\cdots+v_k\leqslant N}\frac{(\mathrm{j}\omega_1)^{v_1}\cdots(\mathrm{j}\omega_k)^{v_k}}{v_1!v_2!\cdots v_k!}m_{v_1v_2\cdots v_k}+o(|\omega|^N)\tag{6.1.19}$$

$$\Psi(\omega_1,\omega_2,\cdots,\omega_k)=\sum_{v_1+v_2+\cdots+v_k\leqslant N}\frac{(\mathrm{j}\omega_1)^{v_1}\cdots(\mathrm{j}\omega_k)^{v_k}}{v_1!v_2!\cdots v_k!}c_{v_1v_2\cdots v_k}+o(|\omega|^N)\tag{6.1.20}$$

其中$|\omega|=|\omega_1|+|\omega_2|+\cdots+|\omega_k|$。

根据上述定义及式(6.1.10)就可得到高斯随机矢量的各阶累积量，分四种情况讨论：

(1)$\gamma=1$，$\{v_1,v_2,\cdots,v_k\}$中$v_i=1$，其他为零，则有

$$c_{0\cdots010\cdots0}=(-\mathrm{j})\frac{\partial\Psi(\omega)}{\partial\omega_i}\bigg|_{\omega_1=\cdots=\omega_k=0}=\mu_i=E[x_i]\tag{6.1.21}$$

(2)$\gamma=2$，$\{v_1,v_2,\cdots v_k\}$中$v_i=2$，其他为零，则有

$$c_{0\cdots020\cdots0}=(-\mathrm{j})^2\frac{\partial^2\Psi(\omega)}{\partial\omega_i^2}\bigg|_{\omega_1=\cdots=\omega_k=0}=r_{ii}=E[(x_i-\mu_i)^2]\tag{6.1.22}$$

(3)$\gamma=2$，$\{v_1,v_2,\cdots v_k\}$中$v_i=v_j=1$，$i\neq j$，其他为零，则有

$$c_{0\cdots010\cdots0\cdots010\cdots0}=(-\mathrm{j})^2\frac{\partial^2\Psi(\omega)}{\partial\omega_i\omega_j}\bigg|_{\omega_1=\cdots=\omega_k=0}=r_{ij}=E[(x_i-\mu_i)(x_j-\mu_j)]\tag{6.1.23}$$

(4)$\gamma\geqslant3$，由于$\Psi(\omega)$只是自变量的ω_i的二次多项式，因此有

$$c_{v_1v_2\cdots v_n}=0,\qquad\gamma\geqslant3\tag{6.1.24}$$

随机矢量的$r=v_1+v_2+\cdots+v_k$阶矩和累积量因v_1，v_2，…，v_k的选择不同而不同，特别地，取$v_1=v_2=\cdots=v_k=1$，得到最常见的k阶矩和k阶累积量，分别记作

$$m_k=m_{1,1,\cdots,1}=mom(x_1,x_2,\cdots,x_k)\tag{6.1.25}$$

和

$$c_k=c_{1,1,\cdots,1}=cum(x_1,x_2,\cdots,x_k)\tag{6.1.26}$$

一般地，把大于等于3阶的矩和累积量分别称为高阶矩和高阶累积量。

现在把矩和累积量的定义应用于随机过程，设$\{x(t)\}$是k阶平稳随机过

程，则该随机过程的 k 阶矩 $m_{kx}(\tau_1, \tau_2, \cdots, \tau_{k-1})$ 定义为

$$m_{kx}(\tau_1, \tau_2, \cdots, \tau_{k-1}) = mom[x(n), x(n+\tau_1), \cdots, x(n+\tau_{k-1})] \tag{6.1.27}$$

k 阶累积量 $c_{kx}(\tau_1, \tau_2, \cdots, \tau_{k-1})$ 定义为

$$c_{kx}(\tau_1, \tau_2, \cdots, \tau_{k-1}) = cum[x(n), x(n+\tau_1), \cdots, x(n+\tau_{k-1})] \tag{6.1.28}$$

比较式(6.1.25)至式(6.1.28)可知，平稳随机过程的 k 阶矩和 k 阶累积量实际上就是随机矢量 $\boldsymbol{x} = [x(n), x(n+\tau_1), \cdots, x(n+\tau_{k-1})]^{\mathrm{T}}$ 的 k 阶矩和 k 阶累积量。由于假设随机过程阶平稳，它的 k 阶矩和 k 阶累积量和时间起点 n 无关，因此，式(6.1.27)和式(6.1.28)是 $k-1$ 个独立变量(滞后变量)τ_1，τ_2，$\cdots$，τ_{k-1}的函数。

6.1.3 矩和累积量的转换关系

根据特征函数的泰勒展开式(6.1.19)和式(6.1.20)，就能够得到矩和累积量之间的转换关系。

假设 $X = \{x_1, x_2, \cdots, x_k\}$ 是一随机变量集合，而 $I_x = \{1, 2, \cdots, k\}$ 则是 X 中各分量的下标集。设 $I \subseteq I_x$，用 $\boldsymbol{x}_I$ 表示 X 中下标属于 I 的随机变量构成的随机矢量，$\boldsymbol{x}_I$ 的矩和累积量分别表示为：$m_x(I)$ 和 $c_x(I)$，现定义集合 I 的分割集，它是一些互不重叠的、非空子集 I_p ($\bigcup\limits_p I_p = I$) 的无序集合。例如，$k=3$，$I=\{1, 2, 3\}$，它的分割集为$\{(1, 2, 3)\}$，$\{(1)(2, 3)\}$，$\{(1, 2)(3)\}$，$\{(2)(1, 3)\}$，$\{(1)(2)(3)\}$。根据上述定义累积量和矩之间的关系可以写为

$$c_x(I) = \sum_{\bigcup_{p=1}^{q} I_p = I} (-1)^{q-1}(q-1)! \prod_{p=1}^{q} m_x(I_p) \tag{6.1.29}$$

称为 M－C 公式(Moment to Cumulant Equation)，求和项下标 $\bigcup\limits_{p=1}^{q} I_p = I$ 表示在分割集上求和。反过来，矩和累积量之间的关系为

$$m_x(I) = \sum_{\bigcup_{p=1}^{q} I_p = I} \prod_{p=1}^{q} c_x(I_p) \tag{6.1.30}$$

称为 C－M 公式。

对于平稳实随机过程$\{x(n)\}$，根据式(6.1.29)可得到以下列关系式

均值 $$c_{1x} = m_{1x} = E\{x(n)\} \tag{6.1.31}$$

协方差序列 $$c_{2x}(\tau_1) = m_{2x}(\tau_1) - (m_{1x})^2 \tag{6.1.32}$$

$$c_{3x}(\tau_1,\tau_2)=m_{3x}(\tau_1,\tau_2)-m_{1x}[m_{2x}(\tau_1)+m_{2x}(\tau_2)+m_{2x}(\tau_1-\tau_2)]+2(m_{1x})^3 \tag{6.1.33}$$

$$\begin{aligned}c_{4x}(\tau_1,\tau_2,\tau_3)=&m_{4x}(\tau_1,\tau_2,\tau_3)-m_{2x}(\tau_1)m_{2x}(\tau_3-\tau_2)-m_{2x}(\tau_2)m_{2x}(\tau_3-\tau_1)-\\&m_{2x}(\tau_3)m_{2x}(\tau_2-\tau_1)-m_{1x}[m_{3x}(\tau_2-\tau_1,\tau_3-\tau_1)+\\&m_{3x}(\tau_2,\tau_3)+m_{3x}(\tau_2,\tau_1)+m_{3x}(\tau_1,\tau_3)]+\\&2(m_{1x})^2[m_{2x}(\tau_1)+m_{2x}(\tau_2)+m_{2x}(\tau_3)+m_{2x}(\tau_3-\tau_1)+\\&m_{2x}(\tau_3-\tau_2)+m_{2x}(\tau_1-\tau_2)]-6(m_{1x})^4\end{aligned} \tag{6.1.34}$$

由式(6.1.31)~式(6.1.34)可知，一阶累积量和一阶矩相同，二阶矩是自相关，而二阶累积量是协方差序列。如果序列是零均值的，那么

均值 $$c_{1x}=m_{1x}=E\{x(n)\}=0 \tag{6.1.35}$$

协方差序列 $$c_{2x}(\tau_1)=m_{2x}(\tau_1) \tag{6.1.36}$$

$$c_{3x}(\tau_1,\tau_2)=m_{3x}(\tau_1,\tau_2) \tag{6.1.37}$$

$$\begin{aligned}c_{4x}(\tau_1,\tau_2,\tau_3)=&m_{4x}(\tau_1,\tau_2,\tau_3)-m_{2x}(\tau_1)m_{2x}(\tau_3-\tau_2)-\\&m_{2x}(\tau_2)m_{2x}(\tau_3-\tau_1)-m_{2x}(\tau_3)m_{2x}(\tau_2-\tau_1)\end{aligned} \tag{6.1.38}$$

说明零均值平稳随机过程的二、三阶累积量和它的二、三阶矩相等，但更高阶的矩和累积量一般是不相同的。

对于零均值的高斯平稳随机过程$\{x(n)\}$，根据式(6.1.21)至式(6.1.24)可知

$$c_{1x}=E\{x(n)\}=0$$
$$c_{2x}(\tau)=E\{x(n)x(n+\tau)\}=r(\tau)$$
$$c_{kx}(\tau_1,\tau_2,\cdots,\tau_{k-1})\equiv 0,\quad k\geqslant 3$$

结合 C－M 公式可知，零均值高斯平稳随机过程的 k 阶矩为

$$m_{kx}(\tau_1,\tau_2,\cdots,\tau_{k-1})=\begin{cases}=0, & k\geqslant 3,\text{且为奇数}\\ \neq 0, & k\geqslant 4,\text{且为偶数}\end{cases} \tag{6.1.39}$$

比较式(6.1.24)及式(6.1.39)可知，任何高斯随机过程或服从高斯分布的随机矢量的高阶累积量均为零，而它的高阶矩不一定为零。因此，高阶累积量在理论上可完全抑制高斯噪声的影响，而高阶矩没有这一优点。

6.1.4 高阶累积量的性质

高阶累积量有以下几条常用的重要性质。

性质1 设 $\lambda_i(i=1,2,\cdots,k)$ 为常数，$x_i(i=1,2,\cdots,k)$ 为随机变量，则

$$cum(\lambda_1x_1,\cdots,\lambda_kx_k)=\left(\prod_{i=1}^{k}\lambda_i\right)cum(x_1,\cdots,x_k) \tag{6.1.40}$$

证明 设 $y=[\lambda_1 x_1,\ \lambda_2 x_2,\ \cdots,\ \lambda_k x_k]^{\mathrm{T}}$，$x=[x_1,\ x_2,\ \cdots,\ x_k]^{\mathrm{T}}$，两个矢量的下标集相同，即

$I_x=I_y=\{1,\ 2,\ \cdots,\ k\}$，根据式(6.1.29)有

$$c_y(I_y)=\sum_{\bigcup_{p=1}^{q} I_p=I_y}(-1)^{q-1}(q-1)!\prod_{p=1}^{q}m_y(I_y)$$

而

$$\prod_{p=1}^{q}m_y(I_y)=\Big(\prod_{u=1}^{k}\lambda_i\Big)\Big(\prod_{p=1}^{q}m_x(I_x)\Big)$$

因此有

$$c_y(I_y)=\Big(\prod_{i=1}^{k}\lambda_i\Big)c_x(I_x) \tag{6.1.41}$$

式(6.1.41)和式(6.1.1)等价。

性质2 累积量关于它们的随机变量对称，即

$$cum(x_1,\ x_2,\ \cdots,\ x_k)=cum(x_{i_1},\ x_{i_2},\ \cdots,\ x_{i_k}) \tag{6.1.42}$$

其中$(i_1,\ i_2,\ \cdots,\ i_k)$是$(1,\ 2,\ \cdots,\ k)$的任意一种排列，这是显然的，从式(6.1.29)知，集合$I_x=\{1,\ 2,\ \cdots,\ k\}$的分割是无序的，因此随机变量顺序与累积量的值无关。

性质3 累积量对其变量具有可加性，即无论x_1，y_1是否统计独立，都满足

$$cum(x_1+y_1,\ x_2,\ \cdots,\ x_k)=cum(x_1,\ x_2,\ \cdots,\ x_k)+cum(y_1,\ x_2,\ \cdots,\ x_k) \tag{6.1.43}$$

式(6.1.43)说明随机变量之和的累积量等于各自累积量之和，累积量因此得名。

证明 设 $\boldsymbol{x}=[x_1+y_1,\ x_2,\ x_3,\ \cdots,\ x_k]^{\mathrm{T}}$，$\boldsymbol{u}=[x_1,\ x_2,\ x_3,\ \cdots,\ x_k]^{\mathrm{T}}$，$\boldsymbol{v}=[y_1,\ x_2,\ x_3,\ \cdots,\ x_k]^{\mathrm{T}}$。三个矢量的下标集相同，因为$m_x(I_p)$是以$I_p$中元素为下标的随机变量乘积的数学期望，同时$(x_1+y_1)$在$\prod_{p=1}^{q}m_x(I_p)$的表达式中只以一次幂的形式出现，所以有

$$\prod_{p=1}^{q}m_x(I_p)=\prod_{p=1}^{q}m_u(I_p)+\prod_{p=1}^{q}m_v(I_p)$$

把上式代入式(6.1.29)就可得证。

性质4 如果随机变量$\{x_i\}$，$\{y_i\}$$(i=1,\ 2,\ \cdots,\ k)$互不相关，那么

$$cum(x_1+y_1,\ x_2+y_2,\ \cdots,\ x_k+y_k)=cum(x_1,\ x_2,\ \cdots,\ x_k)+cum(y_2,\ y_2,\ \cdots,\ y_k) \tag{6.1.44}$$

证明 设 $\boldsymbol{z}=[x_1+y_1,\ x_2+y_2,\ \cdots,\ x_k+y_k]^{\mathrm{T}}$，$\boldsymbol{x}=[x_1,\ x_2,\ \cdots,\ x_k]^{\mathrm{T}}$，$\boldsymbol{y}=$

$[y_1, y_2, \cdots, y_k]^{\mathrm{T}}$，根据累积量生成函数定义有

$$\begin{aligned}\boldsymbol{\Psi}_z(\omega_1, \omega_2, \cdots, \omega_k) &= \ln E[\mathrm{e}^{\mathrm{j}\omega_1(x_1+y_1)+\cdots+\mathrm{j}\omega_k(x_k+y_k)}] \\ &= \ln E[\mathrm{e}^{\mathrm{j}\omega_1 x_1+\cdots+\mathrm{j}\omega_k x_k}] + \ln E[\mathrm{e}^{\mathrm{j}\omega_1 y_1+\cdots+\mathrm{j}\omega_k y_k}] \\ &= \boldsymbol{\Psi}_x(\omega_1, \omega_2, \cdots, \omega_k) + \boldsymbol{\Psi}_y(\omega_1, \omega_2, \cdots, \omega_k)\end{aligned}$$

根据累积量定义和上式可得证。

从性质 4 可知，如果非高斯分布的信号受到与它独立的高斯噪声污染，那么原始信号的高阶累积量和污染信号的高阶累积量相同，即高阶累积量能够抑制高斯噪声。

性质 5 如果 k 个随机变量 $\{x_i\}$ $(i=1, 2, \cdots, k)$ 的一个非空子集与其他部分独立，则有

$$cum(x_1, x_2, \cdots, x_k) = 0 \tag{6.1.45}$$

证明 累积量相对其变量具有对称性，不失一般性，假设 $\{x_1, \cdots, x_i\}$ 和 $\{x_{i+1}, \cdots, x_k\}$ 相互独立，则有

$$\begin{aligned}\boldsymbol{\Psi}_x(\omega_1, \omega_2, \cdots, \omega_k) &= \ln E[\mathrm{e}^{\mathrm{j}\omega_1 x_1+\cdots+\mathrm{j}\omega_k x_k}] \\ &= \ln E[\mathrm{e}^{\mathrm{j}\omega_1 x_1+\cdots+\mathrm{j}\omega_i x_i}] + \ln E[\mathrm{e}^{\mathrm{j}\omega_{i+1} x_{i+1}+\cdots+\mathrm{j}\omega_k x_k}]\end{aligned}$$

累积量是 $\boldsymbol{\Psi}_x(\omega_1, \omega_2, \cdots, \omega_k)$ 在 $\omega_1 = \omega_2 = \cdots = \omega_k = 0$ 处的导数，上式右边第一项对 $\omega_{i+1}, \cdots, \omega_k$ 求导为零，第二项对 $\omega_1, \cdots, \omega_i$ 求导为零，因此有 $cum(x_1, x_2, \cdots, x_k) = 0$。

性质 6 若 α 是常数，那么

$$cum(\alpha + x_1, x_2, \cdots, x_k) = cum(x_1, x_2, \cdots, x_k) \tag{6.1.46}$$

证明 根据性质 3 有

$$cum(\alpha + x_1, x_2, \cdots, x_k) = cum(\alpha, x_2, \cdots, x_k) + cum(x_1, x_2, \cdots, x_k)$$

根据性质 5 知上式第一项为零，因此 $cum(\alpha + x_1, x_2, \cdots, x_k) = cum(x_1, x_2, \cdots, x_k)$。

6.1.5 高阶谱的定义

随机过程的功率谱定义为自相关函数的傅里叶变换，类似地，随机过程 $\{x(n)\}$ 的高阶矩谱和高阶累积量谱分别定义为高阶矩和高阶累积量的傅里叶变换。

设高阶矩 $m_{kx}(\tau_1, \tau_2, \cdots, \tau_{k-1})$ 绝对可和，即

$$\sum_{\tau_1=-\infty}^{\infty} \cdots \sum_{\tau_{k-1}=-\infty}^{\infty} |m_{kx}(\tau_1, \tau_2, \cdots, \tau_{k-1})| < \infty \tag{6.1.47}$$

则 k 阶矩谱定义为

$$M_{kx}(\omega_1, \omega_2, \cdots, \omega_{k-1}) = \sum_{\tau_1=-\infty}^{\infty} \cdots \sum_{\tau_{k-1}=-\infty}^{\infty} m_{kx}(\tau_1, \tau_2, \cdots, \tau_{k-1}) e^{-j\sum_{i=1}^{k-1}\omega_i\tau_i} \tag{6.1.48}$$

设高阶累积量 $c_{kx}(\tau_1, \tau_2, \cdots, \tau_{k-1})$ 绝对可和，即

$$\sum_{\tau_1=-\infty}^{\infty} \cdots \sum_{\tau_{k-1}=-\infty}^{\infty} |c_{kx}(\tau_1, \tau_2, \cdots, \tau_{k-1})| < \infty \tag{6.1.49}$$

则 k 阶累积量谱定义为

$$S_{kx}(\omega_1, \omega_2, \cdots, \omega_{k-1}) = \sum_{\tau_1=-\infty}^{\infty} \cdots \sum_{\tau_{k-1}=-\infty}^{\infty} c_{kx}(\tau_1, \tau_2, \cdots, \tau_{k-1}) e^{-j\sum_{i=1}^{k-1}\omega_i\tau_i} \tag{6.1.50}$$

高阶矩、高阶累积量及其相应的谱是三种主要的高阶统计量。通常高阶累积量谱简称为高阶谱或多谱。常用的高阶谱有三阶谱和四阶谱,分别为

$$B_x(\omega_1, \omega_2) = \sum_{\tau_1=-\infty}^{\infty} \sum_{\tau_2=-\infty}^{\infty} c_{3x}(\tau_1, \tau_2) e^{-j(\omega_1\tau_1+\omega_2\tau_2)} \tag{6.1.51}$$

$$T_x(\omega_1, \omega_2, \omega_3) = \sum_{\tau_1=-\infty}^{\infty} \sum_{\tau_2=-\infty}^{\infty} \sum_{\tau_3=-\infty}^{\infty} c_{4x}(\tau_1, \tau_2, \tau_3) e^{-j(\omega_1\tau_1+\omega_2\tau_2+\omega_3\tau_3)} \tag{6.1.52}$$

通常称三阶谱为双谱，四阶谱为三谱。

下面给出离散的确定性信号（能量信号和周期信号）双谱和三谱分别的定义。

假设 $\{x(k), k=0, \pm1, \pm2, \cdots\}$ 是有限能量的确定性信号，那么它的双谱和三谱分别定义为

$$B_x(\omega_1, \omega_2) = X(e^{j\omega_1})X(e^{j\omega_2})X^*(e^{j(\omega_1+\omega_2)}) \tag{6.1.53}$$

$$T_x(\omega_1, \omega_2, \omega_3) = X(e^{j\omega_1})X(e^{j\omega_2})X(e^{j\omega_3})X^*(e^{j(\omega_1+\omega_2+\omega_3)}) \tag{6.1.54}$$

其中

$$X(e^{j\omega}) = \sum_{k=-\infty}^{\infty} x(k) e^{-j\omega k}$$

假设周期信号 $\{x(k), k=0, \pm1, \pm2, \cdots\}$ 满足 $x(k)=x(k+N)$，则它的双谱、三谱分别定义为

$$B_x(k_1, k_2) = \frac{1}{N}X(k_1)X(k_2)X^*(k_1+k_2) \tag{6.1.55}$$

$$T_x(k_1, k_2, k_3) = \frac{1}{N}X(k_1)X(k_2)X(k_3)X^*(k_1+k_2+k_3) \tag{6.1.56}$$

其中

$$X(k) = \sum_{i=0}^{N-1} x(k) e^{-j\frac{2\pi}{N}ik}, \qquad k = 0, 1, \cdots, N-1$$

在实际信号处理中，高阶累积量和高阶矩各有特点，一般高阶矩及其谱适合确定性信号的瞬态特性或周期性的分析，而高阶累积量及其谱适合随机信号的处理，主要原因有：高阶累积量能够抑制高斯噪声；同时从性质 3 知道，统计独立随机过程之和的累积量等于各自累积量之和，而高阶矩则没有这些特点。因此，高阶累积量及其谱在非高斯随机过程的处理中得到了更广泛的应用。

6.2 累积量和偏态

从式(6.1.24)可知，高斯随机矢量大于三阶的累积量都等于零，而 C－M 公式(6.1.30)则表明，高斯随机矢量的矩由不同阶数累积量相乘相加而得，因此，若已知高斯随机矢量的一、二阶矩，则它的其他任何高阶矩均可由一、二阶矩表示。

如果有一随机矢量和一高斯随机矢量有相同的一、二阶矩，一般而言，它们的高阶矩是不相同的。实际上两个序列的相同阶数的高阶矩之差就是随机矢量的累积量，累积量可以用来衡量随机矢量偏离高斯分布的程度。对于零均值的平稳随机过程，有另一种与式(6.1.28)等价的 k 阶累积量的定义

$$c_{kx}(\tau_1, \tau_2, \cdots, \tau_{k-1}) = E\{x(n)x(n+\tau_1)\cdots x(n+\tau_{k-1})\} - E\{g(n)g(n+\tau_1)\cdots g(n+\tau_{k-1})\} \tag{6.2.1}$$

其中$\{g(n)\}$是和$\{x(n)\}$具有相同一、二阶矩的高斯随机过程。

累积量反映了随机矢量偏离高斯分布的程度，特别地，把三、四阶累积量零滞后时的值称为偏度和峰度。式(6.1.35)至式(6.1.38)中取 $\tau_1 = \tau_2 = \tau_3 = 0$，同时假设随机过程是零均值的，则其方差、偏度和峰度分别为

$$r_2 = E\{x(n)^2\} = c_{2x}(0) \tag{6.2.2}$$

$$r_3 = E\{x(n)^3\} = c_{3x}(0, 0) \tag{6.2.3}$$

$$r_4 = E\{x(n)^4\} - 3(r_{2x})^2 = c_{4x}(0, 0, 0) \tag{6.2.4}$$

偏度反映了概率分布偏离对称分布的程度，如图 6.2.1 所示。峰度反映了概率分布尖峭的程度，如图 6.2.2 所示。归一化的偏度系数和峰度系数分别定义为

$$g_1 = \frac{r_{3x}}{r_{2x}^{3/2}} \tag{6.2.5}$$

$$g_2 = \frac{r_{4x}}{r_{2x}^2} \tag{6.2.6}$$

在实际信号处理中，涉及选用几阶累积量的问题，如何确定是选用三阶、四阶还是更高阶数的累积量？一般地，阶数越高，计算量越大，计算过程相对复杂，因此如果能够满足要求应尽量选用阶数小的累积量。另外，从上述讨论可知，对称分布，如 Laplace 分布、均匀分布等，相应的三阶累积量为零，需要采用四阶累积量；而非对称分布，如指数分布、瑞利分布和χ^2 分布等，相应的三阶累积量不为零，因此可以采用三阶累积量；另外，由于某些随机过程的三阶累积量的值过小，也需要采用四阶累积量。

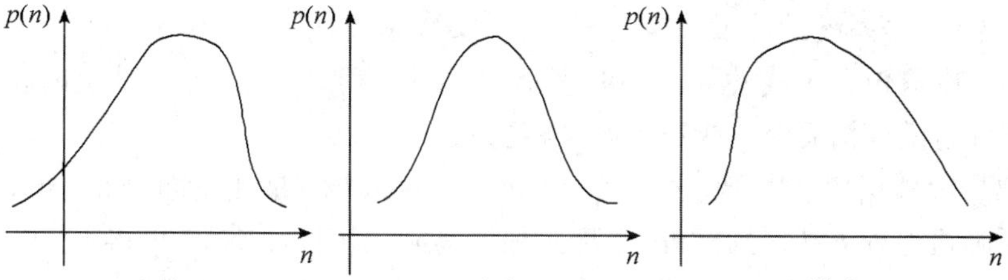

图 6.2.1　不同分布的偏度

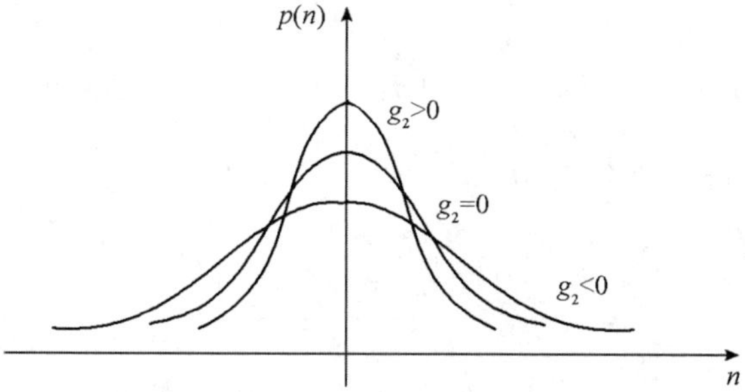

图 6.2.2　不同分布的峰度

6.3　线性系统高阶累积量

如图 6.3.1 所示，本节讨论单输入/单输出线性时不变系统输出的二阶和高阶累积量及其谱之间的关系。

假设图 6.3.1 中，$v(k)$、$n(k)$是零均值，方差分别为 σ_v^2、σ_n^2 的白噪声，它们互不相关，$H(z)$是一稳定系统。那么有

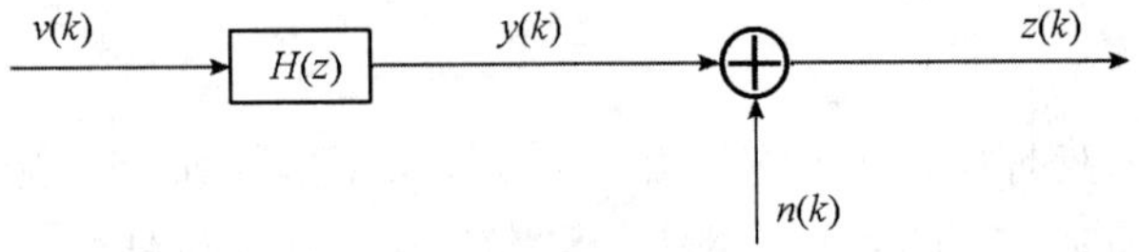

图 6. 3. 1　单输入/单输出线性时不变系统

$$r_z(k) = r_y(k) + r_n(k) = \sigma_v^2 \sum_{i=0}^{\infty} h(i)h(i+k) + \sigma_n^2\delta(k) \tag{6.3.1}$$

$$S_{2z}(\omega) = \sigma_v^2 |H(e^{j\omega})|^2 + \sigma_n^2 \tag{6.3.2}$$

$$r_{vz}(k) = E\{v(n)z(n+k)\} = \sigma_v^2 h(k) \tag{6.3.3}$$

其中$\{h(n)\}$是系统的冲激响应(假设是一实数序列)。由式(6.3.2)可知，功率谱$S_z(\omega)$中只包含了线性系统的幅度信息($|H(e^{j\omega})|^2$)，不包含系统的相位信息，也就是说自相关函数或功率谱是相盲的。

把高阶累积量应用于上述系统，同时假设$\{v(k)\}$是独立同分布的($i.i.d$)非高斯随机过程 $n(k)$是高斯白噪声。根据高阶累积量性质 5，可得

$$c_{kv}(\tau_1, \tau_2, \cdots, \tau_{k-1}) = \begin{cases} r_{kv}, & \tau_1 = \tau_2 = \cdots = \tau_{k-1} = 0 \\ 0, & \text{其他} \end{cases} \tag{6.3.4}$$

其中 $r_{kv} > 0$，它是 $v(k)$的 k 阶累积量。根据线性系统输入输出关系以及高阶累积量性质 1,有

$$\begin{aligned} c_{ky}(\tau_1, \cdots, \tau_{k-1}) &= cum\{y(n), y(n+\tau_1), \cdots, y(n+\tau_{k-1})\} \\ &= cum\Big\{\sum_{i_0=-\infty}^{\infty} h(i_0)v(n-i_0), \sum_{i_1=-\infty}^{\infty} h(i_1)v(n+\tau_1-i_1), \cdots, \\ &\qquad \sum_{i_{k-1}=-\infty}^{\infty} h(i_{k-1})v(n+\tau_{k-1}-i_{k-1})\Big\} \\ &= \sum_{i_0=-\infty}^{\infty} \cdots \sum_{i_{k-1}=-\infty}^{\infty} h(i_0)h(i_1)\cdots h(i_{k-1})\, cum\{v(n-i_0), \\ &\qquad v(n+\tau_1-i_1), \cdots, v(n+\tau_{k-1}-i_{k-1})\} \end{aligned} \tag{6.3.5}$$

把式(6.3.4)代入式(6.3.5)得

$$c_{ky}(\tau_1, \tau_2, \cdots, \tau_{k-1}) = r_{kv} \sum_{i=-\infty}^{\infty} h(i)h(i+\tau_1) \cdots h(i+\tau_{k-1}) \tag{6.3.6}$$

对式(6.3.6)作 $k-1$ 阶傅里叶变换，得到系统输出信号高阶谱和系统传递函数之间的关系式

$$S_{ky}(\omega_1, \omega_2, \cdots, \omega_{k-1}) = r_{kv} H(e^{j\omega_1})H(e^{j\omega_2})\cdots H(e^{j\omega_{k-1}})H(e^{-j\sum_{i=1}^{k-1}\omega_i}) \tag{6.3.7}$$

对于输入$\{v(k)\}$为非高斯有色噪声的情况，式(6.3.5)写为

$$c_{ky}(\tau_1, \tau_2, \cdots, \tau_{k-1})$$
$$= \sum_{i_0=-\infty}^{\infty} \cdots \sum_{i_{k-1}=-\infty}^{\infty} h(i_0)h(i_1)\cdots h(i_{k-1})c_{kv}(\tau_1 + i_0 - i_1, \cdots, \tau_{k-1} + i_0 - i_{k-1}) \tag{6.3.8}$$

相应的高阶谱为

$$S_{ky}(\omega_1, \omega_2, \cdots, \omega_{k-1})$$
$$= S_{kv}(\omega_1, \omega_2, \cdots, \omega_{k-1})H(\mathrm{e}^{\mathrm{j}\omega_1})H(\mathrm{e}^{\mathrm{j}\omega_2})\cdots H(\mathrm{e}^{\mathrm{j}\omega_{k-1}})H(\mathrm{e}^{-\mathrm{j}\sum_{i=1}^{k-1}\omega_i}) \tag{6.3.9}$$

值得指出的是,在式(6.3.6)的推导过程中，求和的下标是 $-\infty$，因此它适合非因果、非最小相位系统。如果研究的对象是因果系统，那么求和的下标为0。另外，如果图6.3.2 所示系统的加性噪声$\{n(k)\}$服从高斯分布，且与$\{v(k)\}$不相关，那么当累积量的阶数 $k \geqslant 3$ 时，式(6.3.5)至式(6.3.9)对序列$\{z(k)\}$也成立。

从式(6.3.9)可知，线性系统输出的高阶谱保留了系统的相位信息，图6.3.2是按式(6.3.9)计算得到三种不同的两零点 FIR 系统(用 MA(2)表示)输出的双谱。三种 MA(2)系统分别为

$$H_{\min}(z) = (1 - az^{-1})(1 - az^{-1})$$
$$H_{\text{linear}}(z) = (az - 1)(1 - az^{-1})$$
$$H_{\max}(z) = (az - 1)(az - 1)$$

其中 $a = 0.5$。图(a)、(b)和(c)分别是最小、线性和最大相位系统。从图可知，这三个系统输出双谱的幅度是一样的，但相位谱完全不一样。

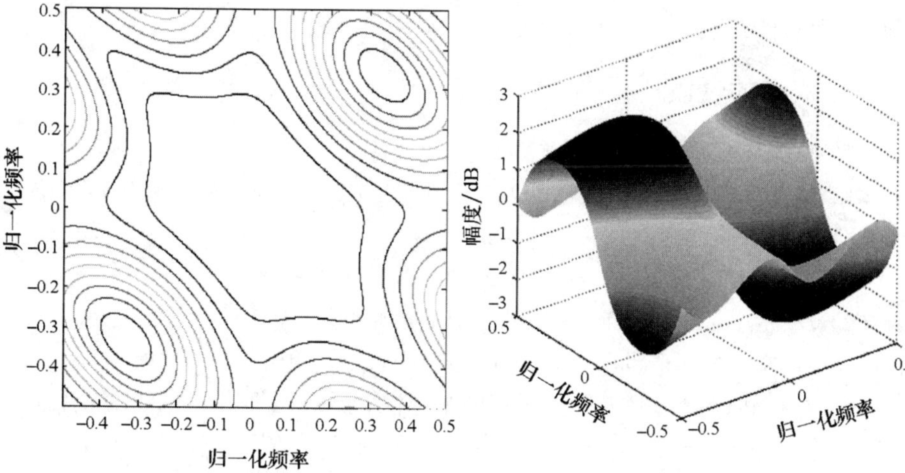

(a)三种系统双谱幅度的等高线图

(b)最小相位系统输出双谱的相位曲面

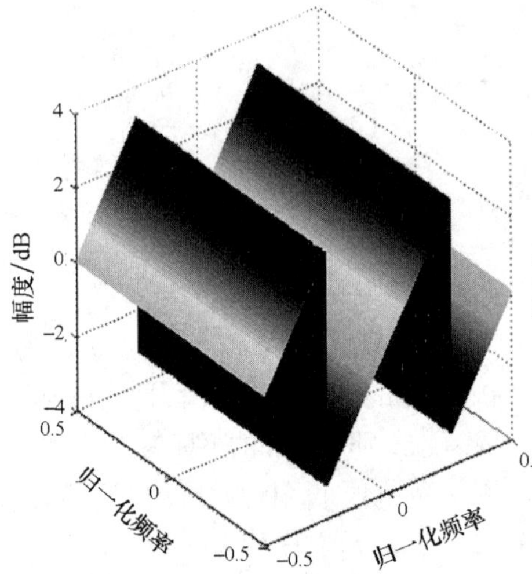

(c)线性相位系统输出双谱的相位曲面

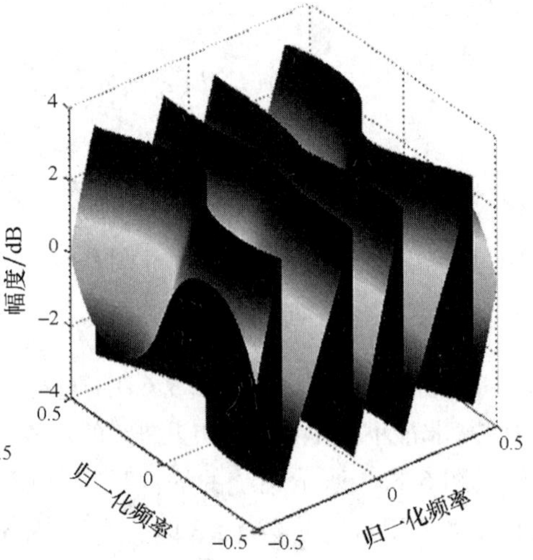

(d)最大相位系统输出双谱的相位曲面

图 6.3.2 三种 MA(2) 系统输出的双谱

6.4 双谱及其估计

双谱是阶数最低的高阶谱，处理方法也最简单，同时它包含功率谱里没有的相位信息。与其他高阶谱相比，双谱的应用相对较为广泛，本节讨论双谱的性质及其估计方法。

6.4.1 双谱的性质

3 阶平稳随机过程 $\{x(n)\}$ 的双谱有下列性质。

(1) 与功率谱不一样，双谱一般是复函数，$B_x(\omega_1, \omega_2)$ 包含幅度和相位部分，即可写为

$$B_x(\omega_1, \omega_2) = |B_x(\omega_1, \omega_2)| e^{j\Phi(\omega_1, \omega_2)} \tag{6.4.1}$$

(2) $B_x(\omega_1, \omega_2)$ 是以 2π 为周期的双周期函数，即

$$B_x(\omega_1, \omega_2) = B_x(\omega_1 + 2\pi, \omega_2 + 2\pi) \tag{6.4.2}$$

(3) 根据式(6.1.28)及随机过程的平稳性，可得三阶累积量的对称特性

$$\begin{aligned} c_3(\tau_1, \tau_2) &= c_3(\tau_2, \tau_1) = c_3(-\tau_2, \tau_1 - \tau_2) = c_3(\tau_1 - \tau_2, -\tau_2) \\ &= c_3(\tau_2 - \tau_1, -\tau_1) = c_3(-\tau_1, \tau_2 - \tau_1) \end{aligned} \tag{6.4.3}$$

因此三阶累积量有六个对称区域，只要知道其中的任意一个区域的累积量

就能得到整个区域的累积量，如图 6.4.1(a)所示。根据三阶累积量的对称特性可得双谱的对称性

$$B_x(\omega_1, \omega_2) = B_x(\omega_2, \omega_1) = B_x(-\omega_1-\omega_2, \omega_2)$$
$$B_x(\omega_1, -\omega_1-\omega_2) = B_x(-\omega_1-\omega_2, \omega_1) = B_x(\omega_2, -\omega_1-\omega_2) \quad (6.4.4)$$

如果$\{x(n)\}$是实三阶平稳随机过程，则有

$$B_x(\omega_1, \omega_2) = B_x^*(-\omega_1, -\omega_2)$$

因此实三阶平稳随机过程的双谱有 12 个对称区域，如图 6.4.1(b)所示，只要知道图中所示 12 个区域中任一区域的双谱，如 $\omega_1 \geqslant \omega_2 \geqslant 0$，$\omega_1+\omega_2 \leqslant \pi$ 这一区域，就能确定整个区域双谱的值。

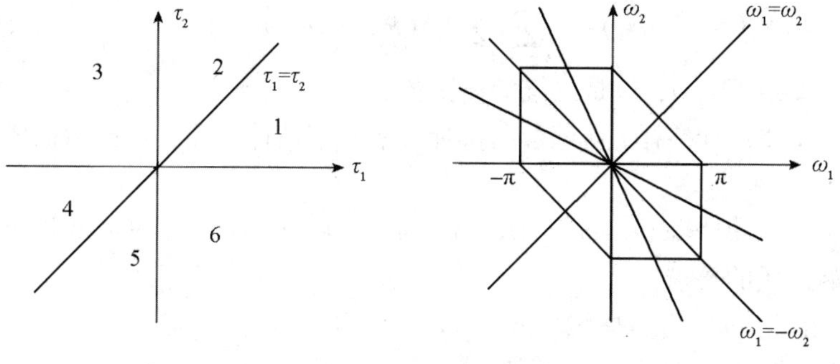

(a) 三阶累积量的对称性　　(b) 双谱的对称性

图 6.4.1　三阶累积量及其谱的对称性

四阶累积量及三谱、更高阶累积量及其谱，和三阶累积量及双谱一样，也存在对称性，它们的对称区域数随阶数增加而增加。

6.4.2　双谱估计方法

在实际信号处理中，只能由有限的观测数据得到双谱估计。和功率谱估计一样，通常双谱估计有非参量法和参量模型法两种方法。非参量法又可以分为两类：间接估计法和直接估计法。下面讨论非参量法及其性能。

1. 间接估计法

间接估计法从观测数据估计三阶累积量，然后通过傅里叶变换得到双谱估计，假设观测数据是长度为 N 的数据序列$\{x(0), x(1), \cdots, x(N-1)\}$，间接估计法描述如下：

(1) 把 N 个数据分成 K 段，每段 M 个数据，即 $N=KM$；

(2) 每段数据减去它的均值，使它的均值为零；

(3) 假设第 i 段数据表示为 $\{x^i(0), x^i(1), \cdots, x^i(M-1)\}$，对每段数据

作三阶累积量或三阶矩估计

$$r^i(m,n)=\frac{1}{M}\sum_{l=s_1}^{l=s_2}x^i(l)x^i(l+m)x^i(l+n),\quad i=1,2,\cdots,K \tag{6.4.5}$$

其中 $s_1=\max\{0,-m,-n\}$，$s_2=\min\{M-1,M-1-m,M-1-n\}$；

(4) 求 $r^i(m,n)$ 的均值，得到三阶累积量的估计

$$\hat{c}_{3x}(m,n)=\frac{1}{K}\sum_{i=1}^{K}r^i(m,n) \tag{6.4.6}$$

(5) 得到双谱估计

$$\hat{B}_{x-\text{in}}(\omega_1,\omega_2)=\sum_{m=-L}^{L}\sum_{n=-L}^{L}\hat{c}_{3x}(m,n)w(m,n)\text{e}^{-\text{j}(\omega_1 m+\omega_2 n)} \tag{6.4.7}$$

其中 $L<M-1$，$w(m,n)$ 是二维的窗函数。

和功率谱估计一样，窗函数的选择影响双谱估计性能。窗函数需满足下列约束条件：

(1) $w(m,n)=w(n,m)=w(-m,n-m)=w(m-n,-n)$，这是三阶累积量对称性质的要求；

(2) 在 $\hat{c}_{3x}(m,n)$ 支撑域之外 $w(m,n)=0$；

(3) $w(0,0)=1$（归一化条件）；

(4) 对任何 (ω_1,ω_2)，$W(\omega_1,\omega_2)\geqslant 0$。

满足上述条件的一类二维窗函数是

$$w(m,n)=d(m)d(n)d(n-m) \tag{6.4.8}$$

其中

$$\begin{cases}d(m)=d(-m)\\ d(m)=0, & m>L\\ d(0)=1\\ D(\omega)\geqslant 0,\ \text{对所有}\ \omega\end{cases} \tag{6.4.9}$$

式(6.4.8)中的二维窗函数是用满足式(6.4.9)的一维窗函数来构成的，常见的一维窗函数有：

(1) 最佳窗

$$d_o(m)=\begin{cases}\dfrac{1}{\pi}\left|\sin\dfrac{m\pi}{L}\right|+\left(1-\dfrac{|m|}{L}\right)\cos\dfrac{m\pi}{L}, & |m|\leqslant L\\ 0, & |m|>L\end{cases} \tag{6.4.10}$$

(2)帕森窗

$$d_p(m)=\begin{cases}1-6\left(\dfrac{m}{L}\right)^2+6\left(\dfrac{|m|}{L}\right)^3, & |m|\leqslant L/2\\ 2\left(1-\dfrac{|m|}{L}\right)^3, & L/2<|m|\leqslant L\\ 0, & |m|>L\end{cases}\tag{6.4.11}$$

2. 直接估计法

直接估计法根据式(6.1.53)估计双谱，与间接估计法相比，计算量较少。假设观测数据是长度为 N 的数据序列 $\{x(0),x(1),\cdots,x(N-1)\}$，数据的采样频率为 f_s，在双谱域内 ω_1，ω_2 轴的频率采样点数为 N_0，频率抽样间隔为 $\Delta_0=f_s/N_0$，用如下方法得到双谱的直接估计：

(1) 将 N 个数据分成 K 段，每段 M 个数据，即 $N=KM$；

(2) 每段数据减去它的均值，使它的均值为零；如果需要，每段数据可加一些零，以便于作 FFT 运算；

(3) 对第 i 段数据 $\{x^i(0),x^i(1),\cdots,x^i(M-1)\}$ 作 DFT

$$X^{(i)}(\lambda)=\frac{1}{M}\sum_{k=0}^{M-1}x^{(i)}(k)\mathrm{e}^{-\mathrm{j}2\pi k\lambda/M}\tag{6.4.12}$$

其中 $\lambda=0,1,\cdots,\dfrac{M}{2}$；$i=1,2,\cdots K$

(4) 通常可以取 $M=M_1N_0$，M_1 为正奇数，也就是 $M_1=2L_1+1$。适当选择 N_0，保证 M 为偶数。根据 DFT 系数得到双谱估计表达式

$$\hat{B}_x^{(i)}(\lambda_1,\lambda_2)=\frac{1}{\Delta_0^2}\sum_{k_1=-L_1}^{L_1}\sum_{k_2=-L_1}^{L_1}X^{(i)}(\lambda_1+k_1)X^{(i)}(\lambda_2+k_2)X^{(i)*}(\lambda_1+k_1+\lambda_2+k_2)\tag{6.4.13}$$

上述双谱估计表达式实际上是 $[\lambda_1-L_1,\lambda_2-L_1]\times[\lambda_1+L_1,\lambda_2+L_1]$ 区域内的平均值，从双谱的对称性可知，只需要估计一个三角区域内的双谱，如 $0\leqslant\lambda_2\leqslant\lambda_1$，$\lambda_1+\lambda_2\leqslant N_0/2$ 内的估计值。特别地，$M_1=1$，$L_1=0$ 时

$$\hat{B}_x^{(i)}(\lambda_1,\lambda_2)=\frac{1}{\Delta_0^2}X^{(i)}(\lambda_1)X^{(i)}(\lambda_2)X^{(i)*}(\lambda_1+\lambda_2)\tag{6.4.14}$$

式(6.4.14)没有做区域平均。

(5) 对 K 段数据作平均，得到观测数据的双谱估计

$$\hat{B}_{x\text{-de}}(\omega_1,\omega_2)=\frac{1}{K}\sum_{i=1}^{K}\hat{B}_x^{(i)}(\lambda_1,\lambda_2)\tag{6.4.15}$$

其中 $\omega_1=\left(\dfrac{2\pi f_s}{N_0}\right)\lambda_1$，$\omega_2=\left(\dfrac{2\pi f_s}{N_0}\right)\lambda_2$

3. 双谱估计性能

无论是直接估计法还是间接估计法，其估计结果都是渐近无偏和一致估计，只要有足够大的数据长度 N 和数据段长度 M，两者估计的均值相等，都提供近似无偏估计，即

$$E[\hat{B}_{x-\text{in}}(\omega_1, \omega_2)] = E[\hat{B}_{x-\text{de}}(\omega_1, \omega_2)] \cong B_x(\omega_1, \omega_2) \qquad (6.4.16)$$

对于 $0<\omega_1<\omega_2$，直接估计法和间接估计法分别具有下列渐近方差

$$\begin{aligned}\text{Var}\{\text{Re}[\hat{B}_{x-\text{in}}(\omega_1, \omega_2)]\} &= \text{Var}\{\text{Im}[\hat{B}_{x-\text{in}}(\omega_1, \omega_2)]\}\\ &= \frac{V}{(2L+1)^2K}P(\omega_1)P(\omega_2)P(\omega_1+\omega_2)\end{aligned} \qquad (6.4.17)$$

$$\begin{aligned}\text{Var}\{\text{Re}[\hat{B}_{x-\text{de}}(\omega_1, \omega_2)]\} &= \text{Var}\{\text{Im}[\hat{B}_{x-\text{de}}(\omega_1, \omega_2)]\}\\ &= \frac{1}{KM_1}P(\omega_1)P(\omega_2)P(\omega_1+\omega_2)\end{aligned} \qquad (6.4.18)$$

其中 $P(\omega)$ 表示随机过程真实的功率谱，V 是窗函数的能量。由式(6.4.17)和式(6.4.18)可知，如果间接估计法不用加权窗，或者说用矩形窗，则有 $V=(2L+1)^2$，同时直接估计法不做平均，即 $M_1=1$，那么两者有相同的估计方差。

6.5 高阶累积量的应用

高阶累积量在阵列信号处理、信号分类、谐波恢复、时延估计、盲反卷积和均衡、相位耦合检测等信号处理领域都得到了较好的应用。

6.5.1 在相位耦合检测中的应用

考虑信号

$$y(n) = \sum_{i=1}^{6}\cos(\omega_i n + \varphi_i) \qquad (6.5.1)$$

其中 $\omega_1>\omega_2>0$，$\omega_5>\omega_4>0$，$\omega_3=\omega_1+\omega_2$，$\omega_6=\omega_4+\omega_5$，且 φ_1，…，φ_5 是 $[-\pi, \pi]$ 上均匀分布的独立变量，如果 $\varphi_6=\varphi_4+\varphi_5$，则 ω_6 是 ω_4 和 ω_5 二次耦合的结果，ω_1，ω_2 和 ω_3 虽然是谐波相关的，但不是二次耦合的结果。当谐波信号存在二次耦合时，信号的功率谱无法确定信号是否存在相位耦合，信号的功率谱如图 6.5.1(a)所示，但三阶累积量能检测和刻画出谐波信号的耦合，信号的三阶累积量采用下列表达式

$$\begin{aligned}c_{3y}(\tau_1, \tau_2) &= cum[y^*(n), y(n+\tau_1), y(n+\tau_2)]\\ &= \frac{1}{4}[\cos(\omega_5\tau_1+\omega_4\tau_2)+\cos(\omega_6\tau_1-\omega_4\tau_2)+\end{aligned}$$

$$\cos(\omega_4\tau_1+\omega_5\tau_2)+\cos(\omega_6\tau_1-\omega_5\tau_2)+$$
$$\cos(\omega_4\tau_1-\omega_6\tau_2)+\cos(\omega_5\tau_1-\omega_6\tau_2)] \qquad (6.5.2)$$

式(6.5.2)中只出现了相位耦合部分，如图 6.5.1(b)所示，在双谱支撑域中的第一象限的第一块三角形中，只有一个非零点(ω_5, ω_4)，参见双谱的对称性质。

图 6.5.2 是下列信号的双谱

$$y(n)=\sum_{i=1}^{3}\cos(2\pi f_i n+\varphi_i)+v(n) \qquad (6.5.3)$$

其中 $f_1=0.1$, $f_2=0.175$, $\varphi_3=\varphi_1+\varphi_2$, $v(n)$是均方差为 1 的高斯白噪声。

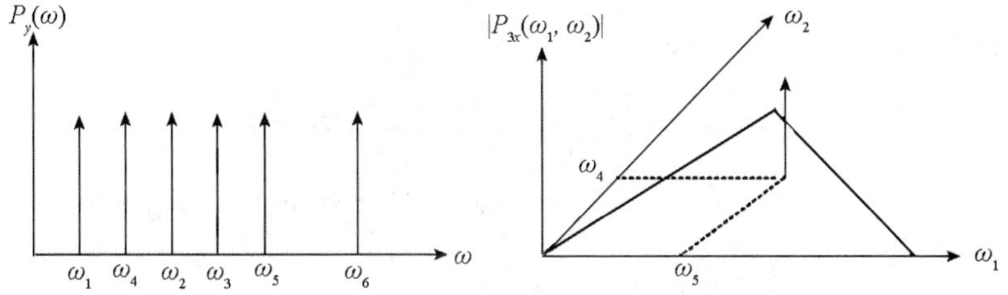

(a)功率谱 (b)双谱

图 6.5.1 信号的功率谱和双谱示意图

从图 6.5.2 可知，在双谱的 12 个对称区域中，每个区域只有一个峰值。

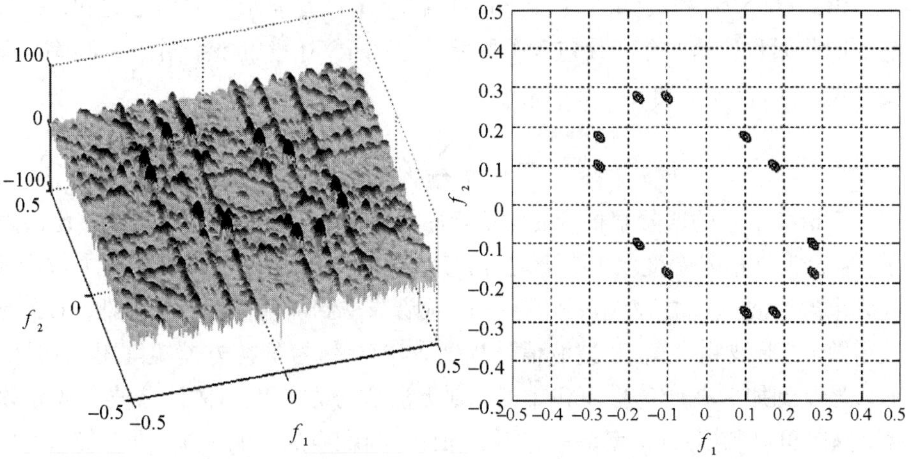

(a)二次相位耦合双谱幅度 (b)二次相位耦合双谱幅度等高线

图 6.5.2 二次相位耦合的检测

另外，三谱能够检测和刻画谐波信号的三次耦合，如果谐波信号同时存在二次和三次相位耦合，则可以分别用双谱和三谱检测，因为双谱对三次耦合部分是盲的，而三谱则对二次耦合部分是盲的。

6.5.2 在谐波估计中的应用

假设存在信号

$$y(n) = \sum_{i=1}^{p} \alpha_i \cos(n\omega_i + \varphi_i) \tag{6.5.4}$$

其中$\{\varphi_i\}$是独立同分布的随机变量，在$[-\pi, \pi]$上均匀分布，$\omega_i \neq \omega_j$，$i \neq j$，且$\{\alpha_i\}$，$\{\omega_i\}$是常数。可使用下列形式的四阶累积量

$$c_{4x}(\tau_1, \tau_2, \tau_3) = cum[x^*(n), x^*(n+\tau_1), x(n+\tau_2), x(n+\tau_3)] \tag{6.5.5}$$

计算可得

$$c_{4y}(\tau_1, \tau_2, \tau_3) = -\frac{1}{8}\sum_{i=1}^{p} \alpha_i^4 [\cos\omega_i(\tau_1 - \tau_2 - \tau_3) + \cos\omega_i(\tau_2 - \tau_3 - \tau_1) + \cos\omega_i(\tau_3 - \tau_1 - \tau_2)] \tag{6.5.6}$$

式(6.5.4)信号的自相关函数为

$$c_{2y}(\tau) = E[y^*(n)y(n+\tau)] = \frac{1}{2}\sum_{i=1}^{p} \alpha_i^2 \cos(\omega_i \tau) \tag{6.5.7}$$

由式(6.5.6)和式(6.5.7)可知，如果$\{y(n)\}$是p个谐波信号之和，那么它的四阶累积量的对角切片包含了原始信号的全部信息：谐波个数、频率、幅度，取$\tau_1 = \tau_2 = \tau_3$，可得

$$c_{4y}(\tau) = -\frac{3}{8}\sum_{i=1}^{p} \alpha_i^4 \cos(\omega_i \tau) \tag{6.5.8}$$

实谐波信号的四阶累积量的对角切片与自相关函数相比，除相差一比例因子，各个谐波信号幅度取了平方之外，其他完全相同，即包含了相同个数、相同频率的谐波。如果$\{y(n)\}$不含噪声，或者只受到加性白噪声的污染，那么谐波个数p、谐波频率ω_i和谐波信号幅度α_i能从信号的协方差矩阵得到估计。而信号受到加性高斯色噪声污染时，则无法从协方差矩阵估计谐波个数和频率，这时可以利用式(6.5.8)，它不受加性高斯噪声的影响，方法非常简单，只需在 Pisarenko、MUSIC、MN、ESPRIT 等方法中用对角切片$c_{4y}(\tau)$替代$c_{2y}(\tau)$进行谐波估计。

图 6.5.3 是归一化频率分别为 0.2 和 0.3 的两个单频信号叠加了高斯色噪声后信号的谱估计结果，信号幅度均为 1，高斯色噪声由均方根为 0.5 的高斯白噪声序列激励一个系数为(1，-1.058，0.81)的 AR 系统后得到，

图 6.5.3(a)是自相关函数 MUSIC 估计结果，图 6.5.3(b)是四阶累积量切片的 MUSIC 估计结果。在图 6.5.3(b)中，高斯白噪声得到了明显的抑制。

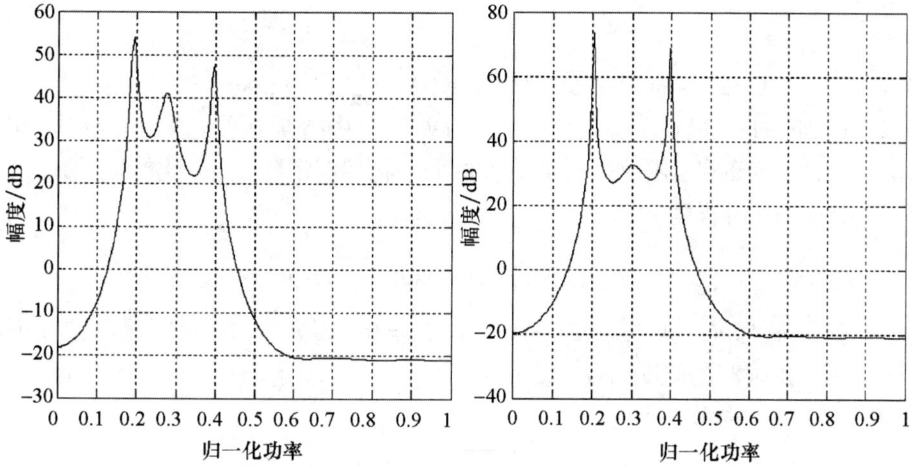

(a) 自相关函数 MUSIC 估计结果　　(b) 四阶累积量切片的 MUSIC 估计结果

图 6.5.3　谐波估计结果图

高阶累积量可以抑制加性高斯噪声，也可以识别信号的相位特性和非线性特性。但需要注意的是，由观测数据估计可靠的高阶累积量需要大量观测数据，这是它在实际信号处理应用的最大困难。

小　结

本章讨论了非高斯信号的高阶统计分析的基础理论、方法和应用。首先给出了高阶矩、高阶累积量及其谱的定义，然后讨论了双谱估计的性质与方法，最后简单介绍了高阶累积量的应用。信号的高阶谱估计是基于自相关函数和功率谱的随机信号分析与处理的推广和深入，其目的是分析信号更深层次的信息。

习 题

6.1 用 M－C 和 C－M 公式验证式(6.1.31)至式(6.1.38)。

6.2 用 Matlab 生成一段零均值、单位方差的服从高斯分布、均匀分布及拉普拉斯分布的数据序列，计算它们的归一化偏度系数、归一化峰度系数。

6.3 设一 AR 过程为

$$x(n)+\sum_{i=1}^{3}a(i)x(n-i)=w(n)$$

其中 $a(1)=-0.7$，$a(2)=0.2$，$a(3)=0.12$，$w(n)$是零均值的高斯白噪声。试求双谱幅度估计。

6.4 一个实的离散过程为

$$x(n)=\sum_{i}\cos(n\omega_i+\theta_i)+w(n)$$

其中 $\omega_1=0.109\ 375\times 2\pi$，$\omega_2=0.193\ 5\times 2\pi$，$\omega_3=\omega_1+\omega_2$，$\omega_4=0.115\ 375\times 2\pi$，$\omega_5=0.187\ 5\times 2\pi$，$\omega_6=\omega_4+\omega_5$，且 θ_1，θ_2，θ_4，θ_5，θ_6 在 $[0, 2\pi]$间均匀分布，$\theta_3=\theta_1+\theta_2$，$w(n)$是零均值的高斯白噪声。试用 6.5.1 节讨论的方法估计 ω_1，ω_2。

6.5 证明双谱的对称性

$$B_x(\omega_1, \omega_2)=B_x(\omega_2, \omega_1)=B_x(-\omega_1-\omega_2, \omega_2)$$

6.6 设 $e(n)$为一非高斯平稳过程，通过系统 $h(n)$后输出信号 $y(n)$。试分别用 $e(n)$的三阶累积量和双谱表示 $y(n)$的三阶累积量和双谱。

第7章　高级信号处理仿真案例

本章针对前面各章的主要内容，设计了包括复倒谱、匹配滤波、维纳滤波、LMS自适应滤波、RLS自适应滤波、Kalman自适应滤波、经典功率谱估计、参数模型谱估计、谐波模型谱估计以及雷达成像在内的一系列仿真案例，每个仿真案例给出了案例背景、基本原理、仿真步骤以及仿真结果。通过对这些案例的MATLAB仿真的学习，一方面可以加深对课程理论和方法的理解和认识，另一方面可以对这些理论与方法的适用性和实际性能有所了解，从而为工程应用打下基础。

7.1　基于倒谱的舰船水声信号分析

7.1.1　案例背景

舰船在水中航行时，其螺旋桨等运动装置的工作以及船体与水的相互作用会产生水噪声、结构噪声和空气噪声，这些噪声向水中辐射，形成水下辐射噪声。舰船水下辐射噪声是水下目标被动探测的信息源，是声呐和水下攻击武器对目标被动探测、定位和攻击的依据，在军事和海洋工程领域具有重要意义。

舰船水下辐射噪声传播存在典型的水声信号多径传播现象。通过对接收到的混响声波信号进行倒谱变换，能够实现舰船水下辐射噪声信号与路径信号的分离，为目标被动探测与定位提供有力支撑。本案例将对多径水声信号进行基于倒谱的仿真分析。

7.1.2　基本原理

本案例主要目的是在假设已知舰船水下噪声信号模型和传播路径系统响应函数的基础上，对二者卷积形成的混响信号进行倒谱分析，并通过时域滤波器实现信号与传播路径的分离。

假设声源信号为 $x(n)$，多路径水声信道的系统相应函数为 $h(n)$，则接收到

的混响信号 $g(n)$ 可表示为

$$g(n)=x(n)*h(n) \tag{7.1.1}$$

对等式两边做傅里叶变换，可得

$$G(e^{j\omega})=X(e^{j\omega})\cdot H(e^{j\omega}) \tag{7.1.2}$$

其中 $G(e^{j\omega})$、$X(e^{j\omega})$ 和 $H(e^{j\omega})$ 分别代表混响信号、声源信号及路径信号的频谱。

计算混响信号的倒谱，可以得到

$$\hat{g}(n)=\hat{x}(n)+\hat{h}(n) \tag{7.1.3}$$

其中，$\hat{g}(n)$、$\hat{x}(n)$、$\hat{h}(n)$ 分别代表混响信号、声源信号及路径信号的倒谱。

混响信号的倒谱是声源信号倒谱与路径信号倒谱之和。由于倒谱具有时域快速衰减特性，声源信号倒谱的主要分量与路径信号倒谱时间上不重叠，可以通过一个低时滤波器，将声源信号倒谱的主要分量提取出来，从而重构出声源信号。

7.1.3 仿真步骤

1. 生成线谱噪声

```
Fs = 1000;                                                  采样率 1 kHz
t = (0:1/Fs:1 - 1/Fs)';                                     信号时长 1 s
signal = sin(2 * pi * 50 * t) + sin(2 * pi * 100 * t)       线谱噪声频率 50 Hz 和 100 Hz
```

2. 生成多路径信号

```
N = length(t);
path = zeros(N,1);
path(randperm(N,5)) = 1;                       在时延 0 ~ 1 s 范围内生成 5 个路径信号
```

3. 生成混响信号并计算倒谱

```
signal_receive = conv(signal,path);            生成混响信号
Cep = ifft(log(fft(signal_receive)));          计算混响信号倒谱
```

4. 低时滤波，获得水下噪声信号倒谱并还原水下噪声信号

```
N_pass = 100;
filter = [ones(N_pass,1);zeros(length(Cep) - N_pass,1)];   设计低时滤波器
signal_fft_reconstruct = exp(fft(Cep. * (filter)));          滤波并重构水下噪声信号
```

7.1.4 仿真结果

仿真结果如图 7.1.1 至图 7.1.8 所示。其中,图 7.1.7 和图 7.1.8 为步骤 3 的结果。

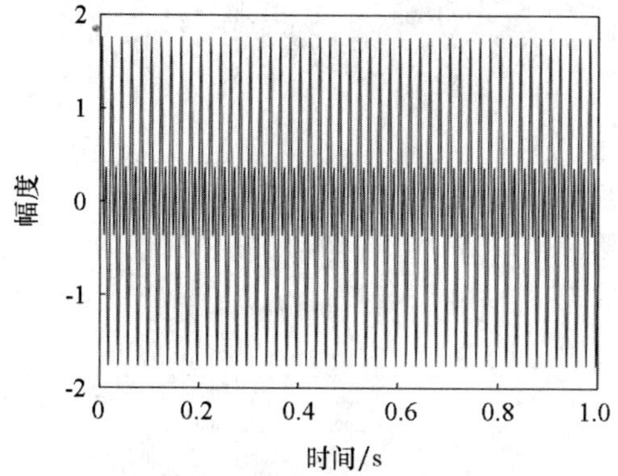

图 7.1.1 舰船水下噪声信号

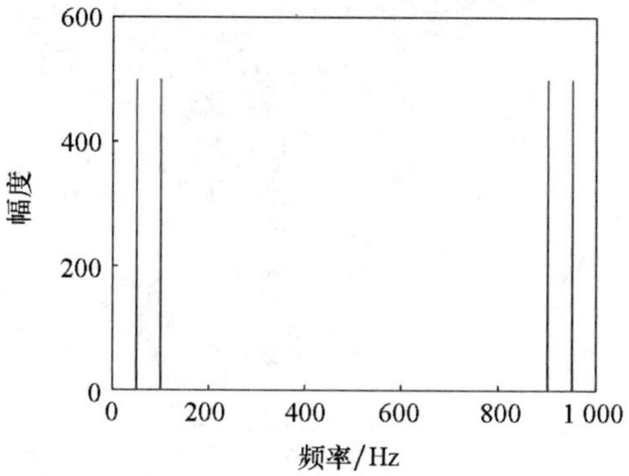

图 7.1.2 舰船水下噪声信号频谱

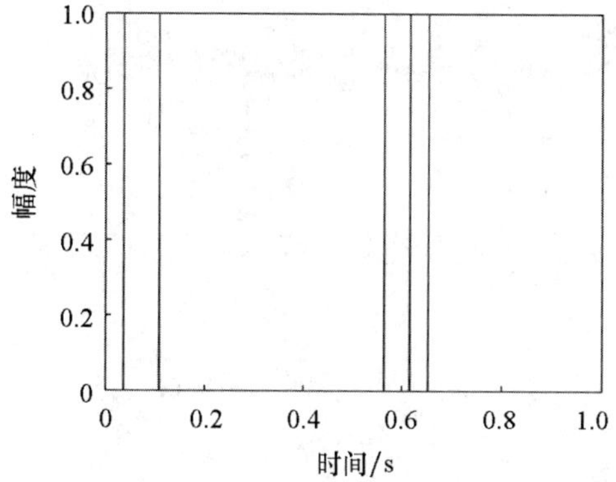

图 7.1.3 多路径信号

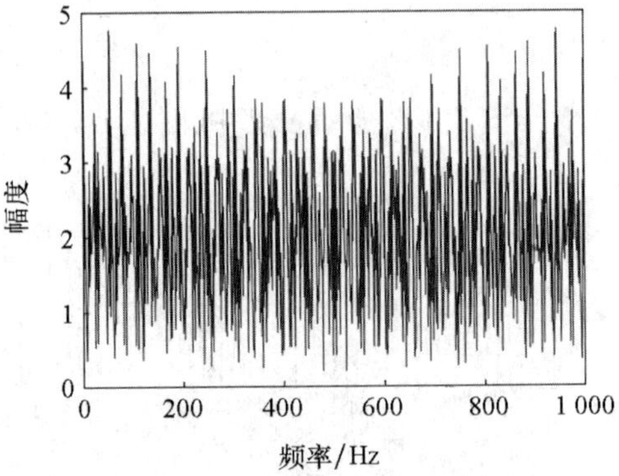

图 7.1.4　多路径信号频谱

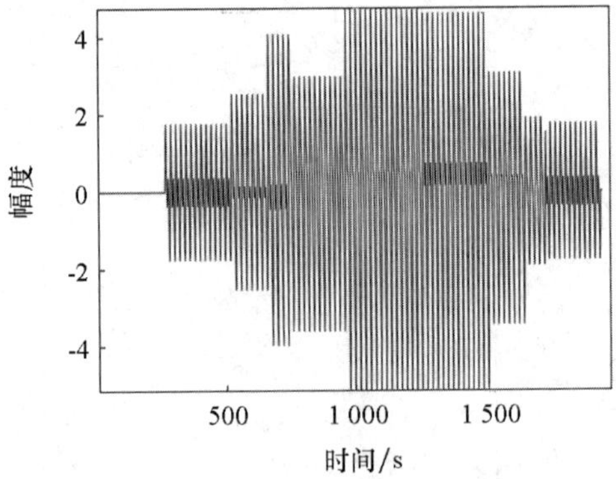

图 7.1.5　混响信号

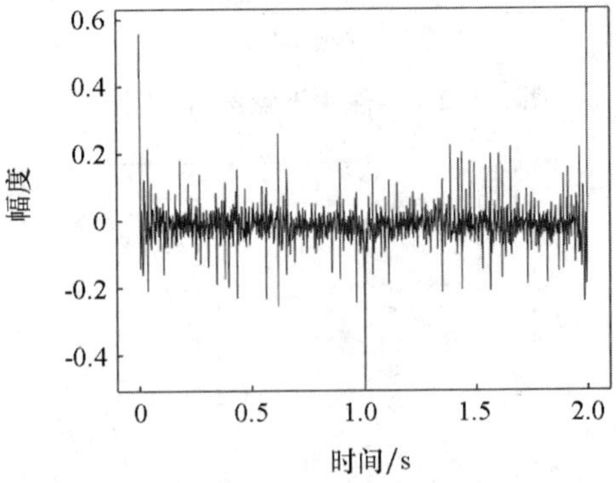

图 7.1.6　混响信号倒谱

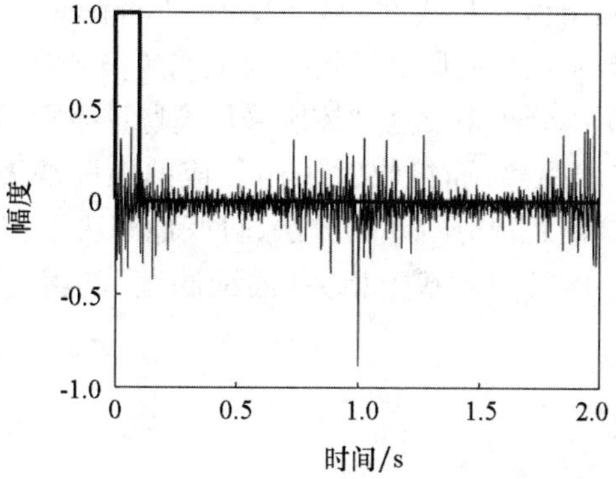

图 7.1.7　低时滤波

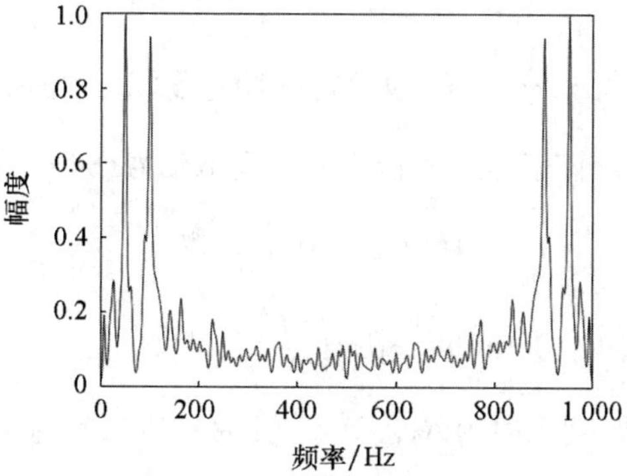

图 7.1.8　重构噪声信号频谱

7.2　基于相关的雷达距离测量

7.2.1　案例背景

相关是信号间相似性的度量,也是时间延迟的函数。利用信号相关特性进行时延估计的方法,在电子信息领域获得广泛应用。雷达主动发射电磁信号,碰到目标以后会反射回来,接收信号和发射信号具有一定的相似性,利用这样一个相似性通过计算发射信号与接收信号互相关函数就可以得到传播的时间延迟,进而得到目标的距离。这一过程在雷达信号处理中称为匹配滤波,匹配滤波器是信噪比最大准则下的最优滤波器。

雷达最常见的调制信号是线性调频(Linear Frequency Modulation)信号，接收时采用匹配滤波器实现脉冲压缩。发射线性调频信号波形的雷达能同时提高雷达的作用距离和距离分辨率。这种体制采用宽脉冲发射以提高发射的平均功率，保证足够大的作用距离；而接收时采用相应的匹配滤波技术(脉冲压缩算法)获得窄脉冲，以提高距离分辨率的方法，较好地解决了雷达作用距离与距离分辨率之间的矛盾。本案例将基于相关(匹配滤波)的雷达距离测量进行仿真分析。

7.2.2 基本原理

现代雷达最常用的发射信号是线性调频脉冲信号，可表示为

$$s_1(t)=\mathrm{rect}\left(\frac{t}{T_e}\right)\cos(2\pi f_0 t+\pi\mu t^2) \tag{7.2.1}$$

式中，$\mathrm{rect}\left(\frac{t}{T_e}\right)=1,\ |t|\leqslant\frac{1}{2}T_e$，$T_e$ 为发射脉冲宽度，f_0 为中心载频，$\mu=\frac{B}{T_e}$ 为调频斜率，B 为调频带宽。该信号的复包络及其离散信号(采样间隔为 T_s)分别为

$$s(t)\approx\mathrm{rect}\left(\frac{t}{T_e}\right)e^{j\pi\mu t^2} \tag{7.2.2}$$

$$s(n)\approx\mathrm{rect}\left(\frac{nT_s}{T_e}\right)e^{j\pi\mu(nT_s)^2} \tag{7.2.3}$$

假定目标在 t_0 时刻距离为 R_0，飞行速度为 v，则目标与雷达距离可以表示为

$$R(t)=R_0-v(t-t_0) \tag{7.2.4}$$

对应时延为

$$\Delta t=\frac{2R(t)}{c}=t_0-\frac{2v}{c}(t-t_0) \tag{7.2.5}$$

其中 c 为光速，且有 $t_0=\frac{2R_0}{c}$。

若不考虑幅度衰减，当发射式(7.2.1)所示 $s_1(t)$ 信号，则接收信号为

$$s_{r_1}(t)=s_1[t-\Delta(t)]=s_1\left[t-t_0+\frac{2v}{c}(t-t_0)\right]=s_1[k(t-t_0)] \tag{7.2.6}$$

其中 $k=1+\frac{2v}{c}\approx1$。

接收信号经混频后得到的基带复信号为

$$s_r(t)=\mathrm{rect}\left[\frac{k(t-t_0)}{T_e}\right]e^{j2\pi f_0\frac{2v}{c}(t-t_0)}e^{j\pi\mu k^2(t-t_0)^2}e^{-j2\pi f_0 t_0} \tag{7.2.7}$$

式(7.2.7)中时延项 $e^{-j2\pi f_0 t_0}$ 与时间 t 无关，同时 $k\approx1$，$s_r(t)$ 可简写为

$$s_r(t) \approx \mathrm{rect}\left[\frac{(t-t_0)}{T_e}\right]\mathrm{e}^{\mathrm{j}2\pi f_d(t-t_0)}\,\mathrm{e}^{\mathrm{j}\pi\mu(t-t_0)^2} = \mathrm{e}^{\mathrm{j}2\pi f_d(t-t_0)}s(t-t_0) \tag{7.2.8}$$

其中目标的多普勒效率$f_d = \dfrac{2v}{c}f_0$。

求式(7.2.2)发射信号$s(t)$和式(7.2.8)接收信号$s_r(t)$的互相关函数$r_{ss_r}(t)$

$$r_{ss_r}(t) = \int_{-\infty}^{+\infty} s^*(u)s_r(t+u)\,\mathrm{d}u \tag{7.2.9}$$

式(7.2.9)也可以写成匹配滤波的形式

$$\begin{aligned} r_{ss_r}(t) &= \int_{-\infty}^{+\infty} s^*(u)s_r(t+u)\,\mathrm{d}u \\ &= \int_{-\infty}^{+\infty} s^*(-u)s_r(t-u)\,\mathrm{d}u \\ &= s^*(-t) * s_r(t) \\ &= h(t) * s_r(t) \end{aligned} \tag{7.2.10}$$

其中匹配滤波器的冲击响应$h(t) = s^*(-t)$。

匹配滤波器的输出为

$$r_{ss_r}(t) = (T_e - |t-t_0|)\cdot\frac{\sin[\pi(\mu|t-t_0|+f_d)(T_e-|t-t_0|)]}{\pi(\mu|t-t_0|+f_d)(T_e-|t-t_0|)}\cdot$$
$$\mathrm{e}^{\mathrm{j}\pi\mu[-t^2-t_0^2-2f_d(t_0)]}\,\mathrm{e}^{\mathrm{j}2\pi[\mu(t-t_0)+f_d]\left(t_0+\frac{t}{2}\right)}$$

其幅度为

$$|r_{ss_r}(t)| = (T_e-|t-t_0|)\,|\mathrm{sinc}[\pi(\mu|t-t_0|+f_d)(T_e-|t-t_0|)]|,\ |t-t_0|<T \tag{7.2.11}$$

输出信号在$t = t_0 \pm \dfrac{f_d}{\mu}$处取得最大值。对匹配滤波输出进行最大值检测就可以确定目标时延进而得到目标距离。

图 7.2.1 为匹配滤波的实现框图。

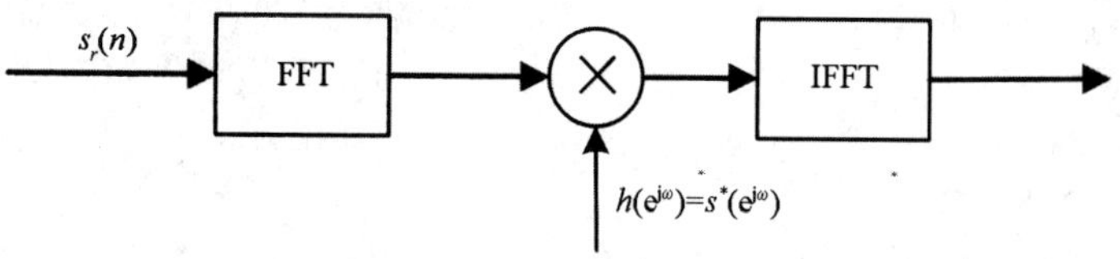

图 7.2.1　匹配滤波实现框图

7.2.3 仿真步骤

(一)目标信息设置

```
T = 10e-6;                                              脉冲时宽 10 μs
B = 30e6;                                               调频带宽 30 MHz
Rmin = 10000; Rmax = 15000;                             测距范围 10~15 km
R = [10500,11000,12000,12500,13000,14000];              6 个目标位置
C = 3e8;                                                光速 3×10^8 m/s
K = B/T;                                                调频斜率
Rwid = Rmax - Rmin;                                     测量目标范围
Twid = 2*Rwid/C;                                        测量目标时延
Fs = 5*B; Ts = 1/Fs;                                    采样频率与采样间隔
    Nwid = ceil(Twid/Ts);                               距离窗对应的离散时间长度
```

(二)回波生成

```
t = linspace(2*Rmin/C,2*Rmax/C,Nwid);                   回波的时间窗
M = length(R);                                          目标数量
td = ones(M,1)*t - 2*R'/C*ones(1,Nwid);
Srt = (exp(j*pi*K*td.^2).*(abs(td)<T/2)); 点目标的雷达回波
```

(三)匹配滤波处理

```
Nchirp = ceil(T/Ts);                                    线性调频信号对应的离散时间长度
Nfft = 2^nextpow2(Nwid + Nwid - 1);                     利用 FFT 实现线性卷积所需的 FFT
点数
Srw = fft(Srt,Nfft);                                    雷达回波 FFT 计算
t0 = linspace(-T/2,T/2,Nchirp);
St = exp(j*pi*K*t0.^2);                                 调频信号生成
Sw = fft(St,Nfft);                                      调频信号的 FFT 计算
Sot = fftshift(ifft(Srw.*conj(Sw)));                    信号的匹配滤波处理
N0 = Nfft/2 - Nchirp/2;
Z = abs(Sot(N0:N0 + Nwid - 1));
Z = Z/max(Z);                                           归一化幅度
Z = 20*log10(Z + 1e-6);                                 取 dB 值
```

7.2.4　仿真结果

仿真结果如图 7.2.2 至图 7.2.5 所示。

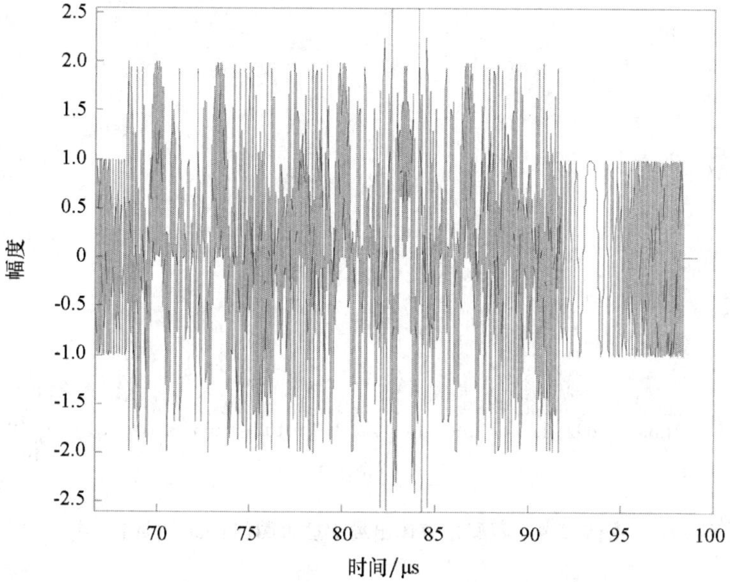

图 7.2.2　回波信号时域图

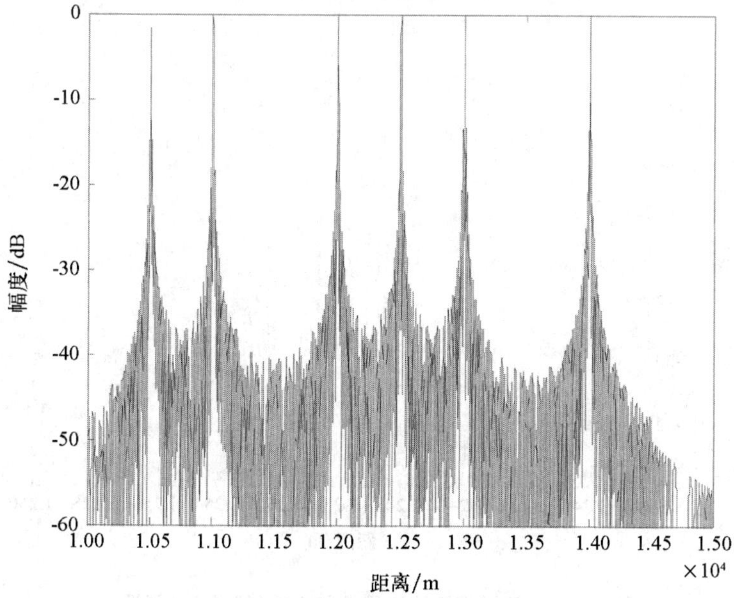

图 7.2.3　匹配滤波输出结果

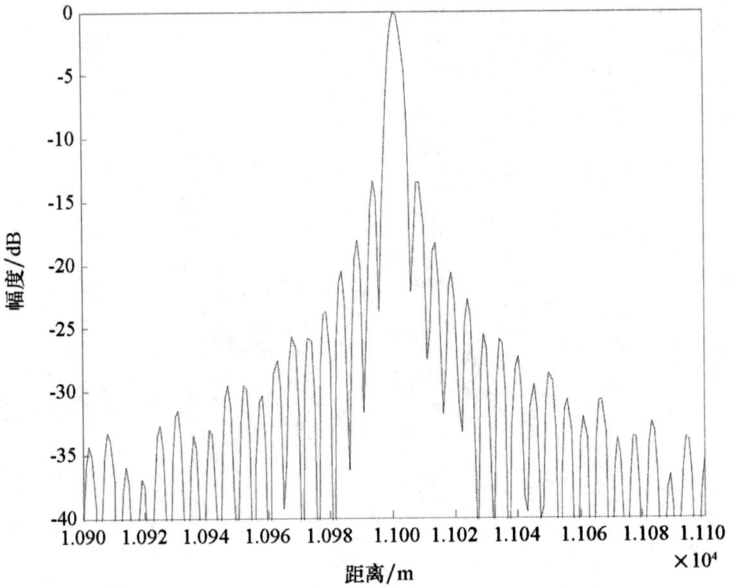

图 7.2.4 匹配滤波输出局部放大图(11 km 附近)

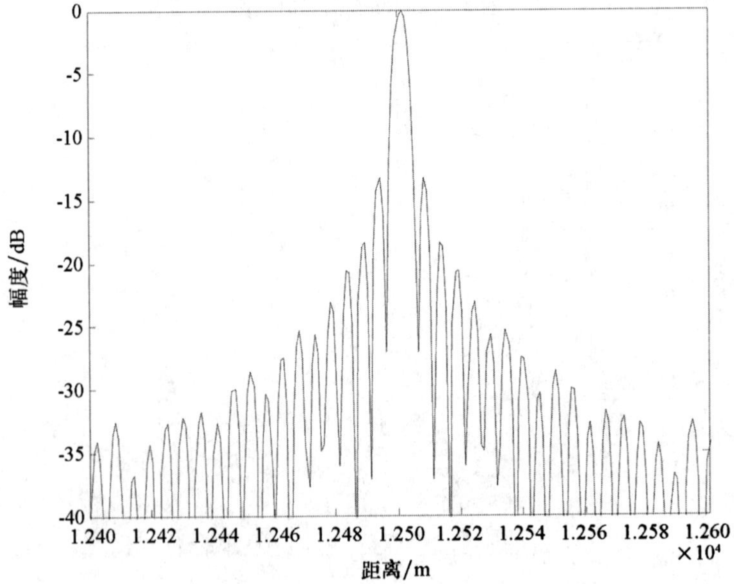

图 7.2.5 匹配滤波输出局部放大图(12.5 km 附近)

7.3 基于维纳滤波的图像复原

7.3.1 案例背景

图像复原是指减轻在获取数字图像过程中发生的图像质量下降或退化，这些退化包括由光学系统、运动等造成图像的模糊，以及源自电路和光度学因素的噪声。图像复原的目标是对退化的图像进行处理，使它趋向于复原成没有退化的理想图像。在信号处理中，维纳滤波是常用的滤波方法，能够把实际信号从带有噪声的观测量中最优地提取出来。本案例将基于维纳滤波进行图像复原仿真分析。

7.3.2 基本原理

设原始图像为$f(x,y)$，退化图像为$g(x,y)$。在运动模糊退化函数$h(x,y)$和白噪声$n(x,y)$方差已知的条件下，$g(x,y)$可以表示为

$$g(x,y)=h(x,y)*f(x,y)+n(x,y) \tag{7.3.1}$$

$$G(u,v)=H(u,v)F(u,v)+N(u,v) \tag{7.3.2}$$

其中式(7.3.2)为频域关系式。图像的傅里叶变换定义为

$$F(u,v)=\int_{-\infty}^{\infty}\int_{-\infty}^{\infty}f(x,y)\mathrm{e}^{-\mathrm{j}2\pi(ux+vy)}\mathrm{d}x\mathrm{d}y \tag{7.3.3}$$

$$f(x,y)=\int_{-\infty}^{\infty}\int_{-\infty}^{\infty}F(u,v)\mathrm{e}^{\mathrm{j}2\pi(ux+vy)}\mathrm{d}u\mathrm{d}v \tag{7.3.4}$$

我们的任务是设计一个维纳滤波器$w(x,y)$，满足

$$E[(f(x,y)-g(x,y)*w(x,y))^2] \tag{7.3.5}$$

为最小值，该维纳滤波器的系统函数为

$$W(u,v)=\frac{1}{H(u,v)}\frac{|H(u,v)|^2}{|H(u,v)|^2+S_n(u,v)/S_f(u,v)} \tag{7.3.6}$$

其中$H(u,v)$为运动模糊退化函数的系统函数，$S_n(u,v)=|N(u,v)|^2$为噪声的功率谱，$S_f(u,v)=|F(u,v)|^2$为原始图像的功率谱，$S_n(u,v)/S_f(u,v)$为图像噪信比。

复原后图像的傅里叶变换为

$$\hat{F}(u,v)=W(u,v)\cdot G(u,v)=\left[\frac{1}{H(u,v)}\frac{|H(u,v)|^2}{|H(u,v)|^2+S_n(u,v)/S_f(u,v)}\right]G(u,v) \tag{7.3.7}$$

7.3.3 仿真步骤

1. 读取原始图像

```
I_color = imread('PeppersRGB.bmp');                读取原始图像
I_gray = rgb2gray(I_color);                        将彩色图转换成灰度图
I_gray = im2double(I_gray);                        将 uint8 转成 double 型
[width,height] = size(I_gray);                     获取图片尺寸
```

2. 添加运动模糊

```
len = 10;                                          运动点数
theta = 50;                                        运动方向
PSF = fspecial('motion',len,theta);                运动 10 像素,方向为逆时针角度 50°
I_motion = imfilter(I_gray, PSF, 'conv', 'circular');  卷积滤波
```

3. 添加高斯噪声

```
noise_mean = 0;                                    噪声均值
noise_var = 0.05;                                  噪声方差
I_motion_noise = imnoise(I_motion,'gaussian',noise_mean,noise_var);
```

4. 计算噪信比

```
noise = I_motion_noise - I_gray;                   提取噪声分量
fourier_noise = fft2(noise);                       计算 N(u,v)噪声傅里叶变换
fourier_I = fft2(I_gray);                          计算 F(u,v)
nsr = abs(fourier_noise).^2./abs(fourier_I).^2;    计算 S_n(u,v)/S_f(u,v)
```

5. 维纳滤波

```
fourier_PSF = fft2(PSF,width,height);              计算 H(u,v)
H_w = conj(fourier_PSF)./(abs(fourier_PSF).^2 + nsr);  计算 W(u,v)
fourier_I_motion_noise = fft2(I_motion_noise);     计算 G(u,v)
I_restore = ifft2(fourier_I_motion_noise.*H_w);    滤波得到复原后图像
```

7.3.4 仿真结果

仿真结果如图 7.3.1 至图 7.3.4 所示。

图 7.3.1 原始灰度图像

图 7.3.2 添加运动模糊后图像

图 7.3.3 添加噪声后图像

图 7.3.4 维纳滤波后图像

7.4 基于自适应滤波的AR模型参数估计

7.4.1 案例背景

自回归模型(AR模型)在信号处理领域有着广泛的应用。在语音压缩和语音识别技术中可用于分析和合成语音信号;在音频信号处理中可用于分离信号和噪声成分;在图像序列处理中可应用于视频压缩、视频预测编码或视频修复;在无线通信中可用于信道建模和预测等。它不仅能够提取信号的重要特征,还能够进行预测和滤波,提高信号处理的质量和效率。

AR模型核心思想是利用一个变量的历史观测值来预测其当前或未来的值,本案例将基于Kalman、LMS和RLS自适应滤波算法对AR模型的参数估计进行仿真分析。

7.4.2 基本原理

1. 信号定义

以AR(2)模型为例,信号$s(n)$可表示为

$$s(n) - a_1 s(n-1) - a_2 s(n-2) = \varepsilon(n) \tag{7.4.1}$$

观测信号可表示为

$$y(n) = s(n) + v(n) \tag{7.4.2}$$

其中$\varepsilon(n)$和$v(n)$均为白噪声。

2. 估计模型

AR模型隐含了最佳的信号预测,可通过二阶最佳线性预测器来估计AR(2)模型参数。二阶线性预测模型可以表示为

$$y(n) = a_1 y(n-1) + a_2 y(n-2) + e(n) \tag{7.4.3}$$

其中$e(n)$为预测误差。二阶线性预测自适应滤波器模型如图7.4.1所示。自适应滤波器收敛后,可以根据预测器系数得到AR模型系数为$-a_1$, $-a_2$。

3. Kalman 预测

Kalman滤波首先需要建立系统的状态方程和观测方程,然后采用Kalman预测算法,收敛后估计最优权值a_1, a_2。

系统的状态方程为:$\boldsymbol{X}(n) = \boldsymbol{X}(n-1)$,其中状态向量为$\boldsymbol{X}(n) = [a_1(n) \; a_2(n)]^{\mathrm{T}}$,状态转移矩阵$\boldsymbol{\Phi}(n, n-1)$为二维单位矩阵,状态噪声为零向量。

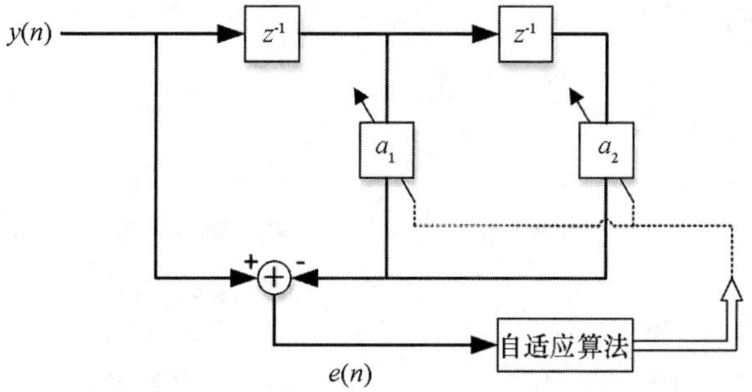

图 7.4.1　二阶线性预测自适应滤波器模型

系统的观测方程为 $y(n)=\boldsymbol{H}(n)\boldsymbol{X}(n)+v(n)$,其中观测矩阵 $\boldsymbol{H}(n)$ 为行向量,由观测序列组成,即 $\boldsymbol{H}(n)=[y(n-1)\ \ y(n-2)]$。

4. LMS 预测

期望信号的估计:$\hat{y}(n)=\boldsymbol{H}(n)\boldsymbol{X}(n)$

估计误差:$e(n)=y(n)-\hat{y}(n)$

权值向量的更新:$\hat{\boldsymbol{X}}(n+1)=\hat{\boldsymbol{X}}(n)+\mu\boldsymbol{H}^{\mathrm{T}}(n)e(n)$

其中 $\boldsymbol{X}(n)=[a_1(n)\ \ a_2(n)]^{\mathrm{T}}$,$\boldsymbol{H}(n)=[y(n-1)\ \ y(n-2)]$,$\mu$ 为步长因子。

5. RLS 预测

增益系数矩阵:$\boldsymbol{K}(n)=\dfrac{\lambda^{-1}\boldsymbol{R}_{\boldsymbol{H}}^{-1}(n-1)\boldsymbol{H}^{\mathrm{T}}(n)}{1+\lambda^{-1}\boldsymbol{H}(n)\boldsymbol{R}_{\boldsymbol{H}}^{-1}(n-1)\boldsymbol{H}^{\mathrm{T}}(n)}$

先验误差:$e(n)=y(n)-\boldsymbol{H}(n)\boldsymbol{X}(n-1)$

权值向量的更新:$\boldsymbol{X}(n)=\boldsymbol{X}(n-1)+\boldsymbol{K}(n)e(n)$

自相关逆矩阵的更新:$\boldsymbol{R}_{\boldsymbol{H}}^{-1}(n)=\lambda^{-1}\boldsymbol{R}_{\boldsymbol{H}}^{-1}(n)-\lambda^{-1}\boldsymbol{K}(n)\boldsymbol{H}(n)\boldsymbol{R}_{\boldsymbol{H}}^{-1}(n-1)$

其中 $\boldsymbol{X}(n)=[a_1(n)\ \ a_2(n)]^{\mathrm{T}}$,$\boldsymbol{H}(n)=[y(n-1)\ \ y(n-2)]$,$0<\lambda<1$ 为遗忘因子。

7.4.3 仿真步骤

1. 生成观测序列 $y(n)$

```
L = 100                                              Monte Carlo 次数
data_len = 1000                                      数据长度
sigma_v = 0.003                                      观测误差方差
sigma_n0 = 0.064                                     AR 模型白噪声方差
a1 = 1.325, a2 = -0.876                              AR(2)参数
n0 = sqrt(sigma_n0) * randn(data_len,1,L);           生成 σ_ε^2 = 0.064ε(n)序列
v = sqrt(sigma_v) * randn(data_len,1,L);             生成 σ_v^2 = 0.003v(n)序列
u1 = zeros(data_len,1,L);
for i = 1:(data_len - 2)
    u1(i+2,:,:) = a1 * u1(i+1,:,:) + a2 * u1(i,:,:) + n0(i+2,:,:);
end                                                  生成信号
y = u1 + v;                                          生成观测序列
```

2. Kalman 预测

由于状态转移矩阵为单位阵,权值预测值即为上一循环中的状态估计值

```
R = sigma_v;                                                 观测误差
N = data_len;
x_esti = zeros(2,N,L);                                       滤波估计值
K = zeros(2,N,L);                                            Kalman 增益
P_esti = eye(2);                                             滤波协方差
for n = 3:N
    P_pre = P_esti;
    H(:,n,m) = [y(n-1,1,m);y(n-2,1,m)];                      观测矩阵
    A = (H(:,n,m))' * P_pre * H(:,n,m) + R;
    KK(:,n,m) = P_pre * H(:,n,m)/A;
    K = KK(:,n,m);                                           Kalman 增益
    alpha(n,m) = y(n,1,m) - (H(:,n,m))' * x_esti(:,n,m);     新息
    x_esti(:,n+1,m) = x_esti(:,n,m) + K * alpha(n,m);        状态估计
    P_esti = P_pre - K * (H(:,n,m))' * P_pre;                滤波协方差更新
end
```

3. LMS 算法

```
mu1 =0.05;                                              步长因子
w1 = zeros(2,data_len);                                 初始权值矩阵
e1 = zeros(data_len,1);                                 估计误差
for n =3:data_len - 1
    d1(n) =w1(:,n)'*u(n-1:-1:n-2,:,m);                  期望信号估计
    e1(n) =u(n,:,m) - d1(n);                            估计误差
    w1(:,n+1) =w1(:,n) +mu1*u(n-1:-1:n-2,:,m)*e1(n);    权值向量更新
end
```

4. RLS 算法

```
lambda =0.99;                                  遗忘因子
delta = 0.01;                                  初始权值矩阵对角线元素
p = delta*eye(2);                              初始误差协方差矩阵
w = zeros(2,data_len);                         初始权值矩阵
ek = zeros(data_len,1);                        先验误差
for n =3:N
    xk =y(n-1:-1:n-2,:,m);
    yk =w(:,n-1)'*xk;                          信号估计
    ek(n) =y(n,:,m) -yk;                       先验误差
    kk =p*xk/(lambda +xk'*p*xk);               增益系数
    w(:,n) =w(:,n-1) +kk*ek(n);                权值更新
    p =(1/lambda)*(p -kk*xk'*p);               自相关逆矩阵更新
end
```

7.4.4 仿真结果

图 7.4.2 为预测器系数 a_1, a_2 经 100 次蒙特卡洛仿真的平均结果。3 种自适应滤波器都能够收敛,其中 Kalman 滤波器收敛速度最快,LMS 滤波器收敛速度最慢。Kalman 滤波器在迭代 500 次后权值收敛到均值 1.327 0 和 -0.853 0, LMS 滤波器在迭代 700 次后权值收敛到均值 1.317 6 和 -0.837 0,RLS 滤波器在迭代 700 次后权值收敛到均值 1.323 2 和 -0.846 4。

图 7.4.3 为预测误差方差经 100 次蒙特卡洛仿真的平均结果。同样可以看到 Kalman 滤波器收敛速度最快,LMS 滤波器收敛速度最慢。收敛后 Kalman 算法误差方差为 0.075 1,LMS 算法误差方差为 0.076 3,RLS 算法误差方差为 0.075 5。

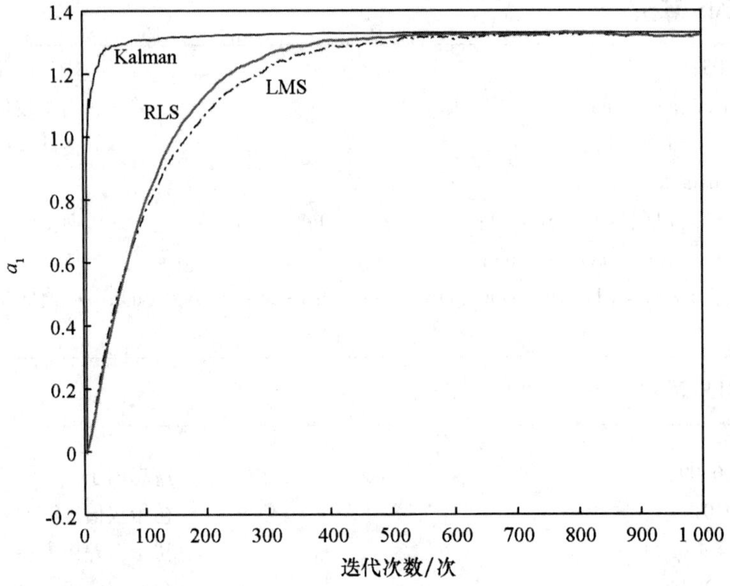

(a)系数 a_1 变化曲线

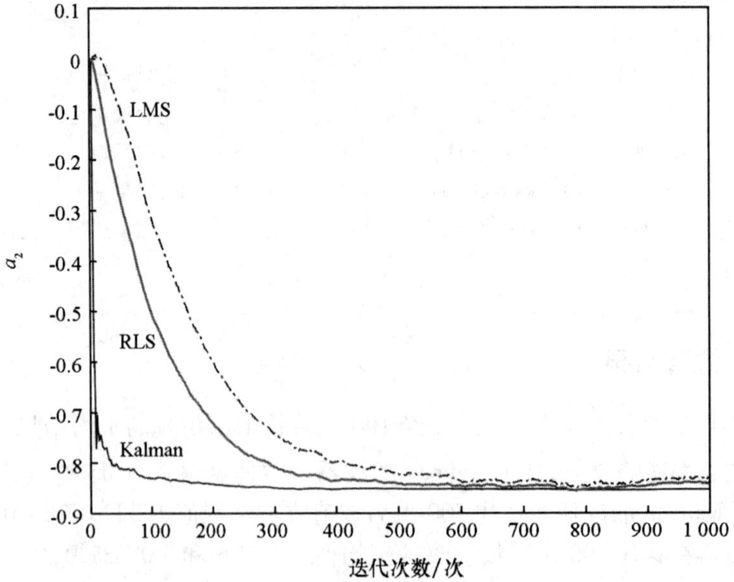

(b)系数 a_2 变化曲线

图 7.4.2 预测器系数变化曲线

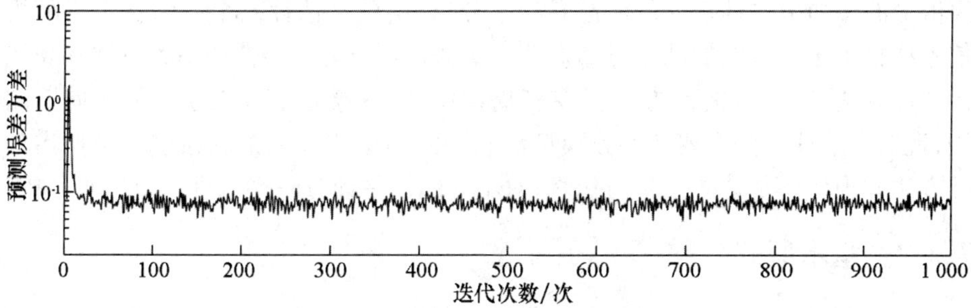

(a) Kalman 算法

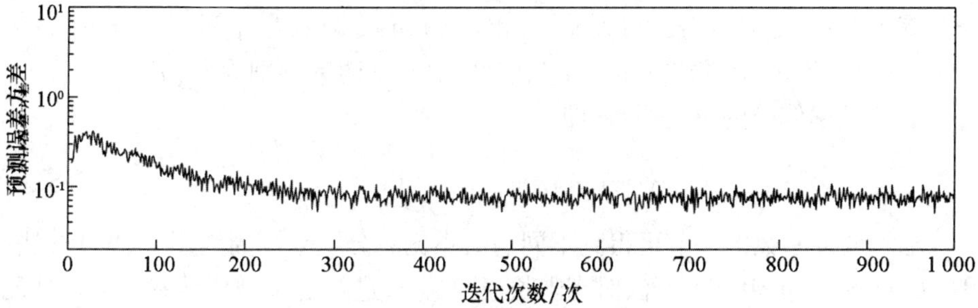

(b) LMS 算法

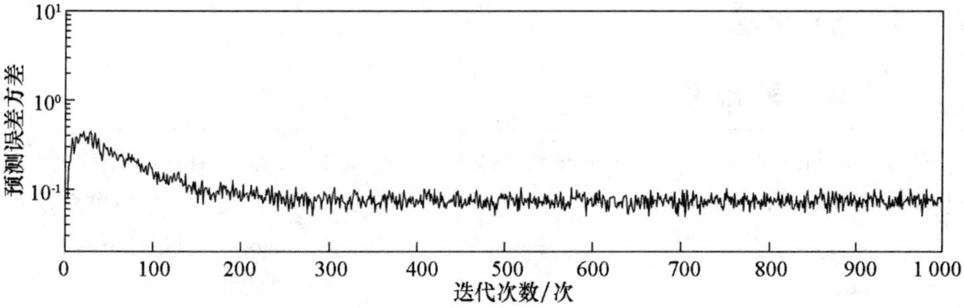

(c) RLS 算法

图 7.4.3　预测误差方差变化曲线

7.5　功率谱估计方法性能对比

7.5.1　案例背景

功率谱估计是信号处理中一个重要的工具，可以从一组包含目标信号和噪声信号的序列中估计信号的能量和功率分布，实质是估计一个有限长平稳随机信号在整个频率域内的功率分布。功率谱估计可以分为经典谱估计方法和现代谱估计方法，经典谱估计方法主要有周期图法、间接法（BT 法）和平均周期图法，现代谱估计方法主要有参数模型法和谐波模型法。本案例通过对经典谱估计方法和现代谱估计方法进行仿真，对不同的谱估计方法性能进行对比与分析。

7.5.2 基本原理

本案例仿真场景是对某有限长复序列进行功率谱估计。先分别产生两个互不相关均值为 0、方差为 0.01 的高斯白噪声序列，然后分别通过归一化数字截止频率为 f_c 的低通滤波器，得到 $u(n)$ 和 $v(n)$，并令复噪声序列 $y(n)=u(n)+\mathrm{j}\cdot v(n)$。在 $y(n)$ 上叠加五个复正弦信号，归一化频率分别为 f_1、f_2、f_3、f_4、f_5，A_i 为相应频率信号的幅度系数，即

$$x(n) = y(n) + \sum_{i=1}^{5} A_i \mathrm{e}^{\mathrm{j}2\pi f_i n} \tag{7.5.1}$$

通过幅度系数的调节可得到不同的信噪比。分别采用周期图法、Welch 法、BT 法、Burg 法和 MUSIC 算法对有限长序列 $x(n)$ 进行功率谱估计并对估计性能进行对比分析。

7.5.3 仿真步骤

1. 生成复序列信号

```
y=0.1*randn(1,Ns)+j*0.1*randn(1,Ns);              生成 2 048 点高斯白噪声复序列
[B,A]=butter(5,0.3/(1/2),'low');                  生成 5 阶、截止归一化频率为 fc =
                                                  0.3 的 butterworth 低通滤波器
y=filter(B,A,y);                                  将噪声通过滤波器
SNR=[-6,3,3,0,0];                                 信噪比
fi=[0,0.1,0.11,0.2,0.22];                         信号归一化频率
Ai=sqrt(mean(y.*conj(y))*10.^(SNR/10));           信号各频率分量的幅度
x=y;
for i=1:5
    x=x+Ai(i)*exp(j*2*pi*fi(i)*(0:Ns-1));         生成 2 048 长度的复序列信号
end
Xn=x(1:128);                                      序列前 128 点数据作为功率谱估计观测值
```

2. 周期图法

```
n0 = 4;                                        补零倍数
fx1 = fftshift(fft(Xn,N * n0));                作 DFT 变换
Px1 = 10 * log10(abs(fx1).^2/N);               功率谱取 dB 值
Px1 = Px1 - max(Px1);                          归一化功率
```

3. Welch 法

```
[fx2 f] = pwelch(Xn,hanning(32),16,N * n0,1,'centered');   调用 pwelch 函数求功率谱
Px2 = 10 * log10(fx2);
Px2 = Px2 - max(Px2);                                      归一化功率
```

4. BT 法

```
rxn = xcorr(Xn,'unbiased');                    x(n)自相关的无偏估计
win_hann = hanning(65)';                       长度为 65 的 Hanning 窗
fx3 = fftshift(fft(rxn. * win_hann,N * n0));   作 DFT 变换
Px3 = 10 * log10(abs(fx3).^2/N);
Px3 = Px3 - max(Px3);                          归一化功率
```

5. Burg 法

```
order = [15 20 45 60];                                     AR 模型阶数
for i = 1:4
    [Pburg f] = pburg(Xn,order(i),N * n0,1,'centered');    调用 pburg 函数求功率谱
    Px4(i,:) = 10 * log10(Pburg./max(Pburg));              归一化功率
end
```

6. MUSIC 算法

```
rxn = xcorr(Xn,'unbiased');                        x(n)自相关的无偏估计
[Px5,f] = pmusic(Xn,15,16 * N,1,'centered');       调用 pmusic 函数求功率谱
Px5 = 20 * log10(Px5./max(Px5));                   归一化功率
```

7.5.4 仿真结果

仿真结果如图 7.5.1 至图 7.5.6 所示。

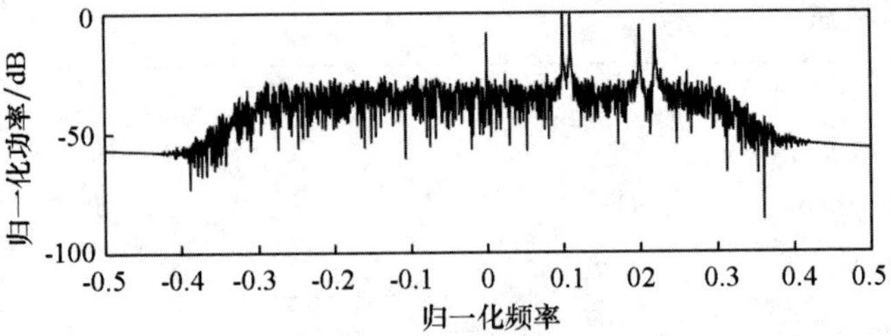

(a) 信号功率谱

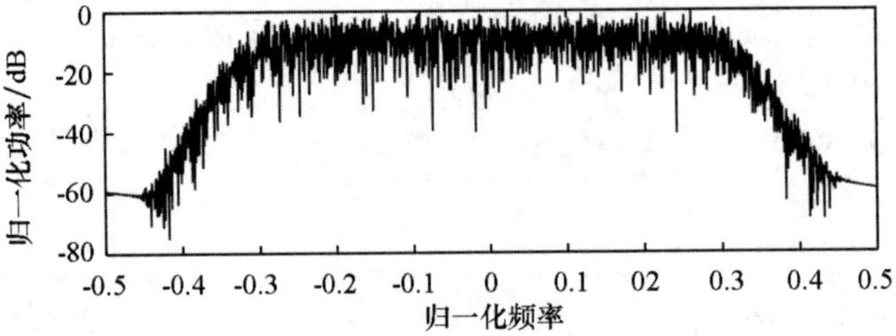

(b) 滤波后噪声功率谱

图 7.5.1 信号与噪声功率谱

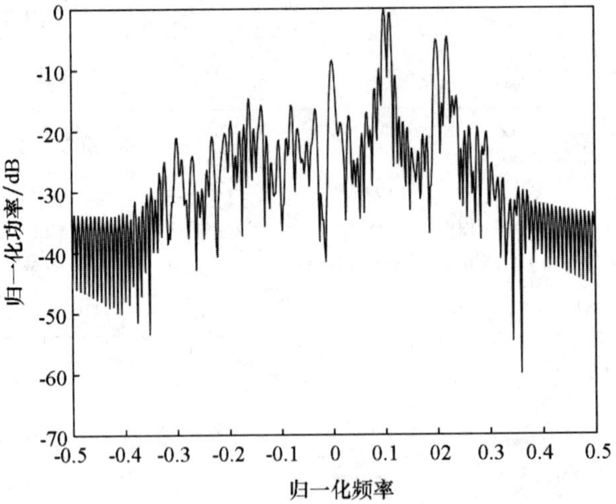

图 7.5.2 周期图法

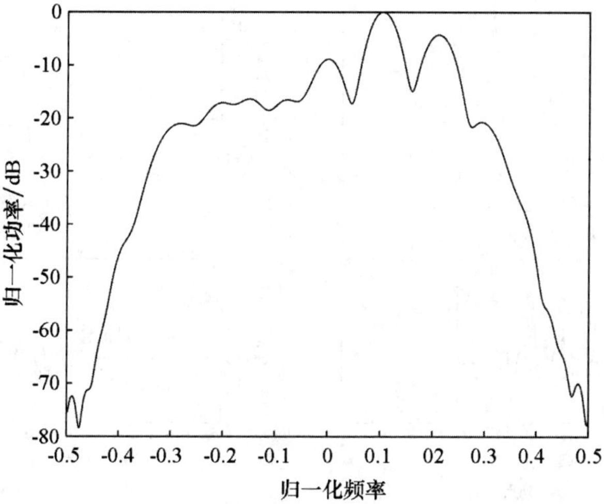

图 7.5.3 Welch 法

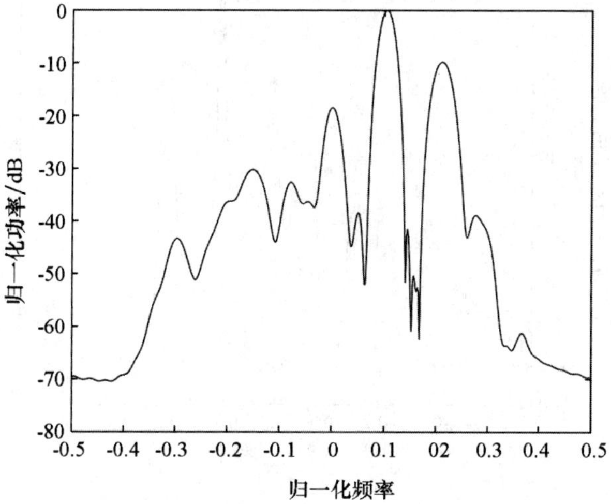

图 7.5.4 BT 法

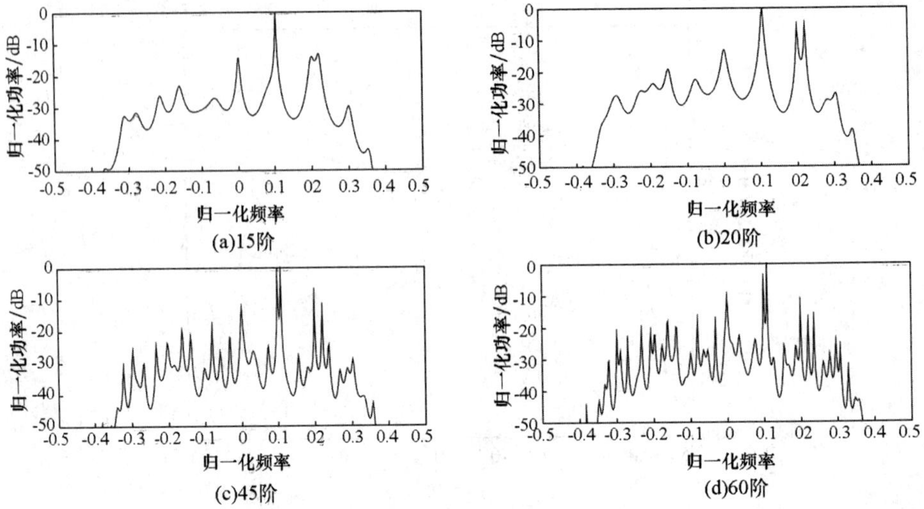

图 7.5.5　Burg 法

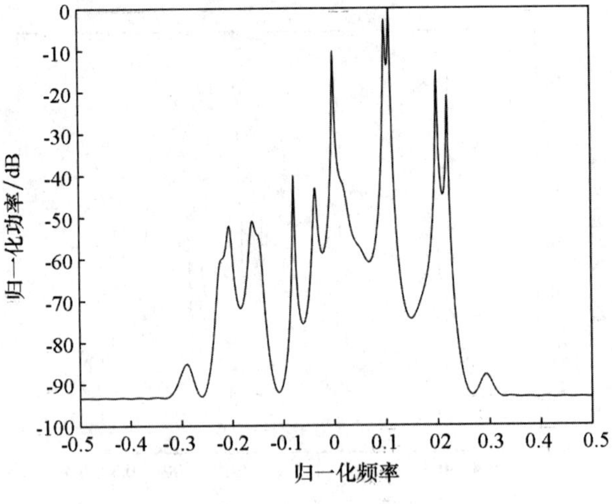

图 7.5.6　MUSIC 算法

7.6　基于功率谱估计的涡旋波雷达成像

7.6.1　案例背景

轨道角动量(OAM)是电磁波一个重要的物理量。当对经典电磁波加载轨道角动量调制时，电磁波相位波前分布与方位角度密切相关，形成具有螺旋形波前分布的涡旋电磁波，这一特性使其具有高效获取目标方位信息的能力。近年来，基于涡旋电磁波的雷达成像技术受到研究人员的广泛关注，也称为涡旋波雷达成像，其中频率－距离、轨道角动量模态－方位角两组对偶关系为目标高分辨成像提供了基础。

涡旋波雷达成像过程如下：雷达发射具有特定初相激励的脉冲信号，在空间形成涡旋电磁波；目标与涡旋电磁波相互作用后散射回波，接收回波后在频域和轨道角动量域分别进行功率谱估计，可以获得目标距离－方位二维成像结果。本案例将针对基于功率谱估计的涡旋波雷达成像进行仿真分析。

7.6.2 基本原理

涡旋波雷达系统的实现可以借鉴相控阵雷达体制。本案例涡旋波雷达成像场景采用均匀圆形阵列构型，N 个理想全向天线均匀分布于半径为 a 的圆周上构成发射阵列，阵列圆心为坐标原点，阵列位于 XOY 平面内，所有天线均可以独立地实现移相，接收阵元位于坐标原点处，成像观测场景如图 7.6.1 所示。通过对阵列激励信号进行设计，涡旋波雷达能发射携带不同轨道角动量模态的宽频带涡旋电磁波，目标散射回波后，雷达能得到频域和轨道角动量域两维回波数据，其中对回波频域采样数据处理能获得目标距离信息，对回波轨道角动量域采样数据处理能获得目标方位角信息。

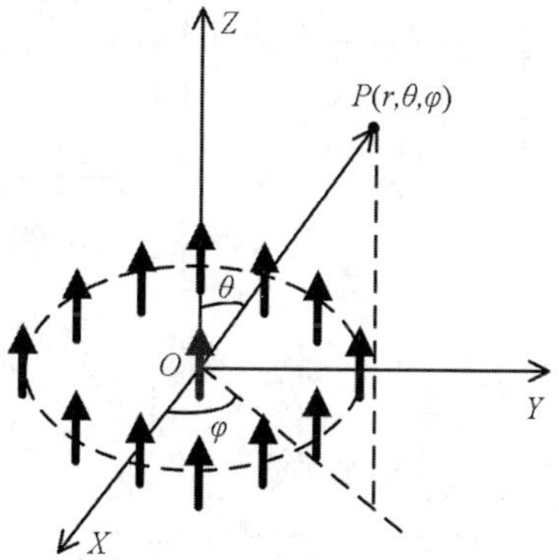

图 7.6.1　涡旋波雷达成像观测几何

1. 涡旋波雷达目标回波生成

为产生涡旋电磁波，发射阵元需根据所在方位位置施加递增式相位激励。当发射轨道角动量模态为 l 的涡旋电磁波时，第 n 个阵元的激励为 $e^{il\varphi_n}$，其中 φ_n 为第 n 个阵元的方位角。当所有阵元发射信号具有归一化振幅、相位并按照指

定初相激励时，则远场中任一点 $P(r,\theta,\varphi)$ 的空间电场为

$$E(r) = \sum_{n=1}^{N} \mathrm{e}^{\mathrm{i}l\varphi_n} \int \frac{\mathrm{e}^{-\mathrm{i}k|r-r_n|}}{|\boldsymbol{r}-\boldsymbol{r}_n|} \mathrm{d}V_n \approx \frac{\mathrm{e}^{-\mathrm{i}kr}}{r} N\mathrm{i}^l \mathrm{e}^{\mathrm{i}l\varphi} \mathrm{J}_l(ka\sin\theta) \qquad (7.6.1)$$

其中，r、θ、φ 为空间场点 P 的距离、俯仰和方位，$\boldsymbol{r}$ 为该点的位置矢量。$\boldsymbol{r}_n$ 表示第 n 个阵元的位置矢量，$k=2\pi f/c$ 为波数，f 为信号频率，c 为光速。$\mathrm{J}_l(ka\sin\theta)$ 表示 l 阶第一类贝塞尔函数，表示为

$$\mathrm{J}_l(ka\sin\theta) = \frac{\mathrm{i}^{-l}}{2\pi} \int_0^{2\pi} \mathrm{e}^{\mathrm{i}ka\sin\theta\cos\varphi} \mathrm{e}^{-\mathrm{i}l\varphi} \mathrm{d}\varphi \qquad (7.6.2)$$

当采用频率为 f、轨道角动量模态为 l 的涡旋电磁波照射目标时，位于 P 点处的发射信号为

$$s_p(l,f) \approx \frac{N\mathrm{e}^{-\mathrm{i}2\pi fr/c}}{r} \mathrm{i}^l \mathrm{J}_l(ka\sin\theta) \mathrm{e}^{\mathrm{i}l\varphi} \qquad (7.6.3)$$

假设理想点目标散射系数为 $\sigma(r,\theta,\varphi)$，则原点处接收阵元收到的回波信号为

$$s_r(l,f) = s_p(l,f) \times \sigma(r,\theta,\varphi) \times \frac{\mathrm{e}^{-\mathrm{i}kr}}{r} = \frac{\sigma N \mathrm{i}^l}{r^2} \mathrm{J}_l(ka\sin\theta) \mathrm{e}^{\mathrm{i}l\varphi} \mathrm{e}^{-\mathrm{i}2kr} \qquad (7.6.4)$$

从式(7.6.4)可以看出，涡旋波雷达通过发射不同频率、不同轨道角动量模

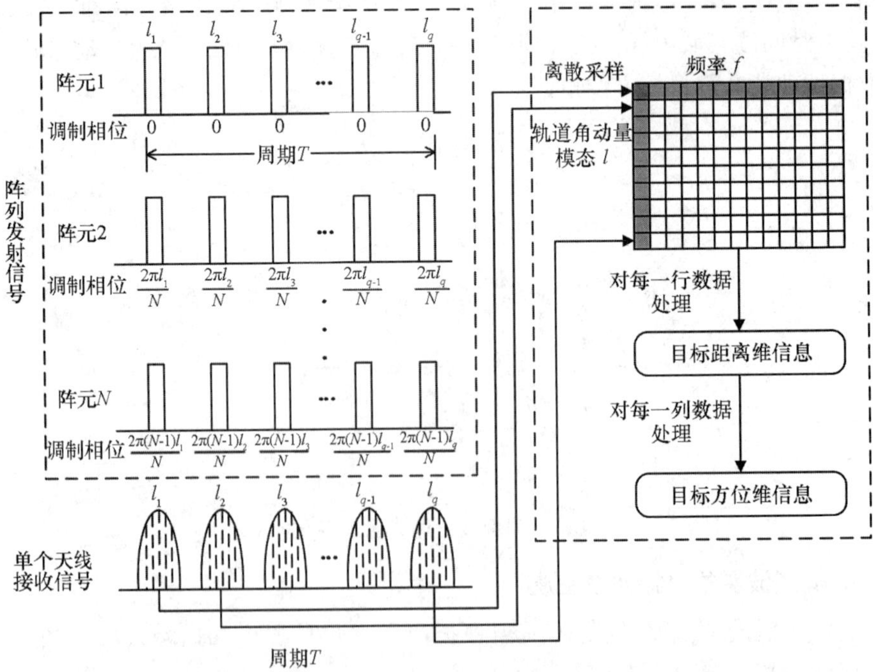

图 7.6.2　涡旋波雷达目标回波处理过程

态的涡旋电磁波照射目标，可以获得两维回波数据，如图 7.6.2 所示。电磁波的收发双程传播使得目标回波相位中波数 k 与目标距离 r 呈对偶关系，涡旋电磁波螺旋相位波前特性使得回波相位中轨道角动量模态 l 与目标方位 φ 呈对偶关系。相位项 $\mathrm{i}^l=\mathrm{e}^{\mathrm{i}l\pi/2}$ 会导致方位向估计的谱峰位置发生整体偏移，该影响可以在回波数据预处理时进行补偿以消除。

2. 相位补偿

回波包络贝塞尔函数与轨道角动量模态 l 有关，其符号相位也影响回波与目标相位关系。因此可以根据阵列参数、俯仰信息以及轨道角动量模态对回波包络进行相位补偿处理。当 $\mathrm{J}_l(ka\sin\theta)<0$，对回波包络信号叠加 π 相位进行相位补偿，当 $\mathrm{J}_l(ka\sin\theta)>0$ 时，回波不做处理，即

$$|\mathrm{J}_l(ka\sin\theta)|=\begin{cases}\mathrm{e}^{\mathrm{i}\pi}\mathrm{J}_l(ka\sin\theta), & \mathrm{J}_l(ka\sin\theta)<0\\ \mathrm{J}_l(ka\sin\theta), & \mathrm{J}_l(ka\sin\theta)>0\end{cases}\tag{7.6.5}$$

相位补偿预处理后的单天线目标回波为

$$s_r(l,f)\approx\frac{\sigma N\mathrm{i}^l}{r^2}|\mathrm{J}_l(ka\sin\theta)|\mathrm{e}^{\mathrm{i}l\varphi}\mathrm{e}^{-\mathrm{i}2kr}\tag{7.6.6}$$

3. 距离维处理

距离维成像结果可以在频域利用经典谱估计方法中的直接法进行处理，即通过对同一轨道角动量不同频率的回波信号求傅里叶变换得到。当轨道角动量模态为 l_0、信号带宽为 B、采样间隔为 f_s、采样数为 M 时，设不同频率回波信号记为$\boldsymbol{x}=[x_1\quad x_2\quad\cdots\quad x_M]$，则第 m 个信号可以写为

$$x_m=s_r(l_0,f_m)\approx\frac{\sigma N\mathrm{i}^{l_0}}{r^2}|\mathrm{J}_{l_0}(k_ia\sin\theta)|\mathrm{e}^{\mathrm{i}l\varphi}\mathrm{e}^{-\mathrm{i}4\pi rf_m/c}\tag{7.6.7}$$

对回波信号 x 做傅里叶变换处理后，取其幅值的平方，再除以 M 可得信号功率谱的估计

$$\hat{P}_{per}(\omega)=\frac{1}{M}\left|\sum_{m=1}^{M}s_m\mathrm{e}^{-\mathrm{i}\omega m}\right|^2\tag{7.6.8}$$

从回波复信号形式中可以看出目标距离与频率在指数项中成对偶关系，由傅里叶变换频移性质知，频域谱峰对应目标距离，因此谱估计峰值位置即为目标位置。

4. 方位维处理

从回波复信号形式中可以看出目标方位与轨道角动量模态在指数项中也成对偶关系，因此方位维成像结果可以在轨道角动量域对回波进行谱估计得到，峰值即对应方位角位置。同样地假设同频率、不同轨道角动量的回波信号

记为$x=[x_1 \quad x_2 \quad \cdots \quad x_Q]$，则第 q 个信号为

$$x_m = s_r(l_q, f_0) \approx \frac{\sigma N \mathrm{i}^{l_q}}{r^2} |\mathrm{J}_{l_q}(ka\sin\theta)| \mathrm{e}^{\mathrm{i}l_q\varphi} \mathrm{e}^{-\mathrm{i}4\pi r f_0/c} \tag{7.6.9}$$

其中 f_0 为发射信号频率，l_q 为第 q 个回波信号对应的轨道角动量模态值。

本案例采用基于信号模型的功率谱估计方法进行方位维成像处理，谱估计峰值位置即为目标方位角，具体可采用经典谱估计方法、协方差法和 Burg 法等。

7.6.3 仿真步骤

本案例仿真过程中首先根据仿真场景设置阵列参数，采用信号叠加的方法生成目标回波；其次根据目标俯仰、阵列参数等先验信息对回波包络贝塞尔函数进行相位补偿预处理；最后分别在频域和轨道角动量域采用功率谱估计方法对信号回波进行处理得到距离维、方位维及二维成像结果。主要仿真参数设置如下：

信号带宽为 200 MHz，中心频率为 10 GHz，轨道角动量模态范围为[−30，30]，阵元个数为 100，阵列半径为 1 m，接收天线位于发射阵列中心。理想散射点目标距离和俯仰角设置相同，分别为 100 m 和 8°；目标方位角位置设为 0.6π、0.8π、π、1.2π。

1. **涡旋波雷达目标回波生成**

```
雷达参数
M = 100;                                   阵元数
f = [9.9e9:1e6:10.1e9];                    信号频率范围
c = 3e8;                                   光速
k = 2 * pi * f./c;                         波数
l = -30:30;                                轨道角动量模态范围
Ra = 1;                                    阵列半径
Azi_fai = (0:M-1) * 2 * pi/M;              阵元方位位置
Ptran = zeros(M,3);                        发射天线坐标
Ptran(:,1) = Ra * cos(Azi_fai);
Ptran(:,2) = Ra * sin(Azi_fai);
Prec = [0 0 0];                            接收天线坐标
```

```
目标位置
r = 100;                                                        目标距离
theta = 8./180 * pi;                                            目标俯仰
fai1 = 0.6 * pi; fai2 = 0.8 * pi; fai3 = 1 * pi; fai4 = 1.2 * pi;   目标方位
Ptar = [r * sin(theta) * cos(fai1)   r * sin(theta) * sin(fai1)   r * cos(theta);
        r * sin(theta) * cos(fai2)   r * sin(theta) * sin(fai2)   r * cos(theta);
        r * sin(theta) * cos(fai3)   r * sin(theta) * sin(fai3)   r * cos(theta);
        r * sin(theta) * cos(fai4)   r * sin(theta) * sin(fai4)   r * cos(theta);
        ];                                                      直角坐标系中坐标
Ntar = size(Ptar,1);                                            目标个数
```

```
目标回波生成
Sr = zeros(length(f),length(l));
for jj = 1:length(l)
faim = Azi_fai.' * l(jj);                                       阵元激励相位
faimk = ones(length(f),1) * faim.';
temp = zeros(length(f),1);
for nn = 1:Ntar
dis1 = sqrt((Ptran(:,1) - Ptar(nn,1)).^2 + (Ptran(:,2) - Ptar(nn,2)).^2 +
       (Ptran(:,3) - Ptar(nn,3)).^2).';
dis2 = sqrt((Prec(1) - Ptar(nn,1)).^2 + (Prec(2) - Ptar(nn,2)).^2 +
       (Prec(3) - Ptar(nn,3)).^2);
temp = temp + sum(exp( - 1i. * k.' * (dis1 + dis2)). *
       exp(1i * faimk)./dis2.^2,2);                             阵元回波信号叠加
end
Sr(:,jj) = temp;                                                目标回波两维数据
end
```

2. 相位补偿

```
for jj = 1:length(l)
aa(:,jj) = besselj(l(jj),k * Ra * sin(theta));                  计算包络贝塞尔函数值
end
symb = aa./abs(aa);                                             回波包络贝塞尔函数相位补偿
phasell = ones(length(f),1) * ( - 1i).^(l);                     常量相位补偿
Sr0 = (Sr. * phasell). * symb;                                  补偿后回波数据
```

3. 距离维处理

```
Nfft = 1024;
Ss = fft(Sr0,Nfft);                                    频域采样数据傅里叶变换
```

4. 方位维处理

```
方法一:经典谱估计方法
for ii = 1:Nfft
SS0(ii,:) = abs(fft(Ss(ii,:),Nfft)).^2/Nfft;           轨道角动量域采样数据处理
end
%%方法二:Burg 法
for ii = 1:Nfft
SS(ii,:) = pburg(Ss(ii,:),10,Nfft);                    轨道角动量域采样数据处理
end
```

7.6.4 仿真结果

1. 涡旋波雷达目标回波生成

涡旋波雷达目标回波生成结果如图 7.6.3 所示,不同频率、不同轨道角动量模态的涡旋电磁波回波构成一个二维回波矩阵,对信号分别在频域和轨道角动量域处理可得到目标距离和方位信息。

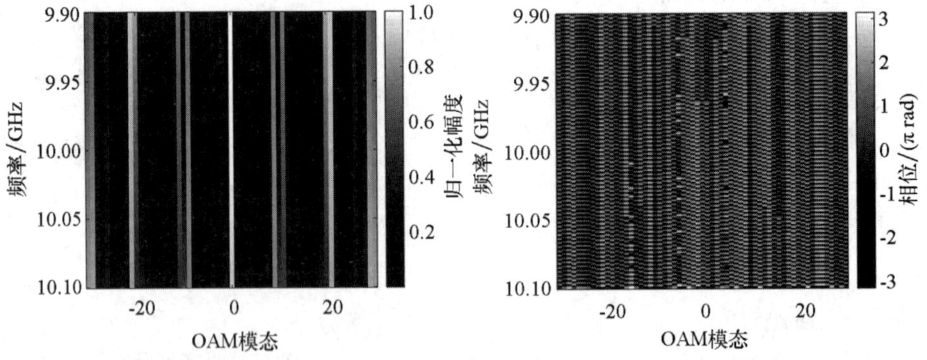

(a) 归一化幅度分布　　(b) 相位分布

图 7.6.3　涡旋波雷达目标回波生成结果

2. 相位补偿

由于回波包络贝塞尔函数与轨道角动量模态 l 有关,因此需要对不同模态

下的回波包络进行相位补偿。相位补偿量如图 7.6.4 所示，白色区域表示不需要相位补偿，黑色区域对回波信号补偿相位值 π。

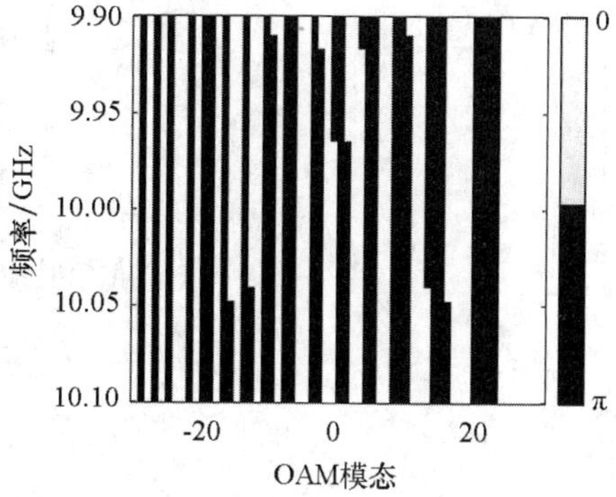

图 7.6.4　相位补偿量分布

3. **距离维处理**

对不同频率的信号进行傅里叶变换处理，得到距离维成像结果，如图 7.6.5 所示。从图中可以看出，峰值位置即为仿真中设置的目标真实距离。

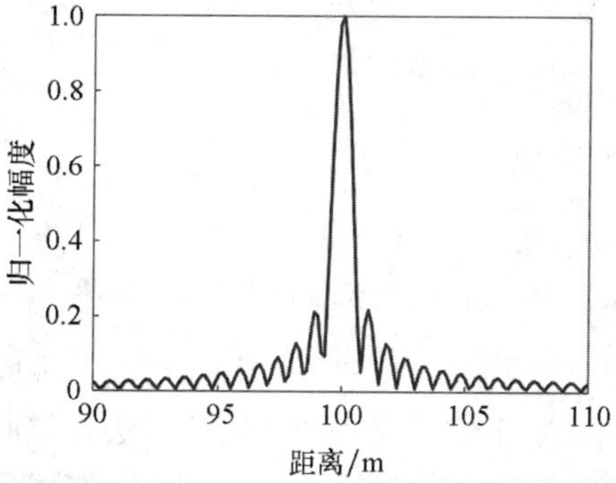

图 7.6.5　距离维成像结果

4. **方位维处理**

不同谱估计方法的仿真结果如图 7.6.6 所示，从图中可以看出相比于信号模型谱估计方法，经典谱估计方法的谱分辨率较低；信号模型功率谱估计方法由于对数据做了一定的模型假设，利用了数据的先验信息，因此可以获得更高的谱分辨率，旁瓣也更低。但该类方法也会导致散射强度的失真，这主要是由模型阶数和模型误差引起的。

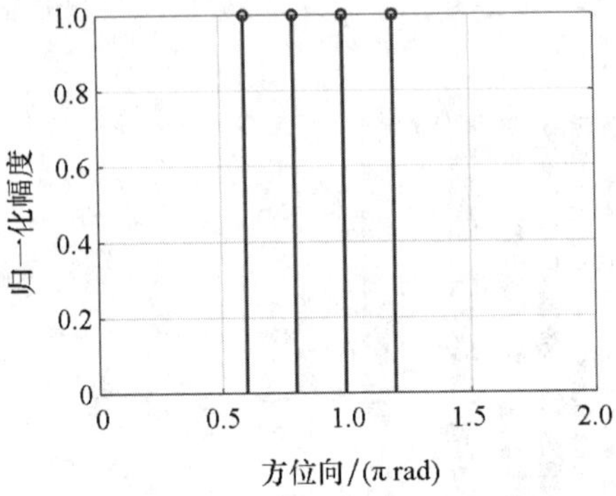

(a) 目标方位向真值

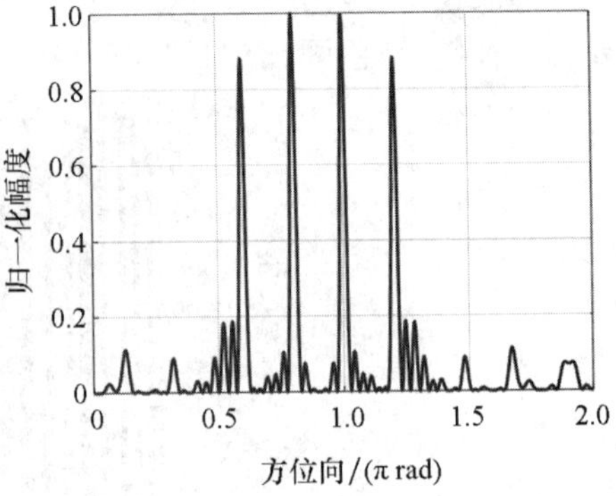

(b) 经典谱估计方法

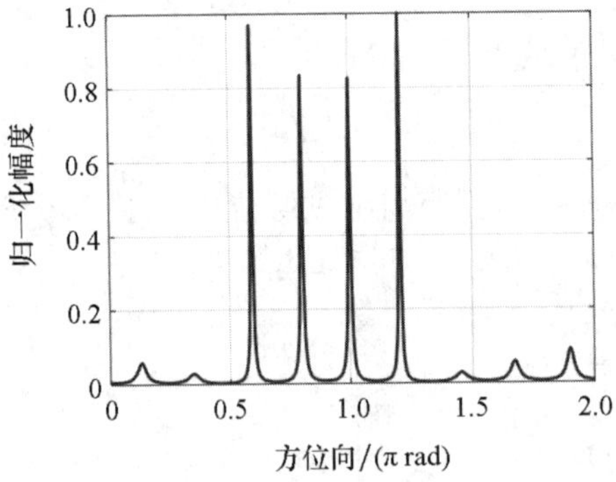

(c) 协方差法

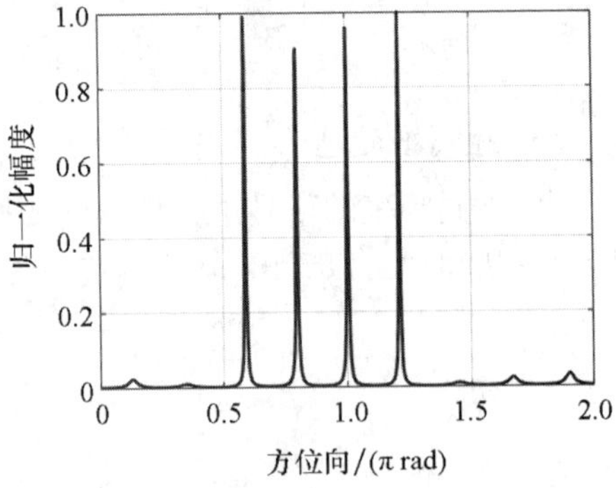

(d) Burg 法

图 7.6.6　方位维功率谱估计结果

距离维和方位维均处理完成后，图 7.6.7 给出了二维成像结果。可以看出，相比于经典谱估计方法，基于信号模型的谱估计方法方位向旁瓣较低，图像对比

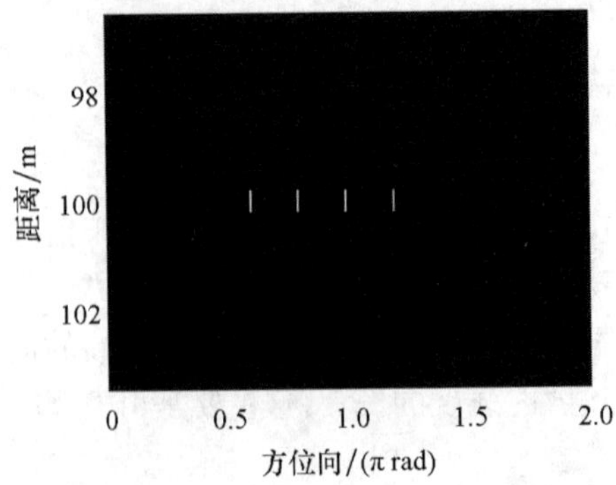

(a) 目标位置真值

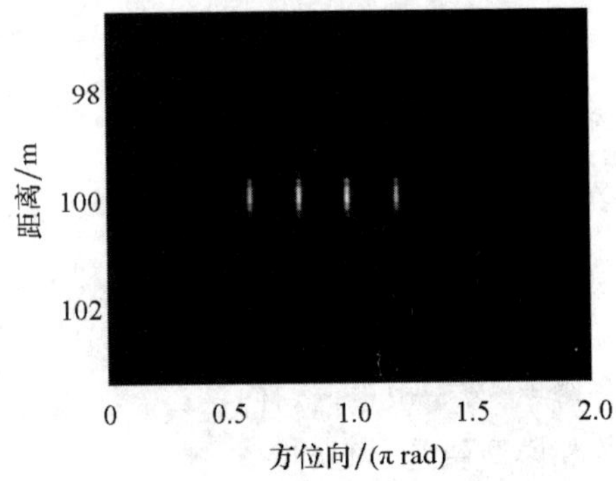

(b) 经典谱估计方法

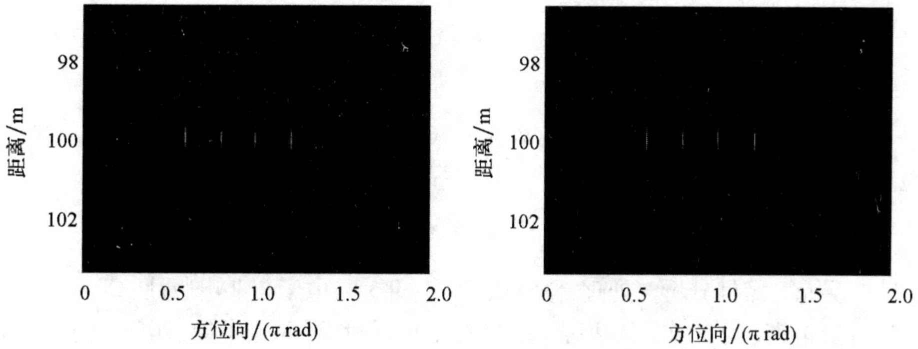

(c) 协方差法　　(d) Burg 法

图 7.6.7　基于功率谱估计的二维成像结果

度明显升高,方位向分辨率也大大提高。与协方差法相比,Burg 法得到的图像更为纯净,散射强度分布也更为均匀,这主要是由于 Burg 算法递归过程是以观察数据直接进行的,避免了中间的自相关函数估计,因此可以得到更精确的谱估计参数。

小　结

本章讨论了高级信号处理应用的仿真案例。与本书第一章相对应,设计了复倒谱和匹配滤波两个案例。与本书第二、五章相对应,设计了功率谱估计案例。与本书第三、四章相对应,设计了维纳滤波和自适应滤波案例。最后,设计了一个关于雷达成像的综合案例。每个仿真案例均给出了背景、原理、详细的仿真步骤以及仿真结果。

参考文献

[1] 吴京. 信号分析与处理:修订版[M]. 北京: 电子工业出版社, 2014.
[2] 皇甫堪, 陈建文, 楼生强. 现代数字信号处理[M]. 北京: 电子工业出版社, 2003.
[3] 程佩青. 数字信号处理教程:第四版[M]. 北京: 清华大学出版社, 2013.
[4] 何子述, 夏威, 等. 现代数字信号处理及其应用[M]. 北京: 清华大学出版社, 2009.
[5] 凯依. 现代谱估计原理与应用[M]. 黄建国, 等, 译. 北京: 科学出版社, 1994.
[6] 胡广书. 数字信号处理:理论、算法与实现[M]. 北京: 清华大学出版社, 1997.
[7] 姚天任, 孙洪. 现代数字信号处理[M]. 武汉: 华中理工大学出版社, 1999.
[8] TRETTER S A. Introduction to Discrete-Time Signal Processing[M]. New York: Wiley, 1976.
[9] PRIESTLEY M B. Spectral Analysis and Time Series[M]. New York: Academic Press, 1981.
[10] LIM J S, OPPENHEIM A V. Advanced Topics in Signal Processing[M]. New Jersey: Prentice-Hall, 1988.
[11] 赫金. 自适应滤波器原理: 第五版[M]. 北京: 电子工业出版社, 1998.
[12] 奥本海姆, 谢弗. 离散时间信号处理[M]. 黄建国, 刘树棠, 译. 北京: 科学出版社, 1998.
[13] MENDEL J M. Tutorial on Higher-Order Statistics (Spectra) in Signal Processing and System Theory: Theoretical Results and Some Application[C]. Proceedings of the IEEE, 1991.
[14] NIKIAS C L, MENDEL J M. Signal Processing with Higher-Order Spectra[J]. IEEE signal processing magazine, 1993, 10(3): 10 - 37.
[15] 张贤达. 时间序列分析: 高阶统计量方法[M]. 北京: 清华大学出版

社, 1996.

［16］ MANOLAKIS D G, INGLE V K, KOGON S M. 统计与自适应信号处理[M]. 周正,等,译. 北京：电子工业出版社, 2003.

［17］ VASEGHI S V. Advanced Digital Signal Processing and Noise Reduction: Second Edition[M]. New York: Wiley, 2001.

［18］ 吴兆熊, 黄振兴, 黄顺吉. 数字信号处理：下册[M]. 北京：国防工业出版社, 1985.

［19］ DOOB J L. Stochastic Process[M]. New York: Weley, 1953.

［20］ ROBERTS R A, MULLIS C T. Digital Signal Processing[M]. Redding: Addison-Wesley Longman Publishing Company, 1987.

［21］ FRIEDLANDER B. Lattice Methods for Spectral Estimation[C]. Proceedings of the IEEE, 1982.

［22］ ORFANIDIS S J. Optimum Signal Processing: An Introduction[M]. New York: Macmillan Publishing Company, 1985.

［23］ 奥本海姆, 谢弗. 数字信号处理[M]. 董士嘉, 译. 北京：科学出版社, 1981.

［24］ ALEXANDER S T. Adaptive Signal Processing Theory and Application[M]. New York: Springer-Verlag Inc., 1986.

［25］ WIDROW B, STEARNS S D. Adaptive Signal Processing[M]. Englewood Cliffs: Prentice-Hall Inc., 1985.

［26］ 龚耀寰. 自适应滤波[M]. 北京：电子工业出版社,1989.

［27］ BURG J P. Maximum Entropy Spectral Analysis[D]. Palo Alto: Stanford University, 1975.

［28］ MARPLE S L. Conventional Fourier Autoregressive and Special ARMA Methods of Spectrum Analysis[D]. Palo Alto: Stanford University, 1976.

［29］ HAYES M H, LIM J S, OPPENHEIM A V. Signal Reconstruction from Phase or Magnitude[J]. IEEE Trans. Acoust., Speech, Signal Process., 1980, 28(6): 672 - 680.

［30］ 科恩. 时频分析:理论与应用[M]. 白居宪, 译. 西安：西安交通大学出版社, 1998.

［31］ 王宏禹. 非平稳随机信号分析与处理[M]. 北京：国防工业出版社, 1999.

［32］ 刘贵忠, 邸双良. 小波分析及其应用[M]. 西安：西安电子科技大学出版社, 1992.

[33] 秦前清，杨宗凯. 实用小波分析[M]. 西安：西安电子科技大学出版社，1994.

[34] 崔锦泰，程正兴. 小波分析导论[M]. 西安：西安交通大学出版社，1995.

[35] FLIEGE N J. Multi Digital Signal Processing：Second Edition [M]. Englewood Cliffs：Prentice-Hall Inc.，1994.

[36] 郑治真，张少芬. 瞬态谱估计理论与应用[M]. 北京：地震出版社，1993.

[37] BOASHASH B. Time-frequency Signal Analysis：Method and analysis[M]. Longman Cheshire：Halsted Press，1992.

[38] JEONG J，WILLIAMS W J. Kernel Design for Reduced Interference Distributions[J]. IEEE Trans. Sig. Proc.，1992，40(2)：402－412.

[39] HELLER P N，KARP T，NGUYEN T Q. A General Formulation of Modulated Filter Banks[J]. IEEE Trans. Sig. Proc.，1999，47(4)：986－1002.

[40] TRAN T D. Linear Phase Perfect Reconstruction Filter Banks：Theory，Structure，Design，and Application in Image Compression [D]. Madison：University of Wisconsin-Madison，1999.

[41] AKKARAKARAN S，VAIDYANATHAN P P. Results on Principal Component Filter Banks：Colored Noise Suppression and Existence Issues [J]. IEEE transactions on information theory，2001，47(3)：1003－1020.

[42] ORAINTARA S，TRAN T D，HELLER P N，et al. Lattice Structure for Regular Paraunitary Linear-Phase Filterbanks and M-Band Orthogonal Symmetric Wavelets[J]. IEEE Trans. Sig. Proc.，2001，49(11)：2659－2672.

[43] TRAN T D，QUERIOZ R L De，Nguyen T Q. Linear Perfect Reconstruction Filter Bank：Lattice Structure，Design，and Application in Image Coding [J]. IEEE Trans. Sig. Proc.，2000，48(1)：133－147.

[44] KARP T，FLIEGE N J. Modified DFT Filter Banks with Perfect Reconstruction[J]. IEEE Trans. Circuits and Syst. II，1999，46(11)：1404－1414.

[45] AKKARAKARANS，VAIDYANATHAN P P. Filterbank Optimization with Convex Objectives and the Optimality of Principal Component Forms[J]. IEEE Trans. Sig Proc，2001，49(1)：100－114.

[46] 张旭东. 现代信号分析和处理[M]. 北京: 清华大学出版社, 2018.
[47] 王展,李双勋,吴京,等. 现代数字信号处理[M]. 长沙: 国防科技大学出版社, 2016.
[48] 陈伯孝. 现代雷达系统分析与设计[M]. 西安: 西安电子科技大学出版社, 2012.
[49] 刘康. 电磁涡旋成像理论与方法研究[D]. 长沙: 国防科技大学, 2017.
[50] 冈萨雷斯, 伍兹. 数字图像处理: 第四版[M]. 阮秋琦, 阮宇智, 译. 北京: 电子工业出版社, 2020.